MY BEST

毎日の勉強と定期テスト対策に

For Everyday Studies and Exam Prep for High School Students

よくわかる 高校数学Ⅲ・C

Mathematics Ⅲ・C

山下　元
早稲田大学名誉教授

津田　栄
國學院高等学校 元・校長

我妻健人
攻玉社中学校・高等学校教諭

田村　淳
中央大学附属中学校・高等学校教諭

江川博康
中央ゼミナール・一橋学院講師

柱　貴裕
國學院高等学校教諭

山出　洋
攻玉社中学校・高等学校教諭

Gakken

　本書は，令和4年度からの新学習指導要領にしたがって作成したものです。今回の改訂では，理数教育の充実がうたわれており，数学の教科書の内容もそれに対応し，充実したものとなりました。数学はそれ自身が独立した学問でありながら，理工学・経済学などを理解するための基礎学問でもあります。すなわち，数学を学ぶことで，より広い知識を得る力がつくといえます。

　本来，学習とは一つの体験です。教科書にある公式を覚えるのではなく，自らが導き出すことによって本来的な学習能力が培われるのです。また，そこにこそ学習としての感動が生まれるのです。そもそも，高校の数学とは数学者を養成するためのものでもなければ，単に問題を解くためだけにあるのでもありません。学ぶべきは，一つの定理や公式が導かれるなかで，分析し，類推し，まとめあげていくその考え方にこそあるのです。

　しかし，その一方で，具体的な問題を通して学習は定着し，深まっていく，ということ，これは紛れもない事実です。また，そこで学習したことがどのように使われるのかを通して，自分が学習したことの意味に近づく，ということもあるでしょう。問題を解く，ということは，数学において特に大切な追体験の一つなのです。

　そこで，本書は，授業を中心とした「数学」の基礎力と応用力の向上を図るとともに，例題や練習問題を通じ，「基礎からわかりやすい」ことを一番大切にし，また，関連する発展問題も解けるように編集してあります。また，学習上の疑問点や，つまずきやすい点なども解消できるように力を注ぎました。

　読者のみなさんが本書を十分に活用して，高校数学の学習を楽しく理解しながら進めていただくことを願ってやみません。

　最後に，本書の執筆にあたり多くの方々に，ご助言やアンケートなどで，ご協力いただいたことを深く感謝いたします。

著者代表　山下　元

本書の使い方

1 学校の授業の理解に役立ち,
基礎から定期テストレベルまでよくわかる参考書

　本書は, 高校の授業の理解に役立つ数学の参考書です。

　授業の予習や復習に使うと, 授業を理解するのに役立ちます。また, 各項目の理解のポイントや例題演習に加え, 章末にある「定期テスト対策問題」にチャレンジすることで, 定期テスト対策にも役立ちます。

2 図や表が豊富で, 見やすく, わかりやすい

　カラーの図や表を豊富に使うことで, 学習する内容のイメージがつかみやすくなっています。また, 図中に解説を入れることで, ポイントがさらによくわかります。

3 で要点がよくわかる

　 で「覚えておきたいポイント」や「問題を解くためのポイント」がわかります。色のついた文字や, 太字になっている文章は, 特に注目して学習しましょう。

4 充実した例題で, しっかり理解できる

　各分野の典型問題である例題を豊富に用意しました。これらの例題を解くことで学んだ知識を定着させることができ, 理解が深まります。

　また, 問題に対するくわしい解説もあるので, さらに理解を確実にします。

5 Q&A形式で, 学習上の疑問を解決

　知っておくと役に立つ事柄や, 実際に疑問に思う内容についてをQ&A形式で解説しています。関連事項を理解することで, 知識をより深め, 学習の助けになります。

　なお, 発展 に収録されている記述は数学Ⅲ・Cの教育課程の範囲を超えておりますが, 数学Ⅲ・Cの内容をより深く理解するうえで役立つものです。

MY BEST CONTENTS もくじ

数学C

第 1 章 ベクトル

MY BEST

High School Study Tips
to Help You Reach Your Goals

よくわかる

高校の勉強
ガイド

受験に向けて
何をしたらいい？

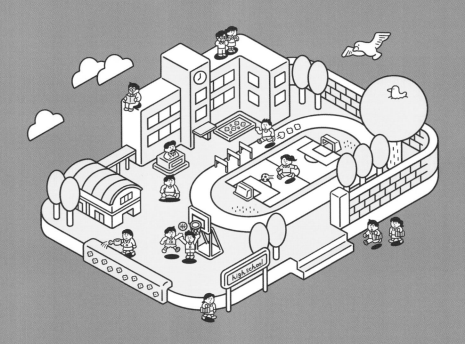

勉強の不安，どうしたら解決する！？

受験に向けたスケジュールを知ろう！

> 高3は超多忙！
> 高2のうちから勉強しておくことが大事。

　高2になると，**文系・理系クラスに分かれる**学校が多く，より現実的に志望校を考えるようになってきます。そして，高3になると，一気に受験モードに。

　大学入試の一般選抜試験は，早い大学では高3の1月から始まるので，**高3では勉強できる期間は実質的に9か月程度しかありません。**おまけに，たくさんの模試を受けたり，志望校の過去問を解いたりなどの時間も必要です。高2のうちから，計画的に基礎をかためていきましょう！

> 志望校や入試制度に関する情報を早めに知ることも重要！

　受験に向けて，たくさんの大学の中から志望校や志望学部を選ぶ必要があります。また，近年は推薦・総合型選抜など入試制度も多様化しています。

　これらを早いうちに知ることで，大学や学部，入試制度に合わせた効率的な対策をすることができます。推薦・総合型選抜入試をめざす場合，部活動や課外活動にも注力する必要がありますね。各大学のホームページやオープンキャンパスを活用して，勉強の合間に情報を少しずつ集めていきましょう！

受験までのスケジュール

※3学期制の学校の一例です。くわしくは自分の学校のスケジュールを調べるようにしましょう。

高2	4月	●文系・理系クラスに分かれる　●進路ガイダンス
	5月	●一学期中間テスト
	7月	●一学期期末テスト　●夏休み　●三者面談
	8月	●オープンキャンパス
	9月	●科目選択
	10月	●二学期中間テスト
	11月	●進路希望調査
	12月	●二学期期末テスト　●冬休み
	2月	●部活動引退（部活動によっては高3の夏頃まで継続）
	3月	●学年末テスト　●春休み
高3	5月	●一学期中間テスト　●三者面談
	6月	●総合型・学校推薦型選抜募集要項配布開始
	7月	●一学期期末テスト　●夏休み　●評定平均確定
	8月	●オープンキャンパス
	9月	●総合型選抜出願開始
	10月	●大学入学共通テスト出願　●二学期中間テスト
	11月	●模試ラッシュ　●学校推薦型選抜出願・選考開始
	12月	●二学期期末テスト　●冬休み
	1月	●私立大学一般選抜出願　●大学入学共通テスト　●国公立大学二次試験出願
	2月	●私立大学一般選抜試験　●国公立大学二次試験（前期日程）
	3月	●卒業　●国公立大学二次試験（後期日程）

受験に向けて基礎をかためなきゃ

やることがたくさんだな

早い段階から受験を意識しよう！

基礎ができていないと，高3になってからキツイ！

　高2までで学ぶのは，**受験の「土台」**になるもの。**基礎の部分に苦手分野が残ったままだと，高3の秋以降に本格的な演習を始めたとたんに，ゆきづまってしまうことが多い**です。特に，英語・数学・国語の主要教科に関しては，基礎からの積み上げが大事なので，不安を残さないようにしましょう。

　また，文系か理系か，国公立か私立か，さらにはめざす大学や学部によって，受験に必要な科目は変わってきます。**いざ進路選択をする際に，自分の志望校や志望学部の選択肢をせばめないため**，勉強しない科目のないようにしておきましょう。

暗記科目は，高2までで習う範囲からも受験で出題される！

　社会や理科などのうち**暗記要素の多い科目は，受験で扱う範囲が広いため，高3の入試ギリギリの時期までかけてようやく全範囲を習い終わる**ような学校も少なくありません。受験直前の焦りやつまずきを防ぐためにも，高2のうちから，習った範囲は受験でも出題されることを意識して，マスターしておきましょう。

増えつつある，学校推薦型や総合型選抜

《国公立大学の入学者選抜状況》

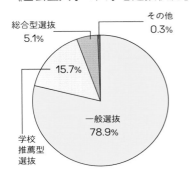

- 総合型選抜 5.1%
- その他 0.3%
- 15.7%
- 一般選抜 78.9%
- 学校推薦型選抜

《私立大学の入学者選抜状況》

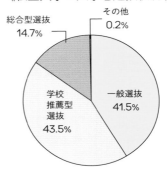

- 総合型選抜 14.7%
- その他 0.2%
- 学校推薦型選抜 43.5%
- 一般選抜 41.5%

文部科学省「令和3年度国公私立大学入学者選抜実施状況」より

> ## 私立大学では入学者の50％以上！ 国公立大でも増加中。

　大学に入る方法として，一般選抜以外に近年増加傾向にあるのが，**学校推薦型選抜（旧・推薦入試）**や**総合型選抜（旧・AO入試）**です。

　学校推薦型選抜は，出身高校長の推薦を受けて出願できる入試で，大きく分けて，「公募制」と「指定校制（※私立大学と一部の公立大学のみ）」があります。推薦基準には，学校の成績（高校1年から高校3年1学期までの成績の状況を5段階で評定）が重視されるケースが多く，スポーツや文化活動の実績などが条件になることもあります。

　総合型選抜は，大学の求める学生像にマッチする人物を選抜する入試です。書類選考や面接，小論文などが課されるのが一般的です。

> ## 高1・高2の成績が重要。毎回の定期テストでしっかり点を取ろう！

　学校推薦型選抜，総合型選抜のどちらにおいても，学力検査や小論文など，**学力を測るための審査**が必須となっており，大学入学共通テストを課す大学も増えています。また，**高1・高2の成績も大きな判断基準になるため，毎回の定期テストや授業への積極的な取り組みを大事にしましょう。**

> # 勉強習慣がうまくつくれない！
> # どうしたらいい？

> まずは，小さな目標から始めてみよう！

　勉強は毎日の積み重ねが大切です。勉強を習慣化させて毎日こつこつ勉強することが成績アップの近道ですが，実践するのは大変ですよね。

　勉強習慣をつくるには，毎日やることをリスト化して管理する，勉強時間を記録して可視化するなど，さまざまな方法があります。おすすめは，小さな目標から始めることです。例えば，「5分間机に向かう」，「1問だけ問題を解く」のように，**毎日無理なく達成できる目標からスタートし，徐々に目標を大きくしていく**ことで，達成感を得ながら勉強習慣を身につけることができます。

今日の授業，よくわからなかったけど，
先生に今さら聞けない…どうしよう!?

参考書を活用して，わからなかったところは
その日のうちに解決しよう。

　先生に質問する機会を逃してしまうと，「まあ今度でいいか…」とそのままにしてしまいがちですよね。

　ところが，高校の勉強は基本的に「積み上げ式」です。**「新しい学習」には「それまでの学習」の理解が前提となっている**場合が多く，ちょうどレンガのブロックを積み重ねていくように，「知識」を段々と積み上げていくようなイメージなのです。そのため，わからないことをそのままにしておくと，欠けたところにはレンガを積み上げられないのと同じで，次第に授業の内容が難しく感じられるようになってしまいます。

　そこで役立つのが参考書です。参考書を先生代わりに活用し，わからなかった内容は，その日のうちに解決する習慣をつけておくようにしましょう。

Q

テスト直前にあわてたくない！
いい方法はある!?

試験日から逆算した「学習計画」を練ろう。

　定期テストはテスト範囲の授業内容を正確に理解しているかを問うテストですから、よい点を取るには全範囲をまんべんなく学習していることが重要です。すなわち、試験日までに授業内容の復習と問題演習を全範囲終わらせる必要があるのです。

　そのためにも、毎回「試験日から逆算した学習計画」を練るようにしましょう。事前に計画を練ることで、いつまでに何をやらなければいけないかが明確になるため、テスト直前にあわてることもなくなりますよ。

部活で忙しいけど，成績はキープしたい！
効率的な勉強法ってある？

通学時間などのスキマ時間を効果的に使おう。

　部活で忙しい人にとって，勉強と部活を両立するのはとても大変なことです。部活に相当な体力を使いますし，何より勉強時間を捻出するのが難しくなるため，意識的に勉強時間を確保するような「工夫」が求められます。

　具体的な工夫の例として，通学時間などのスキマ時間を有効に使うことをおすすめします。実はスキマ時間のような「限られた時間」は，集中力が求められる暗記の作業の精度を上げるには最適です。スキマ時間を「効率のよい勉強時間」に変えて，部活との両立を実現しましょう。

数学Ⅲ・C の勉強のコツ Q&A

Q 数学Ⅲ・Cが難しくて全然できないです。

A

数学Ⅰ・A, Ⅱ・Bを復習してみよう。

数学Ⅲ・Cの土台になっている多くは, 数学Ⅰ・A, Ⅱ・Bの内容です。そのため, 数学Ⅲ・Cで苦労する原因が数学Ⅰ・A, Ⅱ・Bの理解不足にあることが多いです。微分・積分なら数学Ⅱの微分・積分の復習, 複素数平面なら数学Ⅱのいろいろな式を復習, といった解決策がありますので, 試してみてください。

Q 新しい概念のベクトルが理解できません！

A

まずは計算から慣れていきましょう。

ベクトルという, これまで見たことがない内容の単元が登場します。
まずは和・差や実数倍, 内積の計算から慣れていきましょう。また, ベクトルでは図と成分表示の両方を理解することが大切です。計算で基礎を身につけた後は, 図と成分表示の基本問題に取り組みましょう。

Q 公式が多くて覚えきれません……。

A

公式や定理は問題を解きながら覚えよう。

定期テスト前の勉強だけではとても覚えきれない量の公式と定理が, 数学Ⅲ・Cにはあります。学校で習った公式はその日のうちに問題を解き, 定着できるようにしましょう。このとき, 同じ問題を解くだけではなく, 同じ公式を使う類題を解くことも効果的です。

MY BEST

Mathematics III

第 1 章 関数と極限

さまざまな関数

1 分数関数とそのグラフ

1 分数関数

$y=\dfrac{1}{x}$，$y=\dfrac{3x-1}{x+2}$ のように，$f(x)$ が x についての分数式で表されるとき，関数 $y=f(x)$ を **分数関数** という。分数関数の定義域は，分母を 0 としない x の実数全体である。

> **例** 分数関数 $y=\dfrac{1}{x}$ の定義域は $x \neq 0$，$y=\dfrac{3x-1}{x+2}$ の定義域は $x \neq -2$，また，$y=\dfrac{2x}{x^2-1}$ の定義域は $x \neq \pm 1$ である。

2 $y=\dfrac{k}{x}$ のグラフ

k を 0 でない定数とするとき，**分数関数 $y=\dfrac{k}{x}$ の定義域は $x \neq 0$，値域は $y \neq 0$ で** ある。このグラフは反比例のグラフで，右のように

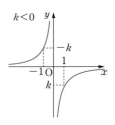

> **$k>0$ のとき第 1，第 3 象限**
> **$k<0$ のとき第 2，第 4 象限**

にある。

$y=\dfrac{k}{x}$ のグラフは原点に関して対称で，x 軸 $(y=0)$ と y 軸 $(x=0)$ を **漸近線**（p.19 参照）とする **直角双曲線**（p.19 参照）である。

> **例**

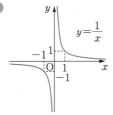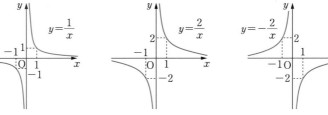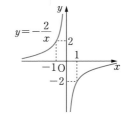

3 $y=\dfrac{k}{x-p}+q$ のグラフ ▷ 例題1

分数関数 $y=\dfrac{k}{x-p}+q$ のグラフは，$y=\dfrac{k}{x}$ のグラフを x 軸の方向に p，y 軸の方向に q だけ平行移動した直角双曲線であり，その定義域は $x \neq p$，値域は $y \neq q$ である。漸近線は2直線 $x=p$，$y=q$ である。

例 $y=\dfrac{3}{x-1}+2$ のグラフは，$y=\dfrac{3}{x}$ のグラフを x 軸の方向に1，y 軸の方向に2だけ平行移動した直角双曲線で，漸近線は2直線 $x=1$，$y=2$ である。

4 $y=\dfrac{ax+b}{cx+d}$ のグラフ ▷ 例題2 例題3

分数関数 $y=\dfrac{ax+b}{cx+d}$ は，分子を分母で割って

$$y=\dfrac{k}{x-p}+q \ （ただし，k \neq 0）$$

の形に変形することによって，グラフがわかる。

$c=0$ のときは $y=\dfrac{ax+b}{d}$ となり，分数関数ではないから

$$c \neq 0$$

このとき，

$$y=\dfrac{ax+b}{cx+d}=\dfrac{a}{c}+\dfrac{b-\dfrac{ad}{c}}{cx+d}=\dfrac{a}{c}-\dfrac{ad-bc}{c(cx+d)}$$

となり，$ad-bc=0$ のときは分数関数ではないから

$$ad-bc \neq 0$$

したがって，$y=\dfrac{ax+b}{cx+d}$ が分数関数であるための必要十分条件は

$$c \neq 0 \quad かつ \quad ad-bc \neq 0$$

例 $y=\dfrac{2x+4}{x+1}$ は

$$y=\dfrac{2(x+1)+2}{x+1}=\dfrac{2}{x+1}+2$$

だから，$y=\dfrac{2}{x}$ のグラフを x 軸の方向に -1，y 軸の方向に2だけ平行移動した直角双曲線で，漸近線は2直線 $x=-1$，$y=2$ である。

$$\begin{array}{r} \dfrac{a}{c} \\ cx+d\ \overline{)\,ax+b} \\ ax+\dfrac{ad}{c} \\ \hline b-\dfrac{ad}{c} \end{array}$$

関数 $y=\dfrac{3}{x-2}-1$ のグラフをかけ。

POINT $y=\dfrac{k}{x-p}+q$ は，$y=\dfrac{k}{x}$ を平行移動したもの

一般に，$y=f(x)$ のグラフを x 軸の方向に p，y 軸の方向に q だけ平行移動したグラフの表す関数は，$y-q=f(x-p)$，すなわち，$y=f(x-p)+q$ です。よって，$y=\dfrac{k}{x-p}+q$ のグラフは，$y=\dfrac{k}{x}$ のグラフを x 軸の方向に p，y 軸の方向に q だけ平行移動したものであり，2 直線 $x=p$，$y=q$ が漸近線となる直角双曲線(p.19参照)です。

| 解答 |

$$y=\dfrac{3}{x-2}-1 \quad \cdots\cdots ① \qquad ❶$$

このグラフは，$y=\dfrac{3}{x}$ のグラフを x 軸の方向に 2，y 軸の方向に -1 だけ平行移動したもので，2 直線 $x=2$，$y=-1$ を漸近線とする直角双曲線である。

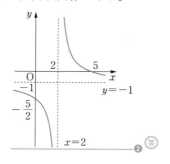

| アドバイス |

❶ これは，$y=\dfrac{3}{x}$ の x の代わりに $x-2$，y の代わりに $y+1$ と置き換えたものです。

❷ ①において，$x=0$ のとき $y=-\dfrac{5}{2}$ および $y=0$ のとき $x=5$ だから，グラフは座標軸と点 $\left(0,\ -\dfrac{5}{2}\right)$，$(5,\ 0)$ で交わります。

練習 1 双曲線 $y=\dfrac{2}{x}$ を次のように平行移動した曲線をグラフとする関数を求めよ。

(1) x 軸の方向に -3 (2) x 軸の方向に 3，y 軸の方向に -5

練習 2 次の関数のグラフをかけ。

(1) $y=\dfrac{2}{x+1}+2$ (2) $y=-\dfrac{2}{x-1}+3$

例題 2 | $y=\dfrac{ax+b}{cx+d}$ のグラフ ★★★ 基本

次の関数のグラフをかけ。また，その漸近線の方程式を求めよ。

(1) $y=\dfrac{2x-3}{x-2}$

(2) $y=\dfrac{1-2x}{x-1}$

POINT $y=\dfrac{ax+b}{cx+d}$ の形の関数は，$y=\dfrac{k}{x-p}+q$ の形に変形

$y=\dfrac{ax+b}{cx+d}$ のグラフは，p.19の 4 に従って分子を分母で割り，$y=\dfrac{k}{x-p}+q$ の形に変形するのがポイントです。この形にすると，漸近線の方程式 $x=p$，$y=q$ がわかります。

| 解答 |

(1) $y=\dfrac{2x-3}{x-2}$ ❶ $=\dfrac{2(x-2)+1}{x-2}=\dfrac{1}{x-2}+2$

このグラフは，$y=\dfrac{1}{x}$ のグラフを x 軸の方向に2，

y 軸の方向に2だけ平行移動したもので，下左図。

漸近線の方程式は　　$x=2$，$y=2$ 答

(2) $y=\dfrac{1-2x}{x-1}$ ❷ $=\dfrac{-2(x-1)-1}{x-1}=-\dfrac{1}{x-1}-2$

このグラフは，$y=-\dfrac{1}{x}$ のグラフを x 軸の方向に1，

y 軸の方向に-2だけ平行移動したもので，下右図。

漸近線の方程式は　　$x=1$，$y=-2$ 答

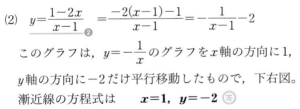

| アドバイス |

❶
$$\begin{array}{r} 2 \\ x-2\overline{)2x-3} \\ 2x-4 \\ \hline 1 \end{array}$$

$x=0$ のとき $y=\dfrac{3}{2}$，$y=0$ のとき

$x=\dfrac{3}{2}$ より，両軸との交点は

$\left(0,\ \dfrac{3}{2}\right),\ \left(\dfrac{3}{2},\ 0\right)$

❷
$$\begin{array}{r} -2 \\ x-1\overline{)-2x+1} \\ -2x+2 \\ \hline -1 \end{array}$$

$x=0$ のとき $y=-1$，$y=0$ のとき $x=\dfrac{1}{2}$ より，両軸との交点は $(0,\ -1),\ \left(\dfrac{1}{2},\ 0\right)$

練習 3 次の関数のグラフをかけ。

(1) $y=\dfrac{3x}{x-2}$

(2) $y=\dfrac{8x}{2x+1}$

(3) $xy-x+3y+2=0$

グラフを利用して，不等式 $\dfrac{3x+1}{x-1}\leqq x+2$ を解け。

POINT　$\dfrac{ax+b}{cx+d}\geqq px+q$ を解くには，グラフの活用を図る

不等式の形から，直線 $y=x+2$ が直角双曲線 $y=\dfrac{3x+1}{x-1}$ の上方にある場合の x の値の範囲と共有点の x 座標を求めればよいので，グラフをかいて位置関係を調べます。

| 解答 | アドバイス |

$\dfrac{3x+1}{x-1}\leqq x+2$　……①，$y=\dfrac{3x+1}{x-1}$　……②，

$y=x+2$　……③

②から　　$y=\dfrac{3(x-1)+4}{x-1}$

$=\dfrac{4}{x-1}+3$　❶

このグラフは，2直線 $x=1$，$y=3$ を漸近線とする直角双曲線であり，直線③との交点の x

座標は $\dfrac{3x+1}{x-1}=x+2$ から　　$3x+1=(x+2)(x-1)$

$x^2-2x-3=0$　　$(x+1)(x-3)=0$

よって　　$x=-1,\ 3$　❷

したがって，不等式①を満たす x の値の範囲は，上図から　　$\underline{-1\leqq x<1,\ 3\leqq x}$　❸　（答）

❶ ②のグラフは，$y=\dfrac{4}{x}$ のグラフを x 軸の方向に1，y 軸の方向に3だけ平行移動したものです。

❷ ②，③のグラフの交点は $(-1,\ 1)$，$(3,\ 5)$

❸ ②の定義域 $x\neq1$ に注意。計算だけで解くには，①から $x-1>0$ のとき $3x+1\leqq(x+2)(x-1)$ $x-1<0$ のとき $3x+1\geqq(x+2)(x-1)$ の2つの場合に分けて考えます。不等式ではみだりに分母を払ってはいけません。

Q 分数不等式を解く別の方法はありますか？

A ①を $x+2-\dfrac{3x+1}{x-1}=\dfrac{(x+2)(x-1)-(3x+1)}{x-1}=\dfrac{(x+1)(x-3)}{x-1}\geqq0$ とし，$x\neq1$ に注意して両辺に $(x-1)^2\ (>0)$ を掛けて，$(x+1)(x-1)(x-3)\geqq0$ を3次関数のグラフを利用して解くこともできます。

練習 4　グラフを利用して，不等式 $\dfrac{2+x}{x-1}>2x$ を満たす x の値の範囲を求めよ。

2 ｜ 無理関数とそのグラフ

1 無理関数

有理式に対して，$\sqrt{x}$，$\sqrt{2x+4}$，$\sqrt{2x^2-3}$ などのように，根号内に文字を含む式を**無理式**といい，xについての無理式で表される関数をxの**無理関数**という。無理関数の定義域は，根号内を正または0とする実数全体である。

> **例** $y=\sqrt{x}$ の定義域は$x\geqq0$，$y=\sqrt{2x+4}$ の定義域は$x\geqq-2$である。

2 $y=\sqrt{ax}$ のグラフ ▷ **例題4**

$a\neq0$のとき，**無理関数 $y=\sqrt{ax}$ の定義域は$ax\geqq0$の解xの範囲**だから，$a>0$ならば$x\geqq0$，$a<0$ならば$x\leqq0$となり，グラフは下図のようになる。

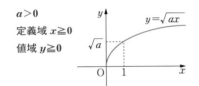
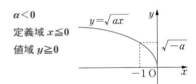

3 $y=\sqrt{ax+b}$ のグラフ ▷ **例題4** **例題5**

無理関数$y=\sqrt{ax}$ のグラフをx軸の方向にpだけ平行移動すると，無理関数 $y=\sqrt{a(x-p)}$ のグラフになる。

$a\neq0$のとき，$y=\sqrt{ax+b}=\sqrt{a\left(x+\dfrac{b}{a}\right)}$ となるので，$y=\sqrt{ax+b}$ のグラフは，

$y=\sqrt{ax}$ のグラフをx軸の方向に $-\dfrac{b}{a}$ だけ平行移動したものである。

> **例** $y=\sqrt{x+2}$ のグラフは，$y=\sqrt{x}$ のグラフをx軸の方向に -2 だけ平行移動したものである。

例題 **4** 無理関数のグラフ ★★★ 基本

次の関数のグラフをかけ。

(1) $y=\sqrt{2x+4}$ (2) $y=\sqrt{2-x}$ (3) $y=-\sqrt{2x-4}$

POINT 無理関数は, $y=\sqrt{ax}$, $y=-\sqrt{ax}$ が基本形

$y=\sqrt{ax+b}$ や $y=-\sqrt{ax+b}$ のグラフは, $y=\sqrt{ax}$ や $y=-\sqrt{ax}$ のグラフが基本形で, これらをどのように平行移動したかを調べます。なお, $y=-\sqrt{ax+b}$ のグラフは, $y=\sqrt{ax+b}$ のグラフと x 軸に関して対称です。

| 解答 | | アドバイス |

(1) $y=\sqrt{2x+4}=\sqrt{2(x+2)}$ ❶

このグラフは, $y=\sqrt{2x}$ のグラフを x 軸の方向に -2 だけ平行移動したもので, 右図。❷ 答

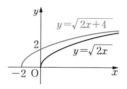

❶ $y=\sqrt{2x+4}$ の定義域は, 根号内 $\geqq 0$ から $2x+4\geqq 0$ すなわち $x\geqq -2$ 値域は, $\sqrt{2x+4}\geqq 0$ から $y\geqq 0$

❷
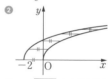

(2) $y=\sqrt{2-x}=\sqrt{-(x-2)}$ ❸

このグラフは, $y=\sqrt{-x}$ のグラフを x 軸の方向に 2 だけ平行移動したもので, 右図。 答

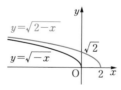

❸ $y=\sqrt{2-x}$ の定義域は, $2-x\geqq 0$ から $x\leqq 2$ 値域は, $\sqrt{2-x}\geqq 0$ から $y\geqq 0$

(3) $y=-\sqrt{2x-4}=-\sqrt{2(x-2)}$ ❹

このグラフは, $y=-\sqrt{2x}$ のグラフを x 軸の方向に 2 だけ平行移動したもので, 右図。 答

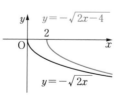

❹ $y=-\sqrt{2x+4}$ の定義域は, $2x-4\geqq 0$ から $x\geqq 2$ 値域は, $\sqrt{2x-4}\geqq 0$ から $y\leqq 0$

Q 関数 $y=f(x)$ のグラフの対称移動について教えてください。

A 一般に, $y=f(x)$ のグラフに対して, 基本的な対称移動は次のようになります。

$y=f(-x)$ のグラフは y 軸対称, $y=-f(x)$ のグラフは x 軸対称,

$y=-f(-x)$ のグラフは原点対称

練習 5 次の関数のグラフをかけ。

(1) $y=\sqrt{2x+2}$ (2) $y=\sqrt{2-2x}$ (3) $y=-2\sqrt{-x+2}$

例題 5 | 無理不等式とグラフ　　★★★ 標準

不等式 $\sqrt{x-1}>x-3$ を満たす x の値の範囲を求めよ。

 **POINT** $\sqrt{ax+b}>px+q$ を解くには，グラフの活用を図る

本問は，計算だけで解くことも可能ですが，| 例題 **3** |の分数不等式の場合と同じように考えて，無理関数 $y=\sqrt{x-1}$ のグラフが直線 $y=x-3$ の上方にある場合の x の値の範囲を調べましょう。

| 解 答 | | アドバイス |

$$\sqrt{x-1}>x-3 \quad \cdots\cdots ①$$
$$y=\sqrt{x-1} \quad \cdots\cdots ②$$
$$y=x-3 \quad \cdots\cdots ③$$

とおくと，それぞれのグラフは右図のようになる。
共有点の x 座標は
$$\sqrt{x-1}=x-3 \quad \cdots\cdots ④$$
の両辺を平方して　　$x-1=(x-3)^2$　　$x^2-7x+10=0$
　　　　$(x-2)(x-5)=0$　　よって　$x=2,\ 5$
このうち，④を満たすのは　　$x=5$
したがって，上のグラフから，①を満たす x の値の範囲は　　**$1\leqq x<5$** 答

❶ $y=\sqrt{x-1}$ の定義域は
　$x-1\geqq0$ から　$x\geqq1$
　したがって，求める x の値の範囲は，$x\geqq1$ で考えます。

❷ $x=2$ のとき，④の
　左辺 $=1$, 右辺 $=-1$
　で，$x=2$ は④の解ではありません。このように無理方程式で，両辺を平方したために得られた解を，**無縁解**といいます。
　これは，実際には
　　　$-\sqrt{x-1}=x-3$
　の解で，このことは，グラフからも判断できます。

 Q 無理不等式を計算だけで解く方法はありますか？

 A $\sqrt{x-1}>x-3$　$\cdots\cdots①$　を計算だけで解いてみましょう。

まず，実数条件から　$x-1\geqq0$　よって　$x\geqq1$

(ア)　$x-3\leqq0$ すなわち $1\leqq x\leqq3$ のとき，①は成り立つ。

(イ)　$x-3>0$ すなわち $x>3$ のとき，①の両辺は正だから，平方しても同値である。
　　　したがって，$x-1>(x-3)^2$ から　$x^2-7x+10<0$　$(x-2)(x-5)<0$
　　　よって　$2<x<5$　$x>3$ と合わせて　$3<x<5$

したがって，(ア)と(イ)から，①の解は　$1\leqq x<5$

練習 6　グラフを利用して，次の不等式を解け。
　(1)　$\sqrt{5-x}<x+1$　　　　　　(2)　$\sqrt{2x-1}\leqq x-2$

3 | 逆関数と合成関数

1 逆関数

関数 $y=f(x)$ について，y の値に応じて x の値がただ1つ定まるとき，すなわち，$y=f(x)$ を x についての方程式と考えて解いて，ただ1つの解 $x=g(y)$ が得られるとき，x は y の関数となる。このとき，x と y を入れ替えて $y=g(x)$ と表したものを，もとの関数 $y=f(x)$ の**逆関数**といい，$y=f^{-1}(x)$ で表す。逆関数が存在するのは，もとの関数において，x と y が1対1の対応をなしている場合，すなわち，グラフが単調増加または単調減少の場合だけである。

2 逆関数の求め方 ▷ 例題6 例題7 例題8

関数 $y=f(x)$ が逆関数 $y=f^{-1}(x)$ をもつとき，次のようにして求められる。

(1) $y=f(x)$ を x について解き，$x=g(y)$ の形に変形する。

(2) x と y を入れ替えて，$y=g(x)$ とし，$y=g(x)=f^{-1}(x)$ とする。

(3) 関数 $y=f(x)$ と逆関数 $y=f^{-1}(x)$ では，定義域と値域が入れ替わる。すなわち，$y=f(x)$ の定義域が A，かつ値域が B のとき，その逆関数 $y=f^{-1}(x)$ の定義域は B，値域は A である。

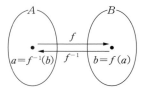

例 関数 $y=2x$ の逆関数は，x について解いて $x=\dfrac{1}{2}y$ となるので，x と y を入れ替えて $y=\dfrac{1}{2}x$ となる。

関数 $y=2^x$ $(x \geqq 1)$ の逆関数は，x について解いて $x=\log_2 y$ となるので，x と y を入れ替えて $y=\log_2 x$ となる。さらに，$x \geqq 1$ のとき，$y=2^x$ の値域は $y \geqq 2$ であるので，逆関数の定義域は $x \geqq 2$ となり，逆関数は $y=\log_2 x$ $(x \geqq 2)$ となる。

3 逆関数のグラフ ▷ 例題6 例題8

関数 $y=f(x)$ のグラフと，その逆関数 $y=f^{-1}(x)$ のグラフは直線 $y=x$ に関して対称である。

例 $y=2x$ と $y=\dfrac{1}{2}x$ のグラフおよび $y=2^x$ $(x \geqq 1)$ と $y=\log_2 x$ $(x \geqq 2)$ のグラフは，それぞれ直線 $y=x$ に関して対称である。

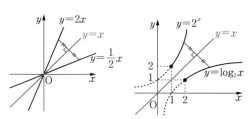

4 合成関数 ▷ **例題9**

一般に，z が y の関数で $z=g(y)$ と表され，y が x の関数
で $y=f(x)$ と表されるとき，z は x の関数となり

$$z=g(y)=g(f(x))$$

と表される。

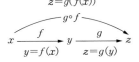

このようにして得られる関数 $z=g(f(x))$ を，関数 $f(x)$，
$g(y)$ の**合成関数**といい，$g{\circ}f$ で表す。すなわち

$$(g{\circ}f)(x)=g(f(x))$$

(1) 一般に，合成関数については，交換法則は成り立たない。すなわち

$$(g{\circ}f)(x) \neq (f{\circ}g)(x)$$

（単に，$g{\circ}f \neq f{\circ}g$ と表すこともある）

(2) 関数 $y=f(x)$ が逆関数 $y=f^{-1}(x)$ をもつとき，$f(x)$ と $f^{-1}(x)$ の合成関数につ
いて，次式が成り立つ。

$$(f^{-1}{\circ}f)(x)=x, \quad (f{\circ}f^{-1})(x)=x$$

よって，$f(x)$ と $f^{-1}(x)$ の合成関数については，$f^{-1}{\circ}f=f{\circ}f^{-1}$ が成り立つ。

例 $f(x)=x^2-3$，$g(x)=2x$ のとき

$$(g{\circ}f)(x)=g(f(x))=2f(x)=2(x^2-3)=2x^2-6$$
$$(f{\circ}g)(x)=f(g(x))=\{g(x)\}^2-3=(2x)^2-3=4x^2-3$$

よって

$$(g{\circ}f)(x) \neq (f{\circ}g)(x)$$

また，$g^{-1}(x)=\dfrac{1}{2}x$ だから

$$(g^{-1}{\circ}g)(x)=g^{-1}(g(x))=\frac{1}{2}g(x)=\frac{1}{2}{\cdot}2x=x$$

$$(g{\circ}g^{-1})(x)=g(g^{-1}(x))=2g^{-1}(x)=2{\cdot}\frac{1}{2}x=x$$

よって

$$(g^{-1}{\circ}g)(x)=(g{\circ}g^{-1})(x)=x$$

例題 6 | 指数・対数関数の逆関数 ★★★ 基本

次の関数のグラフと，その逆関数のグラフを，同じ座標平面上にかけ。

(1) $y=\dfrac{1}{2}x+5$　　　　　　　(2) $y=\log_2(x-1)$

POINT 逆関数ともとの関数のグラフは，直線 $y=x$ に関して対称

関数 $y=f(x)$ の逆関数は，まず，$y=f(x)$ を x について解き，そのあと，x と y を入れ替えるだけです。$y=f(x)$ と $y=f^{-1}(x)$ のグラフは，$y=x$ に関して対称となります。指数関数 $y=a^x$ と対数関数 $y=\log_a x$ $(a>0,\ a\neq1)$ は，数学Ⅱで学んだように，指数と対数の関係：$y=a^x \Longleftrightarrow x=\log_a y$ により，互いに逆関数の関係にあります。よって，$y=a^x$ と $y=\log_a x$ のグラフは，直線 $y=x$ に関して対称となります。

| 解答 | | アドバイス |

(1)　　　$y=\dfrac{1}{2}x+5$　……①

①から　　$x=2y-10$

x と y を入れ替えて，①の逆関数は

　　　$y=2x-10$　……②

①，②のグラフは下左図で，$y=x$ に関して対称である。

(2)　　　$y=\log_2(x-1)$　……③

③から　$x-1=2^y$　　よって　$x=2^y+1$

したがって，③の逆関数は　　$\underline{y=2^x+1}_{①}$　……④

③，④のグラフは下右図で，$y=x$ に関して対称である。

❶ このグラフは $y=2^x$ のグラフを y 軸の方向に1だけ平行移動したものです。
漸近線は　$y=1$

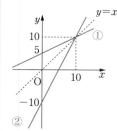

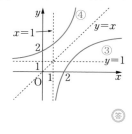

（答）

練習 7　次の関数の逆関数を求め，そのグラフをかけ。

(1) $y=2^x-1$　　　　　　　(2) $y=\log_3 x+1$

| 例題 **7** | 分数関数の逆関数　　　　　★★★　基本

次の関数の逆関数を求めよ。

(1) $y=\dfrac{2x-1}{x-2}$

(2) $y=\dfrac{3x-2}{x-1}$ $(x<1)$

 **POINT**　$y=f(x)$ と $y=f^{-1}(x)$ の定義域と値域は入れ替わる

逆関数の求め方は，例題 **6** と同じ要領ですが，(2)のように定義域に制限があるときは，「$y=f^{-1}(x)$ の定義域 $\Longrightarrow y=f(x)$ の値域」に従って，$x<1$ のときの与えられた関数の値域を求めます。それには，グラフを利用するとわかりやすいです。

| 解答 |

(1) $\quad y=\dfrac{2x-1}{x-2}$ ……①

①から　　$y(x-2)=2x-1$　　$x(y-2)=2y-1$

よって　　$x=\dfrac{2y-1}{y-2}$

x と y を入れ替えて，①の逆関数は

$$y=\dfrac{2x-1}{x-2} \text{（答）}$$

(2) $\quad y=\dfrac{3x-2}{x-1}$ $(x<1)$ ……②

②から　　$y(x-1)=3x-2$

$x(y-3)=y-2$

$x=\dfrac{y-2}{y-3}$ ……③

また，②から

$$y=\dfrac{3(x-1)+1}{x-1}=\dfrac{1}{x-1}+3$$

上図のグラフから，$x<1$ のとき　　$y<3$ ……④

したがって，③，④で x と y を入れ替えて，②の逆関

数は　　$y=\dfrac{x-2}{x-3}$ $(x<3)$ （答）

| アドバイス |

❶ x と y を入れ替えて

$$x=\dfrac{2y-1}{y-2}$$

これを y について解くと

$$x(y-2)=2y-1$$
$$(x-2)y=2x-1$$

よって

$$y=\dfrac{2x-1}{x-2}$$

このようにしても逆関数は得られます。

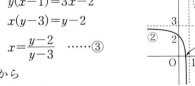

❷ $x<1$ のとき　$x-1<0$

よって　$\dfrac{1}{x-1}<0$

したがって

$$y=\dfrac{1}{x-1}+3<3$$

としても導けます。

❸ $y=f(x)$ の値域 $y<3$ が
逆関数 $y=f^{-1}(x)$ の定義域
$x<3$ になります。

練習 8　次の関数の逆関数を求めよ。

(1) $y=\dfrac{1}{x-2}+3$

(2) $y=\dfrac{2x}{x-2}$ $(x>2)$

例題 8 | 2次関数の逆関数　★★★　基本

次の関数の逆関数を求めよ。また，そのグラフをかけ。

(1)　$y=x^2-2$ $(x\leq 0)$　　　　　　(2)　$y=-x^2+2x$ $(x\geq 1)$

POINT　関数 $y=f(x)$ のグラフが単調増加または単調減少
$\Longleftrightarrow$ 逆関数が存在する

逆関数の求め方は | 例題7 |の(2)と同じ要領ですが，(1)では，$x^2=y+2$ から $x=\pm\sqrt{y+2}$ として，x と y を入れ替えて，逆関数は $y=\pm\sqrt{x+2}$ としてはいけません。与えられた**定義域 $x\leq 0$** が逆関数にどのようにして関係してくるかを調べます。

| 解 答 | アドバイス |

(1)　　　　$y=x^2-2$ $(x\leq 0)$　……①

①から　　$x^2=y+2$ $\underline{(y\geq -2)}_{①}$

$x\leq 0$ のとき　　$x=-\sqrt{y+2}$

よって，x と y を入れ替えて，①の逆関数は

$$y=-\sqrt{x+2}\ (x\geq -2)\ （答）$$

このグラフは，下左図。

(2)　　　$y=-x^2+2x=-(x-1)^2+1$ $(x\geq 1)$　……②

②から　　$(x-1)^2=1-y$ $\underline{(y\leq 1)}_{②}$

$x\geq 1$ のとき　$x-1=\sqrt{1-y}$

よって　　$x=\sqrt{1-y}+1$

したがって，②の逆関数は

$$y=\sqrt{1-x}+1\ (x\leq 1)\ （答）$$

このグラフは，下右図。

❶ $x\leq 0$ のとき　$x^2\geq 0$ より
　　$x^2=y+2\geq 0$
よって　$y\geq -2$
これは，①のグラフをかいてもわかります。したがって，逆関数の定義域は　$x\geq -2$
値域は　$y\leq 0$

❷ $x\geq 1$ のとき
　　$(x-1)^2\geq 0$
だから
　　$(x-1)^2=1-y\geq 0$
よって　$y\leq 1$
これは，②のグラフをかいてもわかります。
したがって，逆関数の定義域は
　　$x\leq 1$
値域は
　　$y\geq 1$

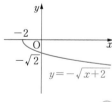

（答）

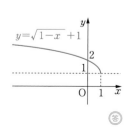

（答）

練習 9　次の関数の逆関数を求め，そのグラフをかけ。

(1)　$y=x^2+1$ $(x\geq 0)$　　　　　　(2)　$y=3x^2-2$ $(x\leq 0)$

例題 **9** 合成関数 ★★★ 基本

(1) $f(x)=x+1$, $g(x)=\sqrt{x^2-1}$, $h(x)=\log_2 x$ のとき，次の合成関数を求めよ。

  ① $(g \circ f)(x)$ ② $(f \circ g)(x)$ ③ $(h \circ g)(x)$

(2) $f(x)=3^x$, $g(x)=\log_3 x$ のとき，合成関数 $(g \circ f)(x)$ と $(f \circ g)(x)$ を求めよ。

 **POINT** f，g の合成関数は $(g \circ f)(x)=g(f(x))$

> 2つの関数 $f(x)$，$g(x)$ の合成関数は，$(g \circ f)(x)=g(f(x))$ で，その順序をとり違えないように注意しましょう。(1)は，これに従って解きます。また，(2)は，$f(x)$ と $g(x)$ が互いに逆関数になっていることに気がつけば，$(f^{-1} \circ f)(x)=(f \circ f^{-1})(x)=x$，すなわち，$(g \circ f)(x)=x$，$(f \circ g)(x)=x$ となるはずです。

解答	アドバイス
(1)① $(\boldsymbol{g \circ f})(\boldsymbol{x})=g(f(x))=\sqrt{\{f(x)\}^2-1}$ ❶ $\qquad =\sqrt{(x+1)^2-1}$ $\qquad =\sqrt{\boldsymbol{x^2+2x}}$ 答	❶ $g(f(x))$ は， $g(x)=\sqrt{x^2-1}$ の x を $f(x)$ に置き換えたものです。
② $(\boldsymbol{f \circ g})(\boldsymbol{x})=f(g(x))=g(x)+1$ $\qquad =\sqrt{\boldsymbol{x^2-1}}+\boldsymbol{1}$ ❷ 答	❷ ①，②の結果から $\qquad (g \circ f)(x) \neq (f \circ g)(x)$ 一般に，合成関数については，交換法則は成り立ちません。
③ $(\boldsymbol{h \circ g})(\boldsymbol{x})=h(g(x))=\log_2 g(x)$ $\qquad =\log_2 \sqrt{x^2-1}$ $\qquad =\dfrac{\boldsymbol{1}}{\boldsymbol{2}}\boldsymbol{\log_2(x^2-1)}$ 答	
(2) $f(x)=3^x$, $g(x)=\log_3 x$ のとき $\quad (\boldsymbol{f \circ g})(\boldsymbol{x})=f(g(x))=3^{g(x)}=3^{\log_3 x}=\boldsymbol{x}$ ❸ 答 $\quad (\boldsymbol{g \circ f})(\boldsymbol{x})=g(f(x))=\log_3 f(x)=\log_3 3^x=\boldsymbol{x}$ 答	❸ $a>0$，$a \neq 1$ のとき $\qquad a^{\log_a x}=x$ （公式） 両辺の a を底とする対数をとってみるとわかります。

 Q 合成関数の性質を教えてください。

 A 上の 例題**9** (1)の①，②の定義域を求めてみましょう。$f(x)$ の定義域は全実数。$g(x)$ の定義域は $|x| \geqq 1$ です。また，$y=\sqrt{x^2+2x}$ は $x^2+2x \geqq 0$ から $x \leqq -2$，$0 \leqq x$，また $y=\sqrt{x^2-1}+1$ は $x^2-1 \geqq 0$ から $|x| \geqq 1$ です。よって，①の定義域は $x \leqq -2$，$0 \leqq x$ であり，②の定義域は $|x| \geqq 1$ です。
また，(2)の $(f \circ g)(x)$ は厳密には $(f \circ g)(x)=x$ $(x>0)$

練習 10 $f(x)=2x-3$, $g(x)=\dfrac{1}{x}$ のとき，合成関数 $g(f(x))$ と $f(g(x))$ を求めよ。

1 分数関数 $y=\dfrac{ax+b}{3x+c}$ のグラフが，点 $(1,\ 6)$ を通り，2 直線 $x=-\dfrac{10}{3}$，$y=7$ を漸近線としてもつとき，定数 $a,\ b,\ c$ の値を求めよ。

2 関数 $y=\dfrac{bx+5}{x+a}$ のグラフは，2 点 $(3,\ 2)$，$(1,\ -4)$ を通る。このとき，次の問いに答えよ。

(1) $a,\ b$ の値を求めよ。

(2) グラフを用いて，不等式 $\dfrac{bx+5}{x+a}>3x-7$ を満たす x の値の範囲を求めよ。

3 座標平面において，曲線 $y=-\dfrac{5}{4x}$ を x 軸方向に $-\dfrac{1}{2}$，y 軸方向に $\dfrac{3}{2}$ だけ平行移動した曲線を C_1 とすると，C_1 の方程式は，$y=\boxed{\ \ ア\ \ }$ である。また，曲線 C_1 を原点に関して対称移動した曲線を C_2 とすると，C_2 の方程式は，$y=\boxed{\ \ イ\ \ }$ である。次に，曲線 C_1 を直線 $x=-1$ に関して対称移動した曲線を C_3 とすると，C_3 の方程式は，$y=\boxed{\ \ ウ\ \ }$ である。曲線 C_2 と曲線 C_3 との交点の座標は，$\boxed{\ \ エ\ \ }$ と $\boxed{\ \ オ\ \ }$ である。

4 2 つの関数 $y=\dfrac{1}{x-1}$ と $y=-|x|+k$ のグラフが 2 個以上の点を共有するときの k の値の範囲を求めよ。

5 グラフを用いて，次の不等式を解け。

(1) $\sqrt{x+2}\leqq -x+4$

(2) $\sqrt{4x+17}-x-3>0$

6 関数 $y=f(x)=\sqrt{5x}$ がある。

(1) 曲線 $y=f(x)$ と y 軸に関して対称な曲線を $y=g(x)$ とする。

　　この曲線 $y=g(x)$ を x 軸方向に 10 だけ平行移動した曲線を $y=h(x)$ とする。

　$y=g(x)$ と $y=h(x)$ を求めよ。

(2) $-2\leqq x\leqq 12$ の範囲で，関数 $y=f(x)$ と関数 $y=h(x)$ のグラフをかけ。

(3) 関数 $y=f(x)$ と関数 $y=h(x)$ のグラフの共有点の座標を求めよ。

7 関数 $y=\sqrt{2x-1}$ のグラフと直線 $y=x+k$ の共有点の個数を，k の変化に応じて調べよ。

8 関数 $g(x)=\sqrt{x+1}$ の逆関数を $g^{-1}(x)$ とするとき，不等式 $g^{-1}(x)\geqq g(x)$ を満たす x の値の範囲を求めよ。

9 $f(x)=\dfrac{x}{1+x}$, $g(x)=\dfrac{1}{x-2}$ とするとき，次の問いに答えよ。

(1) $g(f(x))$ を求めよ。

(2) $h(g(x))=f(x)$ となる関数 $h(x)$ を求めよ。

数列の極限

1 数列の極限

1 数列の極限 ▷ 例題 10

① 収束

$$\lim_{n \to \infty} a_n = \alpha \quad (n \to \infty \text{ のとき, } a_n \text{ が } \alpha \text{ に近づく})$$

② 発散

$$\lim_{n \to \infty} a_n = \infty \quad (n \to \infty \text{ のとき, } a_n \text{ が限りなく大きくなる})$$

$$\lim_{n \to \infty} a_n = -\infty \quad (n \to \infty \text{ のとき, } a_n \text{ は負で } |a_n| \text{ が限りなく大きくなる})$$

振動 $(\lim_{n \to \infty} a_n \text{ が } \alpha \text{ でも } \infty \text{ でも } -\infty \text{ でもないとき})$

例 $\lim_{n \to \infty}\left(1+\dfrac{1}{n}\right)=1, \ \lim_{n \to \infty}(2n+3)=\infty, \ \lim_{n \to \infty}(-3n+1)=-\infty,$

$\lim_{n \to \infty}(-1)^n \longrightarrow$ 極限値なし，振動

2 極限値の性質 ▷ 例題 11　例題 12　例題 13

数列 $\{a_n\}$，$\{b_n\}$ が収束し，$\lim_{n \to \infty} a_n = \alpha$，$\lim_{n \to \infty} b_n = \beta$ のとき

① $\lim_{n \to \infty} k a_n = k\alpha$（$k$ は定数）

② $\lim_{n \to \infty}(a_n + b_n) = \alpha + \beta$，$\lim_{n \to \infty}(a_n - b_n) = \alpha - \beta$

③ $\lim_{n \to \infty} a_n b_n = \alpha\beta$

④ $\lim_{n \to \infty} \dfrac{a_n}{b_n} = \dfrac{\alpha}{\beta} \quad (\beta \neq 0)$

例 $\lim_{n \to \infty}\left(2-\dfrac{3}{n}\right)=2-3\cdot 0=2$

3 極限と大小関係 ▷ 例題 14

① すべての n について，$a_n \leqq b_n$ のとき

$$\lim_{n \to \infty} a_n = \alpha, \ \lim_{n \to \infty} b_n = \beta \quad \text{ならば} \quad \alpha \leqq \beta$$

$$\lim_{n \to \infty} a_n = \infty \quad \text{ならば} \quad \lim_{n \to \infty} b_n = \infty \quad (\text{比較法})$$

② すべての n について，$a_n \leqq c_n \leqq b_n$ のとき

$$\lim_{n \to \infty} a_n = \alpha, \ \lim_{n \to \infty} b_n = \alpha \quad \text{ならば} \quad \lim_{n \to \infty} c_n = \alpha \quad (\text{はさみうちの原理})$$

4 数列 $\{r^n\}$ の極限　▷ 例題15　例題16　例題17　例題18

無限等比数列 $\{r^n\}$ の極限について

① $r>1$ のとき　　$\displaystyle\lim_{n\to\infty}r^n=\infty$

② $r=1$ のとき　　$\displaystyle\lim_{n\to\infty}r^n=1$

③ $|r|<1$ のとき　　$\displaystyle\lim_{n\to\infty}r^n=0$

④ $r\leqq-1$ のとき　　$\{r^n\}$ は振動し，極限はない

例 　$\displaystyle\lim_{n\to\infty}2\cdot\left(\frac{1}{3}\right)^n=0,\ \lim_{n\to\infty}3\cdot2^n=\infty$

5 不定形の解消　▷ 例題11　例題12

与えられた式のままで極限を考えたとき，$\infty-\infty$，$0\times\infty$，$\dfrac{\infty}{\infty}$，$\dfrac{0}{0}$ の形になる

ものを**不定形の極限**といい，次のような変形を行ってから，極限を定める。

① 最高次数の項をくくり出す。

例 　$\displaystyle\lim_{n\to\infty}(n^2-n)=\lim_{n\to\infty}n^2\left(1-\frac{1}{n}\right)$
$=\infty$

② 分母の最高次数の項で分母・分子を割る。

例 　$\displaystyle\lim_{n\to\infty}\frac{2n-1}{3n+1}=\lim_{n\to\infty}\frac{2-\dfrac{1}{n}}{3+\dfrac{1}{n}}$

$=\dfrac{2}{3}$

③ 分子を有理化する。

例 　$\displaystyle\lim_{n\to\infty}(\sqrt{n+1}-\sqrt{n})=\lim_{n\to\infty}\frac{1}{\sqrt{n+1}+\sqrt{n}}$
$=0$

④ 数列の和の公式を用いる。

例題 10 | 一般項と極限

★★★ （基本）

次の数列の極限を求めよ。

(1) $7-\dfrac{1}{2}$, $7-\dfrac{1}{3}$, $7-\dfrac{1}{4}$, $7-\dfrac{1}{5}$, ……

(2) 7, 4, 1, -2, ……

(3) 1^2-2, $\left(\dfrac{1}{2}\right)^2-4$, $\left(\dfrac{1}{3}\right)^2-6$, ……

 POINT 数列の極限は，一般項を求め，$n \to \infty$ とする

数列の極限は，まず一般項を求め $n \to \infty$ としますが，このとき，$n^2 \to \infty$, $n^3 \to \infty$,
$\dfrac{1}{n} \to 0$, $\dfrac{1}{n^2} \to 0$ などに注意して極限を求めます。
また，一般項が n の整式のときは，最高次数の項でくくります。

| 解答 | | アドバイス |

それぞれの数列の一般項を a_n とする。

(1) $a_n = 7 - \dfrac{1}{n+1}$ だから

$$\lim_{n \to \infty} a_n = \lim_{n \to \infty}\left(7 - \frac{1}{n+1}\right)_{\textcircled{1}}$$
$$= \boldsymbol{7} \ \text{(答)}$$

❶ $n \to \infty$ のとき，$\dfrac{1}{n+1} \to 0$

(2) $a_n = 7 - 3(n-1)_{\textcircled{2}} = 10 - 3n$ だから
$$\lim_{n \to \infty} a_n = \lim_{n \to \infty}(10 - 3n)$$
$$= \boldsymbol{-\infty} \ \text{(答)}$$

❷ $\{a_n\}$ は初項 7，公差 -3 の等差数列。

(3) $a_n = \left(\dfrac{1}{n}\right)^2 - 2n$ だから
$$\lim_{n \to \infty} a_n = \lim_{n \to \infty}\left\{\left(\frac{1}{n}\right)^2 - 2n\right\}_{\textcircled{3}}$$
$$= \boldsymbol{-\infty} \ \text{(答)}$$

❸ $n \to \infty$ のとき，$\left(\dfrac{1}{n}\right)^2 \to 0$,
$-2n \to -\infty$

練習 11 次の数列の極限を求めよ。

$$5 - \frac{1}{3}, \ 5 - \frac{1}{4}, \ 5 - \frac{1}{5}, \ \cdots\cdots$$

例題 **11** | 有理式の極限　　　★★★　基本

次の極限を求めよ。

(1) $\displaystyle\lim_{n\to\infty}\frac{5n+1}{2n^2+n+3}$ 　　(2) $\displaystyle\lim_{n\to\infty}\frac{3n^2+n-4}{2n^2+3n+1}$ 　　(3) $\displaystyle\lim_{n\to\infty}\frac{n^2+n-4}{5n+3}$

 **POINT**　有理式の極限で，$\dfrac{\infty}{\infty}$ の形は分母の最高次数の項で割る

$\dfrac{\infty}{\infty}$ 形の不定形となる有理式の極限では分母の最高次数の項で分母・分子を割って，

$\dfrac{1}{n}\to 0,\ \dfrac{1}{n^2}\to 0$ などを用いて極限を求めます。

| 解答 |

(1) $\displaystyle\lim_{n\to\infty}\frac{5n+1}{\underline{2n^2+n+3}_①}$ $=\displaystyle\lim_{n\to\infty}\frac{\dfrac{5}{n}_②+\dfrac{1}{n^2}_②}{2+\dfrac{1}{n}_②+\dfrac{3}{n^2}_②}=\mathbf{0}$ 答

(2) $\displaystyle\lim_{n\to\infty}\frac{3n^2+n-4}{\underline{2n^2+3n+1}_③}$ $=\displaystyle\lim_{n\to\infty}\frac{3+\dfrac{1}{n}-\dfrac{4}{n^2}}{2+\dfrac{3}{n}+\dfrac{1}{n^2}}=\mathbf{\dfrac{3}{2}}$ 答

(3) $\displaystyle\lim_{n\to\infty}\frac{n^2+n-4}{\underline{5n+3}_④}$ $=\displaystyle\lim_{n\to\infty}\frac{n+1-\dfrac{4}{n}}{5+\dfrac{3}{n}}=\infty$ 答

| アドバイス |

❶ 分母の最高次数の項 n^2 で，分母・分子を割ります。

❷ $n\to\infty$ のとき
$\dfrac{5}{n}\to 0,\ \dfrac{1}{n^2}\to 0,\ \dfrac{1}{n}\to 0,$
$\dfrac{3}{n^2}\to 0$

❸ 分母の最高次数の項 n^2 で，分母・分子を割ります。

❹ 分母の最高次数の項 n で，分母・分子を割ります。

| STUDY | 最高次数だけに注目

例題の極限は，分母・分子の最高次数だけに注目した $\displaystyle\lim_{n\to\infty}\frac{5n}{2n^2},\ \lim_{n\to\infty}\frac{3n^2}{2n^2},\ \lim_{n\to\infty}\frac{n^2}{5n}$ の極限と一致する。

練習 12　　次の極限を求めよ。

(1) $\displaystyle\lim_{n\to\infty}\frac{3-4n}{2n-1}$ 　　(2) $\displaystyle\lim_{n\to\infty}\frac{6n^2+2n-1}{2n^2+3n+1}$ 　　(3) $\displaystyle\lim_{n\to\infty}\frac{3n-2}{n^2+n-1}$

例題 12 | 無理式の極限 　　　★ ★ ★ 　基本

次の極限を求めよ。

(1) $\displaystyle\lim_{n\to\infty}\dfrac{4n}{\sqrt{n^2+n}+3n}$ 　　(2) $\displaystyle\lim_{n\to\infty}(\sqrt{n+5}-\sqrt{n})$ 　　(3) $\displaystyle\lim_{n\to\infty}(\sqrt{n^2+4n}-n)$

 **POINT** 　無理式の極限で，∞−∞ の形には有理化を用いる

$\displaystyle\lim_{n\to\infty}\{\sqrt{f(x)}-\sqrt{g(x)}\}$ が ∞−∞ の形の不定形になるときは，分母を1と考え，分子を有理化します。(1)は，分母の最高次数の項で割ります。すなわち，分母・分子を n で割ります。

解答	アドバイス
(1) $\displaystyle\lim_{n\to\infty}\dfrac{4n}{\sqrt{n^2+n}+3n}=\lim_{n\to\infty}\dfrac{4}{\sqrt{1+\dfrac{1}{n}}+3}$ ❶ $=\dfrac{4}{1+3}=\boldsymbol{1}$ 　答	❶ $n>0$ のとき，$n=\sqrt{n^2}$ だから $\sqrt{n^2+n}\div n$ $=\sqrt{\dfrac{n^2}{n^2}+\dfrac{n}{n^2}}$ $=\sqrt{1+\dfrac{1}{n}}$
(2) $\displaystyle\lim_{n\to\infty}(\sqrt{n+5}-\sqrt{n})$ $=\lim_{n\to\infty}\dfrac{(\sqrt{n+5}-\sqrt{n})(\sqrt{n+5}+\sqrt{n})}{\sqrt{n+5}+\sqrt{n}}$ ❷ $=\lim_{n\to\infty}\dfrac{n+5-n}{\sqrt{n+5}+\sqrt{n}}$ $=\lim_{n\to\infty}\dfrac{5}{\sqrt{n+5}+\sqrt{n}}=\boldsymbol{0}$ 　答	❷ 分母・分子に $\sqrt{n+5}+\sqrt{n}$ を掛けます。
(3) $\displaystyle\lim_{n\to\infty}(\sqrt{n^2+4n}-n)$ $=\lim_{n\to\infty}\dfrac{(\sqrt{n^2+4n}-n)(\sqrt{n^2+4n}+n)}{\sqrt{n^2+4n}+n}$ ❸ $=\lim_{n\to\infty}\dfrac{n^2+4n-n^2}{\sqrt{n^2+4n}+n}$ $=\lim_{n\to\infty}\dfrac{4}{\sqrt{1+\dfrac{4}{n}}+1}=\dfrac{4}{1+1}=\boldsymbol{2}$ 　答 ❹	❸ 分母・分子に $\sqrt{n^2+4n}+n$ を掛けます。 ❹ 分母・分子を n で割ります。

練習 13 　次の極限を求めよ。

(1) $\displaystyle\lim_{n\to\infty}\dfrac{\sqrt{n^2+n}+n}{2n}$ 　　(2) $\displaystyle\lim_{n\to\infty}(\sqrt{n+1}-\sqrt{n})$ 　　(3) $\displaystyle\lim_{n\to\infty}(\sqrt{n^2+n}-n)$

| 例題 **13** | 数列の和と極限　　　　★ ★ ★　標準 |

次の極限を求めよ。

(1) $\displaystyle\lim_{n\to\infty}\frac{1+2+3+\cdots\cdots+n}{n^2}$

(2) $\displaystyle\lim_{n\to\infty}\frac{n^3}{1^2+2^2+3^2+\cdots\cdots+n^2}$

 POINT　数列の和と極限は，和を計算してから，極限を求める

数列の和の公式

$$1+2+3+\cdots\cdots+n=\frac{1}{2}n(n+1),\quad 1^2+2^2+3^2+\cdots\cdots+n^2=\frac{1}{6}n(n+1)(2n+1),$$

$$1^3+2^3+3^3+\cdots\cdots+n^3=\left\{\frac{1}{2}n(n+1)\right\}^2$$

を用いてから極限の計算をします。

| 解 答 | アドバイス |

(1) $\displaystyle\lim_{n\to\infty}\frac{1+2+3+\cdots\cdots+n}{n^2}=\lim_{n\to\infty}\frac{\dfrac{1}{2}n(n+1)}{n^2}$ ❶

　　　　　　　　　　　　　　$\displaystyle=\lim_{n\to\infty}\frac{1}{2}\left(1+\frac{1}{n}\right)=\boldsymbol{\frac{1}{2}}$ 答

❶ 分母・分子を n^2 で割ります。

(2) $\displaystyle\lim_{n\to\infty}\frac{n^3}{1^2+2^2+3^2+\cdots\cdots+n^2}$

　$\displaystyle=\lim_{n\to\infty}\frac{n^3}{\dfrac{1}{6}n(n+1)(2n+1)}$ ❷

　$\displaystyle=\lim_{n\to\infty}\frac{6}{\left(1+\dfrac{1}{n}\right)\left(2+\dfrac{1}{n}\right)}$

　$\displaystyle=\frac{6}{1\cdot 2}=\boldsymbol{3}$ 答

❷ 分母・分子を n^3 で割ります。つまり n, $n+1$, $2n+1$ をそれぞれ n で割ります。

練習 14 　次の極限を求めよ。

(1) $\displaystyle\lim_{n\to\infty}\frac{1+3+5+\cdots\cdots+(2n-1)}{1+2+3+\cdots\cdots+n}$

(2) $\displaystyle\lim_{n\to\infty}\frac{1}{\sqrt{n}}\left(\frac{1}{\sqrt{2}+1}+\frac{1}{\sqrt{3}+\sqrt{2}}+\cdots\cdots+\frac{1}{\sqrt{n+1}+\sqrt{n}}\right)$

| 例題 **14** | はさみうちの原理 | ★ ★ ★　標準 |

次の数列の極限を求めよ。

(1) $\displaystyle\lim_{n\to\infty}\frac{(-1)^n}{n+4}$ 　　　　(2) $\displaystyle\lim_{n\to\infty}\frac{\sin n\theta}{n}$

 POINT 　周期関数の極限は，はさみうちの原理を用いる

$(-1)^n$ や $\sin n\theta$ のような周期関数を含む極限では，$-1\leqq(-1)^n\leqq1$，$-1\leqq\sin n\theta\leqq1$ を用い，**はさみうちの原理**を用います。すなわち，「$a_n\leqq c_n\leqq b_n$，$\displaystyle\lim_{n\to\infty}a_n=\lim_{n\to\infty}b_n=\alpha\Longrightarrow\lim_{n\to\infty}c_n=\alpha$」となることを用います。

| 解答 | アドバイス |

(1) $\underline{-1\leqq(-1)^n\leqq1}_{①}$ だから

$$\frac{-1}{n+4}\leqq\frac{(-1)^n}{n+4}\leqq\frac{1}{n+4}$$

$$\lim_{n\to\infty}\frac{-1}{n+4}=0$$

$$\lim_{n\to\infty}\frac{1}{n+4}=0$$

よって

$$\lim_{n\to\infty}\frac{(-1)^n}{n+4}=\mathbf{0}_{②}\ ㊥$$

(2) $\underline{-1\leqq\sin n\theta\leqq1}_{③}$ だから

$$-\frac{1}{n}\leqq\frac{\sin n\theta}{n}\leqq\frac{1}{n}$$

$$\lim_{n\to\infty}\left(-\frac{1}{n}\right)=0$$

$$\lim_{n\to\infty}\frac{1}{n}=0$$

よって

$$\lim_{n\to\infty}\frac{\sin n\theta}{n}=\mathbf{0}_{④}\ ㊥$$

① $\left|\dfrac{(-1)^n}{n+4}\right|=\dfrac{1}{n+4}\to0$
よって
$$\lim_{n\to\infty}\frac{(-1)^n}{n+4}=0$$
としてもよいです。

② はさみうちの原理を用います。

③ $\left|\dfrac{\sin n\theta}{n}\right|\leqq\dfrac{1}{n}\to0$
よって
$$\lim_{n\to\infty}\frac{\sin n\theta}{n}=0$$
としてもよいです。

④ はさみうちの原理を用います。

練習 15　次の極限を求めよ。

(1) $\displaystyle\lim_{n\to\infty}\frac{(-1)^n}{n+2}$ 　　　　(2) $\displaystyle\lim_{n\to\infty}\frac{\cos n\theta}{n+2}$

| 例題 **15** | 指数形の極限① ★★★ 基本

次の極限を求めよ。

(1) $\displaystyle\lim_{n\to\infty}\left(\frac{1}{5}\right)^n$

(2) $\displaystyle\lim_{n\to\infty}\frac{4^n+3^n}{4^n-3^n}$

(3) $\displaystyle\lim_{n\to\infty}\frac{5^n+3^n}{2^n-3^n}$

(4) $\displaystyle\lim_{n\to\infty}\frac{4^n+3^n}{5^n-2^n}$

 **POINT** a^n を含む極限は，$\displaystyle\lim_{n\to\infty}a^n=0$ $(0<a<1)$ を利用

a^n を含む極限では，$0<a<1$ のとき $\displaystyle\lim_{n\to\infty}a^n=0$ が利用できるように，分母の項
$(2^n,\ 3^n,\ 4^n,\ \cdots)$ のうち，最も大きいもので分母・分子を割ります。

| 解 答 | アドバイス |

(1) $\displaystyle\lim_{n\to\infty}\left(\frac{1}{5}\right)^n=\mathbf{0}$ 答

(2) $\displaystyle\lim_{n\to\infty}\frac{4^n+3^n}{4^n-3^n}❶=\lim_{n\to\infty}\frac{1+\left(\dfrac{3}{4}\right)^n❷}{1-\left(\dfrac{3}{4}\right)^n❷}$

$=\mathbf{1}$ 答

❶ 分母・分子を 4^n で割ります。
❷ $\left(\dfrac{3}{4}\right)^n\to0$

(3) $\displaystyle\lim_{n\to\infty}\frac{5^n+3^n}{2^n-3^n}❸=\lim_{n\to\infty}\frac{\left(\dfrac{5}{3}\right)^n+1❹}{\left(\dfrac{2}{3}\right)^n-1❹}$

$=-\boldsymbol{\infty}$ 答

❸ 分母・分子を 3^n で割ります。
❹ $\left(\dfrac{5}{3}\right)^n\to\infty,\ \left(\dfrac{2}{3}\right)^n\to0$

(4) $\displaystyle\lim_{n\to\infty}\frac{4^n+3^n}{5^n-2^n}❺=\lim_{n\to\infty}\frac{\left(\dfrac{4}{5}\right)^n+\left(\dfrac{3}{5}\right)^n❻}{1-\left(\dfrac{2}{5}\right)^n❻}$

$=\mathbf{0}$ 答

❺ 分母・分子を 5^n で割ります。
❻ $\left(\dfrac{4}{5}\right)^n\to0,\ \left(\dfrac{3}{5}\right)^n\to0,$
$\left(\dfrac{2}{5}\right)^n\to0$

練習 16 次の極限を求めよ。

(1) $\displaystyle\lim_{n\to\infty}\frac{3^n-2^n}{2^{2n}}$

(2) $\displaystyle\lim_{n\to\infty}\frac{1-3^n}{3^n+2^n}$

(3) $\displaystyle\lim_{n\to\infty}\frac{2^n-4^{n+1}}{3^n-4^n}$

| 例題 **16** | 指数形の極限② | ★ ★ ★ | 標準 |

$r \neq -1$ のとき，次の極限を求めよ。

$$\lim_{n \to \infty} \frac{1-r^n}{1+r^n}$$

 **POINT** 文字定数を含む指数形の極限は，場合に分けて求める

文字定数を含む指数形の極限では $|r|>1$, $r=\pm 1$, $|r|<1$ などの場合に分けて考えます。このとき $\displaystyle \lim_{n \to \infty} r^n = \begin{cases} 0 & (|r|<1) \\ 1 & (r=1) \end{cases}$, $\displaystyle \lim_{n \to \infty} \frac{1}{r^n} = 0$ $(|r|>1)$ です。

| 解答 | | アドバイス |

(i) $|r|<1$ のとき

$$\lim_{n \to \infty} r^n = 0 \quad \text{よって} \quad \lim_{n \to \infty} \frac{1-r^n}{1+r^n} = 1$$

(ii) $r=1$ のとき

$$\lim_{n \to \infty} \frac{1-r^n}{1+r^n} = 0$$
❶

❶ $r=1$ を直接代入します。

(iii) $|r|>1$ のとき

$$\lim_{n \to \infty} \frac{1}{r^n} = 0$$
❷

❷ これを用いる形に変形します。

よって $\displaystyle \lim_{n \to \infty} \frac{1-r^n}{1+r^n}$ ❸ $= \displaystyle \lim_{n \to \infty} \frac{\dfrac{1}{r^n}-1}{\dfrac{1}{r^n}+1}$

❸ 分母・分子を r^n で割ります。

$$= -1$$

(i), (ii), (iii) から

$$\lim_{n \to \infty} \frac{1-r^n}{1+r^n} = \begin{cases} 1 & (|r|<1) \\ 0 & (r=1) \\ -1 & (|r|>1) \end{cases} \quad \text{㊈}$$

練習 17　次の極限を求めよ。

(1) $\displaystyle \lim_{n \to \infty} \frac{r^{2n+1}}{1+r^{2n}}$

(2) $\displaystyle \lim_{n \to \infty} \frac{1-r^{2n}}{1+r^{2n}}$

| 例題 **17** | 漸化式①

★★★　標準

数列 $\{a_n\}$ が $a_1=1$, $a_{n+1}=\dfrac{1}{3}a_n+2$ を満たすとき，次の問いに答えよ。

(1)　一般項 a_n を求めよ。

(2)　$\displaystyle\lim_{n\to\infty}a_n$ を求めよ。

 **POINT**　隣接2項間漸化式は，特性方程式を利用する

隣接2項間漸化式 $a_{n+1}=pa_n+q$ $(p\neq0,\ 1)$　……① は a_{n+1}, a_n
をそれぞれ α とおいた**特性方程式** $\alpha=p\alpha+q$　……②
を解いて，まず α を求めます。
①-②から $\{a_n-\alpha\}$ は公比 p の等比数列となり，このこと
から一般項 a_n が求められます。

$$\begin{array}{r}a_{n+1}=pa_n+q\\ -)\quad\ \alpha=p\alpha+q\\ \hline a_{n+1}-\alpha=p(a_n-\alpha)\end{array}$$

| 解答 | | アドバイス |

(1)　$a_{n+1}=\dfrac{1}{3}a_n+2$　……①

$\alpha=\dfrac{1}{3}\alpha+2$ を解くと

$\qquad\alpha=3$

①の両辺から3を引くと

$$a_{n+1}-3=\dfrac{1}{3}(a_n-3)$$

❶特性方程式の解を①の両辺から引きます。

したがって，数列 $\{a_n-3\}$ は初項 $a_1-3=1-3=-2$,

公比 $\dfrac{1}{3}$ の等比数列だから

$$a_n-3=-2\left(\dfrac{1}{3}\right)^{n-1}$$

$$\boldsymbol{a_n=-2\left(\dfrac{1}{3}\right)^{n-1}+3}$$ （答）

❷　（等比数列の一般項）
　＝(初項)×(公比)$^{n-1}$

(2)　$\displaystyle\lim_{n\to\infty}\boldsymbol{a_n}=\lim_{n\to\infty}\left\{-2\left(\dfrac{1}{3}\right)^{n-1}+3\right\}$

$\qquad=\underline{\boldsymbol{3}}$ （答）

❸極限が有限確定値のとき，特性方程式の解と一致します。

練習 18　数列 $\{a_n\}$ が $a_1=3$, $a_{n+1}=\dfrac{1}{2}a_n+1$ を満たすとき，一般項 a_n および $\displaystyle\lim_{n\to\infty}a_n$ を求めよ。

数列 $\{a_n\}$ が $a_1=1$, $a_2=\dfrac{3}{2}$, $a_{n+2}-\dfrac{3}{2}a_{n+1}+\dfrac{1}{2}a_n=0$ を満たすとき，次の問いに答えよ。

(1) 一般項 a_n を求めよ。　　　　　　(2) $\displaystyle\lim_{n\to\infty}a_n$ を求めよ。

 **POINT** 隣接3項間漸化式は，2つの等比数列の差をとる

与えられた漸化式を $a_{n+2}-\alpha a_{n+1}=\beta(a_{n+1}-\alpha a_n)$ の形に変形して数列 $\{a_{n+1}-\alpha a_n\}$ の一般項を求めます。

| 解 答 | | アドバイス |

(1) $a_{n+2}-\dfrac{3}{2}a_{n+1}+\dfrac{1}{2}a_n=0$ 　　……①

①の特性方程式は

$$x^2-\dfrac{3}{2}x+\dfrac{1}{2}=0 \qquad 2x^2-3x+1=0$$

$$(x-1)(2x-1)=0$$

$$x=\dfrac{1}{2},\ 1$$

よって，①は次の2つの形に変形できる。

$$\underline{a_{n+2}-\dfrac{1}{2}a_{n+1}=a_{n+1}-\dfrac{1}{2}a_n,}_{\textbf{❶}}$$

$$\underline{a_{n+2}-a_{n+1}=\dfrac{1}{2}(a_{n+1}-a_n)}_{\textbf{❷}}$$

$$\begin{cases} a_{n+1}-\dfrac{1}{2}a_n=\left(a_2-\dfrac{1}{2}a_1\right)\cdot 1^{n-1}=1 & \cdots\cdots② \\ a_{n+1}-a_n=(a_2-a_1)\left(\dfrac{1}{2}\right)^{n-1}=\left(\dfrac{1}{2}\right)^n & \cdots\cdots③ \end{cases}$$

②−③から　$\dfrac{1}{2}a_n=1-\left(\dfrac{1}{2}\right)^n$　　$\boldsymbol{a_n=2\left\{1-\left(\dfrac{1}{2}\right)^n\right\}}$ 答

(2) $\displaystyle\lim_{n\to\infty}\boldsymbol{a_n}=\lim_{n\to\infty}2\left\{1-\left(\dfrac{1}{2}\right)^n\right\}=\boldsymbol{2}$ 答

❶ $\left\{a_{n+1}-\dfrac{1}{2}a_n\right\}$ は
初項 $a_2-\dfrac{1}{2}a_1=\dfrac{3}{2}-\dfrac{1}{2}=1$,
公比1の等比数列。

❷ $\{a_{n+1}-a_n\}$ は
初項 $a_2-a_1=\dfrac{3}{2}-1=\dfrac{1}{2}$,
公比 $\dfrac{1}{2}$ の等比数列。

練習 **19**　$a_1=1$, $a_2=\dfrac{4}{3}$, $a_{n+2}-\dfrac{4}{3}a_{n+1}+\dfrac{1}{3}a_n=0$ を満たす数列 $\{a_n\}$ の一般項 a_n，および $\displaystyle\lim_{n\to\infty}a_n$ を求めよ。

2 | 無限級数

1 無限級数 ▷ 例題19

無限数列 $\{a_n\}$ に対して $a_1+a_2+a_3+\cdots\cdots+a_n+\cdots\cdots$ の形の式を無限級数といい，

$\displaystyle\sum_{n=1}^{\infty}a_n$ と表す。この無限級数の初項から第 n 項までの和

$S_n=\displaystyle\sum_{k=1}^{n}a_k=a_1+a_2+a_3+\cdots\cdots+a_n$ を，第 n 項までの部分和という。

　　部分和 S_n の作る数列 S_1，S_2，S_3，$\cdots\cdots$，S_n，$\cdots\cdots$ について

① $\displaystyle\lim_{n\to\infty}S_n=S$ のとき，無限級数は S に収束するといい，S をこの無限級数の和

　　という。すなわち　　$\displaystyle\sum_{n=1}^{\infty}a_n=\lim_{n\to\infty}S_n=S$

② 数列 $\{S_n\}$ が発散するとき，無限級数 $\displaystyle\sum_{n=1}^{\infty}a_n$ は発散するという。

2 無限級数の収束条件

① 無限級数 $\displaystyle\sum_{n=1}^{\infty}a_n$ が収束するならば　　$\displaystyle\lim_{n\to\infty}a_n=0$

② $\displaystyle\lim_{n\to\infty}a_n\neq0$ ならば無限級数 $\displaystyle\sum_{n=1}^{\infty}a_n$ は発散する。

　例　$\displaystyle\lim_{n\to\infty}\left(1-\frac{1}{n}\right)=1\neq0$ だから，$\displaystyle\sum_{n=1}^{\infty}\left(1-\frac{1}{n}\right)$ は発散する。

3 無限等比級数 ▷ 例題20　例題23　例題24

初項 a，公比 r の等比数列 $\{ar^{n-1}\}$ から作られる無限級数

$$\sum_{n=1}^{\infty}ar^{n-1}=a+ar+ar^2+\cdots\cdots+ar^{n-1}+\cdots\cdots$$

を，初項 a，公比 r の無限等比級数という。その和について

① $a\neq0$ のとき

　　　　$|r|<1$ のとき収束して　　　　$\displaystyle\sum_{n=1}^{\infty}ar^{n-1}=\frac{a}{1-r}$

　　　　$|r|\geqq1$ のとき発散する。

② $a=0$ のとき　　$\displaystyle\sum_{n=1}^{\infty}ar^{n-1}=0$

　例　$1+\dfrac{1}{3}+\dfrac{1}{9}+\cdots\cdots+\left(\dfrac{1}{3}\right)^{n-1}+\cdots\cdots=\dfrac{1}{1-\dfrac{1}{3}}=\dfrac{3}{2}$

　　　$1+2+2^2+\cdots\cdots=\infty$

4 循環小数 ▷ 例題 21

小数を分類すると，

$$\begin{cases} 有限小数または循環小数…有理数 \\ 循環しない小数 \qquad …無理数 \end{cases}$$

無限等比級数の和を用いて，循環小数を分数で表すことができる。

例 $0.\dot{2}=0.2222\cdots\cdots$

$\qquad =0.2+0.02+0.002+\cdots\cdots$

$\qquad =\dfrac{2}{10}+\dfrac{2}{10^2}+\dfrac{2}{10^3}+\cdots\cdots$

$\qquad =\dfrac{\dfrac{2}{10}}{1-\dfrac{1}{10}}=\dfrac{2}{9}$

5 無限級数の和の性質 ▷ 例題 22

$\displaystyle\sum_{n=1}^{\infty}a_n=S,\ \sum_{n=1}^{\infty}b_n=T$ のとき

① $\displaystyle\sum_{n=1}^{\infty}ka_n=kS$ （k は定数）

② $\displaystyle\sum_{n=1}^{\infty}(a_n+b_n)=S+T,\ \sum_{n=1}^{\infty}(a_n-b_n)=S-T$

例 $\left(\dfrac{1}{2}+\dfrac{1}{3}\right)+\left(\dfrac{1}{2^2}+\dfrac{1}{3^2}\right)+\left(\dfrac{1}{2^3}+\dfrac{1}{3^3}\right)+\cdots\cdots=\dfrac{\dfrac{1}{2}}{1-\dfrac{1}{2}}+\dfrac{\dfrac{1}{3}}{1-\dfrac{1}{3}}$

$\qquad\qquad\qquad\qquad\qquad\qquad\qquad\qquad\qquad\qquad =1+\dfrac{1}{2}=\dfrac{3}{2}$

★ ★ ★ 標準

次の無限級数の収束，発散を調べ，収束するときにはその和を求めよ。

(1) $\displaystyle\sum_{n=1}^{\infty}\frac{1}{n(n+1)}$

(2) $\displaystyle\sum_{n=1}^{\infty}\frac{1}{\sqrt{n}+\sqrt{n+1}}$

 POINT 無限級数の収束，発散は，まず部分和 S_n を求める

無限級数は，まず部分和 S_n を求め，さらに $\displaystyle\lim_{n\to\infty}S_n$ を求めます。

| 解答 | アドバイス |

(1) $S_n=\dfrac{1}{1\cdot2}+\dfrac{1}{2\cdot3}+\cdots\cdots+\dfrac{1}{n(n+1)}$ とおくと ❶

$\qquad S_n=\left(\dfrac{1}{1}-\dfrac{1}{2}\right)+\left(\dfrac{1}{2}-\dfrac{1}{3}\right)+\cdots\cdots+\left(\dfrac{1}{n}-\dfrac{1}{n+1}\right)$ ❷

$\qquad\quad =1-\dfrac{1}{n+1}$

$\qquad \displaystyle\sum_{n=1}^{\infty}\frac{1}{n(n+1)}=\lim_{n\to\infty}S_n$

$\qquad\qquad\qquad\quad =\displaystyle\lim_{n\to\infty}\left(1-\frac{1}{n+1}\right)=\mathbf{1}$ 答

❶ 部分和 S_n は
$$S_n=\sum_{k=1}^{n}\frac{1}{k(k+1)}$$
❷ 部分分数に分けます。
$$\frac{1}{k(k+1)}=\frac{1}{k}-\frac{1}{k+1}$$

(2) $\dfrac{1}{\sqrt{n+1}+\sqrt{n}}=\dfrac{\sqrt{n+1}-\sqrt{n}}{(\sqrt{n+1}+\sqrt{n})(\sqrt{n+1}-\sqrt{n})}$

$\qquad\qquad\qquad =\sqrt{n+1}-\sqrt{n}$ ❸

よって

$\qquad S_n=(\sqrt{2}-1)+(\sqrt{3}-\sqrt{2})+\cdots\cdots+(\sqrt{n+1}-\sqrt{n})$ ❹

とおくと

$\qquad S_n=\sqrt{n+1}-1$

よって $\qquad\displaystyle\sum_{n=1}^{\infty}\frac{1}{\sqrt{n}+\sqrt{n+1}}=\sum_{n=1}^{\infty}(\sqrt{n+1}-\sqrt{n})$

$\qquad\qquad\qquad =\displaystyle\lim_{n\to\infty}S_n=\lim_{n\to\infty}(\sqrt{n+1}-1)=\infty$

すなわち，**発散する**。答

❸ 有理化しました。

❹ $\sqrt{2}+\sqrt{3}+\cdots+\sqrt{n}+\sqrt{n+1}$
$\quad -(1+\sqrt{2}+\sqrt{3}+\cdots+\sqrt{n})$
$=\sqrt{n+1}-1$
となります。

練習 20 次の無限級数の収束，発散を調べ，収束するときにはその和を求めよ。

(1) $\displaystyle\sum_{n=1}^{\infty}\frac{1}{(2n-1)(2n+1)}$

(2) $\displaystyle\sum_{n=1}^{\infty}\frac{1}{\sqrt{n}+\sqrt{n+2}}$

次の無限級数の収束，発散を調べ，収束するときにはその和を求めよ。

(1) $4+2+1+\dfrac{1}{2}+\cdots\cdots$ 　　　 (2) $1+(\sqrt{3}-1)+(\sqrt{3}-1)^2+(\sqrt{3}-1)^3+\cdots\cdots$

(3) $\displaystyle\sum_{n=1}^{\infty}2\left(-\dfrac{1}{3}\right)^{n-1}$ 　　　 (4) $\displaystyle\sum_{n=1}^{\infty}3\left(\dfrac{\sqrt{3}+1}{2}\right)^{n-1}$

 POINT 　無限等比級数の収束条件は，公比 r が $|r|<1$

無限等比級数は，公比 r が $|r|<1$ ならば収束するので，まず公比 r を調べます。

さらに，初項 a，公比 r（$|r|<1$）の無限等比級数は $\dfrac{a}{1-r}$ に収束します。

| 解答 | | アドバイス |

(1) 公比は $\dfrac{1}{2}$ だから

$$4+2+1+\dfrac{1}{2}+\cdots\cdots=\dfrac{4}{1-\dfrac{1}{2}}=\boldsymbol{8}　\text{(答)}$$

❶ $\dfrac{a}{1-r}$ を用いました。

(2) 公比は $\sqrt{3}-1$ で，$-1<\sqrt{3}-1<1$ だから

$$1+(\sqrt{3}-1)+(\sqrt{3}-1)^2+(\sqrt{3}-1)^3+\cdots\cdots$$

$$=\dfrac{1}{1-(\sqrt{3}-1)}=\boldsymbol{2+\sqrt{3}}　\text{(答)}$$

❷ 有理化すると
$$\dfrac{2+\sqrt{3}}{(2-\sqrt{3})(2+\sqrt{3})}$$
$$=\dfrac{2+\sqrt{3}}{4-3}$$
$$=2+\sqrt{3}$$

(3) 公比は $-\dfrac{1}{3}$ だから

$$\sum_{n=1}^{\infty}2\left(-\dfrac{1}{3}\right)^{n-1}=\dfrac{2}{1-\left(-\dfrac{1}{3}\right)}=\boldsymbol{\dfrac{3}{2}}　\text{(答)}$$

(4) 公比 $\dfrac{\sqrt{3}+1}{2}$ は $\dfrac{\sqrt{3}+1}{2}>1$ だから **発散する。** (答)

❸ $\sqrt{3}>1$ だから
$$\dfrac{\sqrt{3}+1}{2}>1$$

練習 21 　次の無限級数の収束，発散を調べ，収束するときにはその和を求めよ。

(1) $2+\dfrac{1}{2}+\dfrac{1}{8}+\dfrac{1}{32}+\cdots\cdots$ 　　　 (2) $1+(\sqrt{5}-1)+(\sqrt{5}-1)^2+\cdots\cdots$

(3) $\displaystyle\sum_{n=1}^{\infty}3\left(\dfrac{1}{2}\right)^{n-1}$

例題 21 循環小数 ★★★ 基本

次の循環小数を分数に直せ。

(1) $0.\dot{5}$ (2) $0.\dot{3}4\dot{5}$ (3) $0.1\dot{2}\dot{3}$

 **POINT** 循環小数の分数への変換は，無限等比級数を用いる

循環小数を分数に直すには，$0.\dot{5}=0.5555\cdots\cdots=0.5+0.05+0.005+\cdots\cdots$ と変形し，これが**初項 0.5，公比 0.1 の無限等比級数**になっていることを用います。他も同様にして，無限等比級数の形で表します。

| 解答 | アドバイス |

(1) $0.\dot{5}=0.555\cdots\cdots$

$=0.5+0.05+0.005+\cdots\cdots$

これは初項 0.5，公比 0.1 の無限等比級数で，$|0.1|<1$ だから

$$0.\dot{5}=\frac{0.5}{1-0.1}=\frac{5}{9} \text{(答)} \text{❶}$$

❶ 一般に $0.\dot{a}=\dfrac{a}{9}$

また
$$\begin{array}{r} 10x=5.555\cdots\cdots \\ -)\quad x=0.555\cdots\cdots \\ \hline 9x=5 \end{array}$$
$$x=\frac{5}{9}$$

(2) 同様にして

$0.\dot{3}4\dot{5}=0.345345345\cdots\cdots$

$=0.345+0.000345+0.000000345+\cdots\cdots$

$=\dfrac{0.345}{1-0.001}=\dfrac{345}{999}$ **❷**

$=\dfrac{115}{333}$ (答)

❷ 一般に
$$0.\dot{a}b\dot{c}=\frac{abc}{999}$$

(3) $0.1\dot{2}\dot{3}=0.1232323\cdots\cdots$

$=0.1+0.023+0.00023+\cdots\cdots$

$=0.1+\dfrac{0.023}{1-0.01}$

$=\dfrac{1}{10}+\dfrac{23}{990}$

$=\dfrac{122}{990}=\dfrac{61}{495}$ (答) **❸**

❸ $0.1\dot{2}\dot{3}$

$=0.1+\dfrac{1}{10}\times 0.\dot{2}\dot{3}$

$=\dfrac{1}{10}+\dfrac{1}{10}\cdot\dfrac{23}{99}$

$=\dfrac{99+23}{990}=\dfrac{61}{495}$

練習 22 次の循環小数を分数に直せ。

(1) $0.\dot{2}\dot{1}$ (2) $0.7\dot{1}\dot{5}$

例題 22 | 無限等比級数の和 ★★★ （標準）

次の無限級数の和を求めよ。

(1) $\displaystyle\sum_{n=1}^{\infty}\left\{3\cdot\left(\frac{1}{2}\right)^{n-1}+2\cdot\left(\frac{1}{3}\right)^{n-1}\right\}$

(2) $\displaystyle\sum_{n=1}^{\infty}\frac{2^n-3^n}{5^{n-1}}$

POINT $\displaystyle\sum_{n=1}^{\infty}a_n=\alpha,\ \sum_{n=1}^{\infty}b_n=\beta\ \Longrightarrow\ \sum_{n=1}^{\infty}(a_n+b_n)=\alpha+\beta$

無限等比級数 $\displaystyle\sum_{n=1}^{\infty}a_n,\ \sum_{n=1}^{\infty}b_n$ がそれぞれ α, β に収束するとき

$$\sum_{n=1}^{\infty}(a_n+b_n)=\alpha+\beta$$

となります。さらに、初項 α, 公比 r ($|r|<1$) の無限等比級数の和は $\dfrac{a}{1-r}$ となる

ので、(2)は与えられた式を等比数列の一般項 $a_n=ar^{n-1}$ の形で表します。

| 解答 | アドバイス |

(1) $\displaystyle\underline{\sum_{n=1}^{\infty}\left\{3\cdot\left(\frac{1}{2}\right)^{n-1}_{\text{❶}}+2\cdot\left(\frac{1}{3}\right)^{n-1}_{\text{❷}}\right\}}=\dfrac{3}{1-\dfrac{1}{2}}+\dfrac{2}{1-\dfrac{1}{3}}$ ❸

$=6+3=\mathbf{9}$ （答）

(2) $\displaystyle\sum_{n=1}^{\infty}\frac{2^n-3^n}{5^{n-1}}=\sum_{n=1}^{\infty}\left\{2\cdot\left(\frac{2}{5}\right)^{n-1}_{\text{❹}}-3\cdot\left(\frac{3}{5}\right)^{n-1}_{\text{❺}}\right\}$

$=\dfrac{2}{1-\dfrac{2}{5}}-\dfrac{3}{1-\dfrac{3}{5}}$

$=\dfrac{10}{3}-\dfrac{15}{2}$

$=-\dfrac{\mathbf{25}}{\mathbf{6}}$ （答）

❶ $a_n=3\cdot\left(\dfrac{1}{2}\right)^{n-1}$ は初項 $a=3$,

公比 $r=\dfrac{1}{2}$ の等比数列。

❷ $b_n=2\cdot\left(\dfrac{1}{3}\right)^{n-1}$ は初項 $b=2$,

公比 $r=\dfrac{1}{3}$ の等比数列。

❸ $|r|<1$ だから $\dfrac{a}{1-r}$ を用います。

❹ 初項 2, 公比 $\dfrac{2}{5}$

❺ 初項 3, 公比 $\dfrac{3}{5}$

練習 23 次の無限級数の和を求めよ。

(1) $\displaystyle\sum_{n=1}^{\infty}\frac{1+2^n}{3^n}$

(2) $\displaystyle\sum_{n=1}^{\infty}\frac{3^n-2^n}{4^{n-1}}$

| 例題 **23** | 無限等比級数の収束条件 ★★★ 標準

次の無限等比級数が収束する条件を求めよ。
(1) $1+(x-1)+(x-1)^2+(x-1)^3+\cdots\cdots$
(2) $x+x(3-x)+x(3-x)^2+x(3-x)^3+\cdots\cdots$

 POINT $\displaystyle\sum_{n=1}^{\infty}ar^{n-1}$ の収束条件は，$a=0$ または $|r|<1$

無限等比級数 $\displaystyle\sum_{n=1}^{\infty}ar^{n-1}$ が収束するのは，$|r|<1$ のときばかりでなく，初項 $a=0$ の

ときも収束します。

| 解答 | | アドバイス |

(1) $1+(x-1)+(x-1)^2+(x-1)^3+\cdots\cdots$

初項1，公比 $x-1$ の無限等比級数だから，収束条件
は

$$|x-1|<1$$
$$\underline{-1<x-1<1}_{\text{①}}$$
$$\boldsymbol{0<x<2}\ \text{②}$$

❶ 辺々に1を加えます。

(2) $x+x(3-x)+x(3-x)^2+x(3-x)^3+\cdots\cdots$

初項 x，公比 $3-x$ の無限等比級数だから，収束条件
は

$$\underline{x=0}_{\text{②}}\qquad\cdots\cdots ①$$

または

$$\underline{|3-x|<1}_{\text{②}}\quad\cdots\cdots ②$$

②から

$$\underline{-1<3-x<1}_{\text{③}}$$
$$\underline{-1<x-3<1}_{\text{④}}$$
$$2<x<4\qquad\cdots\cdots ③$$

①，③から

$$\boldsymbol{x=0,\quad 2<x<4}\ \text{②}$$

❷ 初項0または公比の絶対値が1
より小さいです。

❸ 辺々に -1 を掛けます。

❹ 辺々に3を加えます。

練習 **24** 次の無限等比級数が収束する条件を求めよ。

(1) $\displaystyle\sum_{n=1}^{\infty}3(x-1)^n$ (2) $\displaystyle\sum_{n=1}^{\infty}x(x-1)(x-2)^{n-1}$

1辺の長さ1の正三角形 L_0 から始めて，図のように L_1，L_2，……を作る。L_n は L_{n-1} の各辺の3等分点を頂点にもつ正三角形を L_{n-1} の外側に付け加えて作る。

L_0　L_1　L_2

(1) L_n の辺の数 a_n を求めよ。

(2) L_n の面積を S_n とするとき，$\lim_{n\to\infty} S_n$ を求めよ。

 POINT　図形と極限 $\Longrightarrow$ n 番目と $n+1$ 番目の関係式を作る

無限等比級数の図形への応用では，等比数列の初項 a と公比 r を見つけるのがポイントです。$|r| \geqq 1$ ならば発散し，$|r| < 1$ ならば和は $\dfrac{a}{1-r}$ となります。

| 解 答 |

(1) $\{a_n\}$ は初項3❶，公比4❷ だから

$$a_n = a_0 \cdot 4^n = 3 \cdot 4^n \quad (n=0,\ 1,\ 2,\ \cdots\cdots) \ （答）$$

(2) L_{n-1} の外側に付け加えられる三角形の1つの面積は

$$\frac{1}{2} \cdot \left(\frac{1}{3}\right)^n \cdot \left(\frac{1}{3}\right)^n \cdot \sin 60° = \frac{\sqrt{3}}{4} \cdot \left(\frac{1}{9}\right)^n ❸$$

$$S_n - S_{n-1} \underset{❹}{=} \frac{\sqrt{3}}{4} \cdot \left(\frac{1}{9}\right)^n \cdot a_{n-1} \quad (n=1,\ 2,\ \cdots\cdots)$$

$n \geqq 1$ のとき

$$S_n = S_0 + \sum_{k=1}^{n} \frac{\sqrt{3}}{4} \cdot \left(\frac{1}{9}\right)^k \cdot a_{k-1} ❺$$

$$= \frac{\sqrt{3}}{4} + \sum_{k=1}^{n} \frac{\sqrt{3}}{4} \cdot \left(\frac{1}{9}\right)^k \cdot 3 \cdot 4^{k-1}$$

$$= \frac{\sqrt{3}}{4} + \sum_{k=1}^{n} \frac{3\sqrt{3}}{36} \cdot \left(\frac{4}{9}\right)^{k-1}$$

よって　$$\lim_{n\to\infty} S_n = \frac{\sqrt{3}}{4} + \frac{\dfrac{\sqrt{3}}{12}}{1 - \dfrac{4}{9}} = \frac{2\sqrt{3}}{5} \ （答）$$

| アドバイス |

❶ L_0 の辺の数です。

❷ 1回の操作で1つの辺は4つの辺に増えます。

❸ 1辺の長さが $\left(\dfrac{1}{3}\right)^n$ の正三角形の面積です。

❹ L_{n-1} の外側に付け加えられる三角形の面積の総和です。

❺ 階差数列の公式。

練習 25　AB$=a$，$\angle$B$=90°$ である直角二等辺三角形ABCの中に，図のような正方形 F_1，F_2，F_3，……を限りなく作っていく。これらの正方形の面積の総和を求めよ。

定期テスト対策問題 2

解答・解説は別冊 p.13

1　次の極限を求めよ。

(1)　$\displaystyle\lim_{n\to\infty}\frac{(n+1)(2n-1)}{n^2+2}$

(2)　$\displaystyle\lim_{n\to\infty}(\sqrt{n^2+4n+1}-n)$

(3)　$\displaystyle\lim_{n\to\infty}\frac{\sin^2 n\theta}{n}$

(4)　$\displaystyle\lim_{n\to\infty}\frac{5^n-2^n}{3^n}$

2　$\displaystyle\lim_{n\to\infty}\frac{1+2+2^2+\cdots\cdots+2^n}{3^n}$ を求めよ。

3　$\displaystyle\lim_{n\to\infty}\frac{\sin^n\theta-\cos^n\theta}{\sin^n\theta+\cos^n\theta}$ を次の場合に分けて求めよ。

(1)　$0<\theta<\dfrac{\pi}{4}$　　　(2)　$\theta=\dfrac{\pi}{4}$　　　(3)　$\dfrac{\pi}{4}<\theta<\dfrac{\pi}{2}$

4 次のように定義される数列 $\{a_n\}$ について，一般項 a_n を n の式で表し，$\{a_n\}$ の極限を調べよ。

(1) $a_1=2,\ a_{n+1}=-\dfrac{1}{3}a_n+4$

(2) $a_1=3,\ a_{n+1}=2a_n+3$

5 次の無限級数の和を求めよ。

(1) $\displaystyle\sum_{n=1}^{n}\dfrac{1+3^n}{4^n}$

(2) $\displaystyle\sum_{n=1}^{n}\dfrac{3^n-4^n}{5^{n-1}}$

6 ある無限等比級数の和は3で，その各項を平方して得られる無限等比級数の和は6である。もとの級数の初項と公比を求めよ。

関数の極限

1 関数の極限

1 関数の極限 ▷ 例題 25　例題 26　例題 28　例題 29　例題 30　例題 35

$\displaystyle \lim_{x \to a} f(x) = \alpha, \ \lim_{x \to a} g(x) = \beta$ のとき

① $\displaystyle \lim_{x \to a} kf(x) = k\alpha$ （k は定数）　　② $\displaystyle \lim_{x \to a} \{f(x) \pm g(x)\} = \alpha \pm \beta$ （複号同順）

③ $\displaystyle \lim_{x \to a} f(x)g(x) = \alpha\beta$　　　　　　④ $\displaystyle \lim_{x \to a} \frac{f(x)}{g(x)} = \frac{\alpha}{\beta}$　$(\beta \neq 0)$

2 右側極限・左側極限 ▷ 例題 27

関数 $f(x)$ の $x = a$ における

　　右側からの極限は $\displaystyle \lim_{x \to a+0} f(x)$

　　左側からの極限は $\displaystyle \lim_{x \to a-0} f(x)$

特に $a = 0$ のとき $\displaystyle \lim_{x \to +0} f(x), \ \lim_{x \to -0} f(x)$ と表す。

　　$\displaystyle \lim_{x \to a} f(x) = \alpha \iff \lim_{x \to a+0} f(x) = \lim_{x \to a-0} f(x) = \alpha$

3 はさみうちの原理 ▷ 例題 34

$f(x) \leq g(x) \leq h(x)$ が成り立ち，$\displaystyle \lim_{x \to a} f(x) = \lim_{x \to a} h(x) = \alpha$ ならば

　　$\displaystyle \lim_{x \to a} g(x) = \alpha$

4 指数・対数関数の極限 ▷ 例題 31

(I)　**指数関数の極限**

　① **$a > 1$ のとき**

　　　$\displaystyle \lim_{x \to \infty} a^x = \infty, \ \lim_{x \to -\infty} a^x = 0$

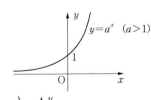

　② **$0 < a < 1$ のとき**

　　　$\displaystyle \lim_{x \to \infty} a^x = 0, \ \lim_{x \to -\infty} a^x = \infty$

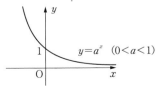

(2) **対数関数の極限**

① $a>1$ のとき

$$\lim_{x\to\infty}\log_a x=\infty,\quad \lim_{x\to+0}\log_a x=-\infty$$

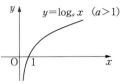

② $0<a<1$ のとき

$$\lim_{x\to\infty}\log_a x=-\infty,\quad \lim_{x\to+0}\log_a x=\infty$$

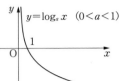

5 三角関数の極限 ▷ 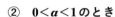 例題32 例題33

$$\lim_{x\to0}\frac{\sin x}{x}=1,\quad \lim_{x\to0}\frac{\tan x}{x}=1$$

6 関数の連続性 ▷ 例題36

(1) 関数 $f(x)$ において，$\lim_{x\to a}f(x)$ が存在し，かつ $\lim_{x\to a}f(x)=f(a)$ であるとき，$f(x)$ は $x=a$ で連続であるという。

(2) 2つの関数 $f(x)$，$g(x)$ がある区間で連続ならば，$kf(x)$（k は定数），

$f(x)\pm g(x)$，$f(x)g(x)$，$\dfrac{f(x)}{g(x)}$（$g(x)\neq0$）も連続である。

7 中間値の定理 ▷ 例題37

関数 $f(x)$ が閉区間 $[a,\ b]$ で連続で，$f(a)$ と $f(b)$ が異符号ならば

$$f(c)=0 \qquad a<c<b$$

を満たす c が少なくとも1つ存在する。

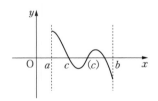

| 例題 25 | 因数分解を用いる極限 ★★★ 基本

次の極限を求めよ。

(1) $\displaystyle\lim_{x\to 2}\frac{x^3-8}{x-2}$

(2) $\displaystyle\lim_{x\to 1}\frac{x^3-7x+6}{x^2-1}$

 POINT 不定形の極限は，因数分解を利用する

$\displaystyle\lim_{x\to a}\frac{F(x)}{G(x)}$ において，$F(x)$，$G(x)$ が整式で $F(a)=G(a)=0$ となるときは，まず

$F(x)=(x-a)f(x)$，$G(x)=(x-a)g(x)$ の形に因数分解し，さらに約分して

$\displaystyle\lim_{x\to a}\frac{f(x)}{g(x)}$ の形にしてから考えます。

| 解答 | | アドバイス |

(1) $\displaystyle\lim_{x\to 2}\frac{x^3-8}{x-2}$❶ $=\displaystyle\lim_{x\to 2}\frac{(x-2)(x^2+2x+4)}{x-2}$

$=\displaystyle\lim_{x\to 2}(x^2+2x+4)$

$=4+4+4=\textbf{12}$ (答)

(2) $\displaystyle\lim_{x\to 1}\frac{x^3-7x+6}{x^2-1}$❷ $=\displaystyle\lim_{x\to 1}\frac{(x-1)(x^2+x-6)}{(x-1)(x+1)}$

$=\displaystyle\lim_{x\to 1}\frac{x^2+x-6}{x+1}$

$=\dfrac{1+1-6}{1+1}=\textbf{-2}$ (答)

❶ $x\to 2$ のとき，分子→0，分母→0，だから，分子を因数分解の公式

$a^3-b^3=(a-b)(a^2+ab+b^2)$

を用いて因数分解し，約分します。

❷ $f(x)=x^3-7x+6$ において，$f(1)=1-7+6=0$ だから，$f(x)$ は $x-1$ で割り切れます（因数定理）。

```
1 | 1  0  -7   6
  |    1   1  -6
  --------------------
    1  1  -6 | 0
```
商 x^2+x-6

 Q 高次式の因数分解を教えてください。

 A 整式 $f(x)$ において，$f(a)=0$ のとき，$f(x)$ は $x-a$ で割り切れる（因数定理）から，組立除法を用いて割り算します。

練習 26 次の極限を求めよ。

(1) $\displaystyle\lim_{x\to 1}\frac{x^3-1}{x^2-1}$

(2) $\displaystyle\lim_{x\to 2}\frac{x^2-3x+2}{x^3-7x+6}$

例題 26 | 通分を用いる極限　★★★ （基本）

次の極限を求めよ。

(1) $\displaystyle\lim_{x\to2}\frac{1}{x-2}\left(\frac{1}{x}-\frac{1}{2}\right)$

(2) $\displaystyle\lim_{h\to0}\frac{1}{h}\left(\frac{1}{x+h}-\frac{1}{x}\right)$

POINT 不定形 $\left(\dfrac{0}{0}\right)$ になる分数の極限は，通分してから約分

(1)，(2)では，それぞれ $\dfrac{0}{0}$ の不定形になりますが，**通分して約分してからだと極限が求められます**。まずは通分してみます。

解答	アドバイス

(1) $\displaystyle\lim_{x\to2}\underline{\frac{1}{x-2}\left(\frac{1}{x}-\frac{1}{2}\right)}_{❶}=\lim_{x\to2}\frac{1}{x-2}\cdot\frac{2-x}{2x}_{❷}$

$\displaystyle=\lim_{x\to2}\frac{-1}{2x}=-\frac{1}{4}$ （答）

❶ 不定形になるので通分します。
❷ $2-x=-(x-2)$

(2) $\displaystyle\lim_{h\to0}\underline{\frac{1}{h}\left(\frac{1}{x+h}-\frac{1}{x}\right)}_{❸}=\lim_{h\to0}\frac{1}{h}\cdot\frac{x-(x+h)}{x(x+h)}_{❹}$

$\displaystyle=\lim_{h\to0}\frac{-1}{x(x+h)}=-\frac{1}{x^2}$ （答）

❸ 不定形になるので通分します。
❹ $x-(x+h)=-h$

| STUDY | 極限は微分のときに必要

$f(x)=\dfrac{1}{x}$ のときに，$f'(x)$ を求めるには

$$f'(x)=\lim_{h\to0}\frac{f(x+h)-f(x)}{h}=\lim_{h\to0}\frac{\dfrac{1}{x+h}-\dfrac{1}{x}}{h}$$

を計算することになるが，これは(2)と同じ式になっている。このように微分では極限の計算が必要になるので，しっかりと理解しておこう。

練習 27 次の極限を求めよ。

(1) $\displaystyle\lim_{x\to1}\frac{1}{x-1}\left(\frac{1}{x}-1\right)$

(2) $\displaystyle\lim_{h\to0}\frac{1}{h}\left\{\frac{1}{2(x+h)}-\frac{1}{2x}\right\}$

例題 27 | 右側・左側からの極限　　★★★ 標準

次の極限を求めよ。

(1) $\lim\limits_{x \to -0} \dfrac{|x|}{x}$　　(2) $\lim\limits_{x \to 3+0} \dfrac{1}{x-3}$　　(3) $\lim\limits_{x \to 1-0} \dfrac{4}{x-1}$

 POINT 右側極限・左側極限の計算は，符号に注目する

右側・左側極限を考えるときは，その式の値が0に近づくとき，正の値をとりながら近づくのか，負の値をとりながら近づくのかに注目します。また，グラフをかいてみるとよくわかります。

| 解答 | アドバイス |

(1) $x<0$ のとき

$|x|=-x$ から　$\lim\limits_{x \to -0}\dfrac{|x|}{x}=\lim\limits_{x \to -0}\dfrac{-x}{x}=\boldsymbol{-1}$ (答) ❶

❶ x は負の値をとりながら0に近づきます。

(2) $x \to 3+0$ のとき

$x-3 \to +0$ から

$\lim\limits_{x \to 3+0}\dfrac{1}{x-3}=\boldsymbol{\infty}$ (答) ❷

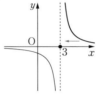

❷ $x-3$ は正の値をとりながら0に近づきます。

(3) $x \to 1-0$ のとき

$x-1 \to -0$ から

$\lim\limits_{x \to 1-0}\dfrac{4}{x-1}=\boldsymbol{-\infty}$ (答) ❸

❸ $x-1$ は負の値をとりながら0に近づきます。

 Q 分母が0に近づくってどういうことですか？

 A (2)で，$x-3$ が正の値をとりながら0に近づく様子を0.1，0.01，0.001，……のように具体的に考えると，$\dfrac{1}{x-3}$ の値は10，100，1000，……のように大きくなることがわかります。

練習 28　次の極限を求めよ。

(1) $\lim\limits_{x \to +0} \dfrac{|x|}{x}$　　(2) $\lim\limits_{x \to 2-0} \dfrac{1}{x-2}$　　(3) $\lim\limits_{x \to 1+0} \dfrac{x^2-x}{|x-1|}$

次の極限を求めよ。

(1) $\displaystyle \lim_{x \to \infty}(3x^2-4x+1)$

(2) $\displaystyle \lim_{x \to \infty}\frac{2x-1}{3x^2+5x+2}$

(3) $\displaystyle \lim_{x \to \infty}\frac{3x^2+2x+1}{4x^2-5x-1}$

(4) $\displaystyle \lim_{x \to -\infty}\frac{x^2+3x-2}{2x+3}$

POINT 整・有理関数の極限の計算は，最高次数の項でくくる

整関数では，式全体を最高次数の項でくくり，有理関数では，分母の最高次数の項で分母・分子を割ります。

| 解答 | アドバイス |

(1) $\displaystyle \lim_{x \to \infty}(3x^2-4x+1)=\lim_{x \to \infty}x^2\left(3-\frac{4}{x}+\frac{1}{x^2}\right)=\infty$ 答 ❶

❶ 最高次数の項 x^2 でくくります。

(2) $\displaystyle \lim_{x \to \infty}\frac{2x-1}{3x^2+5x+2}=\lim_{x \to \infty}\frac{\dfrac{2}{x}-\dfrac{1}{x^2}}{3+\dfrac{5}{x}+\dfrac{2}{x^2}}=\mathbf{0}$ 答 ❷

❷ 分母の最高次数の項 x^2 で，分母・分子を割ります。

(3) $\displaystyle \lim_{x \to \infty}\frac{3x^2+2x+1}{4x^2-5x-1}=\lim_{x \to \infty}\frac{3+\dfrac{2}{x}+\dfrac{1}{x^2}}{4-\dfrac{5}{x}-\dfrac{1}{x^2}}=\frac{3}{4}$ 答 ❸

❸ 分母の最高次数の項 x^2 で，分母・分子を割ります。

(4) $\displaystyle \lim_{x \to -\infty}\frac{x^2+3x-2}{2x+3}=\lim_{x \to -\infty}\frac{x+3-\dfrac{2}{x}}{2+\dfrac{3}{x}}=-\infty$ 答 ❹

❹ 分母の最高次数の項 x で，分母・分子を割ります。

| STUDY | 最高次数の項だけに注目

分母・分子の最高次数の項だけに注目した $\displaystyle \lim_{x \to \infty}3x^2$，$\displaystyle \lim_{x \to \infty}\frac{2x}{3x^2}$，$\displaystyle \lim_{x \to \infty}\frac{3x^2}{4x^2}$，$\displaystyle \lim_{x \to -\infty}\frac{x^2}{2x}$ の極限と一致する。

練習 29 次の極限を求めよ。

(1) $\displaystyle \lim_{x \to -\infty}(x^3-2x^2+x)$

(2) $\displaystyle \lim_{x \to \infty}\frac{4x^2+5x-1}{2x^2+x-3}$

(3) $\displaystyle \lim_{x \to \infty}\frac{2x+5}{x^2+x-1}$

(4) $\displaystyle \lim_{x \to -\infty}\frac{2x^2+x-1}{3x-4}$

| 例題 **29** | 無理関数の極限　　　　★ ★ ★　基本

次の極限を求めよ。

(1) $\displaystyle \lim_{x \to 1} \frac{\sqrt{x+3}-2}{x-1}$

(2) $\displaystyle \lim_{x \to \infty}(\sqrt{4x^2-x+1}-2x)$

 POINT　無理関数の極限が不定形のときは，有理化する

無理関数の極限で　$\dfrac{0}{0}$ や $\infty-\infty$ の不定形になるときは，分子や分母を有理化してから極限を求めます。

| 解 答 | アドバイス |

(1) $\displaystyle \lim_{x \to 1} \frac{\sqrt{x+3}-2}{x-1} = \lim_{x \to 1} \frac{(\sqrt{x+3}-2)(\sqrt{x+3}+2)}{(x-1)(\sqrt{x+3}+2)}$ ❶

$\displaystyle = \lim_{x \to 1} \frac{x+3-4}{(x-1)(\sqrt{x+3}+2)}$ ❷

$\displaystyle = \lim_{x \to 1} \frac{1}{\sqrt{x+3}+2} = \frac{1}{2+2} = \boldsymbol{\frac{1}{4}}$ 答

❶ 分子を有理化します。

❷ $x-1$ で約分します。

(2) $\displaystyle \lim_{x \to \infty}(\sqrt{4x^2-x+1}-2x)$

$\displaystyle = \lim_{x \to \infty} \frac{(\sqrt{4x^2-x+1}-2x)(\sqrt{4x^2-x+1}+2x)}{\sqrt{4x^2-x+1}+2x}$ ❸

$\displaystyle = \lim_{x \to \infty} \frac{4x^2-x+1-4x^2}{\sqrt{4x^2-x+1}+2x}$

$\displaystyle = \lim_{x \to \infty} \frac{-x+1}{\sqrt{4x^2-x+1}+2x}$

$\displaystyle = \lim_{x \to \infty} \frac{-1+\dfrac{1}{x}}{\sqrt{4-\dfrac{1}{x}+\dfrac{1}{x^2}}+2}$ ❹

$\displaystyle = \frac{-1}{2+2} = \boldsymbol{-\frac{1}{4}}$ 答

❸ 分母を1と考えて，分子を有理化します。

❹ 分母・分子を x で割ります。このとき $x>0$ から，$x=\sqrt{x^2}$ となるので，ルートの中は x^2 で割ります。

練習 **30**　　次の極限を求めよ。

(1) $\displaystyle \lim_{x \to 2} \frac{\sqrt{x}-\sqrt{2}}{x-2}$　(2) $\displaystyle \lim_{x \to \infty}(\sqrt{x^2+1}-x)$　(3) $\displaystyle \lim_{x \to \infty}(\sqrt{x^2-4x+2}-x)$

例題 30 | $x \to -\infty$ の無理関数の極限　★★★　標準

次の極限を求めよ。
$$\lim_{x \to -\infty}(\sqrt{x^2+4x+1}+x)$$

POINT　$x \to -\infty$ の無理関数の極限の計算は，$t=-x$ とおく

複雑な形の極限は，簡単な形に変えてから極限を求めます。$t=-x$ とおいて $t \to \infty$ の形に変形してから極限を求めます。

| 解 答 | | アドバイス |

$t=-x$ とおくと

$x \to -\infty$ のとき $t \to \infty$ だから

$$\lim_{x \to -\infty}(\sqrt{x^2+4x+1}+x)$$
$$=\lim_{t \to \infty}(\sqrt{(-t)^2+4(-t)+1}-t) \quad ❶$$
$$=\lim_{t \to \infty}\frac{(\sqrt{t^2-4t+1}-t)(\sqrt{t^2-4t+1}+t)}{\sqrt{t^2-4t+1}+t} \quad ❷$$
$$=\lim_{t \to \infty}\frac{t^2-4t+1-t^2}{\sqrt{t^2-4t+1}+t}$$
$$=\lim_{t \to \infty}\frac{-4t+1}{\sqrt{t^2-4t+1}+t}$$
$$=\lim_{t \to \infty}\frac{-4+\dfrac{1}{t}}{\sqrt{1-\dfrac{4}{t}+\dfrac{1}{t^2}}+1} \quad ❸$$
$$=\frac{-4}{2}=-2 \text{ (答)}$$

❶ $t=-x$ だから　$x=-t$

❷ 分子を有理化します。

❸ 分母・分子を t で割ります。
$t>0$ だから，$\sqrt{t^2}=t$ となります。

| STUDY | $x \to -\infty$ のとき，$\sqrt{x^2}=-x$ に注意

|例題30| を置き換えをせずに解くには，$\sqrt{x^2}=|x|=-x \ (x<0)$ に注意が必要である。
$t=-x$ と置き換えると，$t>0$ だから $\sqrt{t^2}=t$ となる。

練習 31　次の極限を求めよ。
$$\lim_{x \to -\infty}(\sqrt{x^2+x+2}-\sqrt{x^2+2})$$

例題 **31** | 対数関数の極限　★★★　基本

次の極限を求めよ。

(1) $\displaystyle\lim_{x\to\infty}\log_2 x$

(2) $\displaystyle\lim_{x\to\infty}\log_{\frac{1}{2}} x$

(3) $\displaystyle\lim_{x\to\infty}\{\log_2(x+2)-\log_2 x\}$

(4) $\displaystyle\lim_{x\to\infty}\{\log_{10}(x^2+1)-2\log_{10} x\}$

 POINT 対数関数の極限は，底の大きさに注意

対数関数の極限では，底 a が $a>1$ のときと $0<a<1$ のときで極限が異なることに注意します。

(3)，(4)では対数計算を行い，式をまとめてから極限を求めます。

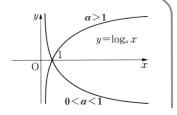

| 解答 |

(1) 対数の底は1より大きいから
$$\lim_{x\to\infty}\log_2 x=\infty ~(\text{答})$$

(2) 対数の底は1より小さいから
$$\lim_{x\to\infty}\log_{\frac{1}{2}} x=-\infty ~(\text{答})$$

(3) $\displaystyle\underline{\lim_{x\to\infty}\{\log_2(x+2)-\log_2 x\}}_{\textcircled{1}} =\lim_{x\to\infty}\log_2\frac{x+2}{x}$

$$=\lim_{x\to\infty}\log_2\left(1+\frac{2}{x}\right)$$

$$=\underline{\log_2 1}_{\textcircled{2}}=\mathbf{0} ~(\text{答})$$

(4) $\displaystyle\lim_{x\to\infty}\{\log_{10}(x^2+1)-\underline{2\log_{10} x}_{\textcircled{3}}\}$

$$=\lim_{x\to\infty}\{\log_{10}(x^2+1)-\log_{10} x^2\}$$

$$=\lim_{x\to\infty}\log_{10}\frac{x^2+1}{x^2}$$

$$=\lim_{x\to\infty}\log_{10}\left(1+\frac{1}{x^2}\right)=\underline{\log_{10} 1}_{\textcircled{2}}=\mathbf{0} ~(\text{答})$$

| アドバイス |

❶ $x\to\infty$ なら，$x>0$ として変形します。

❷ $a>0$，$a\neq1$ のとき
　　$\log_a 1=0$

❸ $x\to\infty$ なら，$x>0$ として
　　$2\log_{10} x=\log_{10} x^2$

練習 32　次の極限を求めよ。

(1) $\displaystyle\lim_{x\to\infty}\log_2(x+2)$

(2) $\displaystyle\lim_{x\to\infty}\log_2\left(\frac{3}{x}+4\right)$

(3) $\displaystyle\lim_{x\to\infty}\{\log_{10}(2x+1)-\log_{10}(x+1)\}$

次の極限を求めよ。

(1) $\displaystyle\lim_{x\to 0}\frac{\sin 3x}{2x}$ (2) $\displaystyle\lim_{x\to 0}\frac{\sin 4x}{\sin 2x}$ (3) $\displaystyle\lim_{x\to 0}\frac{3x}{\tan x}$

POINT $\displaystyle\lim_{x\to 0}\frac{\sin x}{x}=1,\ \ \lim_{x\to 0}\frac{\tan x}{x}=1$ を利用する

三角関数の極限で $\dfrac{0}{0}$ の形など不定形になったときは $\dfrac{\sin\square}{\square}$ の形に変形します。また $\displaystyle\lim_{x\to 0}\frac{\tan x}{x}$ も公式として扱ってよいです。もちろん，$\displaystyle\lim_{x\to 0}\frac{x}{\sin x}=1,\ \lim_{x\to 0}\frac{x}{\tan x}=1$ も用いてよいです。

| 解 答 | | アドバイス |

(1) $\displaystyle\lim_{x\to 0}\frac{\sin 3x}{2x}=\lim_{x\to 0}\frac{3}{2}\times\frac{\sin 3x}{3x}$ ❶

$\qquad\qquad =\dfrac{\boldsymbol{3}}{\boldsymbol{2}}$ 答

❶ $\dfrac{\sin\boxed{3x}}{\boxed{3x}}$ を作るために，分母・分子を3倍します。

(2) $\displaystyle\lim_{x\to 0}\frac{\sin 4x}{\sin 2x}=\lim_{x\to 0}\frac{\sin 4x}{4x}\times\frac{2x}{\sin 2x}\times\frac{4}{2}$ ❷

$\qquad\qquad =\boldsymbol{2}$ 答

❷ $\dfrac{\sin\square}{\square}\cdot\dfrac{\triangle}{\sin\triangle}$ を作るための変形です。

(3) $\displaystyle\lim_{x\to 0}\frac{3x}{\tan x}=\lim_{x\to 0}3\times\frac{x}{\tan x}$ ❸

$\qquad\qquad =\boldsymbol{3}$ 答

❸ $\displaystyle\lim_{x\to 0}\frac{x}{\tan x}=1$ を用います。

 Q $x\to 0$ のとき，$\sin x\fallingdotseq x$，$\tan x\fallingdotseq x$ なんですか？

 A x が0に近いとき，$\sin x$ や $\tan x$ は x とほぼ同じ値をとります。よって，| 例題 **32** | で $\sin x$ や $\tan x$ を x に変えると，「答えだけ」はすぐにわかります。

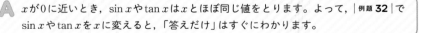

練習 33 次の極限を求めよ。

(1) $\displaystyle\lim_{x\to 0}\frac{2x}{\sin x}$ (2) $\displaystyle\lim_{x\to 0}\frac{\tan 3x}{\sin 2x}$

例題 33 │ 三角関数の極限②

★ ★ ★ （標準）

次の極限を求めよ。

(1) $\displaystyle\lim_{x\to 0}\frac{1-\cos x}{x^2}$

(2) $\displaystyle\lim_{x\to \frac{\pi}{2}}\frac{\cos x}{x-\dfrac{\pi}{2}}$

 **POINT** 三角関数の極限は，$\displaystyle\lim_{x\to 0}\frac{\sin x}{x}=1$ を利用

不定形で，しかも $\sin x$ を含まない極限の問題では $1-\cos^2 x=\sin^2 x$ や $\cos\left(\dfrac{\pi}{2}+x\right)=-\sin x$ を用いて $\sin x$ を作り出します。さらに $\displaystyle\lim_{x\to 0}\frac{\sin x}{x}=1$ が活用できる形に式変形し，極限を求めます。

│ 解 答 │

│ アドバイス │

(1)
$$\lim_{x\to 0}\frac{1-\cos x}{x^2}=\lim_{x\to 0}\frac{(1-\cos x)(1+\cos x)}{x^2(1+\cos x)}$$ ❶

$$=\lim_{x\to 0}\frac{1-\cos^2 x}{x^2(1+\cos x)}$$

$$=\lim_{x\to 0}\frac{\sin^2 x}{x^2(1+\cos x)}$$

$$=\lim_{x\to 0}\left(\frac{\sin x}{x}\right)^2\cdot\frac{1}{1+\cos x}$$ ❷

$$=\boldsymbol{\frac{1}{2}}\ （答）$$

❶ 分母・分子に $1+\cos x$ を掛けます。

❷ $\dfrac{\sin^2 x}{x^2}=\dfrac{(\sin x)^2}{x^2}$
$=\left(\dfrac{\sin x}{x}\right)^2$

(2) $x-\dfrac{\pi}{2}=\theta$ とおくと，$x\to\dfrac{\pi}{2}$ のとき，$\theta\to 0$ だから

$$\lim_{x\to \frac{\pi}{2}}\frac{\cos x}{x-\dfrac{\pi}{2}}=\lim_{\theta\to 0}\frac{\cos\left(\theta+\dfrac{\pi}{2}\right)}{\theta}$$ ❸

$$=\lim_{\theta\to 0}\frac{-\sin\theta}{\theta}$$

$$=\boldsymbol{-1}\ （答）$$

❸ 変換公式から
$\cos\left(\theta+\dfrac{\pi}{2}\right)=-\sin\theta$

練習 34 次の極限を求めよ。

(1) $\displaystyle\lim_{x\to 0}\frac{2x^2}{1-\cos x}$

(2) $\displaystyle\lim_{x\to 0}\frac{x\sin x}{1-\cos x}$

(3) $\displaystyle\lim_{x\to 0}\frac{x^2}{1-\cos 2x}$

次の関数の極限を求めよ。

(1) $\displaystyle\lim_{x\to\infty}\frac{\sin x}{x}$

(2) $\displaystyle\lim_{x\to-\infty}\frac{\cos x}{x+2}$

POINT　周期関数を含む極限は，はさみうちの原理を用いる

周期関数 $\sin x$, $\cos x$ を含む極限では $-1\leqq\sin x\leqq1$, $-1\leqq\cos x\leqq1$ を使って，はさみうちの原理を用います。すなわち，「$f(x)\leqq g(x)\leqq h(x)$, $\displaystyle\lim_{x\to\infty}f(x)=\lim_{x\to\infty}h(x)=\alpha$ ならば $\displaystyle\lim_{x\to\infty}g(x)=\alpha$」となることを用います。

| 解答 |

(1) $\underline{-1\leqq\sin x\leqq1}_{\text{①}}$

$x>0$ のとき

$$-\frac{1}{x}\leqq\frac{\sin x}{x}\leqq\frac{1}{x}$$

$$\lim_{x\to\infty}\left(-\frac{1}{x}\right)=0$$

$$\lim_{x\to\infty}\frac{1}{x}=0$$

よって　$\displaystyle\lim_{x\to\infty}\frac{\sin x}{x}=\boldsymbol{0}$ 答

(2) $\underline{-1\leqq\cos x\leqq1}_{\text{②}}$

$\underline{x+2<0\text{ のとき}}_{\text{③}}$

$$\frac{-1}{x+2}\geqq\frac{\cos x}{x+2}\geqq\frac{1}{x+2}$$

$$\lim_{x\to-\infty}\left(\frac{-1}{x+2}\right)=0$$

$$\lim_{x\to-\infty}\frac{1}{x+2}=0$$

よって　$\displaystyle\lim_{x\to-\infty}\frac{\cos x}{x+2}=\boldsymbol{0}$ 答

| アドバイス |

① $x\to\infty$ のとき
$$\left|\frac{\sin x}{x}\right|\leqq\frac{1}{x}\to0$$
よって
$$\lim_{x\to\infty}\frac{\sin x}{x}=0$$
としてもよいです。

② $x\to-\infty$ のとき
$$\left|\frac{\cos x}{x+2}\right|\leqq\frac{1}{|x+2|}\to0$$
よって
$$\lim_{x\to-\infty}\frac{\cos x}{x+2}=0$$
としてもよいです。
③ $x\to-\infty$ だから
$x+2<0$ の場合を考えます。

練習 35　次の極限を求めよ。

(1) $\displaystyle\lim_{x\to\infty}\frac{\sin x}{x+1}$

(2) $\displaystyle\lim_{x\to-\infty}\frac{\cos x}{x}$

例題 35 | 極限と係数決定　　★★★ 標準

$$\lim_{x \to 1} \frac{a\sqrt{x+3}-b}{x-1}=-1$$ が成り立つように，定数 a，b の値を定めよ。

POINT　極限と係数決定問題は，分母→0ならば分子→0を利用

$x \to 1$ のとき，分母→0だから，分子の極限 $\lim_{x \to 1}(a\sqrt{x+3}-b) \neq 0$ ならば

$\lim_{x \to 1} \dfrac{a\sqrt{x+3}-b}{x-1}$ は∞または−∞に発散し，−1に収束しません。したがって，

$\lim_{x \to 1}(a\sqrt{x+3}-b)=0$ となります。一般に $\lim_{x \to a} \dfrac{f(x)}{x-a}=\alpha$（有限確定値）$\Longrightarrow \lim_{x \to a}f(x)=0$

解答	アドバイス

$$\lim_{x \to 1} \frac{a\sqrt{x+3}-b}{x-1}=-1 \quad \cdots\cdots ①$$

$x \to 1$ のとき，分母→0だから，分子→0 ❶

したがって $\lim_{x \to 1}(a\sqrt{x+3}-b)=0$

$2a-b=0$　よって　$b=2a$　$\cdots\cdots ②$

このとき，①の左辺は

$$\lim_{x \to 1} \frac{a\sqrt{x+3}-2a}{x-1}$$ ❷

$$=\lim_{x \to 1} \frac{a(\sqrt{x+3}-2)}{x-1}$$

$$=\lim_{x \to 1} \frac{a(\sqrt{x+3}-2)(\sqrt{x+3}+2)}{(x-1)(\sqrt{x+3}+2)}$$ ❸

$$=\lim_{x \to 1} \frac{a(x+3-4)}{(x-1)(\sqrt{x+3}+2)}$$

$$=\lim_{x \to 1} \frac{a}{\sqrt{x+3}+2}=\frac{a}{4}$$ ❹

したがって，①から

$$\frac{a}{4}=-1 \quad \text{よって} \quad \boldsymbol{a=-4} \text{(答)}$$

②から　$\boldsymbol{b=-8}$ (答)

❶「分子→0」でないと極限は∞または−∞になってしまいます。

❷ $b=2a$ を代入し，実際に極限を計算します。

❸ $\dfrac{0}{0}$ の形の不定形だから，分子の有理化を行います。

❹ これが−1になります。

練習 36　次の等式が成り立つように，定数 a，b の値を定めよ。

(1) $\displaystyle \lim_{x \to 1} \frac{x^2+ax+b}{x-1}=3$

(2) $\displaystyle \lim_{x \to 0} \frac{\sqrt{ax+2}+b}{\sin x}=2$

次の関数の $x=0$ における連続性を調べよ。

(1) $f(x)=\begin{cases} x^2-2x+3 & (x\neq0) \\ 1 & (x=0) \end{cases}$ (2) $f(x)=|x|$

 POINT 関数 $f(x)$ が $x=a$ で連続 $\iff \lim_{x\to a}f(x)=f(a)$

$f(x)$ が $x=a$ で連続である条件は，$\lim_{x\to a}f(x)$ が存在し，かつ $\lim_{x\to a}f(x)=f(a)$ が成立
することです。(2)は $\lim_{x\to+0}f(x)$ と $\lim_{x\to-0}f(x)$ が一致するかを調べる必要があります。

| 解答 | | アドバイス |

(1) $\lim_{x\to0}f(x)=\lim_{x\to0}(x^2-2x+3)=3$

$\underline{f(0)=1}$ ❶

よって，

$\underline{\lim_{x\to0}f(x)\neq f(0)}$ ❷

であるから，$x=0$ において，$f(x)$
は不連続である。 答

$y=x^2-2x+3$

❶ $\lim_{x\to0}f(x)$ と $f(0)$ を調べます。

❷ 連続性の定義に反します。

(2) $x>0$ のとき $f(x)=x$

$\underline{x<0 \text{ のとき}\quad f(x)=-x}$ ❸
より

$\lim_{x\to+0}f(x)=\lim_{x\to+0}x=0$

$\lim_{x\to-0}f(x)=\lim_{x\to-0}(-x)=0$

であるから

$\lim_{x\to0}f(x)=0$

また，$f(0)=|0|=0$ より

$\lim_{x\to0}f(x)=f(0)$

よって，$x=0$ において，$f(x)$ は連続である。 答

$y=|x|$

❸ 絶対値をはずします。

練習 37 次の関数の $x=2$ における連続性を調べよ。

(1) $f(x)=\begin{cases} \dfrac{x^2-4}{x-2} & (x\neq2) \\ 4 & (x=2) \end{cases}$ (2) $f(x)=|x-2|$

| 例題 **37** | 中間値の定理　　　　　★★★　標準

方程式 $\sin x = x-1$ が $0 < x < \pi$ に少なくとも1つの実数解をもつことを示せ。

POINT　中間値の定理を利用する

関数 $f(x)$ が区間 $[\alpha,\ \beta]$ で連続で
$f(\alpha) \cdot f(\beta) < 0$ のとき，**方程式 $f(x) = 0$ は**
$\alpha < x < \beta$ で少なくとも1つの実数解をもちます。

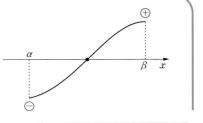

| 解答 |

$$\underline{\sin x = x-1}_{①} \quad \cdots\cdots ①$$

$$\sin x - x + 1 = 0$$

$f(x) = \sin x - x + 1$ とおくと，$f(x)$ は区間 $[0,\ \pi]$ で連続
である。

$$f(0) = 0 - 0 + 1 = 1 > 0$$
$$f(\pi) = \sin \pi - \pi + 1 = 1 - \pi < 0$$

したがって，$f(c) = 0,\ 0 < c < \pi$
を満たす c が存在する。

よって，① は区間 $(0,\ \pi)$ で少な
くとも1つの実数解をもつ。

（証明終わり）

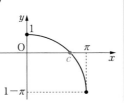

| アドバイス |

① 方程式①の解は $y = \sin x$ と
$y = x - 1$ の交点の x 座標です。

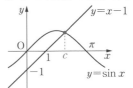

| STUDY |　中間値の定理を用いて近似解が得られる

| 例題 **37** | で $f\left(\dfrac{\pi}{2}\right) = 1 - \dfrac{\pi}{2} + 1 > 0$ だから $\dfrac{\pi}{2} < c < \pi$ となる。

また $f\left(\dfrac{3}{4}\pi\right) = \dfrac{\sqrt{2}}{2} - \dfrac{3}{4}\pi + 1 < 0$ より $\dfrac{\pi}{2} < c < \dfrac{3}{4}\pi$ と，解の範囲をかなりしぼり込むことができる。

練習 **38**　方程式 $x + \log_2 x = 2$ が $1 < x < 2$ に少なくとも1つの実数解をもつこと
を示せ。

解答・解説は別冊 p.19

1 次の極限を求めよ。

(1) $\displaystyle\lim_{x\to 0}\frac{1}{x}\left(1-\frac{1}{x+1}\right)$

(2) $\displaystyle\lim_{x\to 1+0}\{\log_2(x^2-1)-\log_2(x-1)\}$

(3) $\displaystyle\lim_{x\to\infty}(\sqrt{x^2-1}-x)$

2 次の極限を求めよ。

(1) $\displaystyle\lim_{x\to 1}\frac{\sqrt{x+1}-\sqrt{3x-1}}{x-1}$

(2) $\displaystyle\lim_{x\to 1-0}\frac{|x-1|}{(x-1)^2}$

3 次の極限を求めよ。

(1) $\displaystyle\lim_{x\to\infty}\frac{1}{x(\sqrt{x^2+4}-x)}$

(2) $\displaystyle\lim_{x\to-\infty}(x+\sqrt{x^2+x+1})$

4 次の極限を求めよ。

(1) $\displaystyle \lim_{x \to 0} \frac{\sin 4x + \sin 3x}{x}$

(2) $\displaystyle \lim_{x \to 0} \frac{x^2 - \sin^2 x}{1 - \cos x}$

(3) $\displaystyle \lim_{x \to \infty} x \sin \frac{2}{x}$

(4) $\displaystyle \lim_{x \to \infty} \frac{x^2}{x - 1} \sin \frac{1}{x}$

5 次の極限を求めよ。

(1) $\displaystyle \lim_{x \to \frac{\pi}{4}} \frac{\sin x - \cos x}{x - \dfrac{\pi}{4}}$

(2) $\displaystyle \lim_{x \to 0} \frac{\tan x - \sin x}{x^3}$

6 次の等式が成り立つように，定数 a, b の値を定めよ。

$$\lim_{x \to 2} \frac{\sqrt{2x + a} - b}{x - 2} = \frac{1}{3}$$

7 次の2つの条件を同時に満たす2次関数 $f(x)$ を求めよ。

$$\lim_{x\to\infty}\frac{f(x)}{x^2+x}=3, \quad \lim_{x\to 1}\frac{f(x)}{x^2-x}=5$$

8 次の関数の定義域を求めよ。また，定義域で連続かどうかを調べよ。

(1) $f(x)=x+\log_{10}x$ (2) $f(x)=\sin x\cdot\log_{10}|x|$

(3) $f(x)=\dfrac{x^2+1}{x^2-3x+2}$

9 方程式 $(x^2-1)\cos x+\sqrt{2}\sin x-1=0$ は，0 と $\dfrac{\pi}{2}$ との間に少なくとも1つの実数解をもつことを証明せよ。

Mathematics III

第 2 章 微分法

1 微分係数と導関数

1 微分係数の定義 ▷ 例題 40　例題 41

関数 $f(x)$ の $x=a$ における微分係数 $f'(a)$ は

$$f'(a)=\lim_{h\to 0}\frac{f(a+h)-f(a)}{h}$$

例 $f(x)=\sqrt{x}$ の $x=1$ における微分係数は

$$f'(1)=\lim_{h\to 0}\frac{f(1+h)-f(1)}{h}=\lim_{h\to 0}\frac{\sqrt{1+h}-1}{h}$$
$$=\lim_{h\to 0}\frac{1}{\sqrt{1+h}+1}=\frac{1}{2}$$

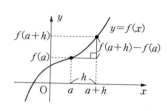

2 導関数の定義 ▷ 例題 38

関数 $f(x)$ の導関数 $f'(x)$ は

$$f'(x)=\lim_{h\to 0}\frac{f(x+h)-f(x)}{h}$$

例 $f(x)=\dfrac{1}{x}$ のとき

$$f'(x)=\lim_{h\to 0}\frac{\dfrac{1}{x+h}-\dfrac{1}{x}}{h}$$
$$=\lim_{h\to 0}\frac{-1}{x(x+h)}=-\frac{1}{x^2}$$

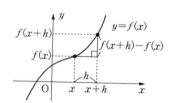

3 微分の性質 ▷ 例題 42　例題 43

(1) **導関数の性質**

k を定数とする。

① **定数倍の導関数**　$\{kf(x)\}'=kf'(x)$

② **和の導関数**　$\{f(x)+g(x)\}'=f'(x)+g'(x)$

　　差の導関数　$\{f(x)-g(x)\}'=f'(x)-g'(x)$

(2) **積の導関数**　$\{f(x)g(x)\}'=f'(x)g(x)+f(x)g'(x)$

(3) **商の導関数**　$\left\{\dfrac{f(x)}{g(x)}\right\}'=\dfrac{f'(x)g(x)-f(x)g'(x)}{\{g(x)\}^2}$

例 $(x^3+2x)'=(x^3)'+(2x)'=3x^2+2$

4 合成関数の微分　▷ 例題 44

$y=f(u)$，$u=g(x)$ の合成関数 $y=f(g(x))$ について

$$\frac{dy}{dx}=\frac{dy}{du}\cdot\frac{du}{dx}$$

すなわち

$$y'=f'(g(x))\cdot g'(x)$$

例　$\{(2x+1)^3\}'=3(2x+1)^2\cdot(2x+1)'$
$\qquad\qquad\quad\ =6(2x+1)^2$

5 逆関数の微分　▷ 例題 45

関数 $y=f(x)$ の逆関数が存在するとき

$$\frac{dy}{dx}=\frac{1}{\dfrac{dx}{dy}}$$

発展　**6** 微分法の極限への応用　▷ 例題 40　例題 41

与えられた極限の式を置き換えなどによって変形し，微分の定義を用いる。

(1)　$\displaystyle\lim_{h\to 0}\frac{f(a+h)-f(a)}{h}=f'(a)$

(2)　$\displaystyle\lim_{x\to a}\frac{f(x)-f(a)}{x-a}=f'(a)$

例題 **38** │ 定義によって微分　★★★　(標準)

次の関数の導関数を定義に従って求めよ。

(1) $f(x)=\sqrt{x}$　　　　　　(2) $f(x)=\dfrac{2}{x}$

POINT 導関数の定義 $f'(x)=\lim\limits_{h\to 0}\dfrac{(x+h)-f(x)}{h}$ を用いる

定義に従って，関数 $f(x)$ の導関数を求めるには，$f'(x)=\lim\limits_{h\to 0}\dfrac{f(x+h)-f(x)}{h}$ を用いて，極限値の計算を行います。

│ 解答 │　　　　　　│ アドバイス │

(1) $f(x)=\sqrt{x}$

$$f'(x)=\lim_{h\to 0}\frac{f(x+h)-f(x)}{h}$$

$$=\lim_{h\to 0}\frac{\sqrt{x+h}-\sqrt{x}}{h} \quad ❶$$

❶ $\dfrac{0}{0}$ の不定形。

$$=\lim_{h\to 0}\frac{(\sqrt{x+h}-\sqrt{x})(\sqrt{x+h}+\sqrt{x})}{h(\sqrt{x+h}+\sqrt{x})} \quad ❷$$

❷ 分子の有理化を行います。

$$=\lim_{h\to 0}\frac{x+h-x}{h(\sqrt{x+h}+\sqrt{x})} \quad ❸$$

❸ h で約分します。

$$=\lim_{h\to 0}\frac{1}{\sqrt{x+h}+\sqrt{x}}=\frac{1}{2\sqrt{x}} \quad (答)$$

(2) $f(x)=\dfrac{2}{x}$

$$f'(x)=\lim_{h\to 0}\frac{f(x+h)-f(x)}{h}$$

$$=\lim_{h\to 0}\frac{\dfrac{2}{x+h}-\dfrac{2}{x}}{h} \quad ❹ =\lim_{h\to 0}\frac{2x-2(x+h)}{h(x+h)\cdot x} \quad ❺$$

❹ $\dfrac{0}{0}$ の不定形。

❺ 通分して約分します。

$$=\lim_{h\to 0}\frac{-2}{(x+h)x}=-\frac{2}{x^2} \quad (答)$$

練習 39 次の関数を定義に従って微分せよ。

(1) $f(x)=\sqrt{2x}$　　　　　　(2) $f(x)=\dfrac{1}{x+1}$

例題 39 | 関数の微分可能性・連続性 ★★★ 応用

次の関数 $f(x)$ がすべての点で微分可能になるように，定数 a, b の値を定めよ。

$$f(x)=\begin{cases} x^2+1 & (x<-1) \\ ax+b & (x\geqq-1) \end{cases}$$

 **POINT** 関数のつなぎ目で微分可能，連続で微分係数が一致

$f_1(x)=x^2+1$, $f_2(x)=ax+b$ は $x=-1$ 以外の点では，微分可能になっているので，2つのグラフのつなぎ目で微分可能になるように，すなわち，この2つのグラフが連続でかつ微分係数が等しくなるように a, b の値を定めます。

| 解答 |

$$f(x)=\begin{cases} x^2+1 & (x<-1) \\ ax+b & (x\geqq-1) \end{cases}$$

$f(x)$ は $x=-1$ で連続だから

$$\lim_{x\to-1}(x^2+1)=f(-1)$$

すなわち　　$2=-a+b$ ……①

また　$\displaystyle\lim_{h\to-0}\frac{f(-1+h)-f(-1)}{h}=\lim_{h\to-0}\frac{(-1+h)^2+1-2}{h}$

$$=\lim_{h\to-0}(h-2)=-2$$

$$\lim_{h\to+0}\frac{f(-1+h)-f(-1)}{h}=\lim_{h\to+0}\frac{a(-1+h)+b-2}{h}$$

$$=\lim_{h\to+0}\frac{ah-a+b-2}{h}$$

$$=\lim_{h\to+0}a=a$$

したがって　　$a=-2$ 答

①から　　　$b=0$ 答

| アドバイス |

❶　$\displaystyle\lim_{h\to-0}\frac{f(-1+h)-f(-1)}{h}$

と

$\displaystyle\lim_{h\to+0}\frac{f(-1+h)-f(-1)}{h}$

が同じになれば，$x=-1$ で微分可能となります。

❷ ①から

$$-a+b=2$$

練習 40　次の関数 $y=f(x)$ のグラフが $x=0$ で連続になるように，定数 k の値を定めよ。このとき，$x=0$ で微分可能になっているか。

$$f(x)=\begin{cases} \sin x & (x<0) \\ x+k & (x\geqq0) \end{cases}$$

次の極限を $f'(a)$ で表せ。

(1) $\displaystyle\lim_{h\to0}\frac{f(a+2h)-f(a)}{h}$ (2) $\displaystyle\lim_{h\to0}\frac{f(a+h)-f(a-2h)}{3h}$

POINT 微分係数の定義 $\dfrac{f(a+\square)-f(a)}{\square}$ の形をつくる

$f'(a)=\displaystyle\lim_{\square\to0}\dfrac{f(a+\square)-f(a)}{\square}$ だから，この形に変形することが大切です。(2)は，$f(a)$ を引いてもう一度加えるといった変形も必要です。また，図で考えるとすぐにわかります。

| 解答 | | アドバイス |

(1) $\displaystyle\lim_{h\to0}\frac{f(a+2h)-f(a)}{h}=\lim_{h\to0}\frac{2\{f(a+2h)-f(a)\}}{2h}$ ❶

$\qquad\qquad\qquad\qquad=\boldsymbol{2f'(a)}$ 答

❶ $\square$ が $2h$ になっています。

(2) $\displaystyle\lim_{h\to0}\frac{f(a+h)-f(a-2h)}{3h}$

$\displaystyle=\lim_{h\to0}\frac{f(a+h)-f(a)\,❷\,-\{f(a-2h)-f(a)\,❷\}}{3h}$

$\displaystyle=\lim_{h\to0}\left\{\frac{1}{3}\times\frac{f(a+h)-f(a)}{h}+\frac{2}{3}\times\frac{f(a-2h)-f(a)}{(-2h)\,❸}\right\}$

$\displaystyle=\frac{1}{3}f'(a)+\frac{2}{3}f'(a)$

$=\boldsymbol{f'(a)}$ 答

❷ $f(a)$ を引いて $f(a)$ を加えています。

❸ $\square$ が $-2h$ になっています。

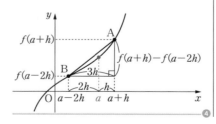

❹ $h\to0$ のとき，直線 AB の傾き $\dfrac{f(a+h)-f(a-2h)}{3h}$ は点 $(a,\ f(a))$ における接線の傾きに近づきます。

練習 **41** 次の極限を $f'(a)$ で表せ。

(1) $\displaystyle\lim_{h\to0}\frac{f(a+h)-f(a)}{4h}$ (2) $\displaystyle\lim_{h\to0}\frac{f(a+h)-f(a-h)}{2h}$

次の極限値を a, $f(a)$, $f'(a)$ を用いて表せ。

(1) $\displaystyle\lim_{x\to a}\frac{\{f(x)\}^2-\{f(a)\}^2}{x-a}$　　　(2) $\displaystyle\lim_{x\to a}\frac{a^2f(x)-x^2f(a)}{x-a}$

 **POINT**　不定形の極限の計算は微分係数が使えないか試す

極限が $\dfrac{0}{0}$ の形の不定形になるとき，微分係数 $f'(a)=\displaystyle\lim_{x\to a}\dfrac{f(x)-f(a)}{x-a}$ が使えないか
試してみましょう。
(2)では，分子$=F(x)$ と置き換える方法を積極的に用いたほうがよいです。

| 解答 |

(1) $\displaystyle\lim_{x\to a}\frac{\{f(x)\}^2-\{f(a)\}^2}{x-a}=\lim_{x\to a}\frac{\{f(x)-f(a)\}\{f(x)+f(a)\}}{x-a}$　❶

$\qquad\qquad\qquad\qquad = f'(a)\cdot 2f(a)$

$\qquad\qquad\qquad\qquad = \boldsymbol{2f'(a)f(a)}$　㊥

(2) $F(x)=a^2f(x)-x^2f(a)$ とおくと　❷

$\qquad F(a)=a^2f(a)-a^2f(a)=0$

$\qquad F'(x)=a^2f'(x)-2xf(a)$

$\qquad$与式$=\displaystyle\lim_{x\to a}\frac{F(x)}{x-a}=\lim_{x\to a}\frac{F(x)-F(a)}{x-a}$　❸

$\qquad\qquad = F'(a)=\boldsymbol{a^2f'(a)-2af(a)}$　㊥

別解　$\displaystyle\lim_{x\to a}\frac{a^2f(x)-x^2f(a)}{x-a}$

$\qquad =\displaystyle\lim_{x\to a}\frac{a^2\{f(x)-f(a)\}-f(a)(x^2-a^2)}{x-a}$　❹

$\qquad =\displaystyle\lim_{x\to a}\left\{a^2\times\frac{f(x)-f(a)}{x-a}-f(a)(x+a)\right\}$　❺

$\qquad =\boldsymbol{a^2f'(a)-2af(a)}$　㊥

| アドバイス |

❶ $f'(a)=\displaystyle\lim_{x\to a}\frac{f(x)-f(a)}{x-a}$
を用います。

❷ 分子$=F(x)$ とおくのが定石です。

❸ $F(a)=0$ だから，引いてもよいです。

❹ $a^2f(a)$ を引いてから，もう一度加えています。

❺ $\displaystyle\lim_{x\to a}\frac{f(x)-f(a)}{x-a}=f'(a)$
を用います。

練習 42　次の極限を a, $f(a)$, $f'(a)$ を用いて表せ。

(1) $\displaystyle\lim_{x\to a}\frac{f(x)-f(a)}{x^2-a^2}$　　　(2) $\displaystyle\lim_{x\to a}\frac{a^3f(x)-x^3f(a)}{x-a}$

例題 42 積の微分 ★★★ (基本)

次の関数を微分せよ。

(1) $y=(x^2+x)(x+3)$

(2) $y=(x+1)(x+2)(x+3)$

(3) $y=(x^2+x+1)^3$

 POINT 積 $f \cdot g$ の微分は $(f \cdot g)'=f'g+fg'$ を用いる

$f(x) \cdot g(x)$ は，いったん展開してから微分することもできますが，$(f \cdot g)'=f'g+fg'$ を用いたほうが簡単です。

また，$(f \cdot g \cdot h)'=(f \cdot g)'h+(f \cdot g)h'=(f'g+fg')h+fgh'=f'gh+fg'h+fgh'$ となります。

(3)は，$y=f^3=f \cdot f \cdot f$ の形だから，$y'=f' \cdot f \cdot f+f \cdot f' \cdot f+f \cdot f \cdot f'=3f^2f'$ となります。

解 答	アドバイス

(1) $y=(x^2+x)(x+3)$

$\quad y'=\underline{(x^2+x)'(x+3)+(x^2+x)(x+3)'}_{\textcircled{1}}$

$\quad\quad =(2x+1)(x+3)+(x^2+x) \cdot 1$

$\quad\quad =\boldsymbol{3x^2+8x+3}$ (答)

❶ $(f \cdot g)'=f'g+fg'$ を用いて
1つずつ微分。

(2) $y=(x+1)(x+2)(x+3)$

$\quad y'=(x+1)'(x+2)(x+3)$

$\quad\quad +(x+1)(x+2)'(x+3)$

$\quad\quad +\underline{(x+1)(x+2)(x+3)'}_{\textcircled{2}}$

$\quad\quad =(x+2)(x+3)+(x+1)(x+3)+(x+1)(x+2)$

$\quad\quad =\boldsymbol{3x^2+12x+11}$ (答)

❷ $(fgh)'=f'gh+fg'h+fgh'$
を用いて1つずつ微分。

(3) $y=(x^2+x+1)^3$

$\quad y'=\underline{3(x^2+x+1)^2(x^2+x+1)'}_{\textcircled{3}}$

$\quad\quad =\boldsymbol{3(x^2+x+1)^2(2x+1)}$ (答)

❸ $y=f^3$ のとき，
$y'=3f^2 \cdot f'$ を用います。

| STUDY | 積の微分は1つずつ

$(f \cdot g \cdot h)'=f'gh+fg'h+fgh'$ のように，いくつの積でも1つずつ微分すればよい。

練習 43 次の関数を微分せよ。

(1) $y=(x^2+x+1)(x^3+1)$　　　　(2) $y=(x^2+3x+1)^4$

例題 **43** 商の微分 ★★★ (基本)

次の関数を微分せよ。

(1)　$y = \dfrac{x}{x^2+1}$　　　(2)　$y = \dfrac{x^3+x^2+2x+3}{x^2}$　　　(3)　$y = \dfrac{x^2+x}{x^2+x+1}$

 **POINT** 商 $\dfrac{f}{g}$ の微分は $\left(\dfrac{f}{g}\right)' = \dfrac{f'g-fg'}{g^2}$ を用いる

商の微分では，$\left(\dfrac{f}{g}\right)' = \dfrac{f'g-fg'}{g^2}$ を用います。$(f \cdot g^{-1})'$ として積の微分を用いること

もできますが，商の微分の公式もきちんと理解しておきましょう。

(2)，(3)では，(分子の次数)≧(分母の次数)となっているので，**分子の次数下げをしてから微分**するとよいです。

| 解 答 | | アドバイス |

(1)　$y' = \dfrac{1 \cdot (x^2+1) - x \cdot 2x}{(x^2+1)^2}$ ❶

　　　$= \dfrac{-x^2+1}{(x^2+1)^2}$ (答)

❶ $f=x$，$g=x^2+1$ として商の微分を行います。

(2)　$y = x+1+\dfrac{2}{x}+\dfrac{3}{x^2}$ だから ❷

　　　$y' = 1-\dfrac{2}{x^2}-\dfrac{6}{x^3}$ (答)

❷ まず，分子の次数下げをします。

(3)　$y = \dfrac{x^2+x+1-1}{x^2+x+1}$

　　　$= 1-\dfrac{1}{x^2+x+1}$ だから ❸

　　　$y' = \dfrac{2x+1}{(x^2+x+1)^2}$ (答)

❸ 分子の次数を分母よりも低くしてから微分します。

| STUDY | 商の微分の覚え方

商の微分は，$\dfrac{(分母そのまま) \cdot (分子)' - (分子そのまま) \cdot (分母)'}{(分母)^2}$ と覚える方法が有名である。

練習 44　次の関数を微分せよ。

　　　(1)　$y = \dfrac{1}{x^2+1}$　　　(2)　$y = \dfrac{x^2+x+1}{x}$　　　(3)　$y = \dfrac{x^2+2x+1}{x^2+2x+3}$

次の関数を（ ）内のように置き換えて微分せよ。

(1) $y=(x^3+3x)^4$ $(u=x^3+3x)$　　(2) $y=\dfrac{1}{(3x-1)^2}$ $(u=3x-1)$

(3) $y=\sqrt{x^2+x+1}$ $(u=x^2+x+1)$

POINT 合成関数の微分の方法 $\dfrac{dy}{dx}=\dfrac{dy}{du}\cdot\dfrac{du}{dx}$ を用いる

　合成関数の微分は，$\dfrac{dy}{dx}=\dfrac{dy}{du}\cdot\dfrac{du}{dx}$ を用いて計算します。もちろん，置き換えの指定がなければ，他の方法で計算することもできます。

| 解答 | アドバイス |

(1) $u=x^3+3x$ とおくと，$y=u^4$ だから

$$\dfrac{dy}{dx}=\dfrac{dy}{du}\cdot\dfrac{du}{dx}$$
$$=4u^3\cdot(3x^2+3)$$
$$=4(x^3+3x)^3(3x^2+3)$$
$$=\boldsymbol{12x^3(x^2+3)^3(x^2+1)}　\text{答}$$

置き換えをしないと次のようになります。

(1) $y'=4(x^3+3x)^3(x^3+3x)'$
　　$=4(x^3+3x)^3(3x^2+3)$
　　$=12x^3(x^2+3)^3(x^2+1)$

(2) $u=3x-1$ とおくと，$y=\dfrac{1}{u^2}$ だから

$$\dfrac{dy}{dx}=\dfrac{dy}{du}\cdot\dfrac{du}{dx}$$
$$=\dfrac{-2}{u^3}\cdot 3=-\dfrac{\boldsymbol{6}}{\boldsymbol{(3x-1)^3}}　\text{答}$$

(2) $y=(3x-1)^{-2}$ だから
　　$y'=-2(3x-1)^{-3}\cdot(3x-1)'$
　　　$=-\dfrac{6}{(3x-1)^3}$

(3) $u=x^2+x+1$ とおくと，$y=\sqrt{u}$ だから

$$\dfrac{dy}{dx}=\dfrac{dy}{du}\cdot\dfrac{du}{dx}$$
$$=\dfrac{1}{2\sqrt{u}}\cdot(2x+1)$$
$$=\dfrac{\boldsymbol{2x+1}}{\boldsymbol{2\sqrt{x^2+x+1}}}　\text{答}$$

(3) $y=(x^2+x+1)^{\frac{1}{2}}$ だから
　　$y'=\dfrac{1}{2}(x^2+x+1)^{-\frac{1}{2}}$
　　　　　　$\times(x^2+x+1)'$
　　　$=\dfrac{2x+1}{2\sqrt{x^2+x+1}}$

練習 45 次の関数を（ ）内のように置き換えて微分せよ。

(1) $y=(x^2+x)^3$ $(u=x^2+x)$　　(2) $y=\dfrac{1}{(x^2-1)^2}$ $(u=x^2-1)$

(3) $y=\sqrt{x^2+3x-1}$ $(u=x^2+3x-1)$

例題 **45** | 逆関数の微分　★★★　応用

次の関数の逆関数の導関数を求めよ。

(1) $y = x^3$

(2) $y = \tan x \quad \left(-\dfrac{\pi}{2} < x < \dfrac{\pi}{2} \right)$

POINT　逆関数の微分の方法 $\dfrac{dy}{dx} = \dfrac{1}{\dfrac{dx}{dy}}$ を用いる

逆関数を $y = g(x)$ の形にすることができないときは，$\dfrac{dy}{dx} = \dfrac{1}{\dfrac{dx}{dy}}$ を用いて，まず $\dfrac{dy}{dx}$

を y の式で表し，さらにもとの式を用いて x で表します。

| 解答 | | アドバイス |

(1) $y = x^3$ の逆関数は，$x = y^3$ ……① を満たす。

$$\frac{dx}{dy} = 3y^2 \geqq 0 \quad ❶$$

よって，①は単調増加で逆関数が存在し，

$y \neq 0 \ (x \neq 0)$ のとき

$$\frac{dy}{dx} = \frac{1}{\dfrac{dx}{dy}} = \frac{1}{3y^2} = \frac{1}{3x^{\frac{2}{3}}} \ 答$$

❶ この式で逆関数が存在することを確認します。

(2) $y = \tan x \left(-\dfrac{\pi}{2} < x < \dfrac{\pi}{2} \right)$ の逆関数は

$x = \tan y$ ……① を満たす。

①の両辺を y で微分すると ❷

$$\frac{dx}{dy} = \frac{1}{\cos^2 y} = 1 + \tan^2 y = 1 + x^2 > 0 \quad ❹$$
$$❸$$

よって，①は単調増加で逆関数が存在し，かつ

$\dfrac{dx}{dy} \neq 0$ だから　$\dfrac{dy}{dx} = \dfrac{1}{\dfrac{dx}{dy}} = \dfrac{1}{1 + x^2}$ 答

❷ $(\tan x)' = \dfrac{1}{\cos^2 x}$

（p.84参照）

❸ 三角関数の相互関係

$\dfrac{1}{\cos^2 \theta} = 1 + \tan^2 \theta$ を用いました。

❹ この式で逆関数が存在し，$1 + x^2 \neq 0$ だから，$1 + x^2$ で割ってもよいことを示しています。

練習 46　次の関数の逆関数の導関数を求めよ。

（ただし，$(\sin x)' = \cos x$　p.84参照）

(1) $y = \sqrt{x+1}$

(2) $y = \sin x \left(0 < x < \dfrac{\pi}{2} \right)$

2 いろいろな関数の導関数

1 三角関数の導関数 ▷ 例題 46 例題 47

① $(\sin x)' = \cos x$

② $(\cos x)' = -\sin x$

③ $(\tan x)' = \dfrac{1}{\cos^2 x}$

例 $(2\sin x)' = 2\cos x, \quad (\cos 3x)' = -3\sin 3x$

2 自然対数の底 e ▷ 例題 55

(1) **e の定義**
$$\lim_{t \to 0} (1+t)^{\frac{1}{t}} = e \quad (e = 2.71828\cdots\cdots)$$

(2) **e の性質**
$$\lim_{x \to \infty} \left(1 + \frac{1}{x}\right)^x = e$$
$$\lim_{x \to -\infty} \left(1 + \frac{1}{x}\right)^x = e$$

3 指数関数の導関数 ▷ 例題 50

① $(e^x)' = e^x$

② $(a^x)' = a^x \log a \quad (a > 0, \ a \neq 1)$

例 $(e^{2x})' = 2e^{2x}, \quad (2^x)' = 2^x \log 2$

4 対数関数の導関数 ▷ 例題 48 例題 49 例題 51

① $(\log x)' = \dfrac{1}{x}, \quad (\log|x|)' = \dfrac{1}{x}$

② $(\log_a x)' = \dfrac{1}{x \log a}, \quad (\log_a |x|)' = \dfrac{1}{x \log a}$

③ $(\log|f(x)|)' = \dfrac{f'(x)}{f(x)}$

例 $\{\log(-2x)\}' = \dfrac{-2}{-2x} = \dfrac{1}{x}, \quad (\log x^2)' = \dfrac{2x}{x^2} = \dfrac{2}{x}$

5 媒介変数表示された関数の導関数 ▷ 例題 52

$$\begin{cases} x=f(t) \\ y=g(t) \end{cases} \text{のとき}$$

$$\frac{dy}{dx}=\frac{\dfrac{dy}{dt}}{\dfrac{dx}{dt}}=\frac{g'(t)}{f'(t)} \quad \left(\frac{dx}{dt}\neq 0\right)$$

媒介変数の定義については p.348 を参照。

例 $x=\cos t, \ y=\sin t$ のとき

$$\frac{dy}{dx}=\frac{\cos t}{-\sin t}=-\frac{1}{\tan t}$$

6 方程式 $F(x, \ y)=0$ で表された関数の導関数 ▷ 例題 53

$F(x, \ y)=0$ の両辺を x で微分する。

例 $x^2+y^2=1$ のとき

$$2x+2y\cdot y'=0$$

$y\neq 0$ のとき

$$y'=-\frac{x}{y}$$

7 高次導関数 ▷ 例題 54

$f'(x)$ の導関数を第 2 次導関数 $f''(x)$

$f''(x)$ の導関数を第 3 次導関数 $f'''(x)$

⋮ ⋮ ⋮

$f^{(n-1)}(x)$ の導関数を第 n 次導関数 $f^{(n)}(x)$ という。

例 $f'''(x)=\{f''(x)\}', \ f''(x)=3x^2$ のとき

$$f'''(x)=6x$$

★★★ 標準

次の関数を微分せよ。

(1)　$y=\sin 2x$

(2)　$y=\cos^2 x$

(3)　$y=\tan^2 x$

(4)　$y=\sin x \cos x$

 **POINT**　三角関数の微分を活用

三角関数の微分では，$(\sin x)'=\cos x$，$(\cos x)'=-\sin x$，$(\tan x)'=\dfrac{1}{\cos^2 x}$ を用います。また，$y=\sin 2x$ のとき，$2x=u$ と置き換えると

$\dfrac{dy}{dx}=\dfrac{dy}{du}\cdot\dfrac{du}{dx}=(\cos u)\cdot 2=2\cos 2x$ となりますが，$\dfrac{du}{dx}$ のことを中身の微分といい，置き換えたつもりで中身の微分 $(2x)'=2$ を掛けると，置き換える手間が省けます。

| 解答 |

(1)　$y'=(\sin 2x)'$

　　　$=(\cos 2x)\cdot(2x)'$ ❶

　　　$=\boldsymbol{2\cos 2x}$ 答

(2)　$y'=(\cos^2 x)'$

　　　$=(2\cos x)(\cos x)'$ ❷

　　　$=\boldsymbol{-2\cos x \sin x}$ 答

(3)　$y'=(\tan^2 x)'$

　　　$=(2\tan x)\cdot(\tan x)'$ ❸

　　　$=\dfrac{\boldsymbol{2\tan x}}{\boldsymbol{\cos^2 x}}$ 答

(4)　$y'=(\sin x \cos x)'$

　　　$=(\sin x)'\cos x+\sin x(\cos x)'$ ❹

　　　$=\boldsymbol{\cos^2 x - \sin^2 x}$ 答

| アドバイス |

❶ $(2x)'$ は中身の微分。

❷ $\cos^2 x=(\cos x)^2$ だから，$(\cos x)'$ は中身の微分。

❸ $\tan^2 x=(\tan x)^2$ だから $(\tan x)'$ は中身の微分。

❹ 積の微分
　$(fg)'=f'g+fg'$ を用います。

練習 47　次の関数を微分せよ。

(1)　$y=\cos 3x$

(2)　$y=\sin^2 x$

(3)　$y=\sin(x^2+1)$

例題 **47** 三角関数の微分②   ★★★ 標準

次の関数を微分せよ。

(1) $y = \sin^2 x \cos 2x$

(2) $y = \dfrac{\cos x}{1 - \sin x}$

(3) $y = \sqrt{1 + \cos^2 x}$

 POINT 複雑な三角関数の微分は三角関数の公式を利用する

複雑な三角関数の微分では，微分したあとに三角関数の公式を用いて，式を整理することが大切です。極値を求めるときには，$y' = 0$ とおいて，三角方程式を解かなければならないので，式の整理の仕方も重要です。

| 解答 |

(1) $y' = (\sin^2 x \cos 2x)'$

$\quad = \underline{(2 \sin x \cos x)}_{\textcircled{1}} \cos 2x + \sin^2 x \underline{(-2 \sin 2x)}_{\textcircled{2}}$

$\quad = 2 \sin x \underline{(\cos x \cos 2x - \sin x \sin 2x)}_{\textcircled{3}}$

$\quad = \boldsymbol{2 \sin x \cos 3x}$ 答

(2) $y' = \left(\dfrac{\cos x}{1 - \sin x}\right)'$

$\quad = \dfrac{-\sin x (1 - \sin x) - \cos x (-\cos x)}{(1 - \sin x)^2}{}_{\textcircled{4}}$

$\quad = \dfrac{1 - \sin x}{(1 - \sin x)^2}$

$\quad = \boldsymbol{\dfrac{1}{1 - \sin x}}$ 答

(3) $y' = (\sqrt{1 + \cos^2 x})'$

$\quad = \dfrac{(1 + \cos^2 x)'}{2\sqrt{1 + \cos^2 x}}$

$\quad = \dfrac{-2 \sin x \cos x}{2\sqrt{1 + \cos^2 x}}$

$\quad = \boldsymbol{-\dfrac{\sin x \cos x}{\sqrt{1 + \cos^2 x}}}$ 答

| アドバイス |

❶ $(\sin^2 x)' = 2 \sin x (\sin x)'$
$\qquad = 2 \sin x \cos x$

❷ $(\cos 2x)' = (-\sin 2x)(2x)'$
$\qquad = -2 \sin 2x$

❸ $\cos(\alpha + \beta)$
$= \cos \alpha \cos \beta - \sin \alpha \sin \beta$
を用います。

❹ $\sin^2 x + \cos^2 x = 1$

練習 **48** 次の関数を微分せよ。

(1) $y = \sin^2 x \cdot \sin 2x$　　(2) $y = \sqrt{1 + \sin x}$　　(3) $y = \sin^3 x \cdot \cos x$

次の関数を微分せよ。

(1) $y=\log(-x)$ (2) $y=\log(x^2+1)$

(3) $y=(\log x)^2$ (4) $y=e^x\log x$

POINT 対数関数の微分 $\{\log|f(x)|\}'=\dfrac{f'(x)}{f(x)}$

対数関数の微分では，$\{\log|f(x)|\}'=\dfrac{f'(x)}{f(x)}$ を用いて計算します。積分計算とも関連が強いので，しっかりこの形を理解することが重要です。

| 解答 | | アドバイス |

(1) $y'=\{\log(-x)\}'$

$=\dfrac{(-x)'}{-x}$ ❶

$=\dfrac{-1}{-x}=\dfrac{\mathbf{1}}{\boldsymbol{x}}$ 答

❶ $(\log x)'=\dfrac{1}{x}$

$\{\log(-x)\}'=\dfrac{1}{x}$

(2) $y'=\{\log(x^2+1)\}'$

$=\dfrac{(x^2+1)'}{x^2+1}$

$=\dfrac{\mathbf{2x}}{\boldsymbol{x^2+1}}$ 答

(3) $y'=\{(\log x)^2\}'$

$=(2\log x)\cdot(\log x)'$ ❷

$=\dfrac{\mathbf{2}}{\boldsymbol{x}}\log x$ 答

❷ $u=\log x$ とおくと

$\dfrac{dy}{dx}=\dfrac{dy}{du}\cdot\dfrac{du}{dx}$

$=2u\cdot\dfrac{1}{x}$

$=\dfrac{2}{x}\log x$

❸ 積の微分を用います。

(4) $y'=(e^x\log x)'$

$=(e^x)'\log x+e^x(\log x)'$ ❸

$=e^x\log x+\dfrac{\boldsymbol{e^x}}{\boldsymbol{x}}$ 答

練習 49 次の関数を微分せよ。

(1) $y=\log 4x$ (2) $y=\log(3x^2+1)$

(3) $y=(\log x)^3$ (4) $y=x\log x$

★★★ （標準）

次の関数を微分せよ。

(1) $y=\log\left|\dfrac{2x-1}{2x+1}\right|$

(2) $y=\dfrac{\log x}{x}$

(3) $y=\log(e^x+1)$

(4) $y=\log(x+\sqrt{x^2+1})$

 **POINT** 複雑な対数関数の微分では，対数関数の性質を利用

複雑な対数関数の微分では，対数関数の性質を利用します。$y=\log\left|\dfrac{f(x)}{g(x)}\right|$ の微分では，$y=\log|f(x)|-\log|g(x)|$ の形に変形してから微分するとよいです。

| 解答 |

| アドバイス |

(1) $y=\log\left|\dfrac{2x-1}{2x+1}\right|=\log|2x-1|-\log|2x+1|$

$y'=\dfrac{2_{❶}}{2x-1}-\dfrac{2_{❶}}{2x+1}$

$=\dfrac{2(2x+1)-2(2x-1)}{(2x-1)(2x+1)}$

$=\dfrac{\mathbf{4}}{\mathbf{(2x-1)(2x+1)}}$ （答）

❶ $(2x-1)'=2$
　　$(2x+1)'=2$

(2) $y'=\left(\dfrac{\log x}{x}\right)'=\dfrac{\dfrac{1}{x}\cdot x-\log x}{x^2}{}_{❷}$

$=\dfrac{\mathbf{1-\log x}}{\mathbf{x^2}}$ （答）

❷ 商の微分
$$\left(\dfrac{f}{g}\right)'=\dfrac{f'g-fg'}{g^2}$$
を用います。

(3) $y'=\{\log(e^x+1)\}'$

$=\dfrac{\mathbf{e^x}}{\mathbf{e^x+1}}{}_{❸}$ （答）

❸ $(e^x+1)'=e^x$

(4) $y'=\{\log(x+\sqrt{x^2+1})\}'=\dfrac{1+\dfrac{2x}{2\sqrt{x^2+1}}}{x+\sqrt{x^2+1}}{}_{❹}$

$=\dfrac{\sqrt{x^2+1}+x}{\sqrt{x^2+1}(x+\sqrt{x^2+1})}=\dfrac{\mathbf{1}}{\sqrt{\mathbf{x^2+1}}}$ （答）

❹ $(\sqrt{x^2+1})'=\dfrac{(x^2+1)'}{2\sqrt{x^2+1}}$
$=\dfrac{2x}{2\sqrt{x^2+1}}$

練習 50 次の関数を微分せよ。

(1) $y=\log\left|\dfrac{x^2+1}{x^2-1}\right|$

(2) $y=\log\left|\dfrac{e^x-1}{e^x+1}\right|$

| 例題 **50** | 指数関数の微分 ★ ★ ★ （基本）

次の関数を微分せよ。

(1) $y=e^{3x^2}$

(2) $y=5^x$

(3) $y=\dfrac{e^x}{e^x+1}$

(4) $y=x^2e^x$

 POINT 指数関数の微分 $(e^x)'=e^x,\ \ (a^x)'=a^x\log a\ (a>0)$

$(e^x)'=e^x$なので，非常に簡単です。また，$a^x=(e^{\log a})^x=e^{x\log a}$だから
$(a^x)'=(e^{x\log a})'=(e^{x\log a})\log a=a^x\log a$となります。

| 解 答 | | アドバイス |

(1) $y'=\underline{(e^{3x^2})'}_{\textcircled{\scriptsize 1}}$

$\quad=(3x^2)'e^{3x^2}$

$\quad=\boldsymbol{6xe^{3x^2}}$ （答）

(2) $y'=(5^x)'$

$\quad=\boldsymbol{5^x\log 5}$ （答）

(3) $y'=\left(\dfrac{e^x}{e^x+1}\right)'$

$\quad=\dfrac{e^x(e^x+1)-e^x\cdot e^x}{(e^x+1)^2}{}_{\textcircled{\scriptsize 2}}$

$\quad=\boldsymbol{\dfrac{e^x}{(e^x+1)^2}}$ （答）

(4) $y'=(x^2e^x)'$

$\quad=(x^2)'e^x+x^2(e^x)'{}_{\textcircled{\scriptsize 3}}$

$\quad=2xe^x+x^2e^x$

$\quad=\boldsymbol{e^x(2x+x^2)}$ （答）

❶ $u=3x^2$とおいてもよいです。

$\quad\dfrac{dy}{dx}=\dfrac{dy}{du}\cdot\dfrac{du}{dx}$

$\quad\quad=e^u\cdot 6x$

$\quad\quad=6xe^{3x^2}$

❷ 商の微分
$\quad\left(\dfrac{f}{g}\right)'=\dfrac{f'g-fg'}{g^2}$
を用います。

❸ 積の微分
$\quad(f\cdot g)'=f'g+fg'$
を用います。

練習 51 次の関数を微分せよ。

(1) $y=e^x+e^{-x}$

(2) $y=3^{-x}$

(3) $y=\dfrac{e^x}{e^x+e^{-x}}$

(4) $y=xe^{-x}$

例題 51 ｜ 対数微分法　★★★　応用

次の関数を対数微分法を用いて微分せよ。

(1) $y=\dfrac{(x+1)(x+2)^3}{(2x+1)^4}$

(2) $y=x^x\ (x>0)$

 POINT 累乗を多く含む関数の微分では，両辺の対数をとる

累乗を多く含む関数をそのまま微分すると，かなり繁雑な計算になりますが，両辺の絶対値の自然対数をとり微分すると，計算を省力化できます。このような微分法を対数微分法といいます。

| 解答 |

(1) 両辺の絶対値の自然対数をとると

$$\log|y|=\log\left|\frac{(x+1)(x+2)^3}{(2x+1)^4}\right|$$
$$=\log|x+1|+\log|x+2|^3-\log|2x+1|^4 \ ❶$$
$$=\log|x+1|+3\log|x+2|-4\log|2x+1| \ ❷$$

両辺を x で微分すると

$$\frac{y'}{y}=\frac{1}{x+1}+\frac{3}{x+2}-\frac{8}{2x+1}=\frac{-10x-11}{(x+1)(x+2)(2x+1)} \ ❸$$
$$y'=y\cdot\frac{-10x-11}{(x+1)(x+2)(2x+1)}$$
$$=\frac{(x+1)(x+2)^3}{(2x+1)^4}\times\frac{-(10x+11)}{(x+1)(x+2)(2x+1)} \ ❹$$
$$=\frac{-(x+2)^2(10x+11)}{(2x+1)^5} \ ㊙$$

(2) 両辺の絶対値の自然対数をとると，$x>0$ だから

$$\log|y|=\log|x^x|=\log x^x=x\log x$$

両辺を x で微分すると

$$\frac{y'}{y}=\log x+x\cdot\frac{1}{x}=\log x+1 \ ❺$$
$$y'=y\ ❻\ (\log x+1)=x^x(\log x+1) \ ㊙$$

| アドバイス |

❶ $a>0$，$b>0$のとき
$$\log ab=\log a+\log b$$
$$\log\frac{a}{b}=\log a-\log b$$

❷ $\log a^n=n\log a$

❸ $(x+2)(2x+1)$
　$+3(x+1)(2x+1)$
　$-8(x+1)(x+2)$
$=-10x-11$

❹ 元の式
$$y=\frac{(x+1)(x+2)^3}{(2x+1)^4}$$
を代入。

❺ 積の微分を用いて
$$(x)'\log x+x(\log x)'$$
$$=\log x+x\cdot\frac{1}{x}$$

❻ 元の式 $y=x^x$ を代入します。

練習 52　次の関数を対数微分法を用いて微分せよ。

(1) $y=\sqrt[3]{\dfrac{x+1}{x-1}}$

(2) $y=x^{\log x}\ (x>0)$

y が x の関数で，次の関係式が成り立つとき，$\dfrac{dy}{dx}$ を t で表せ。

(1) $x=a(t-\sin t),\ y=a(1-\cos t)\quad(a\neq0)$

(2) $x=\dfrac{1-t^2}{1+t^2},\ y=\dfrac{2t}{1+t^2}$

POINT　　媒介変数表示された関数の微分は $\dfrac{dy}{dx}=\dfrac{\dfrac{dy}{dt}}{\dfrac{dx}{dt}}$ を利用

$x=f(t),\ y=g(t)$ と表された関数を微分するときは，$\dfrac{dy}{dx}=\dfrac{\dfrac{dy}{dt}}{\dfrac{dx}{dt}}=\dfrac{g'(t)}{f'(t)}$ を用います。

| 解答 | | アドバイス |

(1) $x=a(t-\sin t),\ y=a(1-\cos t)\quad(a\neq0)$

$$\dfrac{dy}{dx}=\dfrac{\dfrac{dy}{dt}}{\dfrac{dx}{dt}}=\dfrac{a\sin t}{a(1-\cos t)}$$ ❶

$$=\dfrac{\sin t}{1-\cos t}$$ （答）

❶ $(\sin t)'=\cos t$
$(\cos t)'=-\sin t$

(2) $x=\dfrac{1-t^2}{1+t^2},\ y=\dfrac{2t}{1+t^2}$

$$\dfrac{dy}{dx}=\dfrac{\dfrac{dy}{dt}}{\dfrac{dx}{dt}}=\dfrac{\dfrac{2(1+t^2)-2t\cdot2t}{(1+t^2)^2}}{\dfrac{-2t(1+t^2)-(1-t^2)\cdot2t}{(1+t^2)^2}}$$ ❷

$$=\dfrac{-2t^2+2}{-4t}$$

$$=\dfrac{t^2-1}{2t}$$ （答）

❷ 商の微分
$\left(\dfrac{f}{g}\right)'=\dfrac{f'g-fg'}{g^2}$
を用います。

練習 53　y が x の関数で，次の関係式が成り立つとき，$\dfrac{dy}{dx}$ を t で表せ。

(1) $x=\sin t,\ y=\sin 2t$

(2) $x=t+\dfrac{1}{t},\ y=t-\dfrac{1}{t}$

陰関数の微分　　　　　★ ★ ★　標準

y が x の関数で，次の関係式が成り立つとき，$\dfrac{dy}{dx}$ を求めよ。

(1) $\dfrac{x^2}{4}+y^2=1$　　　　　　　　(2) $x^2-y^2=1$

(3) $\sqrt{x}+\sqrt{y}=1$ $(x\geqq0,\ y\geqq0)$

 POINT　陰関数の微分は，両辺を x で微分する

$y=f(x)$ の形の関数を陽関数，$f(x,\ y)=0$ の形の関数を陰関数といいます。陰関数
の導関数 $\dfrac{dy}{dx}$ を導くには，合成関数の微分法を用いて両辺を x で微分します。

| 解答 | | アドバイス |

(1) $\dfrac{x^2}{4}+y^2=1$ の両辺を x で微分すると

$$\dfrac{2x}{4}+\underline{2y\cdot y'}_{\text{❶}}=0$$

$y\neq0$ のとき

$$y'=\dfrac{dy}{dx}=-\dfrac{\boldsymbol{x}}{\boldsymbol{4y}}\ \text{㊐}$$

(2) $x^2-y^2=1$ の両辺を x で微分すると

$$2x-2yy'=0$$

$y\neq0$ のとき

$$y'=\dfrac{dy}{dx}=\dfrac{\boldsymbol{x}}{\boldsymbol{y}}\ \text{㊐}$$

(3) $\sqrt{x}+\sqrt{y}=1$ $(x\geqq0,\ y\geqq0)$ の両辺を x で微分すると

$$\dfrac{1}{2\sqrt{x}}+\dfrac{y'}{2\sqrt{y}}=0\ \underline{(x>0,\ y>0)}_{\text{❷}}$$

よって

$$y'=\dfrac{dy}{dx}=-\sqrt{\dfrac{\boldsymbol{y}}{\boldsymbol{x}}}\ \text{㊐}$$

❶ y は x の関数なので，y^2 を x で
微分すると，$2y\cdot y'$ となります。
$\left(\begin{array}{l}\{f(x)\}^2\ を\ x\ で微分すると，\\ 2f(x)\cdot f'(x)\ となるのと\\ 同じことです。\end{array}\right)$

❷ グラフの端では，微分係数を
考えません。

練習 54　y が x の関数で，次の関係式が成り立つとき，$\dfrac{dy}{dx}$ を求めよ。

(1) $xy=2$　　　　　　　　(2) $x^2+y^2=1$

(3) $5x^2+6xy+5y^2=8$

$y=\sin x$ のとき,次の問いに答えよ。

(1) y', y'', $y^{(3)}$, $y^{(4)}$ を求めよ。

(2) $y^{(n)}=\sin\left(x+\dfrac{n\pi}{2}\right)$ $(n=1,\ 2,\ 3,\ \cdots\cdots)$ であることを示せ。

 POINT 第 n 次導関数を求めるには,数学的帰納法が有効

第 n 次導関数は,y', y'', $y^{(3)}$, $y^{(4)}$ などから推測が可能ですが,厳密に示すには,数学的帰納法を用います。

| 解答 |

(1) $y=\sin x$

$$\boldsymbol{y'=\cos x}\ ❶ ⓒ$$
$$\boldsymbol{y''=-\sin x}\ ❷ ⓒ$$
$$\boldsymbol{y^{(3)}=-\cos x}\ ❸ ⓒ$$
$$\boldsymbol{y^{(4)}=\sin x}\ ❹ ⓒ$$

(2) $y^{(n)}=\sin\left(x+\dfrac{n\pi}{2}\right)$ ……㊒

[I] $n=1$ のとき ❺

$$y'=\sin\left(x+\frac{\pi}{2}\right)=\cos x$$

よって,㊒は成り立つ。

[II] $n=k$ のとき,㊒が成り立つとすると ❻

$$y^{(k)}=\sin\left(x+\frac{k\pi}{2}\right)$$

$$y^{(k+1)}=(y^{(k)})'=\cos\left(x+\frac{k\pi}{2}\right)$$

$$=\sin\left\{\left(x+\frac{k\pi}{2}\right)+\frac{\pi}{2}\right\}=\sin\left\{x+\frac{(k+1)\pi}{2}\right\}$$

よって,$n=k+1$ のときも㊒は成り立つ。

[I],[II] から,㊒はすべての自然数 n に対して成り立つ。 (証明終り)

| アドバイス |

❶ $\cos x=\sin\left(x+\dfrac{\pi}{2}\right)$

❷ $-\sin x=\sin(x+\pi)$

❸ $-\cos x=\sin\left(x+\dfrac{3\pi}{2}\right)$

❹ $\sin x=\sin(x+2\pi)$ となっています。

❺ $n=1$ のとき,㊒が成り立つことを示します。

❻ $n=k$ のとき,㊒が成り立つとすると,$n=k+1$ のときも成り立つことを示します。

練習 55 $y=xe^x$ のとき,$y^{(n)}=ne^x+xe^x$ であることを証明せよ。

例題 55 │ e についての極限　★★★　応用

等式 $\displaystyle\lim_{t\to 0}(1+t)^{\frac{1}{t}}=e$ を用いて，次の等式を証明せよ。

(1) $\displaystyle\lim_{t\to 0}\frac{\log (1+t)}{t}=1$　　　　　(2) $\displaystyle\lim_{h\to 0}\frac{e^{h}-1}{h}=1$

 POINT　e の定義 $\displaystyle\lim_{t\to 0}(1+t)^{\frac{1}{n}}=e$，$\displaystyle\lim_{n\to\infty}\left(1+\frac{1}{n}\right)^{n}=e$ を用いる

e の定義は，$\displaystyle\lim_{t\to 0}(1+t)^{\frac{1}{t}}=e$ ……① や $\displaystyle\lim_{n\to\infty}\left(1+\frac{1}{n}\right)^{n}=e$ ……②，また，「$\displaystyle\lim_{h\to 0}\frac{a^{h}-1}{h}=1$ となる a を e とする」 ……③などいくつかありますが，どれか1つの方法で定義すると，他は証明できる形になっています。ここでは，①から③を示すものであり，練習56 (2)では，②から①を示すものになっています。

| 解答 |

(1) $\displaystyle\lim_{t\to 0}\frac{\log (1+t)}{t}=\lim_{t\to 0}\frac{1}{t}\log (1+t)$
　　　　　　$\displaystyle=\lim_{t\to 0}\log (1+t)^{\frac{1}{t}}$ ❶
　　　　　　$=\log e=1$

　よって　$\displaystyle\lim_{t\to 0}\frac{\log (1+t)}{t}=1$　　　　（証明終り）

(2) $e^{h}-1=t$ ❷ とおくと
　　　$e^{h}=t+1$
　　　$h=\log (t+1)$
　$h\to 0$ のとき，$t\to 0$ ❸
　　　$\displaystyle\lim_{h\to 0}\frac{e^{h}-1}{h}=\lim_{t\to 0}\frac{t}{\log (t+1)}$
　　　　　　　　$\displaystyle=\lim_{t\to 0}\frac{1}{\dfrac{\log (t+1)}{t}}=1$

　よって　$\displaystyle\lim_{h\to 0}\frac{e^{h}-1}{h}=1$　　　　（証明終り）

| アドバイス |

❶ $\displaystyle\lim_{t\to 0}(1+t)^{\frac{1}{t}}=e$ を用います。

❷ このおき方がポイント。

❸ ❷ の式で考えるとよいです。
　$h\to 0$ のとき，$e^{h}\to 1$

練習 56　等式 $\displaystyle\lim_{n\to\infty}\left(1+\frac{1}{n}\right)^{n}=e$ を用いて，次の等式を証明せよ。

(1) $\displaystyle\lim_{n\to -\infty}\left(1+\frac{1}{n}\right)^{n}=e$　　　　(2) $\displaystyle\lim_{t\to 0}(1+t)^{\frac{1}{t}}=e$

| 例題 **56** | 複雑な式の極限と微分 ★★★ 応用

次の極限を微分を用いて求めよ。

(1) $\displaystyle\lim_{x\to 1}\frac{e^x-e}{x-1}$

(2) $\displaystyle\lim_{x\to 0}\frac{\log\left(\dfrac{a^x+b^x}{2}\right)}{x}$ $(a>0,\ b>0)$

 POINT 複雑な式は $f'(a)=\displaystyle\lim_{x\to a}\frac{f(x)-f(a)}{x-a}$ の形にする

複雑な式の極限では，微分係数を用いて解く場合があり，上の式の形に変形します。

| 解答 | アドバイス

(1) $f(x)=e^x$ とおくと $f'(x)=e^x$

よって $\displaystyle\lim_{x\to 1}\frac{e^x-e}{x-1}=\lim_{x\to 1}\frac{f(x)-f(1)}{x-1}$ ❶

$=f'(1)=\boldsymbol{e}$ 答

❶ $f(1)=e^1=e$

(2) $f(x)=\log\left(\dfrac{a^x+b^x}{2}\right)$ とおくと

$f'(x)=\dfrac{a^x\log a+b^x\log b}{a^x+b^x}$

また $f(0)=\log\dfrac{a^0+b^0}{2}=\log 1=0$

$\displaystyle\lim_{x\to 0}\frac{\log\left(\dfrac{a^x+b^x}{2}\right)}{x}=\lim_{x\to 0}\frac{f(x)-f(0)}{x-0}=f'(0)$ ❷

$=\dfrac{\log a+\log b}{1+1}=\dfrac{1}{2}\boldsymbol{\log ab}$ 答

❷ $f(0)=0$ なので，引いてもよいです。

| STUDY | ロピタルの定理

一般に，$f(a)=g(a)=0$，$f(x)$，$g(x)$ が微分可能で，$f'(a)$（$\neq 0$），$g'(a)$（$\neq 0$）が存在するとき

$\displaystyle\lim_{x\to a}\frac{f(x)}{g(x)}=\lim_{x\to a}\frac{f(x)-f(a)}{g(x)-g(a)}=\lim_{x\to a}\frac{\dfrac{f(x)-f(a)}{x-a}}{\dfrac{g(x)-g(a)}{x-a}}=\dfrac{f'(a)}{g'(a)}$ となる。これをロピタルの定理という。

練習 57 次の極限を微分を用いて求めよ。

(1) $\displaystyle\lim_{x\to 1}\frac{\log x}{x-1}$

(2) $\displaystyle\lim_{x\to 0}\frac{\log(\cos x)}{x}$

例題 57 | 微分の総合問題　　★★★　応用

次の関数を微分せよ。

(1) $y=e^x(\sin x+\cos x)$

(2) $y=\dfrac{1-\log x}{x^2}$

(3) $y=\log|\cos x|$

(4) $y=e^{x\log x}$

POINT 複数種類の関数を含む微分は，どの公式を用いるか見きわめる

複数種類の関数を含む微分では，積・商など，どのようなしくみの微分を用いるかを先に考え，あとは1つ1つの関数を微分し，式をまとめればよいです。

| 解答 | アドバイス |

(1) $y'=\{e^x(\sin x+\cos x)\}'$

$\quad=(e^x)'(\sin x+\cos x)+e^x(\sin x+\cos x)'$

$\quad=e^x(\sin x+\cos x)+e^x(\cos x-\sin x)_①$

$\quad=\boldsymbol{2e^x\cos x}$ 答

❶ 最後はまとめておきます。

(2) $y'=\left(\dfrac{1-\log x}{x^2}\right)'$

$\quad=\dfrac{-\dfrac{1}{x}\cdot x^2-(1-\log x)\cdot 2x}{x^4}$

$\quad=\dfrac{2x\log x-3x}{x^4}$

$\quad=\dfrac{\boldsymbol{2\log x-3}}{\boldsymbol{x^3}}$ 答

(3) $y'=(\log|\cos x|)'$

$\quad=\dfrac{-\sin x}{\cos x}=\boldsymbol{-\tan x}$ 答 ②

❷ $\dfrac{\sin x}{\cos x}=\tan x$

(4) $y'=(e^{x\log x})'=\underline{(x\log x)'}_③ e^{x\log x}$

$\quad=\left(\log x+x\cdot\dfrac{1}{x}\right)e^{x\log x}$

$\quad=\boldsymbol{(\log x+1)e^{x\log x}}$ 答

❸ $x\log x=u$ とおいてもよいです。

練習 58 次の関数を微分せよ。

(1) $y=e^x(\sin x-\cos x)$

(2) $y=\log|\sin x|$

(3) $y=\dfrac{\sin x}{1+\cos x}$

定期テスト対策問題 4

解答・解説は別冊 p.29

1 関数 $y = \dfrac{1}{\sqrt{3x-1}}$ を定義に従って微分せよ。

2 次の関数を微分せよ。

(1) $y = \dfrac{x(x+3)}{(x+1)(x+2)}$

(2) $y = \dfrac{2x-1}{\sqrt{3x+1}-\sqrt{x+2}}$

3 次の関数を微分せよ。

(1) $y = e^{-x}(\sin 2x + \cos 3x)$

(2) $y = \dfrac{\tan x}{1 + \tan x}$

(3) $y = x^2 \log(2x-1)$

4 次の問いに答えよ。

(1) x の関数 y が，$x^3 - 3xy + y^3 = 0$ で与えられているとき，$\dfrac{dy}{dx}$ を求めよ。

(2) x, y が媒介変数として $x = \dfrac{t}{1+t}$, $y = \dfrac{t^2}{1+t}$ で与えられているとき，$\dfrac{dy}{dx}$ を t で表せ。

5 次の関数を微分せよ。

(1) $y = \log(\tan x) + \dfrac{e^{2x}}{x}$

(2) $y = \log \dfrac{\sqrt{1+e^x}-1}{\sqrt{1+e^x}+1}$

6 $f(x) = x\sqrt{x^2+1} + \log(x + \sqrt{x^2+1})$ のとき，$\displaystyle \lim_{x \to -\infty} \dfrac{f'(x)}{x}$ を求めよ。

7 次の関数を微分せよ。

(1) $y = \left(\dfrac{1}{x}\right)^{\log x}$

(2) $y = \dfrac{(x-2)\sqrt{2x+3}}{(3x-1)^2}$

8 $\displaystyle\lim_{h\to 0}(1+h)^{\frac{1}{h}}=e$ を用いて，次の極限値を求めよ。

(1) $\displaystyle\lim_{x\to\infty}\left(1+\frac{1}{x}\right)^{3x}$

(2) $\displaystyle\lim_{x\to 0}\frac{\log(1-x)}{x}$

9 $f(x)=(x+\sqrt{1+x^2})^{10}$ のとき，次の問いに答えよ。

(1) $\dfrac{f'(x)}{f(x)}$ を求めよ。

(2) $\dfrac{f'(1)}{f(1)}$ を求めよ。

(3) $f'(0)$ を求めよ。

10 $f(x)=e^x\sin x$, $g(x)=e^x\cos x$ とするとき，$f'(x)+g'(x)$, $f'(x)-g'(x)$ を $f(x)$, $g(x)$ で表せ。

11 $f(x)=\dfrac{e^x+e^{-x}}{2}$, $g(x)=\dfrac{e^x-e^{-x}}{2}$ とするとき，次の問いに答えよ。

(1) $\{f(x)\}^2-\{g(x)\}^2$ の値を求めよ。

(2) $f'(x)$, $g'(x)$ を $f(x)$, $g(x)$ を用いて表せ。

12 $P(x)$ を x の整関数とし，その1次および2次の導関数をそれぞれ $P'(x)$, $P''(x)$ で表す。いま，$P(1)=0$, $P'(1)=-3$, $P''(1)=4$ が成り立つとき，次の問いに答えよ。

(1) $P(x)$ を $x-1$ で割ったときの余りを求めよ。

(2) $P(x)$ を $(x-1)^2$ で割ったときの余りを求めよ。

(3) $P(x)$ を $(x-1)^3$ で割ったときの余りを求めよ。

微分法の応用

1 | 接線と法線

1 接線の方程式 ▷ 例題58 例題59 例題60 例題61 例題63

曲線 $y=f(x)$ 上の点 $(x_1, \ f(x_1))$ における接
線の方程式は

$$y-f(x_1)=f'(x_1)(x-x_1)$$

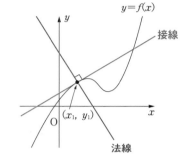

> **例** $y=x^2-3$ 上の点 $(3, \ 6)$ における接線は
> $$y'=2x$$
> より，傾きは
> $$2\cdot3=6$$
> よって
> $$y-6=6(x-3), \ y=6x-12$$

2 法線の方程式 ▷ 例題62

曲線 $y=f(x)$ 上の点 $(x_1, \ f(x_1))$ における法
線の方程式は

$f'(x_1)\neq0$ のとき

$$y-f(x_1)=-\frac{1}{f'(x_1)}(x-x_1)$$

> **例** $y=x^2-3$ 上の点 $(3, \ 6)$ における法線は
> $$y-6=-\frac{1}{6}(x-3), \ y=-\frac{1}{6}x+\frac{13}{2}$$

3 平均値の定理 ▷ 例題64

関数 $f(x)$ が区間 $[a, \ b]$ で連続で，区間
$(a, \ b)$ で微分可能なとき

$$\frac{f(b)-f(a)}{b-a}=f'(c)$$

$$a<c<b$$

を満たす実数 c が少なくとも 1 つ存在する。

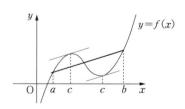

例題 58 | 接線の方程式①　　★★★　基本

次の曲線 $y=f(x)$ 上の $x=1$ に対応する点における接線の方程式を求めよ。

(1) $f(x)=\sqrt{2x+2}$　　　(2) $f(x)=\log(x+3)$　　　(3) $f(x)=\dfrac{1}{x}$

 **POINT** 接線の方程式は，$y-y_1=f'(x_1)(x-x_1)$ を用いる

曲線 $y=f(x)$ 上の点 $(x_1,\ y_1)$ における接線の傾きは $f'(x_1)$ だから，接線の方程式は
$y-y_1=f'(x_1)(x-x_1)$ です。

| 解 答 | | アドバイス |

(1)　$f(x)=\sqrt{2x+2}$　より　$f'(x)=\dfrac{2}{2\sqrt{2x+2}}=\dfrac{1}{\sqrt{2x+2}}$

　　よって，求める接線の方程式は

$$y-\sqrt{4}=\frac{1}{\sqrt{4}}(x-1)$$
❶
$$y=\frac{1}{2}x+\frac{3}{2} \text{（答）}$$

❶ $f(1)=\sqrt{4},\ f'(1)=\dfrac{1}{\sqrt{4}}$

(2)　$f(x)=\log(x+3)$　より　$f'(x)=\dfrac{1}{x+3}$

　　よって，求める接線の方程式は

$$y-\log 4=\frac{1}{4}(x-1)$$
❷
$$y=\frac{1}{4}x+\log 4-\frac{1}{4} \text{（答）}$$

❷ $f(1)=\log 4,\ f'(1)=\dfrac{1}{4}$

(3)　$f(x)=\dfrac{1}{x}$　より　$f'(x)=-\dfrac{1}{x^2}$

　　よって，求める接線の方程式は

$$y-1=-1\cdot(x-1)$$
❸
$$y=-x+2 \text{（答）}$$

❸ $f(1)=1,\ f'(1)=-1$

練習 59　次の曲線 $y=f(x)$ 上の $x=-1$ に対応する点における接線の方程式を求めよ。

(1) $f(x)=\sqrt{x+2}$　　　(2) $f(x)=e^x-1$　　　(3) $f(x)=\log(x+2)$

楕円 $\dfrac{x^2}{8}+\dfrac{y^2}{2}=1$ 上の点 $(2,\ 1)$ における接線の方程式を求めよ。

 **POINT** 曲線 $f(x,\ y)=0$ の接線の傾きは，両辺を x で微分

曲線 $f(x,\ y)=0$ の形で表される2次曲線などの接線の傾きは，$f(x,\ y)=0$ の両辺を x で微分して求めます。

| 解 答 | | アドバイス |

$$\frac{x^2}{8}+\frac{y^2}{2}=1$$

両辺を x で微分して

$$\frac{2x}{8}+\frac{2yy'}{2}=0 \qquad ❶$$

$y \neq 0$ のとき

$$y'=-\frac{x}{4y}$$

よって，点 $(2,\ 1)$ における接線の傾きは

$$y'=-\frac{2}{4\cdot 1}=-\frac{1}{2}$$

だから，点 $(2,\ 1)$ における接線の方程式は

$$y-1=-\frac{1}{2}(x-2) \qquad ❷$$

$$\boldsymbol{y=-\frac{1}{2}x+2} \quad 答$$

❶ 陰関数の微分だから，合成関数の微分を用いて
$$(y^2)'=2yy'$$

❷ 点 $(x_1,\ y_1)$ を通り，傾き m の直線の方程式は
$$y-y_1=m(x-x_1)$$

| STUDY | 接線の公式を用いることもできる

2次曲線上の点 $(x_1,\ y_1)$ における接線の方程式は次のようになる。

円 $\quad x^2+y^2=r^2 \implies x_1 x+y_1 y=r^2$ 　　　楕円 $\quad \dfrac{x^2}{a^2}+\dfrac{y^2}{b^2}=1 \implies \dfrac{x_1 x}{a^2}+\dfrac{y_1 y}{b^2}=1$

放物線 $\quad y^2=4px \implies y_1 y=2p(x+x_1)$ 　　　双曲線 $\quad \dfrac{x^2}{a^2}-\dfrac{y^2}{b^2}=1 \implies \dfrac{x_1 x}{a^2}-\dfrac{y_1 y}{b^2}=1$

練習 60 次の曲線上の指定された点における接線の方程式を求めよ。

(1) $y^2=4x$，点 $(4,\ -4)$ 　　　　　(2) $x^2-y^2=1$，点 $(-\sqrt{2},\ 1)$

例題 60 曲線外の点から引いた接線 ★★★ 標準

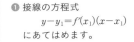

曲線 $y=\log x$ に原点から引いた接線の方程式を求めよ。

POINT 曲線外の点から引いた接線の接点を $(t,\ f(t))$ とおく

曲線外から引いた接線の方程式を求めるには，まず曲線上の点 $(t,\ f(t))$ における
接線の方程式を求め，これが与えられた点を通るように t の値を定めます。

| 解答 | アドバイス |

$y=\log x$

$y'=\dfrac{1}{x}$

接点の座標を $(t,\ \log t)$
とすると，接線の方程式は

$$y-\log t=\dfrac{1}{t}(x-t) \quad \text{❶}$$

$$y=\dfrac{1}{t}x+\log t-1 \quad \cdots\cdots ①$$

①が原点を通ることから

$$\underline{0=\log t-1}\ \text{❷}$$

$$\log t=1$$

$$t=e$$

①から，求める接線の方程式は

$$\boldsymbol{y=\dfrac{1}{e}x}\ \text{答}$$

❶ 接線の方程式
$\quad y-y_1=f'(x_1)(x-x_1)$
にあてはめます。

❷ $x=0,\ y=0$ を代入したが，y
切片 $\log t-1=0$ としてもよい
です。

Q 接線の本数は t の個数と一致するんですか？

A この問題では，求める接線は1本だけでしたが，t の値が2つ，3つとなると，接線
の本数も2本，3本となります（曲線によっては，いくつかの接線が一致すること
もあります）。

練習 61 曲線 $y=f(x)$ の接線のうち，与えられた点を通る接線の方程式を求め
よ。

(1) $y=e^x$，点 $(0,\ 0)$

(2) $y=-x^3+3$，点 $(1,\ -2)$

$$x=\cos^3\theta, \ y=\sin^3\theta \ \left(0<\theta<\frac{\pi}{2}\right)$$

で表される曲線について，次の問いに答えよ。

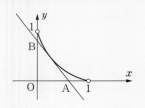

(1) $\theta=\dfrac{\pi}{4}$ である点における接線 ℓ の方程式を求めよ。

(2) (1)の接線 ℓ が x 軸，y 軸と交わる点をそれぞれ
  A，B とするとき，線分 AB の長さを求めよ。

POINT $x=f(t), \ y=g(t)$ の接線の傾きは $\dfrac{dy}{dx}=\dfrac{g'(t)}{f'(t)}$ を用いる

曲線が $x=f(t)$，$y=g(t)$ で与えられているとき，接線の傾きは $\dfrac{dy}{dx}=\dfrac{g'(t)}{f'(t)}$

| 解答 |

(1) $x=\cos^3\theta, \ y=\sin^3\theta$

$$\frac{dy}{dx}=\frac{\dfrac{dy}{d\theta}}{\dfrac{dx}{d\theta}}=\frac{3\sin^2\theta\cos\theta}{3\cos^2\theta(-\sin\theta)}❶=-\frac{\sin\theta}{\cos\theta}=-\tan\theta$$

よって，点 $\left(\cos^3\dfrac{\pi}{4}, \ \sin^3\dfrac{\pi}{4}\right)$ における接線の方程式
は❷

$$y-\left(\frac{1}{\sqrt{2}}\right)^3=-1❸\left\{x-\left(\frac{1}{\sqrt{2}}\right)^3\right\}$$

$$\boldsymbol{y=-x+\frac{\sqrt{2}}{2}} \quad \cdots\cdots① 答$$

(2) ①で $y=0$，$x=0$ とおくと，x 切片，y 切片はいずれ
も $\dfrac{\sqrt{2}}{2}$ だから，$A\left(\dfrac{\sqrt{2}}{2}, \ 0\right)$，$B\left(0, \ \dfrac{\sqrt{2}}{2}\right)$ である。
よって

$$AB=\sqrt{\left(\frac{\sqrt{2}}{2}\right)^2+\left(\frac{\sqrt{2}}{2}\right)^2}❹=\boldsymbol{1} 答$$

| アドバイス |

❶ $\dfrac{dy}{d\theta}=(\sin^3\theta)'$
  $=3\sin^2\theta(\sin\theta)'$
  $=3\sin^2\theta\cos\theta$

❷ $\cos^3\dfrac{\pi}{4}=\left(\dfrac{1}{\sqrt{2}}\right)^3$
  $\sin^3\dfrac{\pi}{4}=\left(\dfrac{1}{\sqrt{2}}\right)^3$

❸ $-\tan\dfrac{\pi}{4}=-1$

❹ 三平方の定理または距離の公
  式を用います。

練習 62 媒介変数 t で表された曲線 $x=t+1$，$y=t^2-2t+2$ について，$t=3$ に対
応する点における接線の方程式を求めよ。

例題 **62** 法線の方程式 ★★★ （標準）

次の曲線上の指定された点における法線の方程式を求めよ。

(1) $y=\sqrt{x}$，点$(1, 1)$ (2) $\dfrac{x^2}{2}+\dfrac{y^2}{8}=1$，点$(1, 2)$

 **POINT** 法線の傾きは，接線と直交することを用いる

曲線$y=f(x)$上の点(x_1, y_1)における法線の傾きは，法線と接線が直交することより，$f'(x_1)\neq0$のとき，$-\dfrac{1}{f'(x_1)}$となります。

よって，法線の方程式は$y-y_1=-\dfrac{1}{f'(x_1)}(x-x_1)$となります。

| 解 答 | アドバイス |

(1) $y=\sqrt{x}$，$y'=\dfrac{1}{2\sqrt{x}}$

よって，点$(1, 1)$における
法線の方程式は

$$y-1=-2(x-1) \quad ❶$$
$$\boldsymbol{y=-2x+3} \quad （答）$$

❶ 法線の方程式
$$y-y_1=-\dfrac{1}{f'(x_1)}(x-x_1)$$
を用います。

(2) $\dfrac{x^2}{2}+\dfrac{y^2}{8}=1$

両辺をxで微分すると

$$\dfrac{2x}{2}+\dfrac{2yy'}{8}=0$$

$x=1$，$y=2$のとき

$$y'=-\dfrac{4x}{y}$$
$$=-\dfrac{4\cdot1}{2}=-2 \quad ❷$$

❷ 接線の傾きが-2

よって，求める法線の方程式は

$$y-2=-\dfrac{1}{-2}(x-1) \quad より \quad \boldsymbol{y=\dfrac{1}{2}x+\dfrac{3}{2}} \quad （答）$$

❸ 法線の傾きは$-\dfrac{1}{y'}$となります。

 練習 63 次の曲線上の指定された点における法線の方程式を求めよ。

(1) $y=\sin x$，点$\left(\dfrac{\pi}{3}, \dfrac{\sqrt{3}}{2}\right)$ (2) $x^2-y^2=1$，点$(-\sqrt{2}, 1)$

★★★ （応用）

$f(x)=\dfrac{4}{x}$, $g(x)=x^2+kx$ とする。$y=f(x)$, $y=g(x)$ の2つのグラフが点Aで共通接線をもつように，定数kの値および点Aの座標を定めよ。

 **POINT** $y=f(x)$, $y=g(x)$ が $x=\alpha$ で共通接線
$f(\alpha)=g(\alpha)$, $f'(\alpha)=g'(\alpha)$ を用いる

$y=f(x)$, $y=g(x)$ が $x=\alpha$ で共通接線をもつとき，2つのグラフが $x=\alpha$ となる同じ点を通り，そこでの接線の傾きが等しいから，$f(\alpha)=g(\alpha)$, $f'(\alpha)=g'(\alpha)$ となります。このとき，$y=f(x)$ と $y=g(x)$ は $x=\alpha$ で接するといいます。

| 解答 | | アドバイス |

$$\begin{cases} f(x)=\dfrac{4}{x} \\ g(x)=x^2+kx \end{cases} \quad \begin{cases} f'(x)=-\dfrac{4}{x^2} \\ g'(x)=2x+k \end{cases}$$

点Aのx座標をαとすると，$y=f(x)$, $y=g(x)$ のグラフが点Aで共通接線をもつから

$$\begin{cases} f(\alpha)=g(\alpha) \\ \underline{f'(\alpha)=g'(\alpha)}_{\textcircled{1}} \end{cases} \quad \begin{cases} \dfrac{4}{\alpha}=\alpha^2+k\alpha \\ -\dfrac{4}{\alpha^2}=2\alpha+k \end{cases}$$

❶ 共通接線をもつ条件は，
$y=f(x)$ と $y=g(x)$ が1点を共有し，その点における接線の傾きが等しいことです。

$$\begin{cases} \alpha^3+k\alpha^2-4=0 & \cdots\cdots\textcircled{1} \\ 2\alpha^3+k\alpha^2+4=0 & \cdots\cdots\textcircled{2} \end{cases}$$

②−①より

$$\alpha^3=-8$$
$$\alpha=-2$$
$$f(-2)=\dfrac{4}{-2}=-2$$

①より　$-8+4k-4=0$
$$k=3$$

よって　**A$(-2, -2)$, $k=3$** ◎

練習 **64**　$f(x)=\log x$, $g(x)=kx^2$ とする。$y=f(x)$, $y=g(x)$ のグラフが点Aで共通接線をもつように，定数kの値および点Aの座標を定めよ。

例題 **64** 平均値の定理　　★★★　標準

$a < b$ のとき，次の不等式を証明せよ。

$$e^a < \frac{e^b - e^a}{b-a} < e^b$$

 **POINT** $\dfrac{f(b) - f(a)}{b-a}$ の形の不等式には，平均値の定理を利用

平均値の定理，すなわち

$$\frac{f(b) - f(a)}{b-a} = f'(c) \quad (a < c < b)$$

を満たす c が存在することを用いて，$f'(c)$ と他の項との大小を比較します。分母の $b-a$ を辺々に掛けた形や $b-a=1$ となるときにも平均値の定理を利用しましょう。

| 解答 | アドバイス |

$f(x) = e^x$ とおくと

$$f'(x) = e^x$$

平均値の定理から

$$f'(c) = \frac{f(b) - f(a)}{b-a} \quad (a < c < b) \quad ❶$$

❶ 平均値の定理を用います。

すなわち

$$e^c = \frac{e^b - e^a}{b-a} \quad (a < c < b) \quad \cdots\cdots①$$

を満たす c が存在する。

$f'(x) = e^x > 0$ で，
$f(x) = e^x$ は単調増加だから

$$\underset{❷}{e^a < e^c < e^b} \quad \cdots\cdots②$$

①，②から

$$e^a < \frac{e^b - e^a}{b-a} < e^b$$

（証明終り）

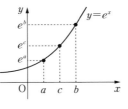

❷ $f''(x) = e^x > 0$ より
　$f'(a) < f'(c) < f'(b)$
　としてもよいです。

練習 65　次の不等式を証明せよ。

$$a > 0 \text{ のとき} \quad \frac{1}{a+1} < \log(a+1) - \log a < \frac{1}{a}$$

2 | 曲線のグラフとその応用

1 関数の増減と極値 ▷ 例題65 例題66 ～ 例題73 例題74 例題78

(1) 区間 (a, b) で，$f'(x) > 0$ ならば**区間**

$[a, b]$ で単調増加

区間 (a, b) で，$f'(x) < 0$ ならば**区間**

$[a, b]$ で単調減少

(2) 連続関数 $f(x)$ が $x = \alpha$ で

(i) 増加から減少に変わるとき，$f(\alpha)$ を**極大値**という。

(ii) 減少から増加に変わるとき，$f(\alpha)$ を**極小値**という。

(3) $x = \alpha$ で微分可能で，かつ極値をもつならば，$f'(\alpha) = 0$（逆は成り立たない）。

2 関数の最大値，最小値 ▷ 例題75 例題76 例題77

区間 $[a, b]$ における連続関数 $f(x)$ の最大値・最小値
は，極値と両端の関数値 $f(a)$，$f(b)$ を比較して求める。

3 曲線の凹凸と変曲点 ▷ 例題79 例題80 例題81

(1) $f''(x) > 0$ である区間では，**下に凸**である。

$f''(x) < 0$ である区間では，**上に凸**である。

(2) 曲線の凹凸が変わる点を**変曲点**といい，$f''(\alpha) = 0$ で，かつ $x = \alpha$ の前後で
$f''(x)$ の符号が変わるとき，点 $(\alpha, f''(\alpha))$ は**変曲点**である。

(3) 点 $(\alpha, f(\alpha))$ が曲線 $y = f(x)$ の変曲点ならば，$f''(\alpha) = 0$（逆は成り立たない）。

4 第2次導関数と極値 ▷ 例題82

$f''(x)$ が存在し

(1) $f'(\alpha) = 0$ かつ $f''(\alpha) < 0$
ならば，$x = \alpha$ で極大

(2) $f'(\alpha) = 0$ かつ $f''(\alpha) > 0$
ならば，$x = \alpha$ で極小

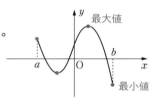

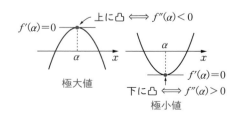

5 漸近線 ▷ 例題 83 　 例題 84

(1)　x軸に平行な漸近線

$\lim\limits_{x \to \pm\infty} f(x)$ を調べ，

$$\lim_{x \to \infty} f(x) = \alpha, \quad \lim_{x \to -\infty} f(x) = \beta$$

ならば，直線 $y = \alpha$，直線 $y = \beta$

は漸近線である。

(2)　y軸に平行な漸近線

$\lim\limits_{x \to a+0} f(x)$，$\lim\limits_{x \to a-0} f(x)$ のうち，

少なくとも一方が，∞ または $-\infty$

ならば，直線 $x = a$ は漸近線である。

(3)　$y = ax + b$ の形の漸近線

$$\lim_{x \to \infty} \{f(x) - (ax + b)\} = 0$$

または

$$\lim_{x \to -\infty} \{f(x) - (ax + b)\} = 0$$

ならば，直線 $y = ax + b$ は漸近線である。

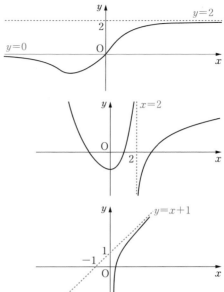

6 方程式・不等式への応用 ▷ 例題 85 　 例題 86 　 例題 87 　 例題 88

(1)　方程式 $f(x) = 0$ の異なる実数解の個数は，$y = f(x)$ のグラフと x 軸との共有点
の個数と一致する。

(2)　不等式 $f(x) \geqq g(x)$ を示すには，$F(x) = f(x) - g(x)$ とおき，

　　　　（$F(x)$ の最小値）$\geqq 0$

を示す。

| 例題 **65** | 増減表 ★★★

$y=x^4-2x^2$ の増減表を作成し，極値を求めよ。

POINT $y=f(x)$ の増減表は $f'(x)$ の符号を調べる

$y=f(x)$ の増減表を作成するには，まずは $f'(x)=0$ を解き，解 $x=\alpha,\ \beta,\ \gamma,\ \cdots\cdots$ を求めます。さらに，$f'(x)$ の符号を調べ，$f'(x)$ が正から負に変わる点が極大，負から正に変わる点が極小です。

x	$\cdots$	α	$\cdots$	β	$\cdots$	γ	$\cdots$
$f'(x)$	$+$	0	$-$	0	$+$	0	$+$
$f(x)$	↗	極大	↘	極小	↗		↗

| 解答 |

$$y=x^4-2x^2$$
$$y'=4x^3-4x$$
$$=4x(x^2-1)$$
$$=4x(x-1)(x+1)$$

$y'=0$ を解くと

$$x=0,\ \pm1$$

x	$\cdots$	-1	$\cdots$	0	$\cdots$	1	$\cdots$
$f'(x)$	$-$	0	$+$	0	$-$	0	$+$
$f(x)$	↘	-1 極小	↗	0 極大	↘	-1 極小	↗

❶

よって，増減表は上のようになり，$x=\pm1$ のとき極小で，

極小値は

$$y=1-2$$
$$=-1 \ \text{答}$$

$x=0$ のとき極大で，

極大値は

$$y=0-0$$
$$=0 \ \text{答}$$

| アドバイス |

❶ $y'=4x(x-1)(x+1)$
$x<-1$ のとき
　　$4x<0,\ x-1<0,$
$x+1<0$ だから
　　$y'<0$
（他も同様に）
グラフは左下図のようになります。

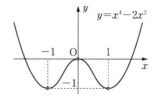

練習 **66** $y=\dfrac{x^4}{4}-\dfrac{2x^3}{3}$ の増減表を作成し，極値を求めよ。

例題 66 | 関数の極値 ★★★ （標準）

次の関数の極値を求めよ。
$$f(x)=\frac{x^2+2x+1}{x^2+1}$$

 POINT 関数の極値の求めるには，増減表を作成

関数の極値を求めるには，$f'(x)=0$ を解き，増減表
を作成します。
これ以外にも，右のような点も極値となります。

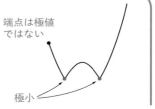

端点は極値
ではない

極小

| 解 答 |

$$f(x)=\frac{x^2+2x+1}{x^2+1}$$

$$=1+\frac{2x}{x^2+1} ❶$$

$$f'(x)=\frac{2(x^2+1)-2x\cdot 2x}{(x^2+1)^2}$$

$$=\frac{-2(x-1)(x+1)}{(x^2+1)^2}$$

$f'(x)=0$ を解くと

$$x=\pm 1$$
$$f(1)=2$$
$$f(-1)=0$$

だから，増減表は右のように
なり，$x=-1$ のとき極小で，

極小値0 （答）

$x=1$ のとき極大で，

極大値2 （答）

x	$\cdots$	-1	$\cdots$	1	$\cdots$
$f'(x)$	$-$	0	$+$	0	$-$
$f(x)$	$\searrow$	0	$\nearrow$	2	$\searrow$

❷

| アドバイス |

❶ 分子の次数を分母の次数より
　低い形にしてから微分します。

❷ 増減表を完成させます。
$$\lim_{x\to\pm\infty} f(x)$$
$$=\lim_{x\to\pm\infty}\frac{1+\dfrac{2}{x}+\dfrac{1}{x^2}}{1+\dfrac{1}{x^2}}=1$$

だから，グラフは下のように
なります。

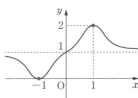

練習 67 次の関数の極値を求めよ。

(1)　$f(x)=x^4-4x^3+9$

(2)　$f(x)=\cos 2x-2\sin x \ (0\leqq x\leqq 2\pi)$

$y=\dfrac{x}{x^2+1}$ の増減を調べ，グラフをかけ。

 POINT 分数関数のグラフは，増減表の他に $\displaystyle\lim_{x\to\pm\infty} y$ を調べる

本問のような分数関数のグラフも，他のグラフと同じように増減表を作成します。ただし，左右の端のほう，すなわち，$x\to\infty$ のときと $x\to-\infty$ のとき，y はどんどん大きくなったり，小さくなったり するのか，ある値に収束するのかを調べる必要があります。ここでは，以下を用いてグラフをかきます。

$$\lim_{x\to\pm\infty}\frac{x}{x^2+1}=\lim_{x\to\pm\infty}\frac{\dfrac{1}{x}}{1+\dfrac{1}{x^2}}=0$$

| 解答 |

$y=\dfrac{x}{x^2+1}$

$y'=\dfrac{1\cdot(x^2+1)-x\cdot 2x}{(x^2+1)^2}$ ❶

$\quad=\dfrac{1-x^2}{(x^2+1)^2}$

$y'=0$ とおくと

$\qquad 1-x^2=0$

$\qquad\quad x=\pm1$

よって，増減表は右のようになる。

x	$\cdots$	-1	$\cdots$	1	$\cdots$
y'	$-$	0	$+$	0	$-$
y	$\searrow$	$-\dfrac{1}{2}$	$\nearrow$	$\dfrac{1}{2}$	$\searrow$

また $\quad\displaystyle\lim_{x\to\pm\infty}\frac{x}{x^2+1}$ ❷

$=\displaystyle\lim_{x\to\pm\infty}\frac{\dfrac{1}{x}}{1+\dfrac{1}{x^2}}=0$

よって，グラフは右図のようになる。 (答)

| アドバイス |

❶ 商の微分

$\left(\dfrac{f}{g}\right)'=\dfrac{f'g-fg'}{g^2}$

を用います。

❷ 本来は

$\displaystyle\lim_{x\to\infty}\frac{x}{x^2+1}$, $\displaystyle\lim_{x\to-\infty}\frac{x}{x^2+1}$

を別々に調べるべきですが，ここでは同じ結果となるのでまとめて書いています。

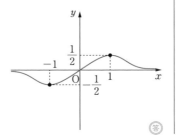

練習 68 $y=\dfrac{x^2}{x^2+1}$ の増減を調べ，グラフをかけ。

例題 68 | 無理関数のグラフ①　★★★　標準

$f(x)=x\sqrt{1-x^2}$ の増減を調べ，グラフをかけ。

POINT　無理関数では，根号の中身は0以上

無理関数のグラフをかくには，ルートの中身が0以上になることから，定義域を定めます。あとは他のグラフと同様に増減表を作成します。

| 解答 |

$$f(x)=x\sqrt{1-x^2}　❶$$

定義域を調べると
$$1-x^2\geqq 0$$
$$x^2-1\leqq 0$$
$$(x-1)(x+1)\leqq 0$$
$$-1\leqq x\leqq 1$$

$$f'(x)=\sqrt{1-x^2}+\frac{x(-2x)}{2\sqrt{1-x^2}}\quad (-1<x<1)　❷$$
$$=\frac{1-2x^2}{\sqrt{1-x^2}}$$

$f'(x)=0$ とおくと
$$1-2x^2=0$$
$$x=\pm\frac{1}{\sqrt{2}}$$

x	-1	$\cdots$	$-\dfrac{1}{\sqrt{2}}$	$\cdots$	$\dfrac{1}{\sqrt{2}}$	$\cdots$	1
y'		$-$	0	$+$	0	$-$	
y	0	$\searrow$	$-\dfrac{1}{2}$	$\nearrow$	$\dfrac{1}{2}$	$\searrow$	0

$$f\left(\frac{1}{\sqrt{2}}\right)=\frac{1}{2}$$
$$f\left(-\frac{1}{\sqrt{2}}\right)=-\frac{1}{2}$$

よって，増減表とグラフは右のようになる。

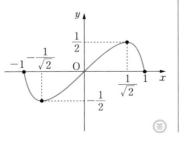

(答)

| アドバイス |

❶　$f(-x)$
　$=-x\sqrt{1-(-x)^2}$
　$=-x\sqrt{1-x^2}$
　$=-f(x)$
だから，このグラフは原点対称になっています。

❷　$x=\pm 1$ では，$f'(x)$ は定義されていません。

練習 69　$f(x)=x\sqrt{4-x^2}$ の増減を調べ，グラフをかけ。

$y=x+\sqrt{1-x^2}$ の増減を調べ，グラフをかけ。

POINT $y'=0$ を解くときは無縁解に注意

まず，（ルートの中身）$\geqq 0$ とおいて，定義域を求めましょう。次に，$y'=0$ を解くことになりますが，これは無理方程式となり，両辺を2乗して得られた解がすべてもとの方程式の解とは限らないので，**得られた解がもとの方程式を満たすかどうかを調べなければいけません。このとき，もとの方程式を満たさない解を無縁解**といいます。

| 解 答 |

$$y=x+\sqrt{1-x^2}$$

$1-x^2 \geqq 0$ ❶ だから $x^2-1 \leqq 0$

$(x-1)(x+1) \leqq 0, \quad -1 \leqq x \leqq 1$

また $y'=1+\dfrac{-2x}{2\sqrt{1-x^2}}$

$=\dfrac{\sqrt{1-x^2}-x}{\sqrt{1-x^2}} \quad (-1<x<1)$ ❷

$y'=0$ とおくと

$$\sqrt{1-x^2}-x=0$$

$$\sqrt{1-x^2}=x \quad \cdots\cdots ①$$

$$1-x^2=x^2 \quad ❸$$

$$x^2=\dfrac{1}{2}, \quad x=\pm\dfrac{1}{\sqrt{2}} \quad ❹$$

これらのうち，①を満たすのは $x=\dfrac{1}{\sqrt{2}}$

よって，増減表は下のようになり，グラフは下図のようになる。

x	-1	$\cdots$	$\dfrac{1}{\sqrt{2}}$	$\cdots$	1
y'		$+$	0	$-$	
y	-1	↗	$\sqrt{2}$	↘	1

❺

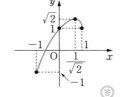

㈜

| アドバイス |

❶ （ルートの中身）$\geqq 0$

❷ 両端は微分の範囲から除きます。

❸ 同値変形ではありません。

❹ $x=-\dfrac{1}{\sqrt{2}}$ は，①を満たしません。

❺ $x=\dfrac{1}{\sqrt{2}}$ のとき

$y=\dfrac{1}{\sqrt{2}}+\sqrt{1-\dfrac{1}{2}}$

$=\dfrac{2}{\sqrt{2}}=\sqrt{2}$

練習70 $y=x+\sqrt{4-x^2}$ の増減を調べ，グラフをかけ。

例題 **70** 三角関数のグラフ　★★★　標準

$y=\sin x(1+\cos x)$ $(0\leqq x\leqq 2\pi)$ の増減を調べ，グラフをかけ。

POINT 三角関数のグラフでは三角方程式を正確に解く

三角関数のグラフでは，$f'(x)=0$ などを解くときに三角方程式を解くことになります。この方程式さえ解ければ，あとは他の関数と同様にして，グラフがかけます。

| 解答 |

$y=\sin x(1+\cos x)$　$(0\leqq x\leqq 2\pi)$

$y'=\cos x(1+\cos x)+\sin x(-\sin x)$ ❶

　$=\cos x+\cos^2 x-(1-\cos^2 x)$

　$=2\cos^2 x+\cos x-1$

　$=(2\cos x-1)(\cos x+1)$

$y'=0$ とおくと

$$\cos x=\frac{1}{2},\ -1\quad (0<x<2\pi)$$ ❷

$$x=\frac{\pi}{3},\ \frac{5}{3}\pi,\ \pi$$

よって，増減表とグラフは下のようになる。

x	0	$\cdots$	$\dfrac{\pi}{3}$	$\cdots$	π	$\cdots$	$\dfrac{5}{3}\pi$	$\cdots$	2π
y'		$+$	0	$-$	0	$-$	0	$+$	
y	0	$\nearrow$	$\dfrac{3\sqrt{3}}{4}$	$\searrow$	0	$\searrow$	$-\dfrac{3\sqrt{3}}{4}$	$\nearrow$	0

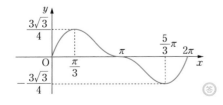

| アドバイス |

❶ $(\sin x)'=\cos x$
$(\cos x)'=-\sin x$
$(f\cdot g)'=f'g+fg'$
を用います。

❷ $\cos x=\dfrac{1}{2}$ から
$$x=\frac{\pi}{3},\ \frac{5}{3}\pi$$
$\cos x=-1$ から
$$x=\pi$$

練習 71 $f(x)=\dfrac{1}{2}x-\sin x$ $(0\leqq x\leqq 2\pi)$ の増減を調べ，グラフをかけ。

関数 $f(x)=x^2e^{-x}$ の極値を求め，グラフをかけ。ただし，$\lim\limits_{x\to\infty}x^2e^{-x}=0$ を用いてもよい。

POINT 関数のグラフは増減表を作る

関数 $f(x)$ の極値を求めるときには，まず $f'(x)=0$ となる x の値を求め，その前後における $f'(x)$ の符号を調べて，$f(x)$ の増減表を作ります。

| 解答 | | アドバイス |

$$y=x^2e^{-x}$$
$$y'=2xe^{-x}+x^2(-e^{-x}) \textcircled{1}$$
$$=xe^{-x}(2-x)$$

$y'=0$ とすると
$$x=0,\ 2$$
したがって，この関数の増減表は下のようになる。

x	$\cdots$	0	$\cdots$	2	$\cdots$
y'	$-$	0	$+$	0	$-$
y	$\searrow$	極小	$\nearrow$	極大	$\searrow$

$\textcircled{2}$

$x=0$ のとき $y=0$

$x=2$ のとき $y=4e^{-2}=\dfrac{4}{e^2}$ だから

$$\begin{cases} x=2 \text{ のとき} & \textbf{極大値} \quad \dfrac{4}{e^2} \\ x=0 \text{ のとき} & \textbf{極小値} \quad \textbf{0} \end{cases}$$ （答）

また
$$\lim_{x\to\infty}x^2e^{-x}=0$$
$$\lim_{x\to-\infty}x^2e^{-x}=\infty$$

だから，グラフは右図のようになる。

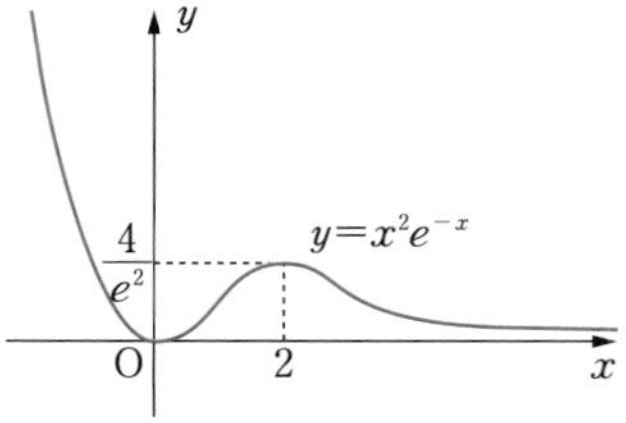

❶ 積の微分
$$(f\cdot g)'=f'g+fg'$$
を用います。

❷ $e^{-x}>0$ だから，y' の符号は $x(2-x)$ によって決まります。

$y=x^2e^{-x}$ のグラフ
（答）

練習 72 次の関数の極値を求めよ。
$$y=xe^x$$

例題 72 | $\log x$ を含む関数のグラフ ★★★ 標準

関数 $f(x)=x \log x$ の増減を調べ，グラフをかけ。ただし，$\displaystyle\lim_{x \to +0} x \log x=0$ を用いてもよい。

 POINT 対数を含む関数のグラフは定義域，極限に注意

対数関数を含む関数のグラフでは，まず真数条件から定義域を定めます。次に極限に関しては，$\displaystyle\lim_{x \to \infty}\frac{\log x}{x}=0$ ……㊟ を用いることが多く，$\displaystyle\lim_{x \to +0} x \log x=0$ も㊟において x を $\dfrac{1}{x}$ とおくことによって，導くことができます。

| 解答 | | アドバイス |

$$f(x)=x \log x$$

真数条件から　$x>0$

$$f'(x)=\log x+x \cdot \frac{1}{x} \quad ❶$$
$$=\log x+1$$

$f'(x)=0$ とおくと

$$\log x=-1$$
$$x=\frac{1}{e}$$
$$f\left(\frac{1}{e}\right)=-\frac{1}{e}$$

x	0	$\cdots$	$\dfrac{1}{e}$	$\cdots$
$f'(x)$		$-$	0	$+$
$f(x)$		$\searrow$	$-\dfrac{1}{e}$	$\nearrow$

よって，増減表は右のようになり

$$\lim_{x \to +0} x \log x=0$$
$$\lim_{x \to \infty} x \log x=\infty \quad ❷$$

だから，グラフは右図のようになる。　㊙

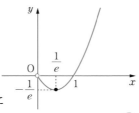

❶ 積の微分
$$(f \cdot g)'=f'g+fg'$$
を用います。

❷ $\displaystyle\lim_{x \to \infty}\frac{\log x}{x}=0$ のとき，

$x=\dfrac{1}{t}$ とおくと

$$\lim_{t \to +0} t \log \frac{1}{t}=0$$
$$\lim_{t \to +0}(-t \log t)=0$$

よって

$$\lim_{t \to +0} t \log t=0$$

となります。

練習 73 関数 $f(x)=\dfrac{\log x}{x}$ のグラフをかけ。ただし，$\displaystyle\lim_{x \to \infty}\frac{\log x}{x}=0$ を用いてもよい。

例題 73 │ 絶対値を含む関数のグラフ ★★★ 標準

関数 $f(x)=|x|\sqrt{x+1}$ のグラフをかけ。

 **POINT** 絶対値を含む関数は絶対値をはずして微分する

絶対値を含む関数では，そのまま微分することができないので「①場合を分けて微分する」「②絶対値のついていないグラフを利用する」の2つの方法があります。この問題では②を用います。

| 解 答 |

| アドバイス |

$$g(x)=x\sqrt{x+1} \quad \cdots\cdots①$$

とおくと，定義域は $\underline{x+1\geqq0}_{❶}$
$$x\geqq-1$$

$$g'(x)=\sqrt{x+1}+\frac{x}{2\sqrt{x+1}}$$

$$=\frac{3x+2}{2\sqrt{x+1}} \quad (x>-1)_{❷}$$

$g'(x)=0$ とおくと $x=-\dfrac{2}{3}$

$$g\left(-\frac{2}{3}\right)=-\frac{2}{3}\sqrt{-\frac{2}{3}+1}$$

$$=-\frac{2\sqrt{3}}{9}$$

x	-1	$\cdots$	$-\dfrac{2}{3}$	$\cdots$
$g'(x)$		$-$	0	$+$
$g(x)$	0	$\searrow$	$-\dfrac{2\sqrt{3}}{9}$	$\nearrow$

よって，増減表は右のようになり，$y=g(x)$ のグラフは，下の左図のようになる。

$$y=f(x)=|g(x)|=|x\sqrt{x+1}|=|x|\sqrt{x+1}$$

のグラフ$_{❸}$ は，下の右図のようになる。

❶ まず，定義域を求めます。

❷ 端点では微分できません。

❸ グラフだけでなく，極値をきかれたとき，

$x=-\dfrac{2}{3}$ のとき，極大値 $\dfrac{2\sqrt{3}}{9}$

$x=0$ のとき，極小値 0 となります。

$y=|g(x)|$ のグラフは $y=g(x)$ のグラフの x 軸より下の部分を折り返します。

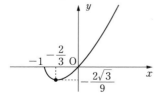
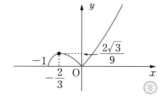

練習 74 関数 $f(x)=\sqrt{|x|}$ の極値を求め，$y=f(x)$ のグラフをかけ。

| 例題 **74** | 媒介変数表示された関数のグラフ　★★★　応用

$x=\sin t,\ y=\sin 2t\ \left(0\leqq t\leqq\dfrac{\pi}{2}\right)$ で表されるグラフをかけ。

 **POINT**　媒介変数表示された関数のグラフは増減表を作成

媒介変数 t で表示された関数のグラフは，$\dfrac{dx}{dt}$，$\dfrac{dy}{dt}$ を含む増減表を作成し，右のように x と y の増減を同時に考えると，グラフがどのように変化するかがわかります。

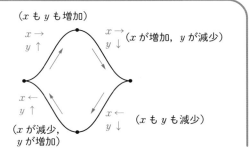

| 解答 |

$x=\sin t,\ y=\sin 2t\ \left(0\leqq t\leqq\dfrac{\pi}{2}\right)$

$\dfrac{dx}{dt}=\cos t,\ \dfrac{dy}{dt}=2\cos 2t\ \left(0<t<\dfrac{\pi}{2}\right)$ ❶

この範囲では，$\dfrac{dx}{dt}>0$

$\dfrac{dy}{dt}=0$ から

$t=\dfrac{\pi}{4}$

よって，増減表は右のようになり，グラフは次のようになる。

t	0	$\cdots$	$\dfrac{\pi}{4}$	$\cdots$	$\dfrac{\pi}{2}$
$\dfrac{dx}{dt}$		$+$	$+$	$+$	
$\dfrac{dy}{dt}$		$+$	0	$-$	
x	0	$\rightarrow$	$\dfrac{1}{\sqrt{2}}$	$\rightarrow$	1
y	0	$\uparrow$	1	$\downarrow$	0
			❷		❸

| アドバイス |

❶ $(\sin t)'=\cos t$

❷ x も y も増加しています。

❸ x が増加し，y が減少しています。

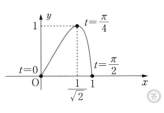

答

練習 75　$x=\cos t,\ y=\cos 2t\ (0\leqq t\leqq\pi)$ で表される関数のグラフをかけ。

| 例題 75 | 最大値・最小値① | ★★★ 標準

関数 $f(x)=\sqrt{x}-\log x$ の最小値，最大値を求めよ。

POINT 最大値・最小値を求めるときは，増減表を作る

最大値・最小値を求める場合には，増減表を作成します。ただし，最大値・最小値はつねに存在するとは限りません。

| 解答 | | アドバイス |

$$f(x)=\sqrt{x}-\log x$$

定義域は $x>0$ ❶

$$f'(x)=\frac{1}{2\sqrt{x}}-\frac{1}{x}$$

$$=\frac{\sqrt{x}-2}{2x}$$

$f'(x)=0$ とおくと

$$\sqrt{x}-2=0 \quad よって \quad x=4$$

以上から

$$f(4)=2-\log 4$$

したがって，増減表は下のようになる。

x	0	$\cdots$	4	$\cdots$
$f'(x)$		$-$	0	$+$
$f(x)$		$\searrow$	$2-\log 4$	$\nearrow$

$x=4$ のとき　**最小値 $2-\log 4$** 答

最大値なし 答 ❷

❶ まず，定義域を求めます。

❷ 増減表から $f(x)$ はいくらでも大きくなるので，「最大値なし」です。

Q 最大値・最小値を求めるには，グラフをかかなくてはいけないんですか？

A いえ，最大値・最小値を求めるときは，増減表さえあれば，グラフをかく必要はありません。

練習 76 次の関数の最大値と最小値を求めよ。

$$f(x)=\sin x(1+\cos x) \quad (0\leqq x\leqq \pi)$$

例題 76 | 最大値・最小値②　　★★★ (標準)

次の関数の示された区間における最大値，最小値を求めよ。

$$f(x)=\frac{\log x}{x} \quad [1,\ 3]$$

POINT 極大値・極小値とグラフの両端を調べる

定義域の区間が指定された関数の最大値・最小値は，極大値・極小値の他に，グラフの両端の関数の値も調べて比較します。

| 解答 |

$$f(x)=\frac{\log x}{x} \quad [1,\ 3]$$

$$f'(x)=\frac{\frac{1}{x}\cdot x-\log x}{x^2}$$ ❶

$$=\frac{1-\log x}{x^2}$$

$f'(x)=0$ とおくと

$$\log x=1$$

$$x=e$$

よって，増減表は右のようになる。

x	1	$\cdots$	e	$\cdots$	3
$f'(x)$		$+$	0	$-$	
$f(x)$	0	↗	$\dfrac{1}{e}$	↘	$\dfrac{\log 3}{3}$

$$f(1)=\frac{\log 1}{1}=0$$ ❷

$$f(e)=\frac{\log e}{e}=\frac{1}{e}$$ ❸

$$f(3)=\frac{\log 3}{3}>0$$ ❹

したがって

$x=e$ のとき　**最大値 $\dfrac{1}{e}$** (答)

$x=1$ のとき　**最小値 0** (答)

| アドバイス |

❶ $\left(\dfrac{f}{g}\right)'=\dfrac{f'g-fg'}{g^2}$

$(\log x)'=\dfrac{1}{x}$

❷ $\log 1=0$

❸ $\log e=1$

❹ $\log 3>\log e=1$ なので，$\log 3>1$ ですが，$f(1)=0$ と比べてより小さいほうが最小値なので，0と比べています。

練習 77 次の関数の最大値と最小値を求めよ。
$$f(x)=xe^{-x} \quad (-1\leqq x\leqq 2)$$

円に内接する二等辺三角形の中で、周の長さが最大になるのは正三角形である。このことを二等辺三角形の頂角を2θとおくことによって示せ。

POINT 図形の長さや面積を1つの変数で表す

長さや面積の最大値・最小値を求めるには、まずそれを1つの変数で表し、関数の最大値・最小値を調べます。このとき、変数のとりうる値の範囲に注意します。

| 解答 | | アドバイス |

円の半径をrとして、右図のように各点を決めると、$\triangle ABC$において

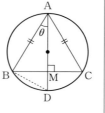

$$AB = AC = AD\cos\theta = 2r\cos\theta$$
$$BM = CM = AB\sin\theta$$
$$= 2r\sin\theta\cos\theta$$

二等辺三角形の周の長さをLとすると

$$L = 2\cdot 2r\cos\theta + 2\cdot 2r\sin\theta\cos\theta$$
$$= 4r\cos\theta(1+\sin\theta)$$

$$\underline{\frac{dL}{d\theta} = 4r\{-\sin\theta(1+\sin\theta)+\cos\theta\cdot\cos\theta\}}❶$$
$$= 4r(-\sin\theta-\sin^2\theta+1-\sin^2\theta)$$
$$= -4r(2\sin\theta-1)(\sin\theta+1)$$

❶ $\cos^2\theta = 1-\sin^2\theta$を用いて$\sin\theta$だけの式にします。

$0<\theta<\dfrac{\pi}{2}$で、$\dfrac{dL}{d\theta}=0$とすると $\theta=\dfrac{\pi}{6}$❷

よって、Lの増減表は右のようになり、$\theta=\dfrac{\pi}{6}$のとき、Lは最大になる。

❷ $\sin\theta = \dfrac{1}{2}$

$0<\theta<\dfrac{\pi}{2}$

θ	0	$\cdots$	$\dfrac{\pi}{6}$	$\cdots$	$\dfrac{\pi}{2}$
$\dfrac{dL}{d\theta}$		$+$	0	$-$	
L		↗	$3\sqrt{3}r$ 極大	↘	

したがって$\theta=\dfrac{\pi}{6}$のとき、

頂角は$\dfrac{\pi}{3}$で二等辺三角形が正三角形になるとき、周の長さが最大になる。 （証明終り）

練習 **78** 半径1の円に内接する長方形のうち、面積が最大なものを求めよ。

例題 78 | 極値をもつ条件 ★★★ 標準

関数 $f(x)=\dfrac{ax+b}{x^2+1}$ が $x=1$ で極大値2をもつように，定数 a, b の値を定めよ。

 POINT $x=\alpha$ で極大値 β をもつ必要条件は $f'(\alpha)=0$, $f(\alpha)=\beta$

関数 $f(x)$ が $x=\alpha$ で極大（小）値 β をもつ必要条件は，$f'(\alpha)=0$, $f(\alpha)=\beta$ です。これらの条件によって得られた $f(x)$ について増減表を作り，$x=\alpha$ で極大（小）値 β をもつこと（十分条件）を確かめる必要があります。

| 解答 | | アドバイス |

$$f(x)=\frac{ax+b}{x^2+1}$$

$$f'(x)=\frac{a(x^2+1)-(ax+b)\cdot 2x}{(x^2+1)^2}$$ ❶

$$=\frac{-ax^2-2bx+a}{(x^2+1)^2}$$

❶ $\left(\dfrac{f}{g}\right)'=\dfrac{f'g-fg'}{g^2}$

$x=1$ で極大値2をとるから ❷

$$\begin{cases} f'(1)=\dfrac{-a-2b+a}{4}=0 \\ f(1)=\dfrac{a+b}{2}=2 \end{cases}$$

❷ $f'(1)=0$, $f(1)=2$

これを解いて $a=4$, $b=0$ ❸

このとき

❸ ここまでが必要条件。

$$f(x)=\frac{4x}{x^2+1}$$

$$f'(x)=\frac{-4x^2+4}{(x^2+1)^2}=\frac{-4(x-1)(x+1)}{(x^2+1)^2}$$

$f'(x)=0$ とおくと

$x=\pm 1$

右の増減表から

$x=1$ のとき，極大値2をとる。

x	$\cdots$	-1	$\cdots$	1	$\cdots$
y'	$-$	0	$+$	0	$-$
y	$\searrow$	-2	$\nearrow$	2	$\searrow$	❹

❹ $x=1$ のとき，極大値2となることを確認します。

よって $a=4$, $b=0$ （答）

練習 79 関数 $f(x)=(ax^2-3)e^x$ が $x=1$ で極値をもつとき，定数 a の値および関数 $f(x)$ の極値を求めよ。

次の関数のグラフの変曲点を求めよ。
$$f(x)=x+\cos x \quad (0<x<2\pi)$$

 **POINT** 変曲点の座標を求めるには $f''(x)$ の符号を調べる

変曲点の座標だけを求めるときには，$f''(x)=0$ となる値を求め，その前後の符号を調べます。

| 解答 |

| アドバイス |

$$f(x)=x+\cos x \quad \text{①}$$
$$f'(x)=1-\sin x \quad \text{②}$$
$$f''(x)=-\cos x$$

$f''(x)=0$ とおくと
$$\cos x=0$$

$0<x<2\pi$ では $\quad x=\dfrac{\pi}{2}, \ \dfrac{3}{2}\pi$ ③

$$f\!\left(\dfrac{\pi}{2}\right)=\dfrac{\pi}{2}$$

$$f\!\left(\dfrac{3}{2}\pi\right)=\dfrac{3}{2}\pi$$

x	0	$\cdots$	$\dfrac{\pi}{2}$	$\cdots$	$\dfrac{3}{2}\pi$	$\cdots$	2π
$f''(x)$		$-$	0	$+$	0	$-$	

$f''(x)$ の符号変化は
右のようになっている。よって，変曲点の座標は

$$\left(\dfrac{\pi}{2}, \ \dfrac{\pi}{2}\right), \ \left(\dfrac{3}{2}\pi, \ \dfrac{3}{2}\pi\right) \ \text{答}$$

① $(\cos x)'=-\sin x$

② $(\sin x)'=\cos x$

③ $x=\dfrac{\pi}{2}, \ \dfrac{3}{2}\pi$ は候補にすぎません。

④ $f''(x)$ の符号変化を調べます。

Q $f''(x)=0$ だったら，必ず変曲点なんですか？

A $f(x)=x^4$ のとき $\quad f''(x)=12x^2$
$f''(x)=0$ とおくと $x=0$ となりますが，この点は変曲点ではありません。必ず $f''(x)$ の符号変化を調べるようにしましょう。

練習 80 次の関数のグラフの変曲点の座標を求めよ。
$$f(x)=x+\sin x \quad (0<x<2\pi)$$

| 例題 **80** | 凹凸を考慮したグラフ | ★★★ 標準 |

関数 $f(x)=xe^{-x}$ の増減と凹凸を調べ，グラフをかけ。ただし，$\displaystyle\lim_{x\to\infty}xe^{-x}=0$ は用いてもよい。

POINT 凹凸を含むグラフは $f''(x)$ の符号も調べる

凹凸を含むグラフをかくときには，通常の増減表に加えて $f''(x)$ の欄を作り，$f''(x)$ の符号を調べます。

| 解答 | | アドバイス |

$$f(x)=xe^{-x}$$
$$f'(x)=e^{-x}-xe^{-x} \quad ①$$
$$\qquad =e^{-x}(1-x)$$
$$f''(x)=-e^{-x}(1-x)-e^{-x}$$
$$\qquad =e^{-x}(x-2)$$

$f'(x)=0$ とおくと
$$x=1$$
$f''(x)=0$ とおくと
$$x=2$$
$$f(1)=\frac{1}{e}$$
$$f(2)=\frac{2}{e^2}$$

① 積の微分
$$(f\cdot g)'=f'g+fg'$$
を用います。

x	$-\infty$	$\cdots$	1	$\cdots$	2	$\cdots$	$+\infty$
$f'(x)$		$+$	0	$-$	$-$	$-$	
$f''(x)$		$-$	$-$	$-$	0	$+$	
$f(x)$	$-\infty$	↗	$\frac{1}{e}$	↘	$\frac{2}{e^2}$	↘	0
						②	

② $-\infty$，$+\infty$ の欄は，あってもなくてもよいです。

また
$$\lim_{x\to\infty}xe^{-x}=0$$
$$\lim_{x\to-\infty}xe^{-x}=-\infty$$

増減表およびグラフは右のようになる。

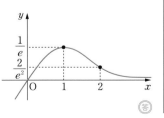

（答）

練習 **81**　次の関数について，極値，凹凸，変曲点などを調べてグラフをかけ。
$$y=e^{-x^2}$$

関数 $f(x)=(x-1)^3-3(x-1)+2$ について，次の問いに答えよ。

(1) $y=f(x)$ のグラフの変曲点Pの座標を求めよ。

(2) $y=f(x)$ のグラフは点Pに関して対称になっていることを示せ。

 **POINT** 3次関数の対称の中心は変曲点

　一般に3次関数は，変曲点に関して対称になっています。曲線 $y=f(x)$ が点 $(a,\ f(a))$ に関して対称になっていることを示すには，$\dfrac{f(a-t)+f(a+t)}{2}=f(a)$ が成り立つことを示せばよいです。

| 解答 | | アドバイス |

(1) 　　　$f(x)=(x-1)^3-3(x-1)+2$

　　　　$f'(x)=3(x-1)^2-3$

　　　　$f''(x)=6(x-1)$

$f''(x)=0$ を解くと　$x=1$ ❶

　　　　$f(1)=2$

$f''(x)$ の符号は右のようになり，
変曲点Pの座標は

❶ $f''(x)=0$ を解き，$f''(x)=0$ の符号を調べます。

x	$\cdots$	1	$\cdots$
$f''(x)$	$-$	0	$+$

　　　　(1, 2) 答

(2) 　任意の実数 t に対して

　　$f(1-t)+f(1+t)=(-t)^3-3(-t)+2+t^3-3t+2$

　　　　　　　　　　$=4=2f(1)$

　　$\dfrac{f(1-t)+f(1+t)}{2}=f(1)$ ❷

よって，$y=f(x)$ のグラフは変曲点 $(1,\ 2)$ に関して対称である。　　　　　　　　（証明終り）

❷ グラフが下のようになっていることを表しています。

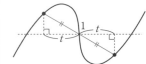

| STUDY | 対称性を示す他の方法

この方法の他に，①平行移動，②対称移動を用いる方法がある（以下の練習の解答参照）。

練習 82 　関数 $f(x)=(x-2)^3-3(x-2)+1$ について，次の問いに答えよ。

(1) $y=f(x)$ のグラフの変曲点Pの座標を求めよ。

(2) $y=f(x)$ のグラフは点Pに関して，対称であることを示せ。

例題 82　$f''(x)$ による極値の判定　　★★★　標準

関数 $f(x)=e^x\sin x\ (0\leqq x\leqq 2\pi)$ について，次の問いに答えよ。

(1)　$f'(x),\ f''(x)$ を求めよ。　　　(2)　$f(x)$ の極値を求めよ。

POINT　$f''(x)$ による極値の判定では，
$f'(\alpha)=0$ のとき，$f''(\alpha)$ の符号を調べる

$f'(\alpha)=0$　かつ　$f''(\alpha)<0$
ならば，$f(\alpha)$ は極大値となります。
$f'(\alpha)=0$　かつ　$f''(\alpha)>0$
ならば，$f(\alpha)$ は極小値となります。

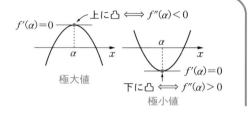

| 解答 |

| アドバイス |

(1)　$f(x)=e^x\sin x\ (0\leqq x\leqq 2\pi)$

　　　$\boldsymbol{f'(x)=e^x\sin x+e^x\cos x=e^x(\sin x+\cos x)}$ （答）

　　　$\boldsymbol{f''(x)=e^x(\sin x+\cos x)+e^x(\cos x-\sin x)}$

　　　　　　　$\boldsymbol{=2e^x\cos x}$ （答）

(2)　$f'(x)=0$ とおくと　$\sin x+\cos x=0$ ❶

　　$x=\dfrac{\pi}{2},\ \dfrac{3}{2}\pi$ は，これを満たさないから　$\cos x\neq 0$

　　よって　$\dfrac{\sin x}{\cos x}=-1,\ \tan x=-1$　$x=\dfrac{3}{4}\pi,\ \dfrac{7}{4}\pi$

　　　$f\left(\dfrac{3}{4}\pi\right)=\dfrac{\sqrt{2}}{2}e^{\frac{3}{4}\pi},\ f\left(\dfrac{7}{4}\pi\right)=-\dfrac{\sqrt{2}}{2}e^{\frac{7}{4}\pi}$

　　　$f''\left(\dfrac{3}{4}\pi\right)=2\cdot e^{\frac{3}{4}\pi}\left(-\dfrac{\sqrt{2}}{2}\right)<0$

　　　$f''\left(\dfrac{7}{4}\pi\right)=2\cdot e^{\frac{7}{4}\pi}\left(\dfrac{\sqrt{2}}{2}\right)>0$

　　よって，$x=\dfrac{3}{4}\pi$ のとき　**極大値 $\dfrac{\sqrt{2}}{2}e^{\frac{3}{4}\pi}$** （答）❷

　　　　　　$x=\dfrac{7}{4}\pi$ のとき　**極小値 $-\dfrac{\sqrt{2}}{2}e^{\frac{7}{4}\pi}$** （答）❸

❶ $\sqrt{2}\sin\left(x+\dfrac{\pi}{4}\right)=0$

　$\dfrac{\pi}{4}\leqq x+\dfrac{\pi}{4}\leqq 2\pi+\dfrac{\pi}{4}$ だから

　　$x+\dfrac{\pi}{4}=\pi,\ 2\pi$

　　　$x=\dfrac{3}{4}\pi,\ \dfrac{7}{4}\pi$

　としてもよいです。

❷ $f'(\alpha)=0,\ f''(\alpha)<0$
　だから，極大値
❸ $f'(\alpha)=0,\ f''(\alpha)>0$
　だから，極小値

練習 83　関数 $f(x)=e^x\cos x\ (0\leqq x\leqq 2\pi)$ について，次の問いに答えよ。

(1)　$f'(x),\ f''(x)$ を求めよ。　　　(2)　$f(x)$ の極値を求めよ。

次の関数 $y=f(x)$ のグラフについて，（　）の軸に平行な漸近線の方程式を求めよ。

(1) $f(x)=\dfrac{2x^2+x+1}{x^2+1}$ （x軸）

(2) $f(x)=\dfrac{3}{(x+1)(x-3)}$ （y軸）

POINT 漸近線の方程式は極限を求める

x軸に平行な漸近線を求めるときは，$x\to\pm\infty$ のときを調べます。

y軸に平行な漸近線を求めるときは，分母が 0 となる x の値の前後を調べます。

| 解 答 |

(1) $\displaystyle\lim_{x\to\pm\infty}f(x)=\lim_{x\to\pm\infty}\dfrac{2x^2+x+1}{x^2+1}$

$\displaystyle=\lim_{x\to\pm\infty}\dfrac{2+\dfrac{1}{x}+\dfrac{1}{x^2}}{1+\dfrac{1}{x^2}}=2$

よって　**直線 $y=2$** 答

(2) $\displaystyle\lim_{x\to-1-0}f(x)=\lim_{x\to-1-0}\dfrac{3}{(x+1)(x-3)}=\infty$

$\displaystyle\lim_{x\to-1+0}f(x)=\lim_{x\to-1+0}\dfrac{3}{(x+1)(x-3)}=-\infty$

$\displaystyle\lim_{x\to3-0}f(x)=\lim_{x\to3-0}\dfrac{3}{(x+1)(x-3)}=-\infty$

$\displaystyle\lim_{x\to3+0}f(x)=\lim_{x\to3+0}\dfrac{3}{(x+1)(x-3)}=\infty$

よって　**直線 $x=-1$，$x=3$** 答

| アドバイス |

❶ 分母の最高次数の項で分母・分子を割ります。

❷ $x=-1$，$x=3$ の前後の図

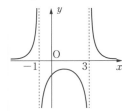

グラフをかく問題では，分母の形から，$x=-1$，$x=3$ とすぐに答えてもよいです。

練習 84 次の関数 $y=f(x)$ のグラフについて，（　）の軸に平行な漸近線の方程式を求めよ。

(1) $f(x)=\dfrac{2x}{x^2+1}$ （x軸）

(2) $f(x)=\dfrac{1}{(x-1)(x+2)}$ （y軸）

例題 84 | 漸近線②

★★★ （標準）

次の曲線の漸近線の方程式を求めよ。

(1) $y=\dfrac{x^2+3x+3}{x+1}$

(2) $x^2-xy+y-2=0$

 POINT $y=ax+b+\dfrac{k}{x-c}$ の漸近線は $y=ax+b$ と $x=c$

一般に，$y=ax+b+\dfrac{k}{x-c}$ ……㊯ の漸近線の方程式は，$y=ax+b$ と $x=c$ だから，

㊯の形に変形すればよいです。$\lim\limits_{x\to\pm\infty}\{y-(ax+b)\}=\lim\limits_{x\to\pm\infty}\dfrac{k}{x-c}=0$ だから，

直線 $y=ax+b$ は漸近線となります。また，$x=c$ は| 例題 83 |と同様です。

| 解 答 |

(1) $y=\dfrac{x^2+3x+3}{x+1}=\dfrac{(x+1)(x+2)+1}{x+1}$ ❶

$=x+2+\dfrac{1}{x+1}$

よって，漸近線は **直線 $y=x+2$, $x=-1$** 答

(2) $x^2-xy+y-2=0$

$y(x-1)=x^2-2$

$x=1$ はこの式を満たさないから $x\neq1$

$y=\dfrac{x^2-2}{x-1}=\dfrac{(x-1)(x+1)-1}{x-1}$ ❷

$=x+1-\dfrac{1}{x-1}$

よって，漸近線は **直線 $y=x+1$, $x=1$** 答

| アドバイス |

❶
$$
\begin{array}{r}
x+2 \\
x+1\,\overline{)\,x^2+3x+3} \\
\underline{x^2+x} \\
2x+3 \\
\underline{2x+2} \\
1
\end{array}
$$
x^2+3x+3
$=(x+1)(x+2)+1$

❷
$$
\begin{array}{r}
x+1 \\
x-1\,\overline{)\,x^2-2} \\
\underline{x^2-x} \\
x-2 \\
\underline{x-1} \\
-1
\end{array}
$$
$x^2-2=(x-1)(x+1)-1$

| STUDY | 漸近線の一般的な求め方

$y=f(x)$ の漸近線で，$y=ax+b$ の形のものは，$a=\lim\limits_{x\to\pm\infty}\dfrac{f(x)}{x}$，$b=\lim\limits_{x\to\pm\infty}\{f(x)-ax\}$ として求めることができる。

練習 85 次の曲線の漸近線を求めよ。

(1) $y=\dfrac{2x^2-x}{x-1}$

(2) $x^2-xy-y+x+2=0$

方程式$x-ke^x=0$の異なる実数解の個数が2個となるように，kのとりうる値の範囲を定めよ。ただし，$\lim_{x\to\infty}xe^{-x}=0$を用いてもよい。

 **POINT** 方程式の実数解の個数はグラフの共有点と対応させる

与式を$k=f(x)$の形に変形し，「$y=k$と$y=f(x)$のグラフの共有点の個数」と解の個数を対応させて考えます。そこで，まず$y=f(x)$のグラフをかきます。

| 解答 | | アドバイス |

$$x-ke^x=0 \quad \cdots\cdots ①$$

$e^x \neq 0$ より $\quad k=xe^{-x}$ ❶

❶ $k=f(x)$の形にします。

$f(x)=xe^{-x}$とおくと

$$f'(x)=e^{-x}-xe^{-x}$$
$$=e^{-x}(1-x)$$ ❷

$f'(x)=0$とおくと

$$x=1$$

❷ $f'(x)=0$となるxの値を求め，増減表を作ります。

よって，増減表は右のようになり

$$f(1)=e^{-1}=\frac{1}{e}$$

また $\quad \lim_{x\to\infty}xe^{-x}=0$ ❸

$$\lim_{x\to-\infty}xe^{-x}=-\infty$$ ❸

x	$\cdots$	1	$\cdots$
$f'(x)$	$+$	0	$-$
$f(x)$	↗	$\frac{1}{e}$	↘

❸ これが重要。

だから，グラフは右のようになり，方程式①の異なる実数解の個数が2個，すなわち，$y=k$と$y=f(x)$の共有点の個数が2個になるのは

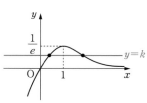

$$0<k<\frac{1}{e}$$ ❹ （答）

❹ グラフがかければ，あとは容易に解けます。

練習86 次の方程式が異なる3つの実数解をもつように，定数aの値の範囲を定めよ。ただし，$\lim_{x\to\infty}x^2e^{-x}=0$を用いてもよい。

(1) $x^2e^{-x}=a$

(2) $\dfrac{x^3}{x^2-1}=a$

例題 86 | 微分の不等式への応用① ★★★ 標準

次の問いに答えよ。

(1) $x>0$ のとき，不等式 $e^x>1+x$ を証明せよ。

(2) $x>0$ のとき，不等式 $e^x>1+x+\dfrac{x^2}{2}$ を証明せよ。

(3) $\displaystyle\lim_{x\to\infty}\dfrac{x}{e^x}=0$ を証明せよ。

 **POINT** 不等式 $F(x)>G(x)$ の証明は，
$f(x)=F(x)-G(x)$ の増減を調べる

不等式 $F(x)>G(x)$ を示すには，$f(x)=F(x)-G(x)$ とおいて $f(x)$ の増減を調べます。

| 解 答 | | アドバイス |

(1) $f(x)=e^x-(1+x)$ とおくと

$$\underline{f(0)=e^0-1=0}_{①}$$

$x>0$ のとき $\underline{f'(x)=e^x-1>0}_{②}$

よって，$x>0$ のとき $f(x)>0$

すなわち $e^x>1+x$ （証明終り）

(2) $g(x)=e^x-\left(1+x+\dfrac{x^2}{2}\right)$ とおくと

$$\underline{g(0)=e^0-1=0}_{③}$$

$x>0$ のとき $\underline{g'(x)=e^x-(1+x)=f(x)>0}_{④}$

よって，$x>0$ のとき $g(x)>0$

すなわち $e^x>1+x+\dfrac{x^2}{2}$ （証明終り）

(3) $x>0$ のとき，(2)より

$$\underline{0<\dfrac{x}{e^x}<\dfrac{x}{1+x+\dfrac{x^2}{2}}}_{⑤}$$

$$0\leqq\lim_{x\to\infty}\dfrac{x}{e^x}\leqq\lim_{x\to\infty}\dfrac{\dfrac{1}{x}}{\dfrac{1}{x^2}+\dfrac{1}{x}+\dfrac{1}{2}}=0$$

よって $\displaystyle\lim_{x\to\infty}\dfrac{x}{e^x}=0$ （証明終り）

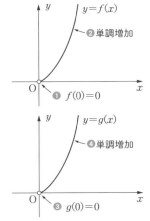

❶ $f(0)=0$

❷ 単調増加

$y=f(x)$

❸ $g(0)=0$

❹ 単調増加

$y=g(x)$

❺ e^x を x よりも次数の高い関数
に置き換えます。

練習 87 $x>0$ のとき，$x-\dfrac{x^2}{2}+\dfrac{x^3}{3}>\log(1+x)$ を証明せよ。

微分の不等式への応用② ★★★ 応用

次の問いに答えよ。

(1) 関数 $f(x)=\dfrac{2}{e}\sqrt{x}-\log x$ の増減表を作れ。

(2) $\dfrac{2}{e}\sqrt{x}\geqq\log x$ を証明せよ。 (3) $\displaystyle\lim_{x\to\infty}\dfrac{\log x}{x}=0$ を証明せよ。

POINT 不等式 $F(x)\geqq G(x)$ の証明は，
$f(x)=F(x)-G(x)$ の最小値 0 (以上) を示す

不等式 $F(x)\geqq G(x)$ を証明するには，$f(x)=F(x)-G(x)$ とおき，$f(x)$ の最小値を調べ，その最小値が 0 (以上) であれば証明できたことになります。この問題では，すでに $f(x)$ が(1)で設定されています。

| 解答 | | アドバイス |

(1) $\qquad f(x)=\dfrac{2}{e}\sqrt{x}-\log x \quad (x>0)$ ❶

$\qquad\qquad f'(x)=\dfrac{1}{e\sqrt{x}}-\dfrac{1}{x}=\dfrac{\sqrt{x}-e}{ex}$

$f'(x)=0$ とおくと
$\qquad\sqrt{x}=e, \quad x=e^2$

x	0	$\cdots$	e^2	$\cdots$
$f'(x)$		$-$	0	$+$
$f(x)$		$\searrow$	0	$\nearrow$

$\qquad\qquad f(e^2)=\dfrac{2}{e}\sqrt{e^2}-\log e^2=0$ ❷

よって，増減表は上のようになる。

(2) (1)から，$x>0$ のとき $f(x)=\dfrac{2}{e}\sqrt{x}-\log x\geqq0$

$\dfrac{2}{e}\sqrt{x}\geqq\log x$ (等号成立は $x=e^2$ のとき) (証明終り)

(3) $x>1$ のとき，(2)から $0<\dfrac{\log x}{x}\leqq\dfrac{2\sqrt{x}}{ex}=\dfrac{2}{e\sqrt{x}}$ ❸

$\qquad 0\leqq\displaystyle\lim_{x\to\infty}\dfrac{\log x}{x}\leqq\lim_{x\to\infty}\dfrac{2}{e\sqrt{x}}=0$

よって $\displaystyle\lim_{x\to\infty}\dfrac{\log x}{x}=0$ (証明終り)

❶ 真数条件より。

❷ $\dfrac{2}{e}\sqrt{e^2}=\dfrac{2e}{e}=2$
$\log e^2=2\log e=2$

❸ $\log x$ を x より次数の低い関数に置き換えています。

練習 88 $p>q>0$ で，$x>0$ のとき，次の不等式を証明せよ。
$\qquad\dfrac{x^p-1}{p}\geqq\dfrac{x^q-1}{q}$

例題 **88** 不等式の成立条件　★★★ 応用

任意の$x>0$に対して，不等式$\log x<a\sqrt{x}$が成り立つような定数aの値の範囲を定めよ。

POINT **不等式$F(x)>G(x)$の成立条件は，**
$f(x)=F(x)-G(x)$の最小値が正

不等式$F(x)>G(x)$が成立するための条件を求めるには，$f(x)=F(x)-G(x)$とおき，$f(x)$の増減表を作成し，最小値が正になるように条件を定めます。

| 解答 |

$$\log x<a\sqrt{x}\quad(x>0)\quad\cdots\cdots①$$
$f(x)=a\sqrt{x}-\log x\quad(x>0)$とおくと
$$f'(x)=a\cdot\frac{1}{2\sqrt{x}}-\frac{1}{x}=\frac{a\sqrt{x}-2}{2x}$$
$a\leqq0$のとき，$\underline{f(x)<0$となるxが存在する}❶ から，条件を満たさない。
よって　$a>0$

$f'(x)=0$となるのは　$\underline{x=\dfrac{4}{a^2}}$❷
したがって，$f(x)$の増減表は右のようになり，$x=\dfrac{4}{a^2}$で極小かつ最小となる。最小値は

x	0	$\cdots$	$\dfrac{4}{a^2}$	$\cdots$
$f'(x)$		$-$	0	$+$
$f(x)$		↘	極小	↗

$$f\left(\frac{4}{a^2}\right)=a\sqrt{\frac{4}{a^2}}-\log\frac{4}{a^2}=2-\log\left(\frac{2}{a}\right)^2$$
$$=2\left(1-\log\frac{2}{a}\right)$$

よって，①すなわち，任意の$x>0$に対して$f(x)>0$が成り立つ条件は
$$1-\log\frac{2}{a}>0,\ 1>\log\frac{2}{a}\quad\text{したがって}\quad\frac{2}{a}<e$$
$a>0$だから　$\boldsymbol{a>\dfrac{2}{e}}$ 答

| アドバイス |

❶ 例えば$a=0$のとき
$$f(x)=-\log x$$
このとき$x>1$ならば
$f(x)<0$，すなわち不等式①は成り立ちません。

❷ $a>0$，$x>0$だから
$$a\sqrt{x}-2=0$$
$$a\sqrt{x}=2$$
$$a^2x=4$$
よって
$$x=\frac{4}{a^2}$$
$a<0$のときは両辺を平方すると，無縁解（答えではない解）が出る可能性があります。

練習 **89** 任意の$x>-1$に対して，不等式$e^x\geqq a\sqrt{x+1}$が成り立つような定数aの値の範囲を定めよ。

3 | 速度・加速度と近似値

1 直線上の運動 ▷ 例題89

数直線上を運動する点Pの時刻 t における座標が $x=f(t)$ で表されるとき,

速度 v は $v=\dfrac{dx}{dt}=f'(t)$

加速度 a は $a=\dfrac{dv}{dt}=\dfrac{d^2x}{dt^2}=f''(t)$

> **例** $x=5t^2$ で表されるとき
>
> 速度 $v=\dfrac{dx}{dt}=10t$, 加速度 $a=\dfrac{dv}{dt}=10$

2 平面上の運動 ▷ 例題90 例題91 例題92

座標平面上を運動する点Pの時刻 t における座標が $(x,\ y)$ のとき,

速度 $\vec{v}$ は $\vec{v}=\left(\dfrac{dx}{dt},\ \dfrac{dy}{dt}\right)$

加速度 $\vec{a}$ は $\vec{a}=\left(\dfrac{d^2x}{dt^2},\ \dfrac{d^2y}{dt^2}\right)$

速さ $|\vec{v}|$ は $|\vec{v}|=\sqrt{\left(\dfrac{dx}{dt}\right)^2+\left(\dfrac{dy}{dt}\right)^2}$

加速度の大きさ $|\vec{a}|$ は $|\vec{a}|=\sqrt{\left(\dfrac{d^2x}{dt^2}\right)^2+\left(\dfrac{d^2y}{dt^2}\right)^2}$

> **例** $(x,\ y)=(2t^3,\ t^3+t^2)$ で表されるとき
>
> 速度 $\vec{v}=\left(\dfrac{dx}{dt},\ \dfrac{dy}{dt}\right)=(6t^2,\ 3t^2+2t)$
>
> 加速度 $\vec{a}=\left(\dfrac{d^2x}{dt^2},\ \dfrac{d^2y}{dt^2}\right)=(12t,\ 6t+2)$

3 近似式 ▷ 例題93 例題94

$h\fallingdotseq0$ のとき,

$\qquad$ **1次の近似式** $f(a+h)\fallingdotseq f(a)+hf'(a)$

$\qquad$ **2次の近似式** $f(a+h)\fallingdotseq f(a)+hf'(a)+\dfrac{1}{2}h^2f''(a)$

例題 89 | 直線上の運動（投げ上げ問題） ★★★ 基本

地上から真上に投げ上げた物体の時刻 t における高さが $h(t) = 40t - 5t^2$ で表されるとき，次の問いに答えよ。

(1) 速度 $v(t)$，加速度 $a(t)$ を求めよ。

(2) 最高到達点の高さを求めよ。

(3) 地上に落下するときの速度を求めよ。

POINT $x = f(t)$ で表される動点の速度，加速度は，
速度 $v(t) = f'(t)$，加速度 $a(t) = v'(t) = f''(t)$

直線上の動点 P の座標 x が時刻 t の関数 $x = f(t)$ で与えられるとき，速度 $v(t)$ は，$v(t) = f'(t)$，加速度 $a(t)$ は，$a(t) = v'(t) = f''(t)$ となることを用います。また，最高到達点では，$v(t) = 0$，地上に落下するとき，$h(t) = 0$ となります。

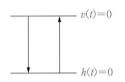

| 解 答 |

(1) $h(t) = 40t - 5t^2$

$\quad v(t) = h'(t) = \boldsymbol{40 - 10t}$ 答

$\quad a(t) = v'(t) = \boldsymbol{-10}$ 答

(2) 最高到達点では

$\quad \underline{v(t) = 40 - 10t = 0}$ ❶

$\quad\quad t = 4$

$\quad h(4) = 40 \cdot 4 - 5 \cdot 4^2 = 80$

よって，$t = 4$ のとき，最高到達点の高さは **80** 答

(3) 地上に落下するとき

$\quad h(t) = 40t - 5t^2 = 0 \quad (t > 0)$

$\quad\quad 5t(8 - t) = 0 \quad (t > 0)$

$\quad\quad\quad t = 8$ ❷

$\quad v(8) = 40 - 10 \cdot 8$

$\quad\quad = \boldsymbol{-40}$ ❸ 答

| アドバイス |

❶ 最高到達点では
$\quad v(t) = 0$
$v(t) = 0$ となるのは物体が止まるときと，運動の向きが変わるときです。

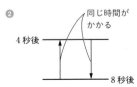
❷

❸ 投げ上げたときと同じ速さで逆向きに落下します。

練習 90 x 軸上を運動する点 P の座標 x が，時刻 t の関数として $x = \sin 2t$ で表されるとき，$t = \dfrac{\pi}{3}$ における点 P の速度，加速度を求めよ。

座標平面上の動点の時刻tにおける位置が$x=4\cos t$，$y=\sin 2t$ $(0\le t\le 2\pi)$で表されるとき，次の問いに答えよ。

(1) 速度ベクトル$\vec{v}$，加速度ベクトル$\vec{a}$を求めよ。

(2) 速度の大きさ$|\vec{v}|$を求めよ。

(3) $|\vec{v}|$の最大値とそのときのtの値を求めよ。

POINT

$x=f(t)$，$y=g(t)$の速度$\vec{v}$，加速度$\vec{a}$は，

$$\vec{v}=\left(\frac{dx}{dt},\ \frac{dy}{dt}\right),\ \vec{a}=\left(\frac{d^2x}{dt^2},\ \frac{d^2y}{dt^2}\right)$$

平面上の動点$(x,\ y)$が$x=f(t)$，$y=g(t)$で表されるとき，速度$\vec{v}=\left(\frac{dx}{dt},\ \frac{dy}{dt}\right)$，

加速度$\vec{a}=\left(\frac{d^2x}{dt^2},\ \frac{d^2y}{dt^2}\right)$となります。$|\vec{v}|$，$|\vec{a}|$はそれぞれベクトルの大きさを求めればよいです。

| 解答 | アドバイス |

(1) $x=4\cos t$，$y=\sin 2t$ $(0\le t\le 2\pi)$

$$\vec{v}=\left(\frac{dx}{dt},\ \frac{dy}{dt}\right)$$

$$=(-4\sin t,\ 2\cos 2t)\ ❶ (答)$$

$$\vec{a}=\left(\frac{d^2x}{dt^2},\ \frac{d^2y}{dt^2}\right)$$

$$=(-4\cos t,\ -4\sin 2t)\ ❷ (答)$$

(2) $|\vec{v}|=\sqrt{(-4\sin t)^2+(2\cos 2t)^2}$

$$=\sqrt{16\sin^2 t+\{2(1-2\sin^2 t)\}^2}\ ❸$$

$$=2\sqrt{4\sin^4 t+1}\ (答)$$

(3) (2)から，$\sin t=\pm 1$，すなわち，$t=\dfrac{\pi}{2}$，$\dfrac{3}{2}\pi$のとき，

$|\vec{v}|$は最大で，**最大値**$2\sqrt{4+1}=2\sqrt{5}$ (答)

❶ $(4\cos t)'=-4\sin t$
$(\sin 2t)'=2\cos 2t$

❷ $(-4\sin t)'=-4\cos t$
$(2\cos 2t)'=-4\sin 2t$

❸ $\cos 2t=\cos^2 t-\sin^2 t$
$\qquad =1-\sin^2 t-\sin^2 t$
$\qquad =1-2\sin^2 t$
を用います。

練習 **91** 点$P(x,\ y)$の時刻tにおける座標が$x=a(t-\sin t)$，$y=a(1-\cos t)$（aは正の定数）で表されるとき，時刻tにおける点Pの速度，加速度を求めよ。

例題 91 | 円運動　★★★ 標準

O が原点の座標平面上の動点 P の時刻 t における位置が，$x=3\cos 2t$，$y=3\sin 2t$ で表されるとき，次の問いに答えよ。

(1)　速度ベクトル $\vec{v}$，加速度ベクトル $\vec{a}$ を求めよ。

(2)　$\overrightarrow{\mathrm{OP}}\perp\vec{v}$，$\vec{v}\perp\vec{a}$ を示せ。

(3)　$\vec{a}=-4\overrightarrow{\mathrm{OP}}$ を示せ。

 **POINT**　速度 $\vec{v}$ と加速度 $\vec{a}$ が直交することは内積 $\vec{v}\cdot\vec{a}=0$ を示す

速度ベクトル $\vec{v}$，加速度ベクトル $\vec{a}$ は，$\vec{v}=\left(\dfrac{dx}{dt},\ \dfrac{dy}{dt}\right)$，$\vec{a}=\left(\dfrac{d^2x}{dt^2},\ \dfrac{d^2y}{dt^2}\right)$ を用いて求めます。また，$\vec{v}$ と $\vec{a}$ が直交することを示すには，内積 $\vec{v}\cdot\vec{a}=0$ を示します。

| 解答 | アドバイス |

(1)　$\begin{cases} x=3\cos 2t \\ y=3\sin 2t \end{cases}$

$\vec{v}=\left(\dfrac{dx}{dt},\ \dfrac{dy}{dt}\right)=(\boldsymbol{-6\sin 2t},\ \boldsymbol{6\cos 2t})$ 答

$\vec{a}=\left(\dfrac{d^2x}{dt^2},\ \dfrac{d^2y}{dt^2}\right)=(\boldsymbol{-12\cos 2t},\ \boldsymbol{-12\sin 2t})$ 答

(2)　$\overrightarrow{\mathrm{OP}}\cdot\vec{v}=3\cos 2t\cdot(-6\sin 2t)+3\sin 2t(6\cos 2t)$

$\qquad =-18\cos 2t\sin 2t+18\sin 2t\cos 2t=0$

　よって　　$\overrightarrow{\mathrm{OP}}\perp\vec{v}$

$\qquad\vec{v}\cdot\vec{a}=-6\sin 2t(-12\cos 2t)+6\cos 2t(-12\sin 2t)$

$\qquad =72\sin 2t\cos 2t-72\cos 2t\sin 2t=0$

　よって　　$\vec{v}\perp\vec{a}$　　　　　　　　　（証明終り）

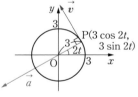

$\vec{a}$，$\vec{v}$，$\overrightarrow{\mathrm{OP}}$ の関係を図で確認しておきましょう。

(3)　$\vec{a}=(-12\cos 2t,\ -12\sin 2t)$

$\qquad =-4(3\cos 2t,\ 3\sin 2t)$

$\qquad =-4\overrightarrow{\mathrm{OP}}$

　よって　　$\vec{a}=-4\overrightarrow{\mathrm{OP}}$　　　　　　（証明終り）

練習 92　O が原点の座標平面上にある動点の時刻 t における位置が，$x=\cos\omega t$，$y=\sin\omega t$ で表されるとき，次の問いに答えよ。

(1)　速度ベクトル $\vec{v}$，加速度ベクトル $\vec{a}$ を求めよ。

(2)　$\vec{v}\perp\vec{a}$ を示せ。

高さ，面積，体積の変化　　★★★　応用

上面の円の半径が $10\,\text{cm}$，深さが $20\,\text{cm}$ の直円錐の容器に，毎秒 $3\,\text{cm}^3$ の割合で水を注ぐ。水面の高さが $6\,\text{cm}$ になったときの水面の上昇する速度を求めよ。

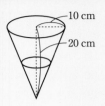

POINT　高さ，面積，体積の増加速度には合成関数の微分法

高さ，面積，体積の増加速度などを求めるときには，合成関数の微分法を用いて，時刻 t で微分します。

| 解答 | | アドバイス |

時刻 t における容器内の水の体積を $V\,\text{cm}^3$，水面の高さを $h\,\text{cm}$，水面の半径を $r\,\text{cm}$ とすると

$$V=\frac{1}{3}\pi r^2 h$$

また　　$h:r=20:10$

$$r=\frac{1}{2}h$$

❶ 比例式を用いて，r を h で表します。

$V=\dfrac{1}{3}\pi\left(\dfrac{1}{2}h\right)^2 h=\dfrac{\pi}{12}h^3$ だから，$h=6$ のとき

$$\frac{dV}{dh}=\frac{\pi}{4}h^2=9\pi$$

また，毎秒 $3\,\text{cm}^3$ の割合で水を注ぐから　$\dfrac{dV}{dt}=3$

ここで，$\underline{\dfrac{dV}{dt}=\dfrac{dV}{dh}\cdot\dfrac{dh}{dt}}$ に代入して

❷ 体積 V，高さ h はいずれも時刻 t の関数です。

$$3=9\pi\cdot\frac{dh}{dt}$$

$$\frac{dh}{dt}=\frac{1}{3\pi}\ (\text{cm/秒})\ ㊜$$

練習 93　球形の風船の体積が毎秒 $60\,\text{cm}^3$ の割合で増加しているとする。この風船の半径が $4\,\text{cm}$ になったとき，表面積の増加する速度を求めよ。

例題 93 | 微小変化 ★★★ 標準

1辺が10 cmの立方体の各辺の長さをそれぞれ0.01 cmずつ大きくするとき，この立方体の体積の増加量ΔVの近似値を求めよ。

POINT

微小変化hに対する変化量は $\dfrac{f(a+h)-f(a)}{h} \fallingdotseq f'(a)$ を用いる

$h \fallingdotseq 0$のとき，$f'(a)=\lim\limits_{h \to 0}\dfrac{f(a+h)-f(a)}{h} \fallingdotseq \dfrac{f(a+h)-f(a)}{h}$ だから

$$f(a+h)-f(a) \fallingdotseq hf'(a) \quad \cdots\cdots \circledast$$

となります。ここで，$f(a+h)-f(a)$は，xがhだけ（aから$a+h$まで）変化したときのyの変化量を表しています。$\circledast$を用いると，yの変化量は$hf'(a)$で近似できます。

| 解答 | アドバイス |

1辺の長さがx cmの立方体の体積を$f(x)$とすると

$$f(x)=x^3 \text{❶}$$
$$f'(x)=3x^2$$
$$\frac{f(x+0.01)-f(x)}{0.01} \fallingdotseq f'(x) \text{❷}$$
$$f(x+0.01)-f(x) \fallingdotseq 0.01f'(x)$$

よって

$$\Delta V \fallingdotseq f(10+0.01)-f(10)$$
$$=0.01 \times 3 \cdot 10^2$$
$$=\mathbf{3 \ (cm^3)} \text{❸} \ 答$$

❶ 体積＝（1辺の長さ）^{3}

❷ 0.01は十分小さいので
$$\frac{f(x+0.01)-f(x)}{0.01}$$
$$\fallingdotseq \lim_{h \to 0}\frac{f(x+h)-f(x)}{h}$$
$$=f'(x)$$

❸ $(10.01)^3-10^3$
の近似値を求めています。

| STUDY | $\Delta y \fallingdotseq f'(a)\Delta x$

$h=\Delta x$，$f(x+h)-f(h)=\Delta y$で表現すると，$\Delta x \fallingdotseq 0$のとき

$\dfrac{\Delta y}{\Delta x} \fallingdotseq \dfrac{dy}{dx}$ すなわち $\Delta y \fallingdotseq \dfrac{dy}{dx}\Delta x$ となる。

練習 94 1辺の長さが10 cmの立方体の各辺の長さをそれぞれ0.01 cmずつ大きくするとき，表面積の増加量ΔSの近似値を求めよ。

例題 94 | 近似

★★★ 標準

x が0に近いとき，次の近似式を求めよ。

(1) $f(x)=\sqrt{1+3x}$ の1次近似式

(2) $f(x)=\sin x$ のとき，$f\left(x+\dfrac{\pi}{6}\right)$ の2次近似式

POINT 1次の近似式は $f(a+h)\fallingdotseq f(a)+f'(a)h$

1次の近似式は $h\fallingdotseq0$ のとき，$f(a+h)\fallingdotseq f(a)+f'(a)h$ を用います。また，2次の近似式は $h\fallingdotseq0$ のとき，$f(a+h)=f(a)+f'(a)h+\dfrac{1}{2}f''(a)\cdot h^2$ となることを用います。

| 解答 | | アドバイス |

(1)
$$f(x)=\sqrt{1+3x}$$
$$f'(x)=\frac{3}{2\sqrt{1+3x}}$$

x が0に近いとき
$$\underline{f(x)\fallingdotseq f(0)+f'(0)\cdot x}_{\text{①}}$$
$$=1+\frac{3}{2}x$$

$$\boldsymbol{f(x)\fallingdotseq 1+\frac{3}{2}x}\ \text{(答)}$$

❶1次の近似式を用いました。

(2)
$$f(x)=\sin x$$
$$f'(x)=\cos x$$
$$f''(x)=-\sin x$$

x が0に近いとき
$$\underline{f\left(x+\frac{\pi}{6}\right)\fallingdotseq f\left(\frac{\pi}{6}\right)+f'\left(\frac{\pi}{6}\right)\cdot x+\frac{1}{2}f''\left(\frac{\pi}{6}\right)\cdot x^2}_{\text{②}}$$
$$=\frac{1}{2}+\frac{\sqrt{3}}{2}x-\frac{1}{4}x^2$$

$$\boldsymbol{f\left(x+\frac{\pi}{6}\right)\fallingdotseq \frac{1}{2}+\frac{\sqrt{3}}{2}x-\frac{1}{4}x^2}\ \text{(答)}$$

❷2次の近似式を用いました。

練習 95 $h\fallingdotseq0$ のときの $\sin(a+h)$ の1次の近似式を作れ。また，それを用いて $\sin31°$ の近似値を求めよ。

定期テスト対策問題 5

解答・解説は別冊 p.46

1 (1) 曲線 $y=\tan x$ 上の点 $\left(\dfrac{\pi}{4},\ 1\right)$ における接線と法線の方程式を求めよ。

(2) 曲線 $y=2\sqrt{x}$ に点 $(-2,\ 0)$ から引いた接線の方程式を求めよ。

2 次の接線の方程式を求めよ。

(1) 原点から曲線 $y=\dfrac{e^x}{x}$ に引いた接線。

(2) 点 $(2,\ 0)$ から楕円 $4x^2+y^2=4$ に引いた接線。

3 平均値の定理を用いて $\displaystyle\lim_{x\to 0}\dfrac{e^x-e^{\tan x}}{x-\tan x}$ の値を求めよ。

4 次の関数について、極値、凹凸、変曲点などを調べてグラフをかけ。

$$y=1-\dfrac{3}{x}+\dfrac{2}{x^2}$$

5 次の関数について、増減、極値、グラフの凹凸を調べてグラフをかけ。

$$y=2\sin x-\sin^2 x\ (0\leqq x\leqq 2\pi)$$

6 関数 $y=\dfrac{x^2+x+a}{x-1}$ が $x=-1$ で極値をとるとき，a の値を求めよ。また，その ときの極大値，極小値を求めよ。

7 (1) $\displaystyle\lim_{x\to\infty}\dfrac{x}{e^x}=0$ を使って $\displaystyle\lim_{x\to\infty}\dfrac{\log x}{x^2}$ を求めよ。

(2) k を定数とするとき，x についての方程式 $\log x=kx^2$ の異なる実数解の個 数を調べよ。

8 $x>0$ のとき，不等式 $\log(1+x)>x-\dfrac{x^2}{2}$ が成り立つことを証明せよ。

9 曲線 $y=\dfrac{1-x}{x^2+1}$ について，次の問いに答えよ。

(1) この曲線の変曲点をすべて求めよ。

(2) (1)で求めた変曲点はすべて同一直線上にあることを示せ。

10 半径 a の円に内接する頂角 $\theta\left(0<\theta<\dfrac{\pi}{2}\right)$ の二等辺三角形の面積を S とする。

(1) S を a, θ で表せ。

(2) S を最大にする θ の値を求めよ。

11 $x \geqq 2$ において，曲線 $y = \dfrac{1}{x-1} - \dfrac{a}{x^2}$ に x 軸と平行な接線が引けるような a の値の範囲を求めよ。

12 体積が一定である円柱で，表面積を最小にしたい。底面の半径 r と高さ h の比をいくらにすればよいか。

13 原点を O とし，定点 $A(1, 2)$ を通る直線が，x 軸，y 軸の正の部分と交わる点をそれぞれ P，Q とする。

(1) OP＋OQ の最小値を求めよ。

(2) △OPQ の面積の最小値を求めよ。

14 点 $P(x, y)$ の時刻 t における座標が $x=2t+1$，$y=t^2-4t+5$ で与えられているとき，速さ，加速度の大きさを t の関数として表せ。

15 　直径が 8 cm で，深さが 10 cm の直円錐形の容器が，軸を鉛直に頂点を下に向けて置かれている。これに毎秒 3 cm³ の割合で水を注ぎ入れる。水面の高さが 5 cm に達したときの
(1)　水面の上昇する速さを求めよ。
(2)　水面の面積の広がる速さを求めよ。

16 　水面から 5 m の高さの岸壁のくいと，水面上の船が綱でつながれている。この綱を毎秒 1 m の速さでたぐるとすると，綱の長さが 20 m になったときの船の速さを求めよ。

17 　球の半径が 1% だけ増加するとき，球の体積および表面積の変化する割合はほぼ何%か。

18 　$x \fallingdotseq 0$ のとき，$\sqrt[3]{1+x}$ の 1 次の近似式を作れ。また，それを用いて，$\sqrt[3]{8.1}$ の近似値を求めよ。

Mathematics III

第 **3** 章　　積分法

積分法

1 不定積分と基本公式

1 不定積分 ▷ 例題 95

関数 $f(x)$ に対して，$F'(x)=f(x)$ となる関数 $F(x)$ を $f(x)$ の**不定積分**，または**原始関数**といい $\int f(x)dx$ で表す。すなわち

$$F'(x)=f(x) \iff \int f(x)dx=F(x)+C \quad \text{(}C\text{ は積分定数)}$$

このとき，$f(x)$ を**被積分関数**，x を**積分変数**という。

2 不定積分の基本公式 ▷ 例題 95

① $\displaystyle \int kf(x)dx=k\int f(x)dx$ **(***k* **は定数)**

② $\displaystyle \int \{f(x)\pm g(x)\}dx=\int f(x)dx\pm\int g(x)dx$ **(複号同順)**

3 基本的な関数の不定積分 ▷ 例題 96　例題 97　例題 98

① **x^α の関数** $\quad \alpha\neq-1$ **のとき** $\quad \displaystyle\int x^\alpha dx=\frac{1}{\alpha+1}x^{\alpha+1}+C$ **(***α* **は実数)**

$$\alpha=-1 \text{ のとき} \quad \int x^{-1}dx=\int\frac{1}{x}dx=\log|x|+C$$

② **三角関数** $\displaystyle\int \sin x\,dx=-\cos x+C,\ \int\cos x\,dx=\sin x+C$

$$\int\frac{dx}{\cos^2 x}=\tan x+C,\ \int\frac{dx}{\sin^2 x}=-\frac{1}{\tan x}+C$$

③ **指数関数** $\displaystyle\int e^x dx=e^x+C,\ \int a^x dx=\frac{a^x}{\log a}+C\ (a>0,\ a\neq1)$

例 $\displaystyle\int\sqrt{x}\,dx=\int x^{\frac{1}{2}}dx=\frac{1}{\frac{1}{2}+1}x^{\frac{1}{2}+1}+C=\frac{2}{3}x^{\frac{3}{2}}+C=\frac{2}{3}x\sqrt{x}+C$

$$\int(2e^x+2^x)dx=2\int e^x dx+\int 2^x dx=2e^x+\frac{2^x}{\log 2}+C$$

注意 この章では省略することがあるが，一般には，（*C* は積分定数）とことわる必要がある。

例題 95 | $\int x^n\,dx$ の不定積分 ★★★ (基本)

次の不定積分を求めよ。

(1) $\displaystyle\int 3x^4\,dx$

(2) $\displaystyle\int (1+x^2)(x-3)\,dx$

(3) $\displaystyle\int \frac{9x^4-3}{x^2}\,dx$

(4) $\displaystyle\int \frac{(x-1)^2}{x^3}\,dx$

 POINT 有理関数の不定積分

$\int x^\alpha\,dx$ は $\alpha\neq-1$ か $\alpha=-1$ かで場合分けをします。

| 解答 | アドバイス |

(1) $\displaystyle\int 3x^4\,dx = 3\cdot\frac{1}{4+1}x^{4+1}+C = \frac{3}{5}x^5+C$ ㊜

(2) $\displaystyle\int (1+x^2)(x-3)\,dx = \int (x^3-3x^2+x-3)\,dx$

$\qquad = \dfrac{1}{4}x^4-x^3+\dfrac{1}{2}x^2-3x+C$ ㊜

(3) $\displaystyle\int \frac{9x^4-3}{x^2}\,dx = \int\left(9x^2-\frac{3}{x^2}\right)dx = \int (9x^2-3x^{-2})\,dx$

$\qquad = 9\cdot\dfrac{1}{3}x^3-3\cdot\underline{(-1)x^{-1}}+C = \dfrac{3(x^4+1)}{x}+C$ ㊜

(4) $\displaystyle\int \frac{(x-1)^2}{x^3}\,dx = \int \frac{x^2-2x+1}{x^3}\,dx$

$\qquad = \displaystyle\int\left(\frac{1}{x}-\frac{2}{x^2}+\frac{1}{x^3}\right)dx = \int\left(\underline{\frac{1}{x}}-2x^{-2}+x^{-3}\right)dx$

$\qquad = \log|x|+\dfrac{2}{x}-\dfrac{1}{2x^2}+C$ ㊜ （C はいずれも積分定数）

アドバイス

❶ $\displaystyle\int x^\alpha\,dx = \frac{1}{\alpha+1}x^{\alpha+1}+C$

（$\alpha\neq-1$ のとき）

❷ $\displaystyle\int x^3\,dx = \frac{1}{4}x^4+C$

$\displaystyle\int 3x^2\,dx = x^3+C$

など，各項から出る積分定数 C はまとめて書きます。

❸ $\displaystyle\int x^{-2}\,dx = \frac{1}{-2+1}x^{-2+1}+C$

$\qquad = (-1)x^{-1}+C$

❹ $\displaystyle\int \frac{1}{x}\,dx = \log|x|+C$

（$\alpha=-1$ のとき）

| STUDY | 積分 $\Longrightarrow$ 微分の逆演算

積分は微分の逆演算だから，積分の計算結果を微分すれば，もとの関数になる。このことを利用して，不定積分の計算では，結果を微分してもとの関数に戻るかを検算する。

練習 96 次の不定積分を求めよ。

(1) $\displaystyle\int x^5\,dx$

(2) $\displaystyle\int (x+3)(x-2)\,dx$

(3) $\displaystyle\int \frac{x^2+x-2}{x}\,dx$

(4) $\displaystyle\int\left(\frac{x-2}{x}\right)^2 dx$

次の不定積分を求めよ。

(1) $\displaystyle\int \sqrt[3]{x^2}\,dx$　　(2) $\displaystyle\int \frac{t+\sqrt{t}}{\sqrt{t^3}}\,dt$　　(3) $\displaystyle\int (3^x+e^x)\,dx$　　(4) $\displaystyle\int e^{3x}\,dx$

 POINT 無理関数・指数関数の不定積分の求め方

$$\int x^\alpha\,dx=\frac{1}{\alpha+1}x^{\alpha+1}+C \quad (\alpha\neq-1,\ \alpha\text{は実数}),$$

$$\int e^x\,dx=e^x+C,\ \int a^x\,dx=\frac{a^x}{\log a}+C \quad (a>0,\ a\neq1)$$

| 解答 | | アドバイス |

(1) $\displaystyle\int \sqrt[3]{x^2}\,dx=\int x^{\frac{2}{3}}\,dx=\frac{1}{\frac{2}{3}+1}x^{\frac{2}{3}+1}+C$

$\displaystyle\qquad\qquad =\frac{3}{5}x^{\frac{5}{3}}+C=\boldsymbol{\frac{3}{5}x\sqrt[3]{x^2}+C}$ 答

(2) $\displaystyle\int \frac{t+\sqrt{t}}{\sqrt{t^3}}\,dt=\int\left(\frac{1}{\sqrt{t}}+\frac{1}{t}\right)dt$

$\displaystyle =\underbrace{\int t^{-\frac{1}{2}}\,dt}_{①}+\underbrace{\int\frac{1}{t}\,dt}_{②}=\boldsymbol{2\sqrt{t}+\log|t|+C}$ 答

① $\displaystyle\int t^{-\frac{1}{2}}\,dt$
$\displaystyle =\frac{1}{-\frac{1}{2}+1}t^{-\frac{1}{2}+1}+C$
$\displaystyle =2t^{\frac{1}{2}}+C=2\sqrt{t}+C$

(3) $\displaystyle\int (3^x+e^x)\,dx=\int 3^x\,dx+\int e^x\,dx$

$\displaystyle\qquad\qquad =\boldsymbol{\frac{3^x}{\log 3}+e^x+C}$ 答

② $\displaystyle\int\frac{1}{t}\,dt=\log|t|+C$

(4) $\displaystyle\int e^{3x}\,dx=\underbrace{\boldsymbol{\frac{1}{3}e^{3x}+C}}_{③}$ 答 （Cはいずれも積分定数）

③ $\displaystyle\left(\frac{1}{3}e^{3x}\right)'=\frac{1}{3}\cdot3\cdot e^{3x}$
$\displaystyle\qquad =e^{3x}$

| STUDY | e^{ax} の不定積分

指数関数について，$(e^{ax})'=ae^{ax}$であるから，$a\neq0$のとき $\displaystyle\int e^{ax}\,dx=\frac{1}{a}e^{ax}+C$ となる。

練習 97 　次の不定積分を求めよ。

(1) $\displaystyle\int x^3\sqrt{x}\,dx$　　(2) $\displaystyle\int\frac{3x-4}{\sqrt{x}}\,dx$　　(3) $\displaystyle\int\frac{(\sqrt{x}-1)^3}{x}\,dx$

(4) $\displaystyle\int (5e^x+3)\,dx$　　(5) $\displaystyle\int (-2^x+2e^{2x})\,dx$

例題 **97** 基本的な三角関数の不定積分 ★★★ 基本

(1) $\displaystyle\int(3\cos x - 4\sin x)dx$

(2) $\displaystyle\int\cos 5x\,dx$

(3) $\displaystyle\int\tan^2 x\,dx$

(4) $\displaystyle\int\frac{2x+\cos^2 x}{x\cos^2 x}dx$

 POINT 三角関数の不定積分は，公式が使えるように変形

(2) $(\sin 5x)'=5\cos 5x$ となることから考えます。

(3) $\tan x=\dfrac{\sin x}{\cos x}$ を利用します。 (4) 2つの分数に分けて，それぞれを積分します。

| 解答 |

(1) $\displaystyle\int(3\cos x - 4\sin x)dx=\boldsymbol{3\sin x+4\cos x+C}$ 答

(2) $\underline{(\sin 5x)'=5\cos 5x}$ だから❶

$$\int\cos 5x\,dx=\frac{1}{5}\boldsymbol{\sin 5x+C}$$ 答

(3) $\displaystyle\int\underline{\tan^2 x\,dx}_{❷}=\int\frac{\sin^2 x}{\cos^2 x}dx=\int\frac{1-\cos^2 x}{\cos^2 x}dx$

$=\displaystyle\int\frac{1}{\cos^2 x}dx-\int dx=\boldsymbol{\tan x-x+C}$ 答

(4) $\displaystyle\int\frac{2x+\cos^2 x}{x\cos^2 x}dx=\int\left(\frac{2}{\cos^2 x}+\frac{1}{x}\right)dx$

$$=\boldsymbol{2\tan x+\log|x|+C}_{❸}$$ 答

（Cはいずれも積分定数）

| アドバイス |

❶ 積分は微分の逆演算です。

❷ $\tan x=\dfrac{\sin x}{\cos x}$

❸ $\displaystyle\int\frac{1}{\cos^2 x}dx=\tan x+C$

$\displaystyle\int\frac{1}{x}dx=\log|x|+C$

| STUDY | 三角関数の不定積分の基本

三角関数 $\Longrightarrow$ $\displaystyle\int\sin nx\,dx=-\frac{1}{n}\cos nx+C \Longleftrightarrow (\cos nx)'=-n\sin nx$

$\displaystyle\int\cos nx\,dx=\frac{1}{n}\sin nx+C \Longleftrightarrow (\sin nx)'=n\cos nx$

（$n\neq 0$ のとき）

練習 **98** 次の不定積分を求めよ。

(1) $\displaystyle\int(3-\tan x)\cos x\,dx$

(2) $\displaystyle\int(\cos 3x-2\sin 2x)dx$

(3) $\displaystyle\int\frac{\cos^2 x}{1-\sin^2 x}dx$

(4) $\displaystyle\int\frac{3\cos^2 x-1}{\sin^2 x}dx$

| 例題 **98** | 導関数と不定積分 ★★★ 標準

次の条件を満たす関数 $F(x)$ を求めよ。

(1)　$F'(x)=e^x+e^{-x}$, $F(0)=2$ 　　(2)　$F'(x)=\cos 3x$, $F(\pi)=3$

 POINT　不定積分を求め，条件式を代入して C も求める

積分は微分の逆演算だから，$F'(x)=f(x)$ とすると $F(x)=\displaystyle\int f(x)dx+C$ が成り立ちます。ただし，積分定数 C の値はこの式からは求められないので，もう1つの条件式の値を $F(x)$ に代入して求めます。

| 解答 | アドバイス |

(1)　$F'(x)=e^x+e^{-x}$

　　この不定積分 $F(x)$ を求めると

$$F(x)=\int(e^x+e^{-x})dx \underset{\text{①}}{=}e^x-e^{-x}+C$$

　　ここで，$F(0)=2$ だから

$$e^0-e^0+C=2$$
$$1-1+C=2$$
$$C=2$$

　　したがって　$\boldsymbol{F(x)=e^x-e^{-x}+2}$ ㊜

❶ $\displaystyle\int e^x dx=e^x+C'$
また
　$(e^{-x})'=-e^{-x}$
だから
　$\displaystyle\int e^{-x}dx=-e^{-x}+C''$

(2)　$F'(x)=\cos 3x$ から

$$F(x)=\int \cos 3x\,dx \underset{\text{②}}{=}\frac{1}{3}\sin 3x+C$$

　　ここで，$F(\pi)=3$ だから

$$\frac{1}{3}\underset{\text{③}}{\underline{\sin 3\pi}}+C=3 \quad よって \quad C=3$$

　　したがって　$\boldsymbol{F(x)=\dfrac{1}{3}\sin 3x+3}$ ㊜

❷ $(\sin 3x)'=3\cos 3x$

❸ $\sin 3\pi=\sin(2\pi+\pi)$
　　　$=\sin \pi$
　　　$=0$

| STUDY | 積分は微分の逆演算

$$F'(x)=f(x) \implies F(x)=\int f(x)dx+C$$

$F(x)$ の導関数を $f(x)$ とすると，$F(x)$ は $f(x)$ の不定積分の1つである。積分定数はもう1つの条件から定める。

練習 99　次の条件を満たす関数 $f(x)$ を求めよ。

(1)　$f'(x)=x\sqrt{x}$, $f(1)=1$ 　　(2)　$f'(x)=e^{3x}$, $f(0)=1$

2 | 置換積分法と部分積分法

1 $f(ax+b)$ の不定積分 ▷ 例題 99

$F'(x)=f(x)$ が成り立つとき，a，b を定数 (ただし $a \neq 0$) とすると

$$\int f(ax+b)dx = \frac{1}{a}F(ax+b)+C$$

例
$$\int (2x-1)^2 dx = \frac{1}{2} \cdot \frac{1}{3}(2x-1)^3 + C$$

$$= \frac{1}{6}(2x-1)^3 + C \quad (C \text{ は積分定数})$$

2 置換積分法 ▷ 例題 100 例題 101

① $x=g(t)$ のとき

$$\int f(x)dx = \int f(x)\frac{dx}{dt}\,dt = \int f(g(t))g'(t)dt$$

② ①の式で，x と t を入れ替えて

$$\int f(g(x))g'(x)dx = \int f(t)\frac{dt}{dx}\,dx = \int f(t)dt$$

③ $\displaystyle\int \frac{f'(x)}{f(x)}\,dx = \log|f(x)|+C$

④ $\displaystyle\int \{f(x)\}^n f'(x)dx = \frac{1}{n+1}\{f(x)\}^{n+1}+C \quad (n \neq -1)$

3 部分積分法 ▷ 例題 102 例題 103

① $\displaystyle\int f(x)g'(x)dx = f(x)g(x) - \int f'(x)g(x)dx$

② 特に，$g'(x)=1$ すなわち $g(x)=x$ のとき

$$\int f(x)dx = xf(x) - \int xf'(x)dx$$

例
$$\int x \sin x\, dx = \int x(-\cos x)'dx$$

$$= x(-\cos x) - \int 1\cdot(-\cos x)dx$$

$$= -x\cos x + \sin x + C \quad (C \text{ は積分定数})$$

例題 **99** $f(ax+b)$ の不定積分

 基本

次の不定積分を求めよ。

(1) $\displaystyle\int (2-3x)^3 dx$　　　(2) $\displaystyle\int \sqrt{2x-1}\,dx$　　　(3) $\displaystyle\int e^{2x+1}\,dx$

 POINT $f(ax+b)$ の不定積分 ($a\neq0$ のとき)

$F'(x)=f(x)$ が成り立つとき　$\displaystyle\int f(ax+b)dx=\dfrac{1}{a}F(ax+b)+C$ $(a\neq0)$

| 解答 |

(1) $\displaystyle\int (2-3x)^3 dx=\underline{\dfrac{1}{-3}\cdot\dfrac{1}{4}(2-3x)^4}_{\textcircled{1}}+C$

$=-\dfrac{1}{12}(2-3x)^4+C$ (答)

(2) $\displaystyle\int \sqrt{2x-1}\,dx=\int (2x-1)^{\frac{1}{2}}dx=\underline{\dfrac{1}{2}\cdot\dfrac{2}{3}(2x-1)^{\frac{3}{2}}}_{\textcircled{2}}+C$

$=\dfrac{1}{3}(2x-1)^{\frac{3}{2}}+C=\dfrac{1}{3}(2x-1)\sqrt{2x-1}+C$ (答)

(3) $\displaystyle\int e^{2x+1}dx=\underline{\dfrac{1}{2}e^{2x+1}}_{\textcircled{3}}+C$ (答) (C はいずれも積分定数)

| アドバイス |

❶ $\displaystyle\int t^3 dt=\dfrac{1}{4}t^4+C$

❷ $\displaystyle\int t^{\frac{1}{2}}dt=\dfrac{2}{3}t^{\frac{3}{2}}+C$

❸ $(e^x)'=e^x$ だから，$f(x)=e^x$, $F(x)=e^x$ とすれば

$\displaystyle\int e^{2x+1}dx=\int f(2x+1)dx$

$\qquad\qquad=\dfrac{1}{2}F(2x+1)+C$

$\qquad\qquad=\dfrac{1}{2}e^{2x+1}+C$

| STUDY | $g(x)=t$ とおく

この例題では，$ax+b=t$ とおいて，次のように計算することもできる。

(1) $2-3x=t$ とおくと，$x=-\dfrac{1}{3}t+\dfrac{2}{3}$ で　$\dfrac{dx}{dt}=-\dfrac{1}{3}$

$\displaystyle\int (2-3x)^3 dx=\int t^3\cdot\left(-\dfrac{1}{3}\,dt\right)=-\dfrac{1}{12}t^4+C=-\dfrac{1}{12}(2-3x)^4+C$

(2) $2x-1=t$ とおくと，$x=\dfrac{1}{2}t+\dfrac{1}{2}$ で　$\dfrac{dx}{dt}=\dfrac{1}{2}$

$\displaystyle\int \sqrt{2x-1}\,dx=\int t^{\frac{1}{2}}\cdot\dfrac{1}{2}\,dt=\dfrac{1}{3}t^{\frac{3}{2}}+C=\dfrac{1}{3}(2x-1)\sqrt{2x-1}+C$

(3) $2x+1=t$ とおくと，$x=\dfrac{1}{2}t-\dfrac{1}{2}$ で　$\dfrac{dx}{dt}=\dfrac{1}{2}$　$\displaystyle\int e^{2x+1}dx=\int e^t\cdot\dfrac{1}{2}\,dt=\dfrac{1}{2}e^t+C=\dfrac{1}{2}e^{2x+1}+C$

練習 100　次の不定積分を求めよ。

(1) $(4x-3)^3 dx$　　　(2) $\displaystyle\int \dfrac{1}{\sqrt{3-2x}}\,dx$　　　(3) $\displaystyle\int e^{1-3x}\,dx$

例題 **100** 置換積分法（不定積分）① ★★★ 標準

次の不定積分を求めよ。

(1) $\displaystyle\int (2x-1)(x+1)^3 dx$ (2) $\displaystyle\int (1-x)\sqrt{x+1}\, dx$ (3) $\displaystyle\int \frac{x}{\sqrt{2x+1}}\, dx$

 **POINT** 被積分関数の一部を t とおき，$\dfrac{dx}{dt}$ を利用する

$g(x)=t$ とおくとき，できるだけ計算が楽になるように工夫します。

解答	アドバイス

(1) $x+1=t$ とおくと　　$x=t-1$　　$\dfrac{dx}{dt}=1$

$\displaystyle\int \underline{(2x-1)}_{\color{red}①}(x+1)^3 dx=\int (2t-3)t^3 dt=\int (2t^4-3t^3)dt$

$=\dfrac{2}{5}t^5-\dfrac{3}{4}t^4+C=\dfrac{1}{20}t^4(8t-15)+C$

$=\boldsymbol{\dfrac{1}{20}(x+1)^4(8x-7)+C}$ （答）
$_{\color{red}②}$

❶ $2x-1$ の部分も t の関数で表しておく必要があります。
$2x-1=2(t-1)-1=2t-3$

❷ 必ずもとの x の関数に戻しておきます。

(2) $\underline{\sqrt{x+1}=t}$ とおくと $_{\color{red}③}$　$x+1=t^2$

$x=t^2-1$ から　　$\dfrac{dx}{dt}=2t$

$\displaystyle\int (1-x)\sqrt{x+1}\, dx=\int \{1-(t^2-1)\}t\cdot 2t\, dt$

$=2\displaystyle\int (2t^2-t^4)dt=2\left(\dfrac{2}{3}t^3-\dfrac{1}{5}t^5\right)+C=\dfrac{2}{15}\underline{t^3(10-3t^2)}_{\color{red}④}+C$

$=\boldsymbol{\dfrac{2}{15}(x+1)(7-3x)\sqrt{x+1}+C}$ （答）

❸ $x+1=t$ とおいてもできますが，$\sqrt{x+1}=t$ とおいたほうが t についての整関数の積分になるので都合がよいです。

❹ $t^3=t^2\cdot t$
$=(x+1)\sqrt{x+1}$
$10-3t^2=10-3(x+1)$
$=7-3x$

(3) $\underline{\sqrt{2x+1}=t}$ とおくと $_{\color{red}⑤}$ $2x+1=t^2,\ x=\dfrac{t^2-1}{2},\ \dfrac{dx}{dt}=t$

$\displaystyle\int \frac{x}{\sqrt{2x+1}}\, dx=\int \frac{\frac{t^2-1}{2}}{t}\cdot t\, dt=\frac{1}{2}\int (t^2-1)dt$

$=\dfrac{1}{2}\left(\dfrac{1}{3}t^3-t\right)+C=\dfrac{1}{6}\underline{t(t^2-3)}_{\color{red}⑥}+C$

$=\boldsymbol{\dfrac{1}{3}(x-1)\sqrt{2x+1}+C}$ （答）　（C はいずれも積分定数）

❺ ❸と同様，$2x+1=t$ とおいてもできます。

❻ $t^2-3=(2x+1)-3$
$=2(x-1)$

練習 101 次の不定積分を求めよ。

(1) $\displaystyle\int x(x-2)^4 dx$ (2) $\displaystyle\int x\sqrt{x+3}\, dx$ (3) $\displaystyle\int x\sqrt[3]{x+1}\, dx$

次の不定積分を求めよ。

(1) $\displaystyle\int \frac{2x+3}{x^2+3x+1}\,dx$　　(2) $\displaystyle\int (x-1)(x^2-2x-1)\,dx$　　(3) $\displaystyle\int \frac{2x}{\sqrt{x^2-4}}\,dx$

POINT

$$\int \frac{f'(x)}{f(x)}\,dx=\log|f(x)|+C \iff (\log|f(x)|)'=\frac{f'(x)}{f(x)}$$

$$\int \{f(x)\}^n f'(x)\,dx=\frac{\{f(x)\}^{n+1}}{n+1}+C \quad (n\neq -1)$$

$\dfrac{f'(x)}{f(x)}$, $\{f(x)\}^a f'(x)$ のような形の積分は，上の公式を使います。

(1) 被積分関数をよく見ると，分子が分母の導関数になっていることがわかります。

　　すなわち　$\displaystyle\int \frac{f'(x)}{f(x)}\,dx=\log|f(x)|+C$　です。

(2) $(x^2-2x-1)'=2(x-1)$ となることに着目して

$$\int \{f(x)\}^n f'(x)\,dx=\frac{\{f(x)\}^{n+1}}{n+1}+C \quad (n\neq -1)$$

(3) (2)と同様にして，$(x^2-4)'=2x$に着目します。

解答	アドバイス

(1) $\displaystyle\int \frac{2x+3}{x^2+3x+1}\,dx=\int \frac{(x^2+3x+1)'}{x^2+3x+1}\,dx$ ❶

$\qquad\qquad\qquad =\boldsymbol{\log|x^2+3x+1|+C}$ 答

❶ $f(x)=x^2+3x+1$ とおくと
$$\int \frac{2x+3}{x^2+3x+1}\,dx$$
$$=\int \frac{f'(x)}{f(x)}\,dx$$

(2) $\displaystyle\int (x-1)(x^2-2x-1)\,dx$

$\displaystyle =\int (x^2-2x-1)\cdot\frac{1}{2}(x^2-2x-1)'\,dx$ ❷

$\displaystyle =\frac{1}{2}\cdot\frac{1}{2}(x^2-2x-1)^2+C$

$\displaystyle =\boldsymbol{\frac{1}{4}(x^2-2x-1)^2+C}$ 答

❷ $(x^2-2x-1)'=2x-2$ だから
$$x-1=\frac{1}{2}(x^2-2x-1)'$$

(3) $\displaystyle\int \frac{2x}{\sqrt{x^2-4}}\,dx=\int (x^2-4)^{-\frac{1}{2}}\cdot(x^2-4)'\,dx$

$\qquad\qquad\qquad =\boldsymbol{2\sqrt{x^2-4}+C}$ ❸ 答

（Cはいずれも積分定数）

❸ $f(x)=x^2-4$ とおけば
$$\int \{f(x)\}^{-\frac{1}{2}}f'(x)\,dx$$
$$=2\{f(x)\}^{\frac{1}{2}}+C$$

練習 102　次の不定積分を求めよ。

(1) $\displaystyle\int \frac{x^2+2x}{x^3+3x^2-1}\,dx$　　(2) $\displaystyle\int \frac{e^x}{e^x-1}\,dx$　　(3) $\displaystyle\int x^2\sqrt{x^3-4}\,dx$

例題 102 三角関数の部分積分法 ★★★ 標準

次の不定積分を求めよ。

(1) $\displaystyle\int x\cos 2x\,dx$　　　　(2) $\displaystyle\int x^2\sin x\,dx$

 POINT

$$\{f(x)g(x)\}'=f'(x)g(x)+f(x)g'(x)$$
$$\Longleftrightarrow \int f(x)g'(x)dx=f(x)g(x)-\int f'(x)g(x)dx$$

最初のうちは，$f(x)$，$g(x)$ に該当する関数がどれかを確かめるとよいです。

(1)　$x\cos 2x=x\left(\dfrac{1}{2}\sin 2x\right)'$ だから

$$f(x)=x,\quad g(x)=\dfrac{1}{2}\sin 2x$$

(2)　$\displaystyle\int x^2\sin x\,dx=\int x^2(-\cos x)'dx=-x^2\cos x+2\int x\cos x\,dx$

となるから，$\displaystyle\int x\cos x\,dx$ をもう一度，部分積分します。

解答	アドバイス

(1)　$\displaystyle\int x\cos 2x\,dx=\int x\left(\dfrac{1}{2}\sin 2x\right)'dx$

$\qquad =x\left(\dfrac{1}{2}\sin 2x\right)-\displaystyle\int(x)'\left(\dfrac{1}{2}\sin 2x\right)dx$ ❶

$\qquad =\dfrac{1}{2}x\sin 2x-\dfrac{1}{2}\displaystyle\int\sin 2x\,dx$

$\qquad =\boldsymbol{\dfrac{1}{2}x\sin 2x+\dfrac{1}{4}\cos 2x+C}$ （答）

❶ $f(x)=x$，$g'(x)=\cos 2x$ と
おくと
$\qquad f'(x)=1$
$\qquad g(x)=\dfrac{1}{2}\sin 2x$

(2)　$\displaystyle\int x^2\sin x\,dx=\int x^2(-\cos x)'dx$ ❷

$=-x^2\cos x+2\displaystyle\int x\cos x\,dx$

$=-x^2\cos x+2\displaystyle\int x(\sin x)'dx$ ❸

$=-x^2\cos x+2\left(x\sin x-\displaystyle\int\sin x\,dx\right)$

$=\boldsymbol{-x^2\cos x+2x\sin x+2\cos x+C}$ （答）

（C はいずれも積分定数）

❷ $f(x)=x^2$
$\quad g(x)=-\cos x$

❸ $f(x)=x$
$\quad g(x)=\sin x$

練習 103　次の不定積分を求めよ。

(1) $\displaystyle\int x\sin 3x\,dx$　　(2) $\displaystyle\int(x+2)\cos 2x\,dx$　　(3) $\displaystyle\int\dfrac{x}{\cos^2 x}\,dx$

例題 103 | 指数・対数関数の部分積分法　★★★　標準

次の不定積分を求めよ。

(1) $\displaystyle\int 2x\log x\,dx$　　(2) $\displaystyle\int \log(x+1)dx$　　(3) $\displaystyle\int (x+1)e^x\,dx$

POINT $\displaystyle\int f(x)g'(x)dx=f(x)g(x)-\int f'(x)g(x)dx$

部分積分法を用いるには，被積分関数で $g'(x)$ を見つけるのがポイントです。
本問では，(1)は $f(x)=\log x$，$g'(x)=2x$ すなわち $g(x)=x^2$ と考えます。
同様に(2)は $f(x)=\log(x+1)$，$g'(x)=1$ すなわち $g(x)=x+1$，
(3)は $f(x)=x+1$，$g'(x)=e^x$ すなわち $g(x)=e^x$ と考えます。

| 解答 | アドバイス |

(1) $\displaystyle\int 2x\log x\,dx=\int (x^2)'\log x\,dx$

$\displaystyle =x^2\log x-\int x^2\underline{(\log x)'dx}_{❶}$

$\displaystyle =x^2\log x-\int x^2\cdot\frac{1}{x}\,dx=x^2\log x-\int x\,dx$

$\displaystyle =\boldsymbol{x^2\log x-\frac{1}{2}x^2+C}$ （答）

❶ $(\log x)'=\dfrac{1}{x}$ だから，
$\log x$ を $f(x)$ と考えると，後半の計算が楽になります。

(2) $\displaystyle\int \log(x+1)dx=\int \underline{(x+1)'}_{❷}\log(x+1)dx$

$\displaystyle =(x+1)\log(x+1)-\int (x+1)\{\log(x+1)\}'dx$

$\displaystyle =(x+1)\log(x+1)-\int dx$

$\displaystyle =\boldsymbol{(x+1)\log(x+1)-x+C}$ （答）

❷ $\{\log(x+1)\}'=\dfrac{1}{x+1}$ なので，
$1=(x+1)'$ と考えます。
$1=(x)'$ と考えることもできますが，計算が大変になります。

(3) $\displaystyle\int (x+1)e^x\,dx=\int (x+1)\underline{(e^x)'}_{❸}\,dx$

$\displaystyle =(x+1)e^x-\int (x+1)'e^x dx=(x+1)e^x-\int e^x dx$

$\displaystyle =(x+1)e^x-e^x+C=\boldsymbol{xe^x+C}$ （答）

❸ $(e^x)'=e^x$ だから，e^x の項を $g'(x)$ と考えます。e^x の積の積分では，このようにおくとよいです。

（C はいずれも積分定数）

練習 104　次の不定積分を求めよ。

(1) $\displaystyle\int x^2\log x\,dx$　　(2) $\displaystyle\int \frac{\log x}{\sqrt{x}}\,dx$　　(3) $\displaystyle\int (1-x)e^{-2x}dx$

3 | いろいろな関数の不定積分

1　分数関数の不定積分 ▷ 例題104　例題105

(1)　分子の次数を分母の次数より下げて計算。

例　$\displaystyle\int\frac{x^2+2}{x+1}\,dx=\int\left(x-1+\frac{3}{x+1}\right)dx$

$\displaystyle\qquad=\frac{1}{2}x^2-x+3\log|x+1|+C$

(2)　$\displaystyle\int\frac{f'(x)}{f(x)}\,dx=\log|f(x)|+C$ の型（例題101 参照）。

(3)　分母が積の形の分数式を，いくつかの分数式の和（部分分数）に分解。

例　$\displaystyle\int\frac{1}{x(x-1)}\,dx=\int\left(-\frac{1}{x}+\frac{1}{x-1}\right)dx=-\log|x|+\log|x-1|+C$

$\displaystyle\qquad=\log\left|\frac{x-1}{x}\right|+C$

2　三角関数の不定積分 ▷ 例題106　例題107　例題108

(1)　三角関数の公式を利用して次数を下げる。

2倍角の公式　$\displaystyle\sin^2x=\frac{1-\cos 2x}{2}$, $\displaystyle\cos^2x=\frac{1+\cos 2x}{2}$, $\displaystyle\sin x\cos x=\frac{\sin 2x}{2}$

3倍角の公式　$\displaystyle\sin^3x=\frac{3\sin x-\sin 3x}{4}$, $\displaystyle\cos^3x=\frac{3\cos x+\cos 3x}{4}$

積から和・差の公式

$$\sin\alpha\cos\beta=\frac{1}{2}\{\sin(\alpha+\beta)+\sin(\alpha-\beta)\}$$

$$\cos\alpha\sin\beta=\frac{1}{2}\{\sin(\alpha+\beta)-\sin(\alpha-\beta)\}$$

$$\cos\alpha\cos\beta=\frac{1}{2}\{\cos(\alpha+\beta)+\cos(\alpha-\beta)\}$$

$$\sin\alpha\sin\beta=-\frac{1}{2}\{\cos(\alpha+\beta)-\cos(\alpha-\beta)\}$$

(2)　$\displaystyle\int f(g(x))g'(x)dx$ の形に変形して置換積分法を用いる。

例　$\displaystyle\int\cos^3x\,dx=\int(1-\sin^2x)\cos x\,dx=\int\cos x\,dx-\int\sin^2x\cos x\,dx$

$\displaystyle\qquad=\sin x-\frac{1}{3}\sin^3x+C$

次の不定積分を求めよ。

(1) $\displaystyle\int \frac{x^2-x}{x+1}\,dx$　　(2) $\displaystyle\int \frac{2x^3-x^2+1}{x^2-1}\,dx$　　(3) $\displaystyle\int \frac{1}{x(x+1)}\,dx$

POINT

① 分子の次数を分母の次数より下げる

② $\displaystyle\int \frac{f'(x)}{f(x)}\,dx$ の型の置換積分を利用

③ 部分分数に分解する

本問では，(1)，(2)は，まず分子の次数を下げます。

(1) $\dfrac{x^2-x}{x+1}=x-2+\dfrac{2}{x+1}$

(2) $\dfrac{2x^3-x^2+1}{x^2-1}=2x-1+\dfrac{2x}{x^2-1}$　ここで，$\dfrac{2x}{x^2-1}=\dfrac{(x^2-1)'}{x^2-1}$ に留意します。

(3) 部分分数に分解します。

$$\frac{1}{x(x+1)}=\frac{1}{x}-\frac{1}{x+1}$$

| 解答 | アドバイス |

(1) $\displaystyle\int \frac{x^2-x}{x+1}\,dx=\int\left(x-2+\frac{2}{x+1}\right)dx$

$\qquad=\dfrac{1}{2}x^2-2x+\underline{2\log|x+1|}_{\small❶}\ +C$ （答）

❶ $\displaystyle\int \frac{2}{x+1}\,dx$
$=2\displaystyle\int \frac{(x+1)'}{x+1}\,dx$
$=2\log|x+1|+C$

(2) $\displaystyle\int \frac{2x^3-x^2+1}{x^2-1}\,dx=\int\left(2x-1+\frac{2x}{x^2-1}\right)dx$

$\qquad=x^2-x+\underline{\log|x^2-1|}_{\small❷}\ +C$ （答）

❷ $\displaystyle\int \frac{2x}{x^2-1}\,dx$
$=\displaystyle\int \frac{(x^2-1)'}{x^2-1}\,dx$
$=\log|x^2-1|+C$

(3) $\displaystyle\int \frac{1}{x(x+1)}\,dx=\int\left(\frac{1}{x}-\frac{1}{x+1}\right)dx$

$\qquad=\underline{\log|x|-\log|x+1|}_{\small❸}\ +C$

$\qquad=\underline{\log\left|\dfrac{x}{x+1}\right|}_{\small❸}\ +C$ （答）

（Cはいずれも積分定数）

❸ 答えはなるべく1つにまとめたほうがよいです。

練習 **105**　次の不定積分を求めよ。

(1) $\displaystyle\int \frac{3x+1}{x-2}\,dx$　　(2) $\displaystyle\int \frac{x^4+4x-1}{x^2+1}\,dx$　　(3) $\displaystyle\int \frac{1}{x^2-4}\,dx$

例題 105 部分分数と不定積分 ★★★ (標準)

等式 $\dfrac{1}{x^2(x+3)}=\dfrac{a}{x}+\dfrac{b}{x^2}+\dfrac{c}{x+3}$ が成り立つように，定数 $a,\ b,\ c$ の値を定め，不定積分 $\displaystyle\int\dfrac{dx}{x^2(x+3)}$ を求めよ。

 POINT 部分分数に分解してから，恒等式を導く

右辺を通分してもよいですが，ここでは等式の両辺に $x^2(x+3)$ を掛けて x についての恒等式を導き，$a,\ b,\ c$ の値を定めます。分母が積の形の分数式をいくつかの分数式の和に分けることを部分分数に分けるといい，分母は，もとの分数の因数になります。

| 解答 | アドバイス |

$$\frac{1}{x^2(x+3)}=\frac{a}{x}+\frac{b}{x^2}+\frac{c}{x+3}$$

両辺に $x^2(x+3)$ を掛けて

$$1=ax(x+3)+b(x+3)+cx^2$$

よって $(a+c)x^2+(3a+b)x+3b=1$

これが x についての恒等式となるためには❶

$$a+c=0,\ 3a+b=0,\ 3b=1$$

したがって $\boldsymbol{a=-\dfrac{1}{9},\ b=\dfrac{1}{3},\ c=\dfrac{1}{9}}$ (答)

$$\int\frac{dx}{x^2(x+3)}=\int\left\{-\frac{1}{9x}+\frac{1}{3x^2}+\frac{1}{9(x+3)}\right\}dx❷$$

$$=-\frac{1}{9}\log|x|+\frac{1}{3}\left(-\frac{1}{x}\right)+\frac{1}{9}\log|x+3|+C$$

$$=\boldsymbol{\frac{1}{9}\log\left|\frac{x+3}{x}\right|-\frac{1}{3x}+C}\quad(C\text{は積分定数})\ \text{(答)}$$

❶ $px^2+qx+r=0$ が x についての恒等式となるためには
$$p=0,\ q=0,\ r=0$$

❷ 上の結果を利用します。
$$\int\frac{1}{x^2}\,dx=\int x^{-2}dx$$
$$=(-1)x^{-1}+C$$
$$=-\frac{1}{x}+C$$
これは公式として使うとよいです。また
$$\int\frac{1}{x+3}\,dx=\int\frac{(x+3)'}{x+3}\,dx$$
$$=\log|x+3|+C$$

練習 106 $\dfrac{1}{x(x+1)^2}=\dfrac{a}{x}+\dfrac{b}{x+1}+\dfrac{c}{(x+1)^2}$ となるように，定数 a,b,c の値を定め，$\displaystyle\int\dfrac{dx}{x(x+1)^2}$ を計算せよ。

練習 107 次の不定積分を求めよ。

(1) $\displaystyle\int\frac{x+5}{x^2-2x-3}\,dx$ (2) $\displaystyle\int\frac{dx}{x(x-1)^2}$

例題 **106** 三角関数の不定積分① ★★★ 標準

次の不定積分を求めよ。

(1) $\displaystyle\int \sin(3x-2)dx$　　(2) $\displaystyle\int \sin 3\theta \cos\theta\, d\theta$　　(3) $\displaystyle\int \sin^3 x\, dx$

POINT

① 公式を利用して，1次の三角関数の式に変形
2倍角・3倍角の公式，積から和・差の公式の利用

② $\displaystyle\int f(g(x))g'(x)dx$ の形に変形して置換積分を利用

(1) $F'(x)=f(x)$ が成り立つとき　$\displaystyle\int f(ax+b)dx=\dfrac{1}{a}F(ax+b)+C \ (a\neq0)$

(2) $\sin\alpha\cos\beta=\dfrac{1}{2}\{\sin(\alpha+\beta)+\sin(\alpha-\beta)\}$ を利用して，積を和の形に変形します。

(3) $\sin^3 x=\sin^2 x\cdot\sin x=(1-\cos^2 x)\sin x=\sin x-\cos^2 x\sin x$ と変形してから，そ
れぞれを積分します。3倍角の公式 $\sin 3x=3\sin x-4\sin^3 x$ を用いてもよいです。

| 解答 | アドバイス |

(1) $\displaystyle\int \sin(3x-2)dx=\dfrac{1}{3}\cdot\{-\cos(3x-2)\}+C$ ❶

$$=-\dfrac{1}{3}\cos(3x-2)+C \ 答$$

❶ $(-\cos x)'=\sin x$ だから
$f(x)=\sin x$
$F(x)=-\cos x$
として考えます。

(2) $\displaystyle\underline{\int \sin 3\theta\cos\theta\, d\theta}$ ❷ $=\dfrac{1}{2}\int(\sin 4\theta+\sin 2\theta)d\theta$

$=\dfrac{1}{2}\left\{\dfrac{1}{4}\cdot(-\cos 4\theta)+\dfrac{1}{2}\cdot(-\cos 2\theta)\right\}+C$

$$=-\dfrac{1}{8}\cos 4\theta-\dfrac{1}{4}\cos 2\theta+C \ 答$$

❷ $\sin 3\theta\cos\theta$
$=\dfrac{1}{2}\{\sin(3\theta+\theta)+\sin(3\theta-\theta)\}$

(3) $\sin^3 x=\sin^2 x\sin x=(1-\cos^2 x)\sin x$

$=\sin x-\cos^2 x\sin x=\sin x+\underline{\cos^2 x(\cos x)'}$ ❸

よって　$\displaystyle\int \sin^3 x\, dx=-\cos x+\dfrac{1}{3}\cos^3 x+C$

$$=\dfrac{1}{3}\cos^3 x-\cos x+C \ 答$$

（C はいずれも積分定数）

❸ $f(x)=x^2$
$g(x)=\cos x=t$ とおくと
$\displaystyle\int f(g(x))g'(x)dx=\int f(t)dt$
だから
$\displaystyle\int \cos^2 x(\cos x)'dx=\int t^2 dt$
$=\dfrac{1}{3}t^3+C$

練習 108　次の不定積分を求めよ。

(1) $\displaystyle\int \cos x\sin^5 x\, dx$　　(2) $\displaystyle\int \sin^2 x\, dx$　　(3) $\displaystyle\int \sin x\sin 2x\, dx$

例題 **107** 三角関数の不定積分② ★★★ 標準

次の不定積分を求めよ。

(1) $\displaystyle\int \frac{dx}{\sin x}$

(2) $\displaystyle\int \cos^5 x\, dx$

POINT $f(g(x))g'(x)$ の形に式を変形して，置換積分を用いる

(1) $\dfrac{1}{\sin x}=\dfrac{\sin x}{\sin^2 x}=\dfrac{\sin x}{1-\cos^2 x}$ と $f(\cos x)\cdot(\cos x)'$ の形にして，$\cos x=t$ とおきます。

(2) $\cos^5 x=\cos^4 x\cdot\cos x=(1-\sin^2 x)^2\cos x$ と $f(\sin x)\cdot(\sin x)'$ の形にします。

解答	アドバイス

(1) $\displaystyle\int \frac{dx}{\sin x}=\int \frac{\sin x}{\sin^2 x}\, dx=\int \frac{\sin x}{1-\cos^2 x}\, dx$ ❶

$\cos x=t$ とおくと　$-\sin x=\dfrac{dt}{dx}$　$\sin x\, dx=-dt$

$\displaystyle\int \frac{dx}{\sin x}=\int \frac{-1}{1-t^2}\, dt=\int \frac{dt}{t^2-1}=\frac{1}{2}\int\left(\frac{1}{t-1}-\frac{1}{t+1}\right)dt$ ❷

$=\dfrac{1}{2}(\log|t-1|-\log|t+1|)+C=\dfrac{1}{2}\log\left|\dfrac{t-1}{t+1}\right|+C$

$=\dfrac{1}{2}\log\left|\dfrac{\cos x-1}{\cos x+1}\right|+C=\dfrac{\mathbf{1}}{\mathbf{2}}\log\dfrac{\mathbf{1-\cos x}}{\mathbf{1+\cos x}}+C$ ⓐ ❸

(2) $\displaystyle\int \cos^5 x\, dx=\int \cos^4 x\cdot\cos x\, dx$

$=\displaystyle\int (1-\sin^2 x)^2\cos x\, dx$ ❹

$\sin x=t$ とおくと　$\cos x=\dfrac{dt}{dx}$　$\cos x\, dx=dt$

よって　$\displaystyle\int \cos^5 x\, dx=\int (1-t^2)^2 dt$

$=\displaystyle\int (1-2t^2+t^4)dt=t-\frac{2}{3}t^3+\frac{1}{5}t^5+C$

$=\sin x-\dfrac{\mathbf{2}}{\mathbf{3}}\sin^3 x+\dfrac{\mathbf{1}}{\mathbf{5}}\sin^5 x+C$ ⓐ

（C はいずれも積分定数）

アドバイス

❶ $f(x)=\dfrac{1}{1-x^2}$ とすれば，$f(\cos x)\cdot(\cos x)'$ の形になっています。

❷ 部分分数に分解します。

$\dfrac{1}{t^2-1}=\dfrac{1}{(t-1)(t+1)}$

$=\dfrac{1}{2}\left(\dfrac{1}{t-1}-\dfrac{1}{t+1}\right)$

❸ $-1\leqq\cos x\leqq 1$ より

$|\cos x-1|=1-\cos x$

$|\cos x+1|=\cos x+1$

❹ $f(x)=(1-x^2)^2$ とすれば，$f(\sin x)\cdot(\sin x)'$ の形になっています。
前ページ(3)と同様に

$\displaystyle\int (1-\sin^2 x)^2\cos x\, dx$

$=\displaystyle\int (1-\sin^2 x)^2(\sin x)'dx$

としてやってもよいです。

練習 **109** 次の不定積分を求めよ。

(1) $\displaystyle\int \frac{dx}{\cos x}$

(2) $\displaystyle\int \sin^5 x\, dx$

(3) $\displaystyle\int \frac{dx}{1-\sin x}$

特殊な部分積分法 ★★★ 応用

$I=\displaystyle\int e^x \sin x\, dx,\ J=\displaystyle\int e^x \cos x\, dx$ とするとき，等式
$$I=e^x \sin x-J,\ J=e^x \cos x+I$$
が成り立つことを示し，これから，$I,\ J$ を求めよ。

POINT $e^x \sin x=(e^x)' \sin x,\ e^x \cos x=(e^x)' \cos x$ と考えて 部分積分

部分積分を行い，$I,\ J$ についての連立方程式を解きます。

| 解答 | アドバイス |

$I=\displaystyle\int e^x \sin x\, dx=\int (e^x)' \sin x\, dx$

　$=e^x \sin x-\displaystyle\int e^x \cos x\, dx\ \ =e^x \sin x-J$

$J=\displaystyle\int e^x \cos x\, dx=\int (e^x)' \cos x\, dx$

　$=e^x \cos x+\displaystyle\int e^x \sin x\, dx\ \ =e^x \cos x+I$

よって　$I=e^x \sin x-J$　……①

　　　　$J=e^x \cos x+I$　……②

①－②から　$2I=e^x(\sin x-\cos x)$

よって　$I=\dfrac{1}{2}e^x(\sin x-\cos x)+C$ ③ 答

①＋②から　$2J=e^x(\sin x+\cos x)$

よって　$J=\dfrac{1}{2}e^x(\sin x+\cos x)+C$ ③ 答

（C は積分定数）

❶ $(e^x \sin x)'$
$=e^x \sin x+e^x \cos x$
より部分積分を用います。

❷ $(e^x \cos x)'$
$=e^x \cos x-e^x \sin x$
より部分積分を用います。

❸ 不定積分であるから，積分定数 C を忘れないようにします。

STUDY | $\sin x,\ \cos x$ の積分

$\sin x,\ \cos x$ を2回積分すると同形のものが現れるので，例えば I のみを求めると

$I=\displaystyle\int e^x \sin x\, dx=\int (e^x)' \sin x\, dx=e^x \sin x-\int e^x \cos x\, dx=e^x \sin x-\int (e^x)' \cos x\, dx$

$=e^x \sin x-\left(e^x \cos x+\displaystyle\int e^x \sin x\, dx\right)=e^x \sin x-e^x \cos x-I$　よって　$I=\dfrac{1}{2}e^x(\sin x-\cos x)+C$

練習 110 $P=\displaystyle\int \sin(\log x)dx,\ Q=\int \cos(\log x)dx$ とするとき，$P,\ Q$ の関係式を導き，不定積分 $P,\ Q$ を求めよ。

4 | 定積分と基本公式

1 定積分 ▷ 例題109

ある区間で連続な関数 $f(x)$ の不定積分の1つを $F(x)$ とするとき，この区間の2つの実数 a, b に対して

$$\int_a^b f(x)dx = \Big[F(x)\Big]_a^b = F(b) - F(a)$$

を，$f(x)$ の a から b までの定積分という。ここで，a, b をそれぞれこの定積分の下端，上端という。

区間 $[a,\ b]$ でつねに $f(x) \geqq 0$ であるとき，定積分 $\int_a^b f(x)dx$ は，曲線 $y=f(x)$ と x 軸および2直線 $x=a$, $x=b$ とで囲まれた図形の面積 S に等しい。

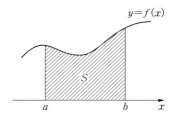

2 定積分の基本公式 ▷ 例題110

① $\displaystyle\int_a^b f(x)dx = -\int_b^a f(x)dx, \quad \int_a^a f(x)dx = 0$

② $\displaystyle\int_a^b kf(x)dx = k\int_a^b f(x)dx$ **（k は定数）**

③ $\displaystyle\int_a^b \{f(x) \pm g(x)\}dx = \int_a^b f(x)dx \pm \int_a^b g(x)dx$ **（複号同順）**

④ $\displaystyle\int_a^b f(x)dx = \int_a^c f(x)dx + \int_c^b f(x)dx$

例
$$\int_{-1}^2 x^3\,dx = \Big[\frac{1}{4}x^4\Big]_{-1}^2$$
$$= \frac{16}{4} - \frac{1}{4} = \frac{15}{4}$$
$$\int_0^\pi 2\cos x\,dx = \Big[2\sin x\Big]_0^\pi$$
$$= 2\sin\pi - 2\sin 0 = 0$$
$$\int_1^2 \frac{2x-3}{x^2}\,dx = \int_1^2 \Big(\frac{2}{x} - \frac{3}{x^2}\Big)dx = \Big[2\log|x| + \frac{3}{x}\Big]_1^2$$
$$= \Big(2\log 2 + \frac{3}{2}\Big) - (2\log 1 + 3) = 2\log 2 - \frac{3}{2}$$

次の定積分の値を求めよ。

(1) $\displaystyle\int_1^2 \frac{dx}{x^2}$　　(2) $\displaystyle\int_0^1 \sqrt{1-x}\,dx$　　(3) $\displaystyle\int_0^\pi \sin 2x\,dx$　　(4) $\displaystyle\int_0^1 e^{2x+1}dx$

 POINT $f(x)$ の不定積分 $F(x)$ を求め，$F(b)-F(a)$ を計算

(2)〜(4)は，$F'(x)=f(x)$ のとき $\displaystyle\int f(ax+b)dx=\frac{1}{a}F(ax+b)+C$ $(a\neq0)$ を用いればよいです。

| 解 答 | ア ド バ イ ス |

(1) $\displaystyle\int_1^2 \frac{dx}{x^2}=\left[-\frac{1}{x}\right]_1^2{}_{\small①}=-\frac{1}{2}-(-1)=\frac{\boldsymbol{1}}{\boldsymbol{2}}$ 答

(2) $\displaystyle\int_0^1 \sqrt{1-x}\,dx=\int_0^1 (1-x)^{\frac{1}{2}}dx=\left[-\frac{2}{3}(1-x)^{\frac{3}{2}}\right]_0^1{}_{\small②}$

　　　$=0-\left(-\frac{2}{3}\right)=\frac{\boldsymbol{2}}{\boldsymbol{3}}$ 答

(3) $\displaystyle\int_0^\pi \sin 2x\,dx=\left[-\frac{1}{2}\cos 2x\right]_0^\pi$

　　　$=-\frac{1}{2}-\left(-\frac{1}{2}\right)_{\small③}=\boldsymbol{0}$ 答

(4) $\displaystyle\int_0^1 e^{2x+1}dx=\left[\frac{1}{2}e^{2x+1}\right]_0^1=\frac{1}{2}(e^3-e)=\frac{\boldsymbol{1}}{\boldsymbol{2}}\boldsymbol{e(e^2-1)}$ 答

① $\displaystyle\int \frac{dx}{x^2}=\int x^{-2}dx$

　　　$=-x^{-1}+C$

② カッコの中が $1-x$ なのでマイナスがつきます。

③ $\cos 2\pi=1$，$\cos 0=1$

| STUDY | 定積分の計算方法

$\displaystyle\int_a^b f(x)dx \Longrightarrow F(b)-F(a)$ であるから，$\displaystyle\int_a^b f(x)dx$ を求めるには，まず不定積分 $F(x)$ を求める。積分定数 C は必要ない。不定積分は関数だが，定積分は数値になることに注意。

練習 **111** 次の定積分の値を求めよ。

(1) $\displaystyle\int_0^1 (2x-1)^3 dx$　　(2) $\displaystyle\int_1^2 \sqrt{5x-1}\,dx$　　(3) $\displaystyle\int_0^\pi \cos\left(\frac{\pi}{6}-\frac{\theta}{3}\right)d\theta$

(4) $\displaystyle\int_0^{\frac{\pi}{2}} \sin^2 2x\,dx$　　(5) $\displaystyle\int_0^{-1} (e^x-e^{-x})dx$

| 例題 **110** | 絶対値を含む関数の定積分 | ★★★ | 標準 |

次の定積分の値を求めよ。

(1) $\displaystyle\int_1^5 |\sqrt{x}-2|\,dx$

(2) $\displaystyle\int_0^\pi |\cos x|\,dx$

POINT 　絶対値をはずし，積分区間を分けて計算する

絶対値記号を含む関数の定積分では，絶対値の中の符号を考えて絶対値をはずし，
$\displaystyle\int_a^b f(x)\,dx=\int_a^c f(x)\,dx+\int_c^b f(x)\,dx$ を利用して積分区間を分けて計算します。

| 解答 | アドバイス |

(1) $\sqrt{x}-2=0$ から　　$x=4$

$$|\sqrt{x}-2|=\begin{cases} -(\sqrt{x}-2) & (1\le x\le 4) \text{❶} \\ \sqrt{x}-2 & (4\le x\le 5) \end{cases}$$

$$\int_1^5 |\sqrt{x}-2|\,dx=-\int_1^4 (\sqrt{x}-2)\,dx+\int_4^5 (\sqrt{x}-2)\,dx$$

$$=-\left[\frac{2}{3}x^{\frac{3}{2}}-2x\right]_1^4+\left[\frac{2}{3}x^{\frac{3}{2}}-2x\right]_4^5$$

$$=-\left(\frac{16}{3}-8\right)\times 2+\left(\frac{2}{3}-2\right)+\left(\frac{10\sqrt{5}}{3}-10\right)$$

$$=\boldsymbol{\frac{10\sqrt{5}}{3}-6} \;(答)$$

❶ $1\le x\le 4$ の範囲では
$\sqrt{x}-2\le 0$ になります。例えば，
$x=1$ のとき
$$\sqrt{1}-2=-1<0$$
また，$y=\sqrt{x}-2$ のグラフを
使って考えてもよいです。

(2) $\cos x=0$ から，区間 $[0,\ \pi]$ で　$x=\dfrac{\pi}{2}$

$$|\cos x|=\begin{cases} \cos x & \left(0\le x\le \dfrac{\pi}{2}\right) \text{❷} \\ -\cos x & \left(\dfrac{\pi}{2}\le x\le \pi\right) \text{❷} \end{cases}$$

$$\int_0^\pi |\cos x|\,dx=\int_0^{\frac{\pi}{2}} \cos x\,dx+\int_{\frac{\pi}{2}}^\pi (-\cos x)\,dx$$

$$=\left[\sin x\right]_0^{\frac{\pi}{2}}-\left[\sin x\right]_{\frac{\pi}{2}}^\pi$$

$$=(1-0)-(0-1)=\boldsymbol{2} \;(答)$$

❷ 積分区間 $[0,\ \pi]$ を $\left[0,\ \dfrac{\pi}{2}\right]$ と
$\left[\dfrac{\pi}{2},\ \pi\right]$ に分けます。
(1)と同様に，$y=\cos x$ のグラフを利用してもよいです。

練習 112　次の定積分の値を求めよ。

(1) $\displaystyle\int_{\frac{1}{e}}^e \frac{|x-1|}{x}\,dx$

(2) $\displaystyle\int_0^{\frac{\pi}{2}} |\cos 2x|\,dx$

(3) $\displaystyle\int_0^1 |e^x-2|\,dx$

1 定積分の置換積分法 ▷ 例題111 例題112 例題114

$x=g(t)$, $a=g(\alpha)$, $b=g(\beta)$ とするとき

$$\int_a^b f(x)dx = \int_\alpha^\beta f(g(t))\frac{dx}{dt}\,dt = \int_\alpha^\beta f(g(t))g'(t)dt$$

例 $\displaystyle\int_0^{\frac{2}{3}}(3x-1)^3dx$ で，$3x-1=t$ とおくと

$$x=\frac{t+1}{3} \quad より \quad \frac{dx}{dt}=\frac{1}{3}$$

x	$0 \to \frac{2}{3}$
t	$-1 \to 1$

よって

$$\int_0^{\frac{2}{3}}(3x-1)^3dx = \int_{-1}^1 t^3\cdot\frac{1}{3}\,dt = \frac{1}{3}\int_{-1}^1 t^3\,dt$$

$$= \frac{1}{3}\left[\frac{t^4}{4}\right]_{-1}^1 = \frac{1}{3}\left(\frac{1}{4}-\frac{1}{4}\right)=0$$

2 偶関数・奇関数の定積分 ▷ 例題113

$f(-x)=f(x)$ を満たす関数を偶関数，$f(-x)=-f(x)$ を満たす関数を奇関数という。

$f(x)$ が偶関数のとき

$$\int_{-a}^a f(x)dx = 2\int_0^a f(x)dx$$

$f(x)$ が奇関数のとき

$$\int_{-a}^a f(x)dx = 0$$

例 $\sin x$ は奇関数であるから $\displaystyle\int_{-\frac{\pi}{2}}^{\frac{\pi}{2}}\sin x\,dx=0$

3 定積分の部分積分法 ▷ 例題115 例題116 例題118 例題119

$$\int_a^b f(x)g'(x)dx = \left[f(x)g(x)\right]_a^b - \int_a^b f'(x)g(x)dx$$

例 $\displaystyle\int_0^1 xe^x dx = \int_0^1 x(e^x)'dx = \left[xe^x\right]_0^1 - \int_0^1 (x)'e^x dx$

$$= (1\cdot e^1-0) - \int_0^1 e^x dx = e - \left[e^x\right]_0^1$$

$$= e-(e^1-e^0)=1$$

| 例題 **111** | 置換積分法（定積分）① ★ ★ ★ 標準

次の定積分の値を求めよ。

(1) $\displaystyle\int_0^3 (5x+2)\sqrt{x+1}\ dx$　(2) $\displaystyle\int_0^1 \frac{x-1}{(2-x)^2}\ dx$　(3) $\displaystyle\int_0^{\frac{\pi}{2}} \sin x\cos^2 x\ dx$

 **POINT** 積分区間の変数が単調変化するように注意

（1） $\sqrt{x+1}=t$ とおくと $x=t^2-1$　$x:0\to3$ のとき $t:1\to2$

（2） $2-x=t$ とおくと $x=2-t$　　$x:0\to1$ のとき $t:2\to1$

（3） $\cos x=t$ とおくまでもなく，$-\displaystyle\int_0^{\frac{\pi}{2}}\cos^2 x(\cos x)'dx$ と変形するほうが簡単です。

| 解答 | | アドバイス |

(1) $\sqrt{x+1}=t$ とおくと　$x+1=t^2$

$\quad x=t^2-1,\ \dfrac{dx}{dt}=2t$

$\begin{array}{c|c} x & 0\to3 \\ \hline t & 1\to2 \end{array}$

よって　$\displaystyle\int_0^3 (5x+2)\sqrt{x+1}\ dx=\int_1^2 (5t^2-3)t\cdot2t\ dt$ ❶

$\quad =2\displaystyle\int_1^2 (5t^4-3t^2)dt=2\Big[t^5-t^3\Big]_1^2=\textbf{48}$ (答)

❶ $5x+2=5(t^2-1)+2$
$\qquad\quad =5t^2-3$

$\sqrt{x+1}=t,\ \dfrac{dx}{dt}=2t$

x が0から3まで変化すると
き，t は1から2まで単調に変
化します。

(2) $2-x=t$ とおくと　$x=2-t,\ \dfrac{dx}{dt}=-1$　$\begin{array}{c|c} x & 0\to1 \\ \hline t & 2\to1 \end{array}$

$\quad \displaystyle\int_0^1 \frac{x-1}{(2-x)^2}\ dx=\int_2^1 \frac{1-t}{t^2}\cdot(-dt)$ ❷

$\quad =\displaystyle\int_1^2 \frac{1-t}{t^2}\ dt=\int_1^2\Big(\frac{1}{t^2}-\frac{1}{t}\Big)dt=\Big[-\frac{1}{t}-\log t\Big]_1^2$ ❸

$\quad =\Big(-\dfrac{1}{2}-\log2\Big)-(-1)=\dfrac{\textbf{1}}{\textbf{2}}-\textbf{log 2}$ (答)

❷ $x-1=(2-t)-1$
$\qquad\quad =1-t$

$\dfrac{dx}{dt}=-1$

x が0から1まで変化すると
き，t は2から1まで単調に変
化します。

❸ $\displaystyle\int_a^b f(x)dx=-\int_b^a f(x)dx$

(3) $\displaystyle\int_0^{\frac{\pi}{2}} \sin x\cos^2 x$ ❹ $dx=-\displaystyle\int_0^{\frac{\pi}{2}}\cos^2 x(\cos x)'dx$

$\quad =-\Big[\dfrac{1}{3}\cos^3 x\Big]_0^{\frac{\pi}{2}}=-\dfrac{1}{3}(0-1)=\dfrac{\textbf{1}}{\textbf{3}}$ (答)

❹ $t=\cos x$ と置換して解くこと
もできます。

練習 113　次の定積分の値を求めよ。

(1) $\displaystyle\int_0^1 \frac{x}{(x+1)^3}\ dx$

(2) $\displaystyle\int_{-1}^2 \frac{x}{\sqrt{3-x}}\ dx$

(3) $\displaystyle\int_1^2 x\sqrt{x^2+1}\ dx$

(4) $\displaystyle\int_1^2 \frac{2x-1}{x^2-x+1}\ dx$

次の定積分の値を求めよ。

(1) $\displaystyle\int_0^1 \sqrt{4-x^2}\,dx$ (2) $\displaystyle\int_0^{\frac{1}{2}} \frac{dx}{\sqrt{1-x^2}}$ (3) $\displaystyle\int_{-1}^{\sqrt{3}} \frac{dx}{1+x^2}$

 POINT 三角関数の利用

$\sqrt{a^2-x^2}$ は $x=a\sin\theta$, $\dfrac{1}{x^2+a^2}$ は $x=a\tan\theta$ とおきます。

| 解 答 | | アドバイス |

(1) $x=2\sin\theta$ とおくと $\dfrac{dx}{d\theta}=2\cos\theta$

$\sqrt{4-x^2}=\sqrt{4(1-\sin^2\theta)}=2\cos\theta \quad(>0)$

x	$0\to 1$
θ	$0\to\dfrac{\pi}{6}$

よって $\displaystyle\int_0^1 \sqrt{4-x^2}\,dx=\int_0^{\frac{\pi}{6}} 2\cos\theta\cdot 2\cos\theta\,d\theta$

$\displaystyle=4\int_0^{\frac{\pi}{6}}\cos^2\theta\,d\theta=4\int_0^{\frac{\pi}{6}}\frac{1+\cos 2\theta}{2}\,d\theta$

$=2\left[\theta+\dfrac{1}{2}\sin 2\theta\right]_0^{\frac{\pi}{6}}=\dfrac{\pi}{3}+\dfrac{\sqrt{3}}{2}$ 答 ❶

(2) $x=\sin\theta$ とおくと $\dfrac{dx}{d\theta}=\cos\theta$

x	$0\to\dfrac{1}{2}$
θ	$0\to\dfrac{\pi}{6}$

よって $\displaystyle\int_0^{\frac{1}{2}}\frac{dx}{\sqrt{1-x^2}}=\int_0^{\frac{\pi}{6}}\frac{1}{\cos\theta}\cdot\cos\theta\,d\theta$ ❷

$\displaystyle=\int_0^{\frac{\pi}{6}}d\theta=\left[\theta\right]_0^{\frac{\pi}{6}}=\dfrac{\pi}{6}$ 答

(3) $x=\tan\theta$ とおくと

$\dfrac{dx}{d\theta}=\dfrac{1}{\cos^2\theta}$

x	$-1\to\sqrt{3}$
θ	$-\dfrac{\pi}{4}\to\dfrac{\pi}{3}$

よって $\displaystyle\int_{-1}^{\sqrt{3}}\frac{dx}{1+x^2}=\int_{-\frac{\pi}{4}}^{\frac{\pi}{3}}\frac{1}{1+\tan^2\theta}\cdot\frac{1}{\cos^2\theta}\,d\theta$ ❸

$\displaystyle=\int_{-\frac{\pi}{4}}^{\frac{\pi}{3}}d\theta=\left[\theta\right]_{-\frac{\pi}{4}}^{\frac{\pi}{3}}=\dfrac{7}{12}\pi$ 答

❶ $y=\sqrt{4-x^2}$ のグラフは，下図の半円で，この定積分の値は赤い部分の面積になります。

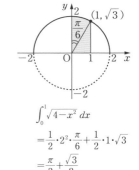

$\displaystyle\int_0^1 \sqrt{4-x^2}\,dx$

$=\dfrac{1}{2}\cdot 2^2\cdot\dfrac{\pi}{6}+\dfrac{1}{2}\cdot 1\cdot\sqrt{3}$

$=\dfrac{\pi}{3}+\dfrac{\sqrt{3}}{2}$

❷ $0\leqq\theta\leqq\dfrac{\pi}{6}$ のとき

$\dfrac{1}{\sqrt{1-x^2}}=\dfrac{1}{\sqrt{1-\sin^2\theta}}$

$=\dfrac{1}{\cos\theta}\quad(>0)$

❸ $1+\tan^2\theta=\dfrac{1}{\cos^2\theta}$

だから，❸の部分は1となります。$x=\tan\theta$ とおくのはこのためです。

練習 114 次の定積分の値を求めよ。

(1) $\displaystyle\int_1^{\sqrt{3}}\frac{dx}{\sqrt{4-x^2}}$ (2) $\displaystyle\int_0^3 \frac{dx}{9+x^2}$ (3) $\displaystyle\int_0^1 \frac{dx}{(x^2+1)^{\frac{3}{2}}}$

例題 113 偶関数・奇関数と定積分 ★★★ 標準

次の定積分の値を求めよ。

(1) $\displaystyle\int_{-2}^{2}(1+x^2)(x-3)dx$

(2) $\displaystyle\int_{-\frac{\pi}{2}}^{\frac{\pi}{2}}(\sin 2x-\cos 3x)dx$

(3) $\displaystyle\int_{-1}^{1}(2x^2+1)\sin x\,dx$

 POINT 偶関数・奇関数の利用

積分区間の上端と下端の値の絶対値が一致している場合は,

$$\int_{-a}^{a}f(x)dx=\begin{cases} 2\displaystyle\int_{0}^{a}f(x)dx & (f(x)\text{ が偶関数のとき})\\ 0 & (f(x)\text{ が奇関数のとき})\end{cases}$$

を用いて，計算を簡単にすることができます。被積分関数が偶関数と奇関数の和・差になっている場合は，偶関数の部分だけをとります。ここで，偶関数とはグラフがy軸に関して対称で$f(-x)=f(x)$となる関数です。奇関数とはグラフが原点に関して対称で，$f(-x)=-f(x)$となる関数です。

解答	アドバイス

(1) $\displaystyle\int_{-2}^{2}(1+x^2)(x-3)dx=\int_{-2}^{2}(x^3-3x^2+x-3)dx$

$\qquad\qquad =2\displaystyle\int_{0}^{2}(-3x^2-3)dx$ ❶

$\qquad\qquad =-2\Big[x^3+3x\Big]_{0}^{2}=\boldsymbol{-28}$ 答

❶ x^3, x は奇関数。
x^2, $x^0=1$ は偶関数。

(2) $\displaystyle\int_{-\frac{\pi}{2}}^{\frac{\pi}{2}}(\sin 2x-\cos 3x)dx=-2\int_{0}^{\frac{\pi}{2}}\cos 3x\,dx$ ❷

$\qquad\qquad =-2\Big[\dfrac{1}{3}\sin 3x\Big]_{0}^{\frac{\pi}{2}}=\boldsymbol{\dfrac{2}{3}}$ 答

❷ $\sin(-2x)=-\sin 2x$
$\cos(-3x)=\cos 3x$
だから，$\sin 2x$ は奇関数，
$\cos 3x$ は偶関数。

(3) $f(x)=(2x^2+1)\sin x$ とおくと

$\qquad f(-x)=\{2(-x)^2+1\}\sin(-x)$

$\qquad\qquad =-(2x^2+1)\sin x=-f(x)$ ❸

よって $\displaystyle\int_{-1}^{1}(2x^2+1)\sin x\,dx=\boldsymbol{0}$ 答

❸ $f(-x)=-f(x)$ となるから，
$f(x)$ は奇関数です。

練習 115 次の定積分の値を求めよ。

(1) $\displaystyle\int_{-\frac{\pi}{2}}^{\frac{\pi}{2}}x^3\cos x\,dx$

(2) $\displaystyle\int_{-1}^{1}(e^x+e^{-x})dx$

(3) $\displaystyle\int_{-1}^{1}\dfrac{1-x}{1+x^2}\,dx$

次の等式が成り立つことを証明せよ。

(1) $\displaystyle\int_0^a \{f(x)+f(2a-x)\}dx = \int_0^{2a} f(x)dx \quad (a>0)$

(2) $\displaystyle\int_a^b f(x)dx = \int_a^{\frac{a+b}{2}} \{f(x)+f(a+b-x)\}dx \quad (a<b)$

POINT 置き換えて，定積分の基本性質を用いて式を変形

(1) 左辺の定積分で，$2a-x=t$ とおいて $\displaystyle\int_0^a f(2a-x)dx = \int_0^{2a} f(x)dx$ を示します。

(2) 左辺から右辺を導いてもよいですが，ここは，右辺の第2項で，$a+b-x=t$ とおきます。

| 解答 | | アドバイス |

(1) $2a-x=t$ とおくと $x=2a-t$, $\dfrac{dx}{dt}=-1$

x	$0 \to a$
t	$2a \to a$

このとき $\displaystyle\int_0^a f(2a-x)dx = \int_{2a}^a f(t)\cdot(-dt)$ ❶

$\displaystyle= \int_a^{2a} f(t)dt = \int_a^{2a} f(x)dx$ ❷

左辺 $\displaystyle= \int_0^a f(x)dx + \int_a^{2a} f(x)dx = \int_0^{2a} f(x)dx$ （証明終り） ❸

(2) 右辺の第2項で $a+b-x=t$ とおくと

$x=a+b-t$, $\dfrac{dx}{dt}=-1$

x	$a \to \dfrac{a+b}{2}$
t	$b \to \dfrac{a+b}{2}$

よって $\displaystyle\int_a^{\frac{a+b}{2}} f(a+b-x)dx = \int_b^{\frac{a+b}{2}} f(t)\cdot(-dt)$

$\displaystyle= \int_{\frac{a+b}{2}}^b f(t)dt = \int_{\frac{a+b}{2}}^b f(x)dx$ ❹

右辺 $\displaystyle= \int_a^{\frac{a+b}{2}} f(x)dx + \int_{\frac{a+b}{2}}^b f(x)dx = \int_a^b f(x)dx$

（証明終り）

❶ $\displaystyle\int_a^b f(x)dx = -\int_b^a f(x)dx$ を用います。

❷ 定積分では，積分変数 t を x に変えても同じことです。

❸ $\displaystyle\int_a^c f(x)dx + \int_c^b f(x)dx = \int_a^b f(x)dx$

❹ (1)と同様に t を x に変えます。

練習 116 置換積分法を用いて，次の等式が成り立つことを証明せよ。

(1) $\displaystyle\int_0^a f(a-x)dx = \int_0^a f(x)dx$

(2) $\displaystyle\int_{a+k}^{b+k} f(x-k)dx = \int_a^b f(x)dx$

例題 **115** 部分積分法（定積分）① ★★★ （標準）

次の定積分の値を求めよ。

(1) $\displaystyle\int_0^\pi x\sin x\,dx$　　　　(2) $\displaystyle\int_0^1 (x-1)e^{-x}\,dx$　　　　(3) $\displaystyle\int_1^e \log x\,dx$

 **POINT** $\displaystyle\int_a^b f(x)g'(x)dx=\Big[f(x)g(x)\Big]_a^b-\int_a^b f'(x)g(x)dx$

特に，$g'(x)=1$ すなわち $g(x)=x$ のとき，$\displaystyle\int_a^b f(x)dx=\Big[xf(x)\Big]_a^b-\int_a^b xf'(x)dx$

| 解答 | アドバイス |

(1)　$\displaystyle\int_0^\pi x\sin x\,dx=\underline{\int_0^\pi x(-\cos x)'dx}_{\;①}$

$\quad=\Big[x(-\cos x)\Big]_0^\pi-\int_0^\pi (x)'(-\cos x)dx$

$\quad=-\pi\cos\pi+\int_0^\pi \cos x\,dx=\pi+\Big[\sin x\Big]_0^\pi=\pi$ （答）

❶ $f(x)=x,\ g'(x)=\sin x$ と考えるから
$\qquad g(x)=-\cos x$

(2)　$\displaystyle\int_0^1 (x-1)e^{-x}dx=\underline{\int_0^1 (x-1)(-e^{-x})'dx}_{\;②}$

$\quad=\Big[(x-1)(-e^{-x})\Big]_0^1-\int_0^1 (x-1)'(-e^{-x})dx$

$\quad=-e^0+\Big[-e^{-x}\Big]_0^1=-1-(e^{-1}-1)=-\dfrac{1}{e}$ （答）

❷ $(e^{-x})'=-e^{-x}$
e^x の積の形の積分は e^x の項を $g'(x)$ とします。

(3)　$\displaystyle\int_1^e \log x\,dx=\int_1^e (x)'\log x\,dx$

$\quad=\Big[x\log x\Big]_1^e-\underline{\int_1^e x(\log x)'dx}_{\;③}$

$\quad=e\log e-\log 1-\int_1^e dx=e-\Big[x\Big]_1^e=e-(e-1)=1$ （答）

❸ $(\log x)'=\dfrac{1}{x}$
$\log x$ の積分では
$\qquad (x)'\log x$
と考えます。

| STUDY | 部分積分法のポイント

部分積分の公式で，$f(x)$ に1次の項をあてはめると，実際に積分するときに第2項の $f'(x)$ が定数となり，計算が簡単になる。

練習 117　次の定積分の値を求めよ。

(1) $\displaystyle\int_0^\pi x\sin\Big(2x-\dfrac{\pi}{3}\Big)dx$　　　　(2) $\displaystyle\int_0^{\frac{\pi}{4}} (x+2)\cos x\,dx$

(3) $\displaystyle\int_1^e x^2\log x\,dx$　　　　(4) $\displaystyle\int_0^1 xa^x\,dx$

次の定積分の値を部分積分法によって求めよ。

(1) $\displaystyle\int_0^1 x(x-1)^2\,dx$ (2) $\displaystyle\int_{-1}^1 (x+1)^3(x-1)\,dx$

(3) $\displaystyle\int_\alpha^\beta (x-\alpha)(x-\beta)\,dx$

 **POINT** 部分積分法の利用

部分積分法を用いて $(x+a)^n$ の積分の形にもち込みます。

| 解 答 | | アドバイス |

(1) $\displaystyle\int_0^1 x(x-1)^2\,dx=\int_0^1 x\left\{\frac{1}{3}(x-1)^3\right\}'dx$

$\displaystyle\quad=\frac{1}{3}\Big[x(x-1)^3\Big]_0^1-\frac{1}{3}\int_0^1 (x-1)^3\,dx$ ❶ $\Big[x(x-1)^3\Big]_0^1=0$

$\displaystyle\quad=-\frac{1}{3}\Big[\frac{1}{4}(x-1)^4\Big]_0^1=\boldsymbol{\frac{1}{12}}$ 答

(2) $\displaystyle\int_{-1}^1 (x+1)^3(x-1)\,dx=\int_{-1}^1 (x-1)\left\{\frac{1}{4}(x+1)^4\right\}'dx$

$\displaystyle\quad=\frac{1}{4}\Big[(x-1)(x+1)^4\Big]_{-1}^1-\frac{1}{4}\int_{-1}^1 (x+1)^4\,dx$ ❷ $\Big[(x-1)(x+1)^4\Big]_{-1}^1=0$

$\displaystyle\quad=-\frac{1}{4}\Big[\frac{1}{5}(x+1)^5\Big]_{-1}^1$

$\displaystyle\quad=-\frac{32}{20}=-\boldsymbol{\frac{8}{5}}$ 答

(3) $\displaystyle\int_\alpha^\beta (x-\alpha)(x-\beta)\,dx=\int_\alpha^\beta (x-\beta)\left\{\frac{1}{2}(x-\alpha)^2\right\}'dx$

$\displaystyle\quad=\frac{1}{2}\Big[(x-\beta)(x-\alpha)^2\Big]_\alpha^\beta-\frac{1}{2}\int_\alpha^\beta (x-\alpha)^2\,dx$ ❸ $\Big[(x-\beta)(x-\alpha)^2\Big]_\alpha^\beta=0$

$\displaystyle\quad=-\frac{1}{2}\Big[\frac{1}{3}(x-\alpha)^3\Big]_\alpha^\beta$

$\displaystyle\quad=-\boldsymbol{\frac{1}{6}(\beta-\alpha)^3}$ 答

練習 118 次の定積分の値を求めよ。

(1) $\displaystyle\int_0^1 x(x-1)^4\,dx$ (2) $\displaystyle\int_\alpha^\beta (x-\alpha)^2(x-\beta)\,dx$

| 例題 117 | 三角関数の積の定積分　　★★★　応用

m，n が正の整数のとき，次の定積分を $m \neq n$，$m = n$ の場合に分けて求めよ。

$$\int_0^{2\pi} \sin mx \sin nx \, dx$$

 POINT　公式を使い次数を下げ，m と n の値で場合分け

被積分関数が三角関数の積になっているので，積を和・差に直す公式

$\sin \alpha \sin \beta = -\dfrac{1}{2}\{\cos(\alpha+\beta)-\cos(\alpha-\beta)\}$ を用いて，次数を下げます。また，積分し

たときの係数の分母に注意して，条件にある $m \neq n$，$m = n$ の場合に分けて考えます。

| 解答 |

$I = \underline{\int_0^{2\pi} \sin mx \sin nx \, dx}$ ❶

$\quad = -\dfrac{1}{2}\int_0^{2\pi}\{\cos(m+n)x - \cos(m-n)x\}dx$

ここで，$m \neq n$ のとき

$I = -\dfrac{1}{2}\left[\dfrac{\sin(m+n)x}{m+n} - \underline{\dfrac{\sin(m-n)x}{m-n}}\right]_0^{2\pi}$ ❷

$\quad = -\dfrac{1}{2}\underline{\{(0-0)-(0-0)\}}$ ❸ $= 0$

$m = n$ のとき

$I = -\dfrac{1}{2}\int_0^{2\pi}\underline{(\cos 2mx - 1)}$ ❹ dx

$\quad = -\dfrac{1}{2}\left[\dfrac{1}{2m}\sin 2mx - x\right]_0^{2\pi}$

$\quad = -\dfrac{1}{2}\underline{\{(0-2\pi)-(0-0)\}}$ ❺ $= \pi$

よって，定積分の値は

$m \neq n$ のとき 0，$m = n$ のとき π 答

| アドバイス |

❶　$\sin \alpha \sin \beta$
$\quad = -\dfrac{1}{2}\{\cos(\alpha+\beta)-\cos(\alpha-\beta)\}$

❷ この項の係数の分母が $m-n$
　なので，場合を分けます。

❸ m，n は正の整数だから
　$\sin\{(m\pm n)\cdot 2\pi\}=0$
　$\sin\{(m\pm n)\cdot 0\}=0$

❹ $m = n$ のとき
　$\cos(m+n)x = \cos(m+m)x$
　$\qquad\qquad\quad = \cos 2mx$
　$\cos(m-n)x = \cos(m-m)x$
　$\qquad\qquad\quad = \cos 0 = 1$

❺ m は正の整数だから
　$\sin(2m\cdot 2\pi)=0$
　$\sin(2m\cdot 0)=0$

練習 119　次の定積分の値を求めよ。ただし，m，n は正の整数とする。

(1) $\displaystyle\int_0^{2\pi} \cos mx \cos nx \, dx$　　(2) $\displaystyle\int_0^{2\pi} \sin mx \cos nx \, dx$

練習 120　次の定積分の値を求めよ。

(1) $\displaystyle\int_0^{\frac{\pi}{3}} \cos 3\theta \cos \theta \, d\theta$　　(2) $\displaystyle\int_0^{\frac{\pi}{3}} \sin 3\theta \sin \theta \, d\theta$

n を 0 以上の整数とし，$I_n = \displaystyle\int_0^{\frac{\pi}{2}} \sin^n x\, dx$ とする。ただし，$\sin^0 x = 1$ と定める。

(1) $n \geqq 2$ のとき，等式 $I_n = \dfrac{n-1}{n} I_{n-2}$ を証明せよ。 (2) I_4 の値を求めよ。

POINT $\sin^n x$ の定積分

$\sin^n x = \sin^{n-1} x \cdot (-\cos x)'$ として部分積分法を用います。

| 解答 | アドバイス |

(1) $n \geqq 2$ のとき

$$I_n = \int_0^{\frac{\pi}{2}} \sin^n x\, dx = \int_0^{\frac{\pi}{2}} \sin^{n-1} x (-\cos x)'\, dx \quad ❶$$

$$= \left[-\sin^{n-1} x \cos x \right]_0^{\frac{\pi}{2}} + (n-1) \int_0^{\frac{\pi}{2}} \sin^{n-2} x \cos^2 x\, dx \quad ❷$$

$$= 0 + (n-1) \int_0^{\frac{\pi}{2}} \sin^{n-2} x \underline{(1-\sin^2 x)}_❸\, dx$$

$$= (n-1)\underline{(I_{n-2} - I_n)}_❹$$

よって $I_n = \dfrac{n-1}{n} I_{n-2}$ ㊄ (証明終り)

(2) $I_0 = \displaystyle\int_0^{\frac{\pi}{2}} \sin^0 x\, dx = \int_0^{\frac{\pi}{2}} dx = \left[x \right]_0^{\frac{\pi}{2}} = \dfrac{\pi}{2}$

(1)より $I_4 = \dfrac{3}{4} I_2 = \dfrac{3}{4} \cdot \dfrac{1}{2} I_0 = \dfrac{3}{4} \cdot \dfrac{1}{2} \cdot \dfrac{\pi}{2} = \dfrac{3}{16}\pi$ ㊅ 答

アドバイス

❶ $\sin^n x = \sin^{n-1} x \cdot \sin x$
  $= \sin^{n-1} x (-\cos x)'$

❷ $(\sin^{n-1} x)'$
  $= (n-1)\sin^{n-2} x \cdot \cos x$

❸ $\cos^2 x = 1 - \sin^2 x$

❹ $\displaystyle\int_0^{\frac{\pi}{2}} \sin^{n-2} x\, dx = I_{n-2}$
  $\displaystyle\int_0^{\frac{\pi}{2}} \sin^n x\, dx = I_n$

❺ $I_n = (n-1)(I_{n-2} - I_n)$
  より
  $n I_n = (n-1) I_{n-2}$
  $I_n = \dfrac{n-1}{n} I_{n-2}$

❻ (1)の結果より
  $I_4 = \dfrac{3}{4} I_2, \quad I_2 = \dfrac{1}{2} I_0$

STUDY $\displaystyle\int_0^{\frac{\pi}{2}} \sin^n x\, dx$ の値

例題 **118** (1)の結果と，$I_0 = \dfrac{\pi}{2}$，$I_1 = 1$ から

n が偶数のとき $I_n = \dfrac{n-1}{n} \cdot \dfrac{n-3}{n-2} \cdots\cdots \dfrac{3}{4} \cdot \dfrac{1}{2} \cdot \dfrac{\pi}{2}$

n が奇数のとき $I_n = \dfrac{n-1}{n} \cdot \dfrac{n-3}{n-2} \cdots\cdots \dfrac{4}{5} \cdot \dfrac{2}{3} \cdot 1$ が成り立つ。

練習 121 n を 0 以上の整数とし，$J_n = \displaystyle\int_0^{\frac{\pi}{2}} \cos^n x\, dx$ とするとき，次の問いに答えよ。ただし，$\cos^0 x = 1$ と定める。

(1) 例題 **118** の定積分 I_n に対し，$J_n = I_n$ を示せ。 (2) J_5 を求めよ。

| 例題 119 | 部分積分法（定積分）③　　　★★★　応用

次の定積分の値を求めよ。

(1) $\displaystyle\int_0^1 x^2 e^x\,dx$

(2) $\displaystyle\int_0^{2\pi} x^2 |\sin x|\,dx$

POINT　部分積分で x^2 を微分していく

いずれも，x^2 を2回微分すると簡単になるので部分積分法を2回用います。

(2)は，絶対値をはずし，$\sin x$ を，区間 $[0,\ \pi]$ と $[\pi,\ 2\pi]$ に分けて計算します。

| 解答 |

(1) $\displaystyle\int_0^1 x^2 e^x\,dx = \int_0^1 x^2 (e^x)'\,dx = \Big[x^2 e^x\Big]_0^1 - \int_0^1 2xe^x\,dx$

$\displaystyle = 1\cdot e^1 - \underline{2\int_0^1 x(e^x)'\,dx}_{①} = e - 2\Big(\Big[xe^x\Big]_0^1 - \int_0^1 e^x\,dx\Big)$

$\displaystyle = e - 2\Big(e - \Big[e^x\Big]_0^1\Big) = e - 2(e - e + 1) = \boldsymbol{e-2}$ 　答

(2) $\underline{|\sin x|}_{②} = \begin{cases} \sin x & (0 \leqq x \leqq \pi) \\ -\sin x & (\pi \leqq x \leqq 2\pi) \end{cases}$

$\displaystyle\int_0^{2\pi} x^2 |\sin x|\,dx = \int_0^{\pi} x^2 \sin x\,dx - \int_{\pi}^{2\pi} x^2 \sin x\,dx$

ここで $\displaystyle\int x^2 \sin x\,dx = \int x^2 (-\cos x)'\,dx$

$\displaystyle = -x^2 \cos x + 2\int x \cos x\,dx$

$\displaystyle = -x^2 \cos x + 2\underline{\int x(\sin x)'\,dx}_{③}$

$\displaystyle = -x^2 \cos x + 2\Big(x \sin x - \int \sin x\,dx\Big)$

$= -x^2 \cos x + 2x \sin x + 2\cos x + C$

$\displaystyle\int_0^{2\pi} x^2 |\sin x|\,dx = \Big[-x^2 \cos x + 2x \sin x + 2\cos x\Big]_0^{\pi}{}_{④}$

$\displaystyle\qquad\qquad - \Big[-x^2 \cos x + 2x \sin x + 2\cos x\Big]_{\pi}^{2\pi}{}_{④}$

$= \{(\pi^2 - 2) - 2\} - \{(-4\pi^2 + 2) - (\pi^2 - 2)\} = \boldsymbol{6\pi^2 - 8}$ 　答

| アドバイス |

❶ 第2項をもう一度部分積分します。

❷ 絶対値を含む関数の積分。
（ 例題 110 参照）

$\sin x$ を区間 $[0,\ \pi]$ と区間 $[\pi,\ 2\pi]$ に分けて計算します。

❸ 第2項をもう一度部分積分します。

❹ 積分定数 C は必要ありません。

練習 122　次の定積分の値を求めよ。

(1) $\displaystyle\int_0^{\pi} x^2 \cos x\,dx$

(2) $\displaystyle\int_1^e (\log x)^2\,dx$

(3) $\displaystyle\int_0^{\frac{\pi}{2}} x^2 \sin^2 x\,dx$

1 定積分で表された関数 ▷ 例題120

aを定数とするとき，定積分$\displaystyle\int_a^x f(t)dt$を計算すると，これは$x$の関数となる。
$f(x)$がxに無関係な変数tを含むとき，これを$f(x,\ t)$で表すと，定積分
$\displaystyle\int_a^b f(x,\ t)dx$は$t$の関数となる。

2 定積分で表された関数の導関数 ▷ 例題121 例題122

$$\frac{d}{dx}\int_a^x f(t)dt=f(x)\quad(a\ は定数)$$

例 $\displaystyle\frac{d}{dx}\int_a^x \cos^2 t\,dt=\cos^2 x\quad(a\ は定数)$

3 区分求積法 ▷ 例題123 例題124

関数$f(x)$が区間$[a,\ b]$で連続であるとき，この区間$[a,\ b]$をn等分して，その両端と分点を順に
$$a=x_0,\ x_1,\ x_2,\ \cdots\cdots,\ x_{n-1},\ x_n=b$$
とし，$\displaystyle\Delta x=\frac{b-a}{n}$とおくと

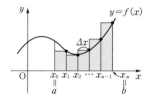

$$\lim_{n\to\infty}\sum_{k=1}^{n}f(x_k)\Delta x=\lim_{n\to\infty}\sum_{k=0}^{n-1}f(x_k)\Delta x=\int_a^b f(x)dx$$

特に$a=0,\ b=1$のとき

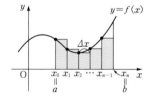

$$\lim_{n\to\infty}\frac{1}{n}\sum_{k=1}^{n}f\left(\frac{k}{n}\right)=\lim_{n\to\infty}\frac{1}{n}\sum_{k=0}^{n-1}f\left(\frac{k}{n}\right)=\int_0^1 f(x)dx$$

4 定積分と不等式 ▷ 例題125 例題126

(1) 区間$[a,\ b]$で$f(x)\geqq 0$，つねには$f(x)=0$でないとき
$$\int_a^b f(x)dx>0$$

(2) 区間$[a,\ b]$で$f(x)\geqq g(x)$，つねには$f(x)=g(x)$でないとき
$$\int_a^b f(x)dx>\int_a^b g(x)dx$$

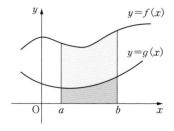

例題 120 定積分で表された関数（定数型） ★★★ 標準

次の等式を満たす関数 $f(x)$ を求めよ。

(1) $f(x)=2x-\displaystyle\int_0^\pi f(t)\sin t\,dt$　　　(2) $f(x)=x+\displaystyle\int_0^1 f(t)e^t\,dt$

POINT 定数型 $\Longrightarrow \displaystyle\int_a^b f(x)dx=k$ とおく

定積分で表された部分は定数だから，この部分を k とおき，k の方程式を導きます。

解答	アドバイス

(1) $\displaystyle\int_0^\pi f(t)\sin t\,dt=k$（$k$ は定数）とおくと

$f(x)=2x-k$ だから，$\displaystyle\int_0^\pi f(t)\sin t\,dt=k$ に代入して

$k=\displaystyle\int_0^\pi \underline{(2t-k)}_{①} \sin t\,dt=\int_0^\pi (2t-k)(-\cos t)'dt$ ②

❶ $f(t)=2t-k$
❷ 部分積分法を用います。

$=\Big[(2t-k)(-\cos t)\Big]_0^\pi+\displaystyle\int_0^\pi 2\cos t\,dt$

$=(2\pi-k)-k+2\Big[\sin t\Big]_0^\pi=2\pi-2k$

よって　　$k=\dfrac{2}{3}\pi$ ③

❸ $k=\cdots\cdots=2\pi-2k$ だから k について解いて
$k=\dfrac{2}{3}\pi$

したがって　　$\boldsymbol{f(x)=2x-\dfrac{2}{3}\pi}$ 答

(2) $\displaystyle\int_0^1 f(t)e^t dt=k$（$k$ は定数）とおくと

$f(x)=x+k$ だから，$\displaystyle\int_0^1 f(t)e^t dt=k$ に代入して

$k=\displaystyle\int_0^1 \underline{(t+k)}_{④} e^t dt=\int_0^1 (t+k)(e^t)'dt$ ⑤

❹ $f(t)=t+k$
❺ 部分積分法を用います。

$=\Big[(t+k)e^t\Big]_0^1-\displaystyle\int_0^1 e^t dt=(k+1)e-k-\Big[e^t\Big]_0^1$

$=k(e-1)+1$　　よって　$k=\dfrac{1}{2-e}$ ⑥

❻ $k=\cdots\cdots=k(e-1)+1$ だから k について解いて
$k=\dfrac{1}{2-e}$

したがって　　$\boldsymbol{f(x)=x+\dfrac{1}{2-e}}$ 答

練習 123 次の等式を満たす関数 $f(x)$ を求めよ。

(1) $f(x)=\sin x-\displaystyle\int_0^{\frac{\pi}{2}} f(t)\cos t\,dt$　(2) $f(x)=\cos x+\displaystyle\int_0^{\frac{\pi}{3}} f(t)\tan t\,dt$

次の関数 $F(x)$ の導関数を求めよ。

(1) $F(x)=\displaystyle\int_0^x e^t\sin t\,dt$

(2) $F(x)=\displaystyle\int_a^x (x-t)e^t\,dt$

(3) $F(x)=\displaystyle\int_0^{2x}\sin t\,dt$

 **POINT** $F(x)=\displaystyle\int_a^x f(t)dt$ (a は定数) $\implies \dfrac{d}{dx}F(x)=f(x)$

$F(x)=\displaystyle\int_a^x f(t)dt$ (a は定数) $\implies F'(x)=f(x)$, $F(a)=0$ から導関数を求めるのが基本ですが，(2)では $(x-t)e^t=xe^t-te^t$ のように x を切り離して考えます。

(3)は $F(x)=\displaystyle\int_a^{p(x)} f(t)dt$ の形で $F'(x)=f(p(x))p'(x)$

| 解答 |

(1) $F(x)=\displaystyle\int_0^x e^t\sin t\,dt$

$F'(x)=\dfrac{d}{dx}\left(\displaystyle\int_0^x e^t\sin t\,dt\right)=\underline{e^x\sin x}$ ❶ 答

(2) $F(x)=\displaystyle\int_a^x (x-t)e^t\,dt=\int_a^x(xe^t-te^t)dt$

$\qquad =\underline{x\displaystyle\int_a^x e^t\,dt}_{❷}-\displaystyle\int_a^x te^t\,dt$

$F'(x)=\underline{\displaystyle\int_a^x e^t\,dt+xe^x}_{❸}-xe^x=\displaystyle\int_a^x e^t\,dt$

$\qquad =\Big[e^t\Big]_a^x=\boldsymbol{e^x-e^a}$ 答

(3) $F'(x)=\sin 2x\cdot(2x)'=\boldsymbol{2\sin 2x}$ 答

| アドバイス |

❶ $\dfrac{d}{dx}\displaystyle\int_a^x f(t)dt=f(x)$ （a は定数）

❷ t で積分するので，x は定数と考えてよいです。

❸ 積の微分法を使って
$\{f(x)g(x)\}'$
$=f'(x)g(x)+f(x)g'(x)$
$f(x)=x,\ g(x)=\displaystyle\int_a^x e^t\,dt$
と考えます。

STUDY | $\dfrac{d}{dx}\displaystyle\int_a^{p(x)} f(t)dt=f(p(x))p'(x)$ （a は定数）の証明

$F'(x)=f(x)$ とするとき，合成関数の微分法を用いて

$\dfrac{d}{dx}\displaystyle\int_a^{p(x)} f(t)dt=\dfrac{d}{dx}\Big\{\Big[F(t)\Big]_a^{p(x)}\Big\}=\dfrac{d}{dx}\{F(p(x))-F(a)\}=f(p(x))\cdot p'(x)$

練習 124 次の関数を x で微分せよ。

(1) $\displaystyle\int_0^x (t-x)\sin t\,dt$

(2) $\displaystyle\int_0^x \sin(x+t)dt$

(3) $\displaystyle\int_0^{3x+1} e^t\,dt$

(4) $\displaystyle\int_1^{x^2} \log t\,dt$

例題 122 定積分で表された関数の決定　★★★　標準

次の等式を満たす関数 $f(x)$ および，定数 a の値を求めよ。

(1) $\displaystyle\int_a^x f(t)dt = \log x$ 　　　　(2) $\displaystyle\int_a^x f(t)dt = x(\sin x - 1)$

POINT $\dfrac{d}{dx}\displaystyle\int_a^x f(t)dt = f(x)$ （a は定数）を利用する

(1), (2) の両辺を微分すると，いずれも左辺は $f(x)$ となります。また，$x=a$ とおくと，左辺 $=0$ となることから a の値を求めます。

解答	アドバイス
(1) $\displaystyle\int_a^x f(t)dt = \log x$ ●　……①	● $\dfrac{d}{dx}\displaystyle\int_a^x f(t)dt = f(x)$（$a$ は定数）
両辺を x で微分して　$f(x) = \dfrac{1}{x}$ 答	
また，①で $x=a$ とおくと　$\displaystyle\int_a^a f(t)dt$ ● $=\log a$	● $\displaystyle\int_a^a f(t)dt = 0$
だから　$\log a = 0$　より　$a=1$ 答	
(2) $\displaystyle\int_a^x f(t)dt = x(\sin x - 1)$　……②	
両辺を x で微分して	
$f(x) = \underline{\sin x + x\cos x - 1}$ ● 答	● 積の微分法
また，②で $x=a$ とおくと，(1) と同様に	$\{x(\sin x - 1)\}'$
$a(\sin a - 1) = 0$　より　$a=0$　または　$\sin a = 1$	$= 1\cdot(\sin x - 1) + x\cdot\cos x$
したがって　$a=0,\ 2n\pi + \dfrac{\pi}{2}$ （n は整数）答	$= \sin x + x\cos x - 1$

STUDY　定積分で表された関数の導関数の求め方

① $\dfrac{d}{dx}\displaystyle\int_a^x f(t)dt = f(x)$ 　　② $\dfrac{d}{dx}\displaystyle\int_{h(x)}^{g(x)} f(t)dt = f(g(x))g'(x) - f(h(x))h'(x)$

②の例　$\dfrac{d}{dx}\displaystyle\int_x^{x^2} \log t\, dt = (\log x^2)\cdot(x^2)' - (\log x)\cdot(x)' = 2x\cdot 2\log x - \log x = (4x-1)\log x$

①，②の証明は 例題 121 の STUDY と同様にしてできる。

練習 125　等式 $\displaystyle\int_1^x (x-t)f(t)dt = x^4 - 2x^2 + 1$ を満たす関数 $f(x)$ を求めよ。

練習 126　等式 $\displaystyle\int_a^x f(t)dt = e^x \log x$ を満たす関数 $f(x)$ および定数 a の値を求めよ。

放物線 $y=x^2$ と x 軸，および直線 $x=1$ によって囲まれる部分の面積 S を区分求積法によって求めよ。

POINT 長方形を作り，幅を小さくして曲線にする

区間 $[0, 1]$ を n 等分すると，その分点と右端の x 座標は

$$\frac{1}{n}, \ \frac{2}{n}, \ \cdots\cdots, \ \frac{n-1}{n}, \ \frac{n}{n}=1$$

で，これらに対応する曲線上の点の y 座標を高さとする n 個の長方形の面積の総和 S_n は，$n\to\infty$ とすると S に限りなく近づきます。

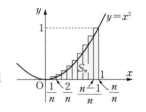

| 解答 |

| アドバイス |

区間 $[0, 1]$ を n 等分し，各小区間の<u>右端</u>❶ の値を高さとする n 個の長方形の面積の総和を S_n とすると

$$S_n=\frac{1}{n}\left\{\left(\frac{1}{n}\right)^2+\left(\frac{2}{n}\right)^2+\cdots\cdots+\left(\frac{n}{n}\right)^2\right\}=\frac{1}{n^3}\sum_{k=1}^{n}k^2$$

$$=\frac{1}{n^3}\cdot\frac{n(n+1)(2n+1)}{6}=\frac{1}{6}\left(1+\frac{1}{n}\right)\left(2+\frac{1}{n}\right)$$

よって $\boldsymbol{S}=\lim_{n\to\infty}S_n=\dfrac{1}{6}\cdot1\cdot2=\dfrac{\boldsymbol{1}}{\boldsymbol{3}}$ 答

❶ 左端の値を高さとすると
$$S_n=\frac{1}{n}\left\{0^2+\left(\frac{1}{n}\right)^2+\left(\frac{2}{n}\right)^2+\right.$$
$$\left.\cdots\cdots+\left(\frac{n-1}{n}\right)^2\right\}$$
$$=\frac{1}{n^3}\{0^2+1^2+2^2+\cdots\cdots$$
$$+(n-1)^2\}$$
となりますが，結果は同じです。

| STUDY | 区分求積法

この例題では，区間 $[0, 1]$ を n 等分し，各小区間の右端の y 座標を高さとする n 個の長方形の面積の総和 S_n を考えたが，各小区間の左端の y 座標を高さとする n 個の長方形の面積の総和 T_n を考えても同様に

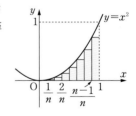

$$T_n=\frac{1}{n}\left\{0^2+\left(\frac{1}{n}\right)^2+\left(\frac{2}{n}\right)^2+\cdots\cdots+\left(\frac{n-1}{n}\right)^2\right\}$$

$$=\frac{1}{n}\sum_{k=0}^{n-1}\left(\frac{k}{n}\right)^2=\frac{1}{n^3}\cdot\frac{1}{6}n(n-1)(2n-1)=\frac{1}{6}\left(1-\frac{1}{n}\right)\left(2-\frac{1}{n}\right)$$

よって，$\lim_{n\to\infty}T_n=\dfrac{1}{3}$ となり，極限値は同じになる。

一般に，関数 $f(x)$ が区間 $[0, 1]$ で連続のとき

$$\int_0^1 f(x)dx=\lim_{n\to\infty}\frac{1}{n}\sum_{k=1}^{n}f\left(\frac{k}{n}\right)=\lim_{n\to\infty}\frac{1}{n}\sum_{k=0}^{n-1}f\left(\frac{k}{n}\right)$$

練習 127 $\displaystyle\int_0^1 x^3\,dx$ の値を区分求積法によって求めよ。

例題 124　数列の和の極限と定積分　★★★　標準

次の極限値を求めよ。

$$S=\lim_{n\to\infty}\left(\frac{1}{n+1}+\frac{1}{n+2}+\frac{1}{n+3}+\cdots\cdots+\frac{1}{2n}\right)$$

POINT　区分求積法に帰着する

数列の和の極限は，定積分で表して極限値が求められる場合があります。

$$\frac{1}{n+1}+\frac{1}{n+2}+\frac{1}{n+3}+\cdots\cdots+\frac{1}{2n}=\frac{1}{n}\left(\frac{1}{1+\frac{1}{n}}+\frac{1}{1+\frac{2}{n}}+\cdots\cdots+\frac{1}{1+\frac{n}{n}}\right)$$

のように $\frac{1}{n}$ をくくり出して変形すると　$\displaystyle\lim_{n\to\infty}\frac{1}{n}\sum_{k=1}^{n}f\left(\frac{k}{n}\right)$ の形になります。

| 解答 |

$$S=\lim_{n\to\infty}\left(\frac{1}{n+1}+\frac{1}{n+2}+\frac{1}{n+3}+\cdots\cdots+\frac{1}{2n}\right)$$

$$=\lim_{n\to\infty}\frac{1}{n}\sum_{k=1}^{n}\frac{1}{1+\frac{k}{n}}\ \ \ =\int_0^1\frac{dx}{1+x}$$

$$=\Big[\log(1+x)\Big]_0^1=\mathbf{log\ 2}\ \text{(答)}$$

| アドバイス |

❶ 図の斜線部の面積です。

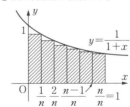

$$y=\frac{1}{1+x}$$

STUDY　数列の和の極限

和の極限 $\Longrightarrow \displaystyle\lim_{n\to\infty}\frac{1}{n}\sum_{k=1}^{n}f\left(\frac{k}{n}\right)=\int_0^1 f(x)dx$

数列の和の極限について，$\frac{1}{n}$ をくくり出し $\displaystyle\lim_{n\to\infty}\frac{1}{n}\sum_{k=1}^{n}f\left(\frac{k}{n}\right)$

あるいは $\displaystyle\lim_{n\to\infty}\frac{1}{n}\sum_{k=0}^{n-1}f\left(\frac{k}{n}\right)$ の形になれば $\int_0^1 f(x)dx$ に等しい。

つまり，$\displaystyle\lim_{n\to\infty}\frac{1}{n}\sum_{k=1}^{n}f\left(\frac{k}{n}\right)=\int_0^1 f(x)dx$ が，区分求積法の最も頻出する形

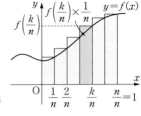

で，右上図の赤色の部分の面積の総和が，n を限りなく大きくしたときに，領域 $0\leqq y\leqq f(x)$，

$0\leqq x\leqq 1$ の面積に限りなく近づくことを意味する。

練習 128　次の極限値を求めよ。

(1)　$\displaystyle\lim_{n\to\infty}\frac{1}{n}\sum_{k=1}^{n}\sqrt{\frac{k}{n}}$

(2)　$\displaystyle\lim_{n\to\infty}\left(\frac{1}{n^2+1^2}+\frac{2}{n^2+2^2}+\cdots\cdots+\frac{n}{n^2+n^2}\right)$

$0 \leqq x \leqq 1$ のとき，$1-x^2 \leqq 1-x^4 \leqq 2(1-x^2)$ であることを示し，これを用いて

$$\frac{\pi}{4} < \int_0^1 \sqrt{1-x^4}\,dx < \frac{\sqrt{2}}{4}\pi$$

を証明せよ。

POINT　　区間 $[a,\ b]$ で $f(x) \geqq g(x)$，つねには $f(x) = g(x)$ でないとき　$\displaystyle\int_a^b f(x)dx > \int_a^b g(x)dx$

本問では，まず $1-x^2 \leqq 1-x^4 \leqq 2(1-x^2)$ を2つの不等式に分けて証明します。

解答	アドバイス

$1-x^2 \leqq 1-x^4 \leqq 2(1-x^2) \quad (0 \leqq x \leqq 1) \quad \cdots\cdots①$

$(1-x^4)-(1-x^2) = -x^4+x^2$

$\qquad\qquad = x^2(1-x^2) \geqq 0$ ❶

$2(1-x^2)-(1-x^4) = x^4-2x^2+1$

$\qquad\qquad = (x^2-1)^2 \geqq 0$

よって　　$1-x^4 \geqq 1-x^2, \quad 2(1-x^2) \geqq 1-x^4$

したがって，不等式①は成り立つ。

$0 \leqq x \leqq 1$ より，①の各辺は0以上であるから

$\qquad \sqrt{1-x^2} \leqq \sqrt{1-x^4} \leqq \sqrt{2(1-x^2)}$

各辺を区間 $[0,\ 1]$ ❷ で積分すると

$\displaystyle\int_0^1 \sqrt{1-x^2}\,dx < \int_0^1 \sqrt{1-x^4}\,dx < \int_0^1 \sqrt{2(1-x^2)}\,dx \quad \cdots②$

ここで，$\displaystyle\int_0^1 \sqrt{1-x^2}\,dx$ は単位円の面積の $\dfrac{1}{4}$ を表すから

$\displaystyle\int_0^1 \sqrt{1-x^2}\,dx = \frac{1}{4} \cdot \pi \cdot 1^2$ ❸

$\qquad\qquad\qquad = \dfrac{\pi}{4}$

②から　　$\dfrac{\pi}{4} < \displaystyle\int_0^1 \sqrt{1-x^4}\,dx < \dfrac{\sqrt{2}}{4}\pi$　　（証明終り）

❶ つねに $x^2 \geqq 0$
$0 \leqq x \leqq 1$ では $1-x^2 \geqq 0$

❷ この区間では，各辺とも0以上で，つねには0でないです。

❸ $x = \sin t$ とおいて

$\dfrac{dx}{dt} = \cos t$　　$\begin{array}{c|ccc} x & 0 \to 1 \\ \hline t & 0 \to \frac{\pi}{2} \end{array}$

$\displaystyle\int_0^1 \sqrt{1-x^2}\,dx$

$\displaystyle= \int_0^{\frac{\pi}{2}} \sqrt{1-\sin^2 t}\,\cos t\,dt$

$\displaystyle= \int_0^{\frac{\pi}{2}} \cos^2 t\,dt$

と計算してもよいです。

練習 129　　$0 \leqq x \leqq 1$ のとき，$0 \leqq x^2 \leqq x$ であることを用いて，次の不等式を証明せよ。

$$2\left(1-\frac{1}{\sqrt{e}}\right) < \int_0^1 e^{-\frac{x^2}{2}}\,dx < 1$$

例題 126 　数列の和と不等式　★★★　(標準)

次の不等式が成り立つことを証明せよ。

$$\log(n+1) < 1 + \frac{1}{2} + \frac{1}{3} + \cdots\cdots + \frac{1}{n} < 1 + \log n \quad (n \geq 2)$$

 **POINT** 長方形の面積と比較する

基本になる関数 $y = \dfrac{1}{x}$ が単調減少であることから，

区間 $[k,\ k+1]$ で曲線の下の面積 $\displaystyle\int_k^{k+1} \dfrac{dx}{x}$ と長方形

の面積を比較してみます。

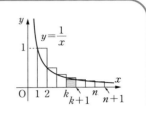

| 解答 |

関数 $y = \dfrac{1}{x}\ (x>0)$ は減少関数だから，区間 $[k,\ k+1]$

において　　$\dfrac{1}{k+1} \times 1 < \displaystyle\int_k^{k+1} \dfrac{dx}{x} < \dfrac{1}{k} \times 1$ ❶

よって　$\dfrac{1}{k+1} < \displaystyle\int_k^{k+1} \dfrac{dx}{x}$ ……①，　$\displaystyle\int_k^{k+1} \dfrac{dx}{x} < \dfrac{1}{k}$ ……②

①で，$k=1,\ 2,\ 3,\ \cdots\cdots,\ n-1$ とおいて，辺々加えると ❷

$$\frac{1}{2} + \frac{1}{3} + \frac{1}{4} + \cdots\cdots + \frac{1}{n} < \sum_{k=1}^{n-1} \int_k^{k+1} \frac{dx}{x}$$

同様に，②で $k=1,\ 2,\ 3,\ \cdots\cdots,\ n$ とおいて

$$\sum_{k=1}^{n} \int_k^{k+1} \frac{dx}{x} < 1 + \frac{1}{2} + \frac{1}{3} + \cdots\cdots + \frac{1}{n}$$

ここで　$\displaystyle\sum_{k=1}^{n-1} \int_k^{k+1} \frac{dx}{x} = \underline{\int_1^n \frac{dx}{x}} = \Big[\log x\Big]_1^n = \log n$ ❸

同様に　$\displaystyle\sum_{k=1}^{n} \int_k^{k+1} \frac{dx}{x} = \int_1^{n+1} \frac{dx}{x} = \log(n+1)$　より

$$\log(n+1) < 1 + \frac{1}{2} + \frac{1}{3} + \cdots\cdots + \frac{1}{n} < 1 + \log n$$

❹

(証明終り)

| アドバイス |

❶ 上図で，曲線の下の面積が
$\displaystyle\int_k^{k+1} \dfrac{dx}{x}$，小さい長方形の面積
が $\dfrac{1}{k+1} \times 1$，大きい長方形の
面積が $\dfrac{1}{k} \times 1$ です。

❷ $\dfrac{1}{2} < \displaystyle\int_1^2 \dfrac{dx}{x}$，$\dfrac{1}{3} < \displaystyle\int_2^3 \dfrac{dx}{x}$，
$\cdots\cdots,\ \dfrac{1}{n} < \displaystyle\int_{n-1}^n \dfrac{dx}{x}$
をすべて加えます。

❸ $\displaystyle\sum_{k=1}^{n-1} \int_k^{k+1} \dfrac{dx}{x}$
$= \displaystyle\int_1^2 \dfrac{dx}{x} + \int_2^3 \dfrac{dx}{x} + \cdots\cdots$
$\qquad + \displaystyle\int_{n-2}^{n-1} \dfrac{dx}{x} + \int_{n-1}^n \dfrac{dx}{x}$
$= \displaystyle\int_1^n \dfrac{dx}{x}$

❹ $\dfrac{1}{2} + \dfrac{1}{3} + \dfrac{1}{4} + \cdots + \dfrac{1}{n} < \displaystyle\sum_{k=1}^{n-1} \dfrac{dx}{x}$
の両辺に1を加えます。

練習 130　定積分を利用して，次の不等式を証明せよ。

$$1 + \frac{1}{3} + \frac{1}{5} + \cdots\cdots + \frac{1}{2n-1} > \frac{1}{2}\log(2n+1) \quad (n \geq 1)$$

1 次の不定積分を求めよ。

(1) $\displaystyle\int \frac{3x^2-x+2}{x^2}\,dx$

(2) $\displaystyle\int \frac{dx}{\sqrt{x+1}-\sqrt{x}}$

(3) $\displaystyle\int \sin^2 \frac{x}{2}\,dx$

(4) $\displaystyle\int (e^{x+2}+2^{x+1})\,dx$

2 次の条件を満たす関数 $f(x)$ を求めよ。
$$f'(x)=(\sin x+\cos x)^2, \quad f(0)=1$$

3 次の不定積分を求めよ。

(1) $\displaystyle\int (x+1)(x^2+2x-1)^3\,dx$

(2) $\displaystyle\int \frac{dx}{x(\log x)^2}$

(3) $\displaystyle\int \frac{e^x-e^{-x}}{e^x+e^{-x}}\,dx$

4 (1) $\dfrac{1}{\sin x}=\dfrac{\sin x}{1-\cos^2 x}$ であることを示し，$\cos x=t$ とおいて $\displaystyle\int \frac{dx}{\sin x}$ を求めよ。

(2) $\displaystyle\int \frac{dx}{\cos x}$ を求めよ。

5 等式 $\dfrac{3x+2}{x^2(2x+1)}=\dfrac{a}{x}+\dfrac{b}{x^2}+\dfrac{c}{2x+1}$ が成り立つように定数 a, b, c の値を定め，不定積分 $\displaystyle\int \frac{3x+2}{x^2(2x+1)}\,dx$ を求めよ。

6 不定積分 $\displaystyle\int \sqrt{1+e^{2x}}\,dx$ を求めよ。

7 関数 $y=f(x)$ は $f'(x)=e^{-x}+xe^{-x}$ を満たし，$f(0)=1$ である。

(1) $f(x)$ を求めよ。

(2) $f(x)$ が $x=a$ で極値 b をとるとき，a，b を求めよ。

8 次の定積分の値を求めよ。

(1) $\displaystyle\int_1^e \frac{x^2-1}{x^3}\,dx$　　　　　　　(2) $\displaystyle\int_{-\pi}^{\pi}\sin 2x\cos 4x\,dx$

(3) $\displaystyle\int_0^3 |\sqrt{x}-1|\,dx$　　　　　　　(4) $\displaystyle\int_{-4}^4 \sqrt{16-x^2}\,dx$

9 次の定積分の値を求めよ。

(1) $\displaystyle\int_{-\pi}^{\pi}x^2\sin 2x\,dx$　　　　　　　(2) $\displaystyle\int_1^e (x+1)^2\log x\,dx$

10 $f(x)$ が連続な関数で，次の等式を満たすとき，$f(x)$ を求めよ。

$$f(x)=\log x+\int_1^2 tf(t)dt$$

11 関数 $\displaystyle f(x)=\int_0^x 2(\cos 2t+\cos t)dt\ (0\leqq x\leqq 2\pi)$ について，次の問いに答えよ。

(1) $f(x)$ の導関数を求めよ。

(2) $f(x)$ の増減，極値を調べて，グラフをかけ。

12 定積分を用いて，次の極限値を求めよ。

$$\lim_{n\to\infty}\left(\frac{1}{\sqrt{n^2+n}}+\frac{1}{\sqrt{n^2+2n}}+\frac{1}{\sqrt{n^2+3n}}+\cdots\cdots+\frac{1}{\sqrt{2n^2}}\right)$$

13 次の不等式(1)を証明し，それを用いて不等式(2)を証明せよ。

(1) $\displaystyle\frac{1}{(k+1)^2}<\int_k^{k+1}\frac{dx}{x^2}<\frac{1}{k^2}\quad(k=1,\ 2,\ 3,\ \cdots)$

(2) $\displaystyle\frac{1}{2^2}+\frac{1}{3^2}+\frac{1}{4^2}+\cdots\cdots+\frac{1}{n^2}<1-\frac{1}{n}\quad(n\geqq2)$

14 次の定積分の値を求めよ。

(1) $\displaystyle\int_{-1}^2 \frac{x}{\sqrt{x+2}}\,dx$　　　　　　　(2) $\displaystyle\int_0^{\frac{\pi}{2}}\sqrt{\cos x}\,\sin^3 x\,dx$

(3) $\displaystyle\int_0^2 e^{\sqrt{3x}}\,dx$　　　　　　　(4) $\displaystyle\int_0^{\pi}\left|\sin\left(x+\frac{\pi}{3}\right)\right|dx$

15 次の定積分の値を求めよ。

(1) $\displaystyle\int_0^2 \frac{x}{x^2+6x+8}\,dx$

(2) $\displaystyle\int_0^1 \frac{e^x}{1+e^x}\log(1+e^x)dx$

(3) $\displaystyle\int_0^1 (1+x^2)e^x\,dx$

16 自然数 n について $I_n=\displaystyle\int_1^e (\log x)^n dx$ とする。ただし，対数は自然対数で，e は自然対数の底とする。

(1) $\displaystyle\int \log x\,dx$ を求め，これを用いて I_1 を求めよ。

(2) I_{n+1} を I_n を用いて表せ。

(3) I_5 を求めよ。

17 関数 $f(x)=\displaystyle\int_0^1 (e^t-xt)^2 dt$ の最小値とそのときの x の値を求めよ。

18 極限 $\displaystyle\lim_{n\to\infty}\frac{1}{n^2}\{\sqrt{4n^2-1^2}+\sqrt{4n^2-2^2}+\cdots\cdots+\sqrt{4n^2-(n-1)^2}\}$ を定積分を用いて表すと，□ であり，その値は □ である。

19 $0\leqq x\leqq\dfrac{\pi}{4}$ のとき，$1\leqq\dfrac{1}{\sqrt{1-\sin x}}\leqq\dfrac{1}{\sqrt{1-x}}$ であることを用いて，次の不等式が成り立つことを示せ。

$$\frac{\pi}{4}<\int_0^{\frac{\pi}{4}}\frac{dx}{\sqrt{1-\sin x}}<2-\sqrt{4-\pi}$$

第 2 節
積分法の応用

1 面積

1 面積① ▷ 例題127 例題131 例題132 例題133 例題134 例題135

曲線 $y=f(x)$，2直線 $x=a$，$x=b$ および x 軸で囲まれた部分の面積 S は

区間 $[a,\ b]$ で $f(x) \geqq 0$ のとき $\quad S=\displaystyle\int_a^b f(x)dx$

区間 $[a,\ b]$ で $f(x) \leqq 0$ のとき $\quad S=-\displaystyle\int_a^b f(x)dx$

> **例** 曲線 $y=\sin x\ (0 \leqq x \leqq \pi)$ と x 軸で囲まれた部分の面積 S は
> $$S=\int_0^\pi \sin x\,dx$$
> $$=\Bigl[-\cos x\Bigr]_0^\pi=-(-1)+1=2$$

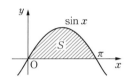

2 面積② ▷ 例題128 例題129 例題130

区間 $[a,\ b]$ で，$f(x) \geqq g(x)$ のとき，2曲線 $y=f(x)$，$y=g(x)$ および2直線 $x=a$，$x=b$ で囲まれた部分の面積 S は

$$S=\int_a^b \{f(x)-g(x)\}dx$$

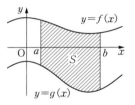

> **例** 2つの曲線 $y=x^2$，$y=\sqrt{x}$ によって囲まれた部分の面積 S は
> $$S=\int_0^1 (\sqrt{x}-x^2)dx$$
> $$=\Bigl[\frac{2}{3}x^{\frac{3}{2}}-\frac{x^3}{3}\Bigr]_0^1=\frac{2}{3}-\frac{1}{3}=\frac{1}{3}$$

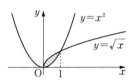

3 面積③ ▷ 例題134

媒介変数表示の曲線 $x=f(t)$，$y=g(t)\ (y \geqq 0)$ と2直線 $x=a$，$x=b$ および x 軸で囲まれた部分の面積 S は，置換積分を用いて

$$S=\int_a^b y\,dx$$
$$=\int_{t_1}^{t_2} g(t)\frac{dx}{dt}dt=\int_{t_1}^{t_2} g(t)f'(t)dt \quad (f(t_1)=a,\ f(t_2)=b)$$

例題 127 │ 3次関数のグラフと面積　★★★ （基本）

曲線 $y=(x-1)(x-2)(x-3)$ と x 軸で囲まれた2つの部分の面積の和を求めよ。

POINT グラフをかき，x 軸との交点や上下関係を調べる

曲線 $y=(x-1)(x-2)(x-3)$ のグラフをかくと，右図のようになるので，面積の和は $S=S_1+S_2$ で表されます。

$1 \leqq x \leqq 2$ では，$y \geqq 0$ だから　$S_1 = \displaystyle\int_1^2 y\,dx$

$2 \leqq x \leqq 3$ では，$y \leqq 0$ だから　$S_2 = -\displaystyle\int_2^3 y\,dx$

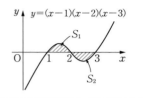

│ 解 答 │　　　　　　　　　　　　　　│ アドバイス │

曲線 $y=(x-1)(x-2)(x-3)$ のグラフは，右図のようになる。区間 $[1,\ 2]$ では $y \geqq 0$，区間 $[2,\ 3]$ では $y \leqq 0$ だから，求める面積 S は

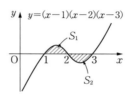

$S = \displaystyle\int_1^2 (x-1)(x-2)(x-3)dx - \int_2^3 (x-1)(x-2)(x-3)dx$ ❶

$\underline{x-2=t}$ とおくと ❷

$\dfrac{dx}{dt}=1$

x	$1 \to 2$
t	$-1 \to 0$

x	$2 \to 3$
t	$0 \to 1$

よって　$S = \displaystyle\int_{-1}^0 (t+1)t(t-1)dt - \int_0^1 (t+1)t(t-1)dt$

$\quad = \displaystyle\int_{-1}^0 (t^3-t)dt - \int_0^1 (t^3-t)dt$

$\quad = \left[\dfrac{t^4}{4} - \dfrac{t^2}{2}\right]_{-1}^0 - \left[\dfrac{t^4}{4} - \dfrac{t^2}{2}\right]_0^1$

$\quad = -\left(\dfrac{1}{4} - \dfrac{1}{2}\right) - \left(\dfrac{1}{4} - \dfrac{1}{2}\right) = \dfrac{\mathbf{1}}{\mathbf{2}}$ （答）

❶ 区間 $[2,\ 3]$ では $y \leqq 0$ だから，この部分の面積は

$\qquad -\displaystyle\int_2^3 y\,dx$

となります。

❷ 置換積分を用いないで

$S = \displaystyle\int_1^2 (x^3-6x^2+11x-6)dx$

$\quad - \displaystyle\int_2^3 (x^3-6x^2+11x-6)dx$

$= \left[\dfrac{x^4}{4} - 2x^3 + \dfrac{11}{2}x^2 - 6x\right]_1^2$

$\quad - \left[\dfrac{x^4}{4} - 2x^3 + \dfrac{11}{2}x^2 - 6x\right]_2^3$

としてもよいです。

│ STUDY │　$y=f(x)$ と x 軸で囲まれた面積 ⟹ グラフを利用

曲線 $y=f(x)$ と x 軸で囲まれた部分の面積を求めるには，まず，グラフをかいて，x 軸との上下関係，共有点の x 座標を確認する。

練習 131　曲線 $y=x^4-2x^2+1$ と x 軸で囲まれた部分の面積を求めよ。

例題 128 三角関数のグラフと面積 ★★★ 標準

区間 $[0, 2\pi]$ において，2曲線 $y=\sin x$，$y=\cos x$ で囲まれた図形の面積を求めよ。

POINT 2曲線で囲まれた部分の面積

①まずグラフをかき，②積分区間を求め，③上下関係を調べます。

| 解答 | | アドバイス |

$y=\sin x$ ……①，$y=\cos x$ ……② から

$\qquad \sin x=\cos x \ (0\leqq x\leqq 2\pi)$ ……③

ここで，$\cos x=0$ とすると，③は $\sin x=0$ となり，
$\sin^2 x+\cos^2 x=1$ が成り立たないから　　$\underline{\cos x\neq 0}$ ❶
このとき，③の両辺を $\underline{\cos x}$ で割ると ❷

$\qquad \underline{\tan x=1}$ ❸

よって　$x=\dfrac{\pi}{4}, \ \dfrac{5}{4}\pi$

したがって，①，②
のグラフは $\underline{右図}$ ❹ の
ようになり，求める
面積 S は

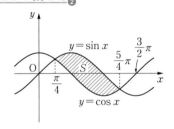

$$S=\int_{\frac{\pi}{4}}^{\frac{5}{4}\pi}(\sin x-\cos x)dx=\Big[-\cos x-\sin x\Big]_{\frac{\pi}{4}}^{\frac{5}{4}\pi}$$

$$=\left(\dfrac{1}{\sqrt{2}}+\dfrac{1}{\sqrt{2}}\right)-\left(-\dfrac{1}{\sqrt{2}}-\dfrac{1}{\sqrt{2}}\right)=\boldsymbol{2\sqrt{2}} \ \text{⊛}$$

❶ $\cos x=0$ のとき，$x=\dfrac{\pi}{2}$，
$\dfrac{3}{2}\pi$ なので，③に代入すれば，
③の等式を満たさないことか
ら，$\cos x\neq 0$ としてもよいで
す。

❷ 必ず $\cos x\neq 0$ であることを示
してから，両辺を $\cos x$ で割り
ます。

❸ $\tan x=1$，すなわち傾きが1
で，原点を通る直線を考えま
す。

❹ 2つの曲線の上下を調べます。

STUDY 定積分による面積の計算

三角関数などのグラフで囲まれた部分の面積を定積分で
求める問題では，面積は必ず正だから，負の答えが出た
ときは，グラフの上下関係のミスである。目盛りから大
体の目安をつけるクセをつけておくとよい。

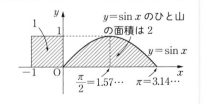

練習 132　曲線 $y=\cos x \ (0\leqq x\leqq \pi)$ と x 軸および2直線 $x=0$，$x=\pi$ とで囲まれた
図形の面積を求めよ。

練習 133　2曲線 $y=\sin x$，$y=\sin 2x$ によって囲まれた2つの部分の面積の和を
求めよ。ただし，$0\leqq x\leqq \pi$ とする。

次の曲線や直線で囲まれた部分の面積を求めよ。

(1) $y=\dfrac{1}{2}(e^x+e^{-x})$ と x 軸，y 軸および直線 $x=a$ $(a>0)$

(2) 曲線 $y=\log x$ と x 軸，y 軸および $y=1$

 POINT　グラフをかき，求める部分を図示する

(2)　$y=\log x$ のグラフをかき，求める部分を図示してみるとわかるように，求める
面積は長方形 OABC の面積から $\displaystyle\int_1^e \log x\,dx$ を引けばよいです。

| 解答 | | アドバイス |

(1)　$y=\dfrac{1}{2}(e^x+e^{-x})$ のグラフ_❶
は右図のようになり，求め
る面積 S は

$$S=\int_0^a \dfrac{1}{2}(e^x+e^{-x})dx$$

$$=\dfrac{1}{2}\Big[e^x-e^{-x}\Big]_0^a$$

$$=\dfrac{1}{2}(e^a-e^{-a}) \ (答)$$

❶ $x=0$ のとき，$y=1$ で，グラフ
は y 軸に関して対称です。

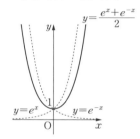

(2)　$y=\log x$ のグラフは右図
のようになり，求める面積
S は

$$S=1\times e-\int_1^e \log x\,dx$$_❷

$$=e-\Big[x\log x-x\Big]_1^e$$

$$=e-\{(e-e)-(0-1)\}$$

$$=e-1 \ (答)$$

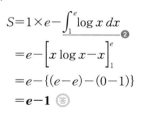

❷
$$\int \log x\,dx$$
$$=\int (x)'\log x\,dx$$
$$=x\log x-\int x\cdot\dfrac{1}{x}dx$$
$$=x\log x-x+C$$
これは公式として覚えておく
とよいです。

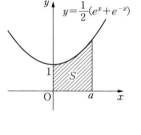
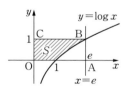

練習 134　次の曲線や直線で囲まれた部分の面積を求めよ。

(1)　$y=3^x$，$y=2x+1$

(2)　$y=x-\log x$，x 軸，$x=1$，$x=e$

例題 130 | 分数関数のグラフと面積 ★★★ 標準

曲線 $y=\dfrac{1}{x^2+3}$ と直線 $y=\dfrac{1}{4}$ とで囲まれた部分の面積を求めよ。

 **POINT** y 軸対称の図形の面積には，$2\displaystyle\int_0^a f(x)dx$ を用いる

$f(x)$ が偶関数のとき，曲線 $y=f(x)$ は y 軸について対称だから，このような場合の面積では $\displaystyle\int_{-a}^a f(x)dx=2\int_0^a f(x)dx$ を利用します。

| 解答 |

$$y=\frac{1}{x^2+3} \quad\cdots\cdots① , \quad y=\frac{1}{4} \quad\cdots\cdots②$$

①，②から

$$\frac{1}{x^2+3}=\frac{1}{4}$$

$$x^2+3=4$$

よって $x=\pm1$

また，図形は y に関して対称だから，①，②で囲まれた部分の面積 S は

$$S=\int_{-1}^1 \frac{dx}{x^2+3}-2\times\frac{1}{4} \quad =2\int_0^1 \frac{dx}{x^2+3} \quad -\frac{1}{2}$$

$x=\sqrt{3}\tan\theta$ とおくと

$$\frac{dx}{d\theta}=\frac{\sqrt{3}}{\cos^2\theta}$$

x	$0\to1$
θ	$0\to\dfrac{\pi}{6}$

以上より

$$\int_0^1 \frac{dx}{x^2+3}=\int_0^{\frac{\pi}{6}} \frac{1}{3(\tan^2\theta+1)}\cdot\frac{\sqrt{3}}{\cos^2\theta}d\theta$$

$$=\int_0^{\frac{\pi}{6}} \frac{1}{\sqrt{3}}d\theta=\left[\frac{\theta}{\sqrt{3}}\right]_0^{\frac{\pi}{6}}=\frac{\pi}{6\sqrt{3}}$$

よって $S=2\cdot\dfrac{\pi}{6\sqrt{3}}-\dfrac{1}{2}=\dfrac{\sqrt{3}\pi}{9}-\dfrac{1}{2}$ 答

| アドバイス |

❶ 連立方程式を解き，交点の x 座標を求めます。

❷ 全体から長方形の面積を引きます。

❸ $\displaystyle\int_{-a}^a$（偶関数 $f(x)$）dx $=2\displaystyle\int_0^a f(x)dx$

❹ $\displaystyle\int_\alpha^\beta \frac{dx}{x^2+a^2}$ では，$x=a\tan\theta$ と置き換えるのが定石です。

❺ $1+\tan^2\theta=\dfrac{1}{\cos^2\theta}$

練習 135 曲線 $y=x+\dfrac{2}{x}-3$ と x 軸とで囲まれた部分の面積を求めよ。

練習 136 曲線 $y=x^2$ と曲線 $y=\dfrac{2x}{x^2+1}$ とで囲まれた図形の面積を求めよ。

次の曲線や直線で囲まれた部分の面積を求めよ。

(1) $y=\log x$, x軸, y軸, $y=1$

(2) $y=\cos x$ $(0\leqq x\leqq\pi)$, $y=\dfrac{1}{2}$, $y=-\dfrac{1}{2}$, y軸

POINT $S=\displaystyle\int_a^b x\,dy$ から, xもしくは dy を変換

区間 $[a, b]$ でつねに $g(y)\geqq 0$ のとき, 曲線 $x=g(y)$ と y軸,
および2直線 $y=a$, $y=b$ で囲まれた部分の面積Sは
$$S=\int_a^b x\,dy=\int_a^b g(y)dy$$

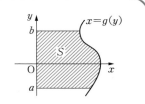

| 解答 |

(1)　曲線 $y=\log x$ と直線 $y=1$ の交点の座標は, $(e, 1)$
　　$y=\log x$ $(1\leqq x\leqq e)$ から　$x=e^y$ $(0\leqq y\leqq 1)$
　　よって, 求める面積Sは
$$S=\int_0^1 x\,dy=\int_0^1 e^y dy=\Big[e^y\Big]_0^1=e^1-e^0=\boldsymbol{e-1}　❶ 答$$

(2)　$y=\cos x$ から　　$dy=-\sin x\,dx$
また, x と y
の対応関係
は右のよう
になる。

y	$-\dfrac{1}{2}\to\dfrac{1}{2}$
x	$\dfrac{2}{3}\pi\to\dfrac{\pi}{3}$

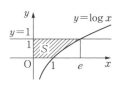

よって, 求める面積Sは
$$S=\int_{-\frac{1}{2}}^{\frac{1}{2}} x\,dy=\int_{\frac{2}{3}\pi}^{\frac{\pi}{3}} x\cdot(\underline{-\sin x\,dx}\,❷)=-\int_{\frac{\pi}{3}}^{\frac{2}{3}\pi} x(\cos x)'dx$$
$$=-\left(\Big[x\cos x\Big]_{\frac{\pi}{3}}^{\frac{2}{3}\pi}-\int_{\frac{\pi}{3}}^{\frac{2}{3}\pi}\cos x\,dx\right)$$
$$=-\left\{\frac{2}{3}\pi\cdot\left(-\frac{1}{2}\right)-\frac{\pi}{3}\cdot\frac{1}{2}-\Big[\sin x\Big]_{\frac{\pi}{3}}^{\frac{2}{3}\pi}\right\}=\boldsymbol{\frac{\pi}{2}}　❸ 答$$

| アドバイス |

❶ (1)の別解。
例題 **129** の(2)参照。

❷ $y=\cos x$ は $x=g(y)$ の形に変
形できないので, dy を変換し
ます。

❸ (2)の別解
xについて積分をして
$$S=1\times\frac{\pi}{3}$$
$$+\int_{\frac{\pi}{3}}^{\frac{2}{3}\pi}\left(\cos x+\frac{1}{2}\right)dx$$
$$=\frac{\pi}{3}+\Big[\sin x+\frac{1}{2}x\Big]_{\frac{\pi}{3}}^{\frac{2}{3}\pi}$$
$$=\frac{\pi}{2}$$

練習 137　次の曲線や直線で囲まれた部分の面積を求めよ。
　　(1)　$y^2=x-1$, $y=1$, $y=3$, y軸　　　　(2)　$x=y^2$, $x=y+2$

例題 **132** ｜ ２次曲線で囲まれた図形の面積　★★★　標準

楕円 $\dfrac{x^2}{a^2}+\dfrac{y^2}{b^2}=1$ によって囲まれた部分の面積を求めよ。$(a>0,\ b>0)$

 POINT　楕円の面積は対称性と，円の面積を利用

楕円 $\dfrac{x^2}{a^2}+\dfrac{y^2}{b^2}=1$ は，x 軸および y 軸に関して対称ですから，第1象限の部分の面積を求めて，それを4倍すればよいです。

また，$\displaystyle\int_0^a\sqrt{a^2-x^2}\,dx$ は，半径 a の円の面積の $\dfrac{1}{4}$ であることを利用します。

| 解答 |

$\dfrac{x^2}{a^2}+\dfrac{y^2}{b^2}=1$ を y について解くと

$$y=\pm\dfrac{b}{a}\sqrt{a^2-x^2}\quad\text{❶}$$

第1象限では $y>0$ であるから

$$y=\dfrac{b}{a}\sqrt{a^2-x^2}$$

この楕円は，x 軸および y 軸に関して対称であるから，求める面積 S は

$$S=4\int_0^a\dfrac{b}{a}\sqrt{a^2-x^2}\,dx=\dfrac{4b}{a}\int_0^a\sqrt{a^2-x^2}\,dx\quad\text{❷}$$

ここで $\displaystyle\int_0^a\sqrt{a^2-x^2}\,dx$ は半径 a の円の面積の $\dfrac{1}{4}$ を表すから ❸

$$\int_0^a\sqrt{a^2-x^2}\,dx=\dfrac{1}{4}\times\pi a^2=\dfrac{\pi}{4}a^2$$

よって

$$S=\dfrac{4b}{a}\cdot\dfrac{\pi}{4}a^2=\pi ab\ \text{答}$$

| アドバイス |

❶ $y^2=b^2\left(1-\dfrac{x^2}{a^2}\right)$ より，

$y=\pm\dfrac{b}{a}\sqrt{a^2-x^2}$ とします。

$y=\pm\sqrt{b^2\left(1-\dfrac{x^2}{a^2}\right)}$ の形ではなく

$$y=\pm\dfrac{b}{a}\sqrt{a^2-x^2}$$

の形に変形することで，円の面積を利用することができます。

❷ $x\geqq0,\ y\geqq0$ の部分（第1象限）の面積を4倍すればよいです。

❸

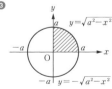

練習 138　楕円 $3x^2+4y^2=1$ によって囲まれた部分の面積を求めよ。

曲線 $y^2=x^2(1-x^2)$ は，右図のようなグラフになる。
このとき，この曲線によって，囲まれた部分の面
積を求めよ。

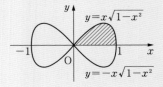

 **POINT** 閉曲線 $y^2=f(x)$ の面積では $y=\pm\sqrt{f(x)}$ と変形

閉曲線 $y^2=f(x)$ によって囲まれた図形の面積では，まず $f(x)\geqq0$ となる x の定義域
を求め，$y=\pm\sqrt{f(x)}$ の対称性を調べます。
x の代わりに $-x$ とおいても，もとの式と同じ式になるので，このグラフは y 軸に
関して対称です。y についても同様に考えて，x 軸に関しても対称です。
また，$y^2=x^2(1-x^2)\geqq0$ から $-1\leqq x\leqq1$，このとき
$$y=\pm x\sqrt{1-x^2}$$
したがって，$0\leqq x\leqq1$ のときの関数 $y=x\sqrt{1-x^2}$ と x 軸で囲まれた図形の面積（上図
斜線部分）を4倍すればよいです。

解答	アドバイス

$$y^2=x^2(1-x^2)\ \underline{(-1\leqq x\leqq1)}_{❶}\ \cdots\cdots①$$
x の代わりに $-x$，y の代わりに $-y$ とおいても，もとの
式と同じ式になるから，①のグラフは，$\underline{x\ 軸，y\ 軸に関}$
$\underline{して対称である。}_{❷}$
$0\leqq x\leqq1$，$y\geqq0$ において　　$y=x\sqrt{1-x^2}$
よって，求める面積 S は　　$S=4\displaystyle\int_0^1 x\sqrt{1-x^2}\,dx$

$\underline{1-x^2=t}_{❸}$ とおくと　　$\dfrac{dt}{dx}=-2x$

x	$0\to1$
t	$1\to0$

したがって　　$S=4\displaystyle\int_1^0\sqrt{t}\cdot\left(-\dfrac{1}{2}\,dt\right)=2\displaystyle\int_0^1\sqrt{t}\,dt$
$$=2\left[\dfrac{2}{3}t^{\frac{3}{2}}\right]_0^1=\boldsymbol{\dfrac{4}{3}}　㊜$$

❶ $y^2=x^2(1-x^2)\geqq0$ より
　　$1-x^2\geqq0$

❷ $f(-x,\ y)=f(x,\ y)$
　　$\Longleftrightarrow y$ 軸に関して対称
　　$f(x,\ -y)=f(x,\ y)$
　　$\Longleftrightarrow x$ 軸に関して対称

❸ 置換積分を用いず，次のよう
に計算してもよいです。
$$4\int_0^1 x\sqrt{1-x^2}\,dx$$
$$=-2\int_0^1(1-x^2)'\sqrt{1-x^2}\,dx$$
$$=-2\left[\dfrac{2}{3}(1-x^2)^{\frac{3}{2}}\right]_0^1=\dfrac{4}{3}$$

練習 139 曲線 $y^2=x^2(1-x)$ によって囲まれた部分の面積を求めよ。

例題 134 | 媒介変数表示の曲線と面積　★★★ (標準)

座標平面上の点Pの運動　$x=a\sin t,\ y=a\sin 2t$
について，次の問いに答えよ。ただし，aは$0<a<2$を満たす定数とする。

(1)　$0\leqq t\leqq\dfrac{\pi}{2}$のとき，点Pの描く曲線$C$を図示せよ。

(2)　曲線Cとx軸によって囲まれた図形の面積Sを求めよ。

POINT 媒介変数で表された曲線の面積の計算は，グラフをかいて置換積分

> 曲線とx軸との交点のx座標を求め，tの値の変化に伴うxやyの変化を調べてグラフをかきます。

| 解 答 | | アドバイス |

(1)　$y=0$から$\sin 2t=0$　　$2t=0,\ \pi$　よって　$t=0,\ \dfrac{\pi}{2}$

t	0	$\cdots$	$\dfrac{\pi}{4}$	$\cdots$	$\dfrac{\pi}{2}$
x	0	↗	$\dfrac{a}{\sqrt{2}}$	↗	a
y	0	↗	a	↘	0

したがって，点Pの描く曲線
Cは右図のようになる。❶

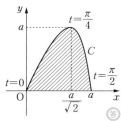

❶ 媒介変数tの値によって，$x,\ y$の値は変化するから，tが0から$\dfrac{\pi}{2}$まで増加するとき，xは0からaまで変化します。この変化をx軸上にとってみます。

❷ yをxの関数と考えて，xが0からaまで変化するときの面積を求める式です。

❸ yはtで表されているので，置換積分を考えます。
$$y=a\sin 2t$$
$$dx=a\cos t\,dt$$

x	$0\to a$
t	$0\to\dfrac{\pi}{2}$

(2)　$\dfrac{dx}{dt}=a\cos t$から，$dx=a\cos t\,dt$だから

$$S=\underline{\int_0^a y\,dx}_{\text{❷}}=\int_0^{\frac{\pi}{2}} a\sin 2t\cdot a\cos t\,dt \quad\text{❸}$$
$$=\int_0^{\frac{\pi}{2}} a^2\cdot 2\sin t\cos t\cdot\cos t\,dt=2a^2\int_0^{\frac{\pi}{2}}\cos^2 t\sin t\,dt$$
$$=2a^2\int_0^{\frac{\pi}{2}}\cos^2 t(-\cos t)'\,dt$$
$$=2a^2\left[-\dfrac{1}{3}\cos^3 t\right]_0^{\frac{\pi}{2}}=2a^2\cdot\dfrac{1}{3}=\boldsymbol{\dfrac{2}{3}a^2}\text{ (答)}$$

練習 140　次の曲線で囲まれた図形の面積を求めよ。
$$x=a\cos t,\ y=b\sin t\ (0\leqq t\leqq 2\pi)\ (a>0,\ b>0)$$

練習 141　次の曲線とx軸とで囲まれた図形の面積を求めよ。
(1)　$x=t-1,\ y=2t-t^2$　　(2)　$x=\cos t,\ y=\cos 2t\ (0\leqq t\leqq\pi)$

曲線 $y=\log x$ と，この曲線に原点Oから引いた接線 ℓ と x 軸とで囲まれた部分の面積を求めよ。

 POINT まず，接線の方程式を求める

曲線と接線で囲まれた図形の面積には，まず接線の方程式や接点，交点の座標などを求めます。

| 解 答 | アドバイス |

$$y=\log x \quad \cdots\cdots ①$$

$$y'=\frac{1}{x}$$

曲線①上の点 $(t,\ \log t)$ における接線 ℓ の方程式は

$$y-\log t=\frac{1}{t}(x-t) \quad ❶$$

$$\ell : y=\frac{1}{t}x-1+\log t \quad \cdots\cdots ②$$

これが原点Oを通るから ❷

$$-1+\log t=0,\quad \log t=1 \qquad よって \quad t=e$$

このとき②から $\quad \ell : y=\frac{1}{e}x$

したがって，上図から求める面積 S は ❸

$$S=\frac{1}{2}\cdot e\cdot 1-\int_1^e \log x\,dx=\frac{e}{2}-\Big[x\log x-x\Big]_1^e \ ❹$$

$$=\frac{e}{2}-\{(e-e)-(-1)\}=\boldsymbol{\frac{e}{2}-1} \ ㊐$$

❶ $y=f(x)$ 上の点 $(t,\ f(t))$ における接線の方程式は

$$y-f(t)=f'(t)(x-t)$$

❷ 原点Oを通るから，②に $x=0$，$y=0$ を代入します。

❸

となります。

❹ $\displaystyle\int \log x\,dx=x\log x-x+C$

注意 ①から $x=e^y$，$\ell : x=ey$ で，接点は $(e,\ 1)$ だから

$$S=\int_0^1 (e^y-ey)dy=\Big[e^y-\frac{e}{2}y^2\Big]_0^1=\Big(e-\frac{e}{2}\Big)-1=\frac{e}{2}-1$$

このように y 軸の方向に積分するほうが簡単です。

練習 142 曲線 $y=x^3$ 上の点 $(-1,\ -1)$ における接線と，この曲線とで囲まれた部分の面積を求めよ。

練習 143 曲線 $y=\log x$ と，曲線上の点 $(e^2,\ 2)$ における接線および x 軸，y 軸によって囲まれた図形の面積を求めよ。

2 体積

1 立体の断面積と体積 ▷ 例題136

座標が x の点を通る x 軸に垂直な平面による立体の切り口の面積を $S(x)$ とするとき，2平面 $x=a$，$x=b$ の間にある立体の体積 V は

$$V=\int_a^b S(x)dx$$

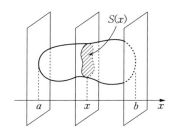

2 回転体の体積 ▷ 例題137 例題138 例題139 例題140 例題141

(1) 曲線 $y=f(x)$ と x 軸および2直線 $x=a$，$x=b$ $(a<b)$ で囲まれた図形を，x 軸のまわりに1回転してできる回転体の体積 V_x は

$$V_x=\pi\int_a^b y^2 dx=\pi\int_a^b \{f(x)\}^2 dx$$

(2) 曲線 $x=g(y)$ と y 軸および2直線 $y=a$，$y=b$ で囲まれた図形を，y 軸のまわりに1回転してできる回転体の体積 V_y は

$$V_y=\pi\int_a^b x^2 dy=\pi\int_a^b \{g(y)\}^2 dy$$

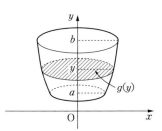

(3) 曲線が $x=f(t)$，$y=g(t)$ で表されているとき

$$V_x=\pi\int_a^b y^2 dx$$

$$=\pi\int_{t_1}^{t_2}\{g(t)\}^2\frac{dx}{dt}dt$$

$$=\pi\int_{t_1}^{t_2}\{g(t)\}^2 f'(t)dt$$

$$(f(t_1)=a,\ f(t_2)=b)$$

$$V_y=\pi\int_a^b x^2 dy$$

$$=\pi\int_{t_1}^{t_2}\{f(t)\}^2\frac{dy}{dt}dt$$

$$=\pi\int_{t_1}^{t_2}\{f(t)\}^2 g'(t)dt$$

$$(g(t_1)=a,\ g(t_2)=b)$$

例題 **136** 立体の体積 ★★★ 標準

底面の半径が$3\,\text{cm}$の直円柱がある。右図のように，底面の直径ABを含み，底面と$60°$の角を作る平面で，直円柱を切り取るとする。

この切り取られた立体のうち，小さいほうの体積を求めよ。

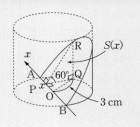

POINT 断面積が$S(x)\implies$ 体積$=\displaystyle\int_a^b S(x)dx$

$a\leqq x\leqq b$の範囲において，x軸に垂直な平面による立体の断面積が$S(x)$であるとき，立体の体積Vは$V=\displaystyle\int_a^b S(x)dx$です。

本問では，立体の切り口の面積$S(x)$を求め，$\displaystyle\int_{-3}^{3}S(x)dx$を計算すればよいです。

解答		アドバイス

直径ABをx軸，底面の中心Oを原点にとる。x軸上の点P$(x,\ 0)$で，x軸に垂直な平面による，立体の切り口は直角三角形PQRである。OP$=|x|$のとき

$$PQ^2=OQ^2-OP^2=3^2-x^2=9-x^2$$

また，$\angle RPQ=60°$だから $\qquad QR=\sqrt{3}\,PQ$

したがって，$\triangle PQR$の面積を$S(x)$とすると

$$S(x)=\frac{1}{2}PQ\cdot QR=\frac{\sqrt{3}}{2}PQ^2=\frac{\sqrt{3}}{2}(9-x^2)$$

求める体積Vは

$$V=\int_{-3}^{3}\frac{\sqrt{3}}{2}(9-x^2)dx \underset{\text{❶}}{\quad}=\sqrt{3}\int_0^3(9-x^2)dx \underset{\text{❷}}{\quad}$$

$$=\sqrt{3}\Big[9x-\frac{x^3}{3}\Big]_0^3=\sqrt{3}\,(27-9)=\boldsymbol{18\sqrt{3}}\ \ \textbf{(cm}^3\textbf{)}\ \text{答}$$

❶ うすい直角三角形の板の体積を-3から3まで加えます。

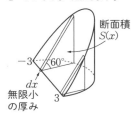

断面積$S(x)$

dx
無限小
の厚み

❷ $\displaystyle\int_{-a}^{a}$（偶関数$f(x)$）$dx$

$$=2\int_0^a f(x)dx$$

練習 144 平面上に半径aの円がある。直径AB上の任意の点Pにおいて，ABに垂直な弦QRをとり，これを1辺とする正三角形SQRを円に垂直な平面上に作る。PをAからBまで動かすとき，$\triangle SQR$が通過してできる立体の体積を求めよ。

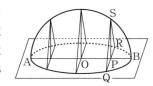

例題 137 | x 軸のまわりの回転体の体積　★★★　標準

次の図形をx軸のまわりに1回転してできる立体の体積を求めよ。

(1)　曲線 $y=(x+1)(x-2)$ と x 軸とで囲まれる図形

(2)　曲線 $y=\dfrac{1}{x+1}$ と x 軸，y 軸および直線 $x=1$ とで囲まれる図形

 POINT　x 軸のまわりの回転体の体積は，$\pi\displaystyle\int_a^b y^2\,dx$ を利用

x軸のまわりに1回転させてできる立体をx軸に垂直な平面で切ったときの断面は円で，公式 $\pi\displaystyle\int_a^b y^2\,dx$ を利用すればよいです。

| 解答 | | アドバイス |

(1)　$y=(x+1)(x-2)$

$y=0$ から　　$x=-1,\ 2$

よって，体積 V は

$$V=\pi\int_{-1}^{2}y^2dx$$

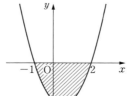

$$=\pi\int_{-1}^{2}(x^2-x-2)^2dx \quad ❶$$

$$=\pi\int_{-1}^{2}(x^4-2x^3-3x^2+4x+4)dx$$

$$=\pi\left[\frac{x^5}{5}-\frac{x^4}{2}-x^3+2x^2+4x\right]_{-1}^{2}$$

$$=\pi\left\{\left(\frac{32}{5}-8-8+8+8\right)-\left(-\frac{1}{5}-\frac{1}{2}+1+2-4\right)\right\}$$

$$=\frac{81}{10}\pi \quad ㊙$$

❶ 立体の断面の円の半径はグラフ上の点のy座標の絶対値になるが，平方するので正負は考えなくてもよいです。

(2)　体積 V は　　$V=\pi\displaystyle\int_0^1 y^2dx$

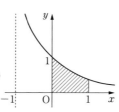

$$=\pi\int_0^1\left(\frac{1}{x+1}\right)^2dx=\pi\left[-\frac{1}{x+1}\right]_0^1 \quad ❷$$

$$=\pi\left(-\frac{1}{2}+1\right)=\frac{\pi}{2} \quad ㊙$$

❷　$\displaystyle\int(x+1)^{-2}dx$

$\quad=\dfrac{1}{-2+1}(x+1)^{-2+1}+C$

$\quad=-(x+1)^{-1}+C$

（Cは積分定数）

練習 145　次の図形をx軸のまわりに1回転してできる立体の体積を求めよ。

(1)　曲線 $y=\sin x\ (0\leqq x\leqq\pi)$ と x 軸とで囲まれた図形

(2)　曲線 $y=\sin x(1+\cos x)\ (0\leqq x\leqq\pi)$ と x 軸とで囲まれた図形

次の曲線と直線によって囲まれた図形を y 軸のまわりに1回転してできる立体の体積を求めよ。

(1)　$y=1-\sqrt{x}$,　x軸,　y軸 　　　　(2)　$x=y^2-y$,　y軸

POINT　y軸のまわりの回転体の体積は，$\pi\displaystyle\int_a^b x^2\,dy$ を利用

まずグラフをかき，軸との交点を求め積分区間を決定します。
y軸のまわりの回転体は，y軸に垂直な平面で切った断面が円で断面積は πx^2 ですから，体積は $\pi\displaystyle\int_a^b x^2\,dy$ です。

| 解 答 | アドバイス |

(1)　$y=1-\sqrt{x}$ と x軸，y軸で囲まれた図形は右図のようになり，求める立体の体積 V は

$$V=\pi\int_0^1 x^2 dy \qquad \text{❶}$$
$$=\pi\int_0^1 (1-y)^4\,dy \qquad \text{❷}$$
$$=\pi\left[-\frac{1}{5}(1-y)^5\right]_0^1=\frac{\pi}{5} \quad \text{(答)}$$

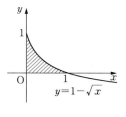

❶ y軸のまわりの回転体の体積は，$\pi\displaystyle\int_a^b x^2\,dy$

❷ $y=1-\sqrt{x}$ より
$x=(1-y)^2$

(2)　$x=y^2-y$ と y軸との交点の y座標は，❸ $y^2-y=0$ から
$$y=0,\ 1$$
したがって，$x=y^2-y$ と y軸で囲まれた図形は右図のようになり，求める立体の体積 V は

$$V=\pi\int_0^1 x^2 dy=\pi\int_0^1 (y^2-y)^2 dy=\pi\int_0^1 (y^4-2y^3+y^2)dy$$
$$=\pi\left[\frac{y^5}{5}-\frac{y^4}{2}+\frac{y^3}{3}\right]_0^1=\pi\left(\frac{1}{5}-\frac{1}{2}+\frac{1}{3}\right)=\frac{\pi}{30} \quad \text{(答)}$$

❸ y軸のまわりの回転体の場合，yについて積分するので積分区間も yについて求めます。

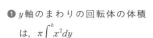

練習 146　次の曲線と直線によって囲まれた図形を y 軸のまわりに1回転してできる立体の体積を求めよ。

(1)　曲線 $y=\dfrac{1}{x}$,　直線 $y=1$,　$y=4$,　y軸

(2)　曲線 $y=\log x$,　x軸,　y軸,　$y=2$

例題 139 | 楕円と回転体 ★★★ (標準)

楕円 $\dfrac{x^2}{a^2}+\dfrac{y^2}{b^2}=1$ で囲まれた図形を，x軸のまわりに1回転してできる立体の体積 V_x と，y軸のまわりに1回転してできる立体の体積 V_y の比を求めよ。ただし，$a>0$，$b>0$ とする。

 **POINT** $\quad V_x=\pi\displaystyle\int_{-a}^{a}y^2\,dx,\quad V_y=\pi\displaystyle\int_{-b}^{b}x^2\,dy$

回転体の回転軸に垂直な平面による切り口は円になり，その面積がそれぞれ πy^2，πx^2 となるので，回転体の体積の公式

$$V_x=\pi\int_{-a}^{a}y^2\,dx,\quad V_y=\pi\int_{-b}^{b}x^2\,dy$$

が得られます。これを用いて，V_x，V_y を計算し，その比を求めます。

解答	アドバイス

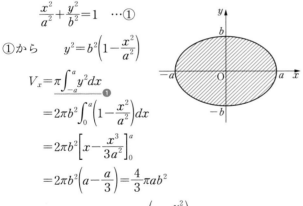

$$\frac{x^2}{a^2}+\frac{y^2}{b^2}=1 \quad \cdots①$$

①から $\quad y^2=b^2\left(1-\dfrac{x^2}{a^2}\right)$

$$\begin{aligned}
V_x&=\pi\int_{-a}^{a}y^2dx \quad ❶\\
&=2\pi b^2\int_{0}^{a}\left(1-\frac{x^2}{a^2}\right)dx\\
&=2\pi b^2\left[x-\frac{x^3}{3a^2}\right]_{0}^{a}\\
&=2\pi b^2\left(a-\frac{a}{3}\right)=\frac{4}{3}\pi ab^2
\end{aligned}$$

❶ 切り口の円の半径は y だから，断面積は πy^2 となります。この回転体は，y軸に関して対称です。

同様に，①から $\quad x^2=a^2\left(1-\dfrac{y^2}{b^2}\right)$

$$\begin{aligned}
V_y&=\pi\int_{-b}^{b}x^2dy \quad ❷ =2\pi a^2\int_{0}^{b}\left(1-\frac{y^2}{b^2}\right)dy\\
&=2\pi a^2\left[y-\frac{y^3}{3b^2}\right]_{0}^{b}=2\pi a^2\left(b-\frac{b}{3}\right)=\frac{4}{3}\pi a^2 b \quad ❸
\end{aligned}$$

❷ 切り口の円の半径は x だから，断面積は πx^2 となります。この回転体は，x軸に関して対称です。

❸ V_y の結果は，V_x の a と b を入れ替えたものになります。

よって $\quad V_x:V_y=\dfrac{4}{3}\pi ab^2:\dfrac{4}{3}\pi a^2 b=\boldsymbol{b:a}$ (答)

練習 147 半径が a の円 $x^2+y^2=a^2$ を x軸のまわりに回転させてできる回転体は，半径が a の球である。この球の体積を定積分を用いて求めよ。

例題 **140** 2曲線の囲む回転体の体積 ★★★ 標準

円 $x^2+(y-3)^2=4$ を，x軸のまわりに1回転して得られる立体の体積Vを求めよ。

POINT　2曲線の囲む回転体の体積は，（外側）－（内側）で計算

2つのグラフによって囲まれた図形を回転してできる
回転体の体積は，外側の回転体の体積 V_1 から，内側
の回転体の体積 V_2 を引きます。
本問の円の図は右のようになり，問題の回転体はドー
ナツ型になります。円の方程式は $(y-3)^2=4-x^2$ から

$$y-3=\pm\sqrt{4-x^2}\qquad よって\quad y=3\pm\sqrt{4-x^2}$$

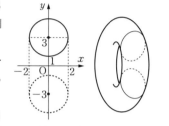

体積は，上側の半円とx軸で囲まれる図形をx軸のま
わりに1回転して得られる立体の体積から，下側の半円とx軸で囲まれる図形をx
軸のまわりに1回転して得られる立体の体積を引けばよいです。

| 解答 | | アドバイス |

$x^2+(y-3)^2=4$ から

$$(y-3)^2=4-x^2,\quad y-3=\pm\sqrt{4-x^2}$$

よって　$y=3\pm\sqrt{4-x^2}$

$$V=\pi\int_{-2}^{2}\{(3+\sqrt{4-x^2})^2-(3-\sqrt{4-x^2})^2\}dx$$

$$=\pi\int_{-2}^{2}12\sqrt{4-x^2}\,dx\ ②\ =24\pi\int_{0}^{2}\sqrt{4-x^2}\,dx\ ③$$

$$=24\pi\cdot\frac{1}{4}\pi\cdot2^2=\boldsymbol{24\pi^2}\ (答)$$

❶ 下のようになります。

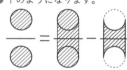

❷ $\sqrt{4-x^2}$ は偶関数です。

❸ $\displaystyle\int_{0}^{2}\sqrt{4-x^2}\,dx$ は半径2の円の
面積の $\dfrac{1}{4}$ になります。

| STUDY | パップス・ギュルダンの定理

$V=\{$重心（この場合は円の中心）が移動した距離$\}\times$（図形の面積）という関係があり，パップス・ギュ
ルダンの定理と呼ばれている。この問題では $V=2\pi\cdot3\times\pi\cdot2^2=24\pi^2$ となる。ただし，この定理は解答
ではなく検算に使う。また，2曲線の囲む回転体の体積は $\pi\displaystyle\int\{f(x)\}^2dx-\pi\int\{g(x)\}^2dx$ で，
$\pi\displaystyle\int\{f(x)-g(x)\}^2dx$ ではないことに注意しよう。

練習 148　円 $x^2+(y-\sqrt{3})^2=4$ をx軸のまわりに回転してできる立体の体積を求め
よ。

練習 149　放物線 $y=-x^2+3x$ と直線 $y=x$ とで囲まれた図形を，x軸のまわりに
回転させてできる回転体の体積を求めよ。

例題 141 媒介変数表示の回転体の体積 ★★★ 応用

サイクロイド（p.349参照） $x=a(\theta-\sin\theta)$, $y=a(1-\cos\theta)$
の $0\leqq\theta\leqq2\pi$ の部分を，x軸のまわりに1回転してできる立体の体積を求めよ。ただし，aは正の定数とする。

 **POINT** 置換積分を用いるのが定石

本問では基本的には，公式 $V=\pi\displaystyle\int_a^b y^2\,dx$ を用いますが，yはθで表されているので置換積分を考えます。積分区間に注意してください。

| 解答 | | アドバイス |

$x=a(\theta-\sin\theta)$
$y=a(1-\cos\theta)$

$\dfrac{dx}{d\theta}=\underline{a(1-\cos\theta)}_{❶}$

x	$0\to2\pi a$
θ	$0\to2\pi$

❶ $a(1-\cos\theta)\geqq0$ となり，xは単調に増加します。

よって，この曲線とx軸とで囲まれた図形をx軸のまわりに1回転してできる立体の体積Vは

$V=\pi\displaystyle\int_0^{2\pi a}y^2\,dx_{❷}=\pi\int_0^{2\pi}\{a(1-\cos\theta)\}^2\cdot\underline{a(1-\cos\theta)\,d\theta}_{❸}$

$=\pi a^3\displaystyle\int_0^{2\pi}(1-\cos\theta)^3\,d\theta$

$=\pi a^3\displaystyle\int_0^{2\pi}(1-3\cos\theta+3\cos^2\theta-\cos^3\theta)\,d\theta_{❹}$

$=\pi a^3\displaystyle\int_0^{2\pi}\Big\{1-3\cos\theta+\dfrac{3}{2}(1+\cos2\theta)$

$\qquad\qquad\qquad\qquad -\dfrac{1}{4}(\cos3\theta+3\cos\theta)\Big\}\,d\theta$

$=\pi a^3\Big[\dfrac{5}{2}\theta-\dfrac{15}{4}\sin\theta+\dfrac{3}{4}\sin2\theta-\dfrac{1}{12}\sin3\theta\Big]_0^{2\pi}$

$=\pi a^3\cdot\dfrac{5}{2}\cdot2\pi=\boldsymbol{5\pi^2 a^3}$ 答

❷ xの積分区間は
$\qquad 0\leqq x\leqq2\pi a$
❸ $dx=a(1-\cos\theta)\,d\theta$

❹ 2倍角，3倍角の公式
$\qquad \cos2\theta=2\cos^2\theta-1$
$\qquad \cos3\theta=4\cos^3\theta-3\cos\theta$
を用います。

練習 150 $0\leqq t\leqq\dfrac{\pi}{2}$ の区間において，曲線 $x=\sin t$, $y=\sin2t$ とx軸で囲まれた図形を，x軸のまわりに1回転させてできる回転体の体積を求めよ。

3 | 曲線の長さ

1 曲線の長さ① ▷ 例題 142

曲線 $y=f(x)$ $(a \leqq x \leqq b)$ の長さ s は

$$s=\int_a^b \sqrt{1+\left(\frac{dy}{dx}\right)^2}\, dx$$

$$=\int_a^b \sqrt{1+\{f'(x)\}^2}\, dx$$

例 曲線 $y=x^{\frac{3}{2}}$ $\left(0 \leqq x \leqq \frac{4}{3}\right)$ の長さを求めると，$y'=\frac{3}{2}\sqrt{x}$ より

$$\sqrt{1+(y')^2}=\sqrt{1+\left(\frac{3}{2}\sqrt{x}\right)^2}=\sqrt{1+\frac{9}{4}x}$$

よって，求める長さ s は

$$s=\int_0^{\frac{4}{3}}\sqrt{1+\frac{9}{4}x}\, dx$$

$$=\left[\frac{4}{9}\cdot\frac{2}{3}\left(1+\frac{9}{4}x\right)^{\frac{3}{2}}\right]_0^{\frac{4}{3}}$$

$$=\frac{8}{27}(2^3-1)=\frac{56}{27}$$

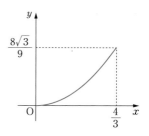

2 曲線の長さ② ▷ 例題 143

曲線 $x=f(t)$, $y=g(t)$ $(a \leqq t \leqq b)$ の長さ s は

$$s=\int_a^b \sqrt{\left(\frac{dx}{dt}\right)^2+\left(\frac{dy}{dt}\right)^2}\, dt$$

$$=\int_a^b \sqrt{\{f'(t)\}^2+\{g'(t)\}^2}\, dt$$

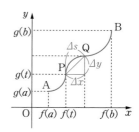

例 $x=\sin t$, $y=\cos t$ $(0 \leqq t \leqq 2\pi)$ で表される曲線の長さ
を求めると

$$\frac{dx}{dt}=\cos t, \quad \frac{dy}{dt}=-\sin t$$

より

$$\sqrt{\left(\frac{dx}{dt}\right)^2+\left(\frac{dy}{dt}\right)^2}=\sqrt{\cos^2 t+\sin^2 t}=1$$

よって，求める長さ s は

$$s=\int_0^{2\pi}\sqrt{\left(\frac{dx}{dt}\right)^2+\left(\frac{dy}{dt}\right)^2}\, dt=\int_0^{2\pi} dt$$

$$=\left[t\right]_0^{2\pi}=2\pi \quad \text{（半径 1 の円周の長さ）}$$

例題 142 | 曲線の長さ ★★★ 標準

曲線 $y=\dfrac{1}{2}(e^x+e^{-x})$ と x 軸, y 軸, 直線 $x=k$ $(k>0)$ で囲まれた図形の面積は, その区間の曲線の長さに等しいことを証明せよ。

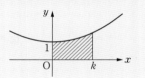

POINT

曲線 $y=f(x)$ $(a\leqq x\leqq b)$ の長さ L は
$$L=\int_a^b \sqrt{1+\left(\dfrac{dy}{dx}\right)^2}\,dx=\int_a^b \sqrt{1+(y')^2}\,dx$$

本問では, 面積 S と曲線の長さ L を求め, $S=L$ となることを示します。

解答	アドバイス

面積 S は $\quad S=\displaystyle\int_0^k \dfrac{1}{2}(e^x+e^{-x})dx$ ……①

曲線の長さ L は, $y'=\dfrac{1}{2}(e^x-e^{-x})$ より

$\quad \sqrt{1+(y')^2}=\sqrt{1+\dfrac{1}{4}(e^x-e^{-x})^2}=\dfrac{1}{2}(e^x+e^{-x})$ ❶

よって $\quad L=\displaystyle\int_0^k \sqrt{1+(y')^2}\,dx=\int_0^k \dfrac{1}{2}(e^x+e^{-x})dx=S$ ❷

(証明終り)

❶ $e^x+e^{-x}>0$ なので
$$\sqrt{1+\dfrac{1}{4}(e^x-e^{-x})^2}$$
$$=\dfrac{1}{2}\sqrt{(e^x+e^{-x})^2}$$
$$=\dfrac{1}{2}(e^x+e^{-x})$$

❷ ①より

| STUDY | カテナリー

$a>0$ のとき, 曲線 $y=\dfrac{a}{2}(e^{\frac{x}{a}}+e^{-\frac{x}{a}})$ を **カテナリー** (懸垂線) とよぶ。カテナリーはひもをつり下げたときの曲線である。例えば, 電線のたるみはカテナリーである。

カテナリー $y=\dfrac{a}{2}(e^{\frac{x}{a}}+e^{-\frac{x}{a}})$ と x 軸, y 軸, 直線 $x=k$ $(k>0)$ で囲まれた図形の面積 S は

$$S=\int_0^k \dfrac{a}{2}(e^{\frac{x}{a}}+e^{-\frac{x}{a}})dx=a\int_0^k \dfrac{1}{2}(e^{\frac{x}{a}}+e^{-\frac{x}{a}})dx$$

曲線の長さ L は, $y'=\dfrac{1}{2}(e^{\frac{x}{a}}-e^{-\frac{x}{a}})$ より $\sqrt{1+(y')^2}=\dfrac{1}{2}(e^{\frac{x}{a}}+e^{-\frac{x}{a}})$

$$L=\int_0^k \sqrt{1+(y')^2}\,dx=\int_0^k \dfrac{1}{2}(e^{\frac{x}{a}}+e^{-\frac{x}{a}})dx=\dfrac{S}{a}$$

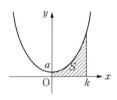

したがって, $S=aL$ の関係が成り立つ (この例題は $a=1$ のとき)。

練習 151 曲線 $y=\log(x+\sqrt{x^2-1})$ $(1\leqq x\leqq 2)$ の長さを求めよ。

曲線 $x=\cos^3 t,\ y=\sin^3 t\ (0\leqq t\leqq 2\pi)$ は右図のようになる。
その長さを求めよ。

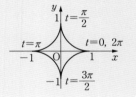

POINT

曲線 $x=f(t),\ y=g(t)\ (a\leqq t\leqq b)$ の長さ s は
$$s=\int_a^b \sqrt{\left(\frac{dx}{dt}\right)^2+\left(\frac{dy}{dt}\right)^2}\ dt=\int_a^b \sqrt{\{f'(t)\}^2+\{g'(t)\}^2}\ dt$$

本問のような曲線は，**アステロイド**と呼ばれるもので，その長さは上の公式を用いればよいですが，計算の途中で $\sqrt{\sin^2 2t}$ が現れます。$\sqrt{\sin^2 2t}=|\sin 2t|$ ですから，絶対値をはずすには t について場合分けをしなければなりません。この計算を省力化するには，$0\leqq t\leqq\dfrac{\pi}{2}$（第1象限）における曲線の長さを求めて4倍します。

解 答	アドバイス

$\underline{x=\cos^3 t,\ y=\sin^3 t}_{\ ❶}\ (0\leqq t\leqq 2\pi)$

$\dfrac{dx}{dt}=-3\cos^2 t\sin t,\ \dfrac{dy}{dt}=3\sin^2 t\cos t$

$\quad\left(\dfrac{dx}{dt}\right)^2+\left(\dfrac{dy}{dt}\right)^2$

$=(-3\cos^2 t\sin t)^2+(3\sin^2 t\cos t)^2$

$=9\sin^2 t\cos^2 t\underline{(\cos^2 t+\sin^2 t)}_{❷}\ =9\underline{(\sin t\cos t)^2}_{❸}$

$=9\left(\dfrac{1}{2}\sin 2t\right)^2=\left(\dfrac{3}{2}\sin 2t\right)^2$

$\underline{曲線の長さ s}_{❹}$ は

$s=4\displaystyle\int_0^{\frac{\pi}{2}}\sqrt{\left(\dfrac{dx}{dt}\right)^2+\left(\dfrac{dy}{dt}\right)^2}\ dt=4\int_0^{\frac{\pi}{2}}\left|\dfrac{3}{2}\sin 2t\right|\ dt$

$0\leqq t\leqq\dfrac{\pi}{2}$ のとき $\underline{\sin 2t\geqq 0}$ だから ❺

$s=6\displaystyle\int_0^{\frac{\pi}{2}}\sin 2t\ dt=6\left[-\dfrac{1}{2}\cos 2t\right]_0^{\frac{\pi}{2}}=-3(-1-1)=\boldsymbol{6}$ 答

❶ $(\cos^3 t)^{\frac{2}{3}}+(\sin^3 t)^{\frac{2}{3}}=1$ より t
を消去すると
$x^{\frac{2}{3}}+y^{\frac{2}{3}}=1$

❷ $\sin^2 t+\cos^2 t=1$
❸ $\sin 2t=2\sin t\cos t$

❹ 曲線の長さは，$0\leqq t\leqq\dfrac{\pi}{2}$ に対応する曲線の長さの4倍に等しいです。

❺ $\sqrt{a^2}=|a|$
$=\begin{cases} a & (a\geqq 0) \\ -a & (a<0) \end{cases}$
に注意。

練習 152 a を正の定数とするとき，サイクロイド（p.349参照）$x=a(\theta-\sin\theta)$，$y=a(1-\cos\theta)$ の $0\leqq\theta\leqq 2\pi$ の部分の長さを求めよ。

4 速度と道のり

1 直線上の速度と道のり ▷ 例題 144

数直線上を運動する点Pの速度vが時刻tの関数$v=f(t)$で表されるとき

① $t=a$から$t=b$までのPの位置の変化dは

$$d=\int_a^b f(t)dt$$

② $t=a$から$t=b$までにPが通過する道のりsは

$$s=\int_a^b |f(t)|dt$$

例 速度が$v=12-3t^2$で与えられる直線上の運動で，時刻$t=0$から，$t=5$までの間に点が動いたとする。このとき

(1) 点の位置の変化dは

$$d=\int_0^5(12-3t^2)dt$$
$$=\left[12t-t^3\right]_0^5$$
$$=60-125=-65$$

(2) 点が動いた道のりsは

$$12-3t^2=3(2+t)(2-t)$$

より（右図参照）

$$s=\int_0^5|12-3t^2|dt$$
$$=\int_0^2(12-3t^2)dt-\int_2^5(12-3t^2)dt$$
$$=\left[12t-t^3\right]_0^2-\left[12t-t^3\right]_2^5$$
$$=2(24-8)-(60-125)=97$$

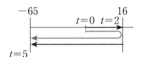

2 平面上の速度と道のり ▷ 例題 145

平面上を運動する点Pの座標$(x,\ y)$が，時刻tの関数$x=f(t)$，$y=g(t)$で表されるとき

① 時刻tにおける点Pの速度$\vec{v}$の大きさは

$$|\vec{v}|=\sqrt{\left(\frac{dx}{dt}\right)^2+\left(\frac{dy}{dt}\right)^2}$$

② 点Pが時刻$t=a$から$t=b$までの間に通過する道のりsは

$$s=\int_a^b\sqrt{\left(\frac{dx}{dt}\right)^2+\left(\frac{dy}{dt}\right)^2}\,dt$$

時刻 t における速度が $v=\sin \pi t+\cos \pi t$ で与えられる直線上の運動で，時刻 $t=0$ から $t=1$ までの間に点が動いたとする。このとき

(1) 点の位置の変化を求めよ。　　　　(2) 点が動いた道のりを求めよ。

 POINT　位置の変化は $d=\displaystyle\int_a^b v\, dt$，道のりは $s=\displaystyle\int_a^b |v|\, dt$

(2)は，v のグラフをかき，積分区間を分けます。

| 解 答 | | アドバイス |

(1) 位置の変化を d とすると

$$d=\int_0^1 v\, dt=\int_0^1 (\sin \pi t+\cos \pi t)dt=\frac{2}{\pi}\ \text{(答)}\ ❶$$

(2) $v=\sin \pi t+\cos \pi t=\sqrt{2}\ \sin\left(\pi t+\dfrac{\pi}{4}\right)$ ❷

より，グラフは右図のようになり

$0\leqq t\leqq \dfrac{3}{4}$ のとき　$v\geqq 0$

$\dfrac{3}{4}<t\leqq 1$ のとき　$v<0$

よって，道のりを s とすると　　　　❸

$$s=\int_0^1 |v|\, dt=\int_0^1 \left|\sqrt{2}\ \sin\left(\pi t+\frac{\pi}{4}\right)\right|\, dt$$

$$=\sqrt{2}\int_0^{\frac{3}{4}} \sin\left(\pi t+\frac{\pi}{4}\right)dt-\sqrt{2}\int_{\frac{3}{4}}^1 \sin\left(\pi t+\frac{\pi}{4}\right)dt$$

$$=\frac{\sqrt{2}}{\pi}\left[-\cos\left(\pi t+\frac{\pi}{4}\right)\right]_0^{\frac{3}{4}}-\frac{\sqrt{2}}{\pi}\left[-\cos\left(\pi t+\frac{\pi}{4}\right)\right]_{\frac{3}{4}}^1$$

$$=\frac{\sqrt{2}}{\pi}\left(-\cos \pi+\cos \frac{\pi}{4}\right)+\frac{\sqrt{2}}{\pi}\left(\cos \frac{5}{4}\pi-\cos \pi\right)$$

$$=\frac{\sqrt{2}}{\pi}\left(1+\frac{\sqrt{2}}{2}\right)+\frac{\sqrt{2}}{\pi}\left(-\frac{\sqrt{2}}{2}+1\right)=\frac{2\sqrt{2}}{\pi}\ \text{(答)}$$

❶ $\displaystyle\int_0^1 (\sin \pi t+\cos \pi t)dt$
$=\left[\dfrac{1}{\pi}(-\cos \pi t+\sin \pi t)\right]_0^1$

❷ 三角関数の合成。

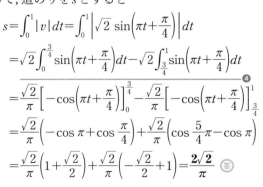

❸ $v=\sqrt{2}\ \sin \pi\left(t+\dfrac{1}{4}\right)$ より
$v=\sqrt{2}\ \sin \pi t$ のグラフを t 軸方向に $-\dfrac{1}{4}$ 平行移動したグラフ。

❹ $|v|=\begin{cases} v & \left(0\leqq t\leqq \dfrac{3}{4}\right) \\ -v & \left(\dfrac{3}{4}<t\leqq 1\right) \end{cases}$

練習 153　x 軸上を運動する点の，時刻 t における位置を $f(t)$，速度を $v(t)$ とすると $v(t)=4t-t^2$ と表されるという。$f(1)=5$ のとき，次の問いに答えよ。

(1) 時刻 t における位置 $f(t)$ を求めよ。

(2) 時刻 $t=2$ から $t=5$ までに点が動いた道のりを求めよ。

例題 145 | 平面上を運動する点の道のり ★★★ 標準

平面上を動く点Pの時刻 t における座標 (x, y) が

$$x=e^{-t}\cos t, \quad y=e^{-t}\sin t$$

で与えられている。このとき，$t=0$ から $t=2$ までの間に点Pの動いた道のりを求めよ。

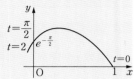

POINT

媒介変数表示された曲線の長さと同様に

$$s=\int_a^b\sqrt{\left(\frac{dx}{dt}\right)^2+\left(\frac{dy}{dt}\right)^2}\,dt\text{で求める}$$

本問で，点Pが動いた道のりは，曲線 $x=e^{-t}\cos t,\ y=e^{-t}\sin t\ (0\leqq t\leqq 2)$ の長さと等しいです。公式中の $\sqrt{\left(\dfrac{dx}{dt}\right)^2+\left(\dfrac{dy}{dt}\right)^2}$ は時刻 t における点Pの速度の大きさだから，これを $0\leqq t\leqq 2$ で積分したものが求める道のりになります。

解答	アドバイス

$x=e^{-t}\cos t, \quad y=e^{-t}\sin t$

$\dfrac{dx}{dt}=\underline{-e^{-t}\cos t-e^{-t}\sin t}_{❶}=-e^{-t}(\sin t+\cos t)$

$\dfrac{dy}{dt}=-e^{-t}\sin t+e^{-t}\cos t=-e^{-t}(\sin t-\cos t)$

❶ $(e^{-t}\cos t)'$
$=(e^{-t})'\cos t+e^{-t}(\cos t)'$
$=-e^{-t}\cos t-e^{-t}\sin t$

よって $\left(\dfrac{dx}{dt}\right)^2+\left(\dfrac{dy}{dt}\right)^2$

$=(e^{-t})^2\{(\sin t+\cos t)^2+(\sin t-\cos t)^2\}$

$=(e^{-t})^2\cdot 2\underline{(\sin^2 t+\cos^2 t)}_{❷}=(\sqrt{2}e^{-t})^2$

❷ $\sin^2 t+\cos^2 t=1$

したがって，求める道のり s は

$s=\displaystyle\int_0^2\sqrt{\left(\frac{dx}{dt}\right)^2+\left(\frac{dy}{dt}\right)^2}\,dt=\int_0^2\underline{\sqrt{2}e^{-t}dt}_{❸}$

❸ $\sqrt{2}e^{-t}>0$ だから
$\sqrt{(\sqrt{2}e^{-t})^2}=\sqrt{2}e^{-t}$

$=\Big[-\sqrt{2}e^{-t}\Big]_0^2=-\sqrt{2}(e^{-2}-1)=\boldsymbol{\sqrt{2}\Big(1-\dfrac{1}{e^2}\Big)}$ 答

練習 154

動点Pの座標 (x, y) が，時刻 t の関数として

$$\begin{cases} x=3t^2+1 \\ y=2t^3 \end{cases}$$

で与えられている。$t=0$ から $t=\sqrt{3}$ までに点Pが動いた道のりを求めよ。

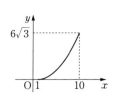

5 | 微分方程式

1 微分方程式

変数 x や関数 y，導関数 $\dfrac{dy}{dx}$，$\dfrac{d^2y}{dx^2}$，…などの関係を表す等式を微分方程式といい，微分方程式を満たす関数を微分方程式の解という。微分方程式のすべての解を求めることを，微分方程式を解くという。また，第1次導関数 $\left(\dfrac{dy}{dx}\right)$ だけを含む微分方程式を1階微分方程式といい，第 n 次導関数 $\left(\dfrac{d^n y}{dx^n}\right)$ までを含む微分方程式を n 階微分方程式という。

> **例** 1階微分方程式 $\dfrac{dy}{dx}=x^2$ の解は
> $$y=\frac{x^3}{3}+C \quad (C\text{は任意定数})$$

2 微分方程式の作成 ▷ 例題146

任意定数を含む関数 y について，$\dfrac{dy}{dx}$，$\dfrac{d^2y}{dx^2}$，…を作り，任意定数を消去する。

> **例** $x^2+y^2=C$（C は任意定数）に対して，両辺を x について微分すると
> $$2x+2y\frac{dy}{dx}=0 \quad \text{より} \quad \frac{dy}{dx}=-\frac{x}{y}$$

3 微分方程式の解法 ▷ 例題147

変数分離形

$$f(y)\frac{dy}{dx}=g(x) \;\Rightarrow\; f(y)dy=g(x)dx \;\Rightarrow\; \int f(y)dy=\int g(x)dx$$

特に

$$\frac{dy}{dx}=g(x) \;\Rightarrow\; y=\int g(x)dx$$

> **例** 微分方程式 $2y\dfrac{dy}{dx}=1$ より，$2ydy=dx$ の両辺を積分して
> $$\int 2y\,dy=\int dx$$
> よって
> $$y^2=x+C \quad (C\text{は任意定数})$$

例題 146 | 微分方程式の作成 ★★★ 応用

次の関数から任意定数 A, B, α を消去して微分方程式を作れ。

(1) $y = x^n + A$ (n は正の整数) (2) $y = Be^{-x^3}$

(3) $y = \cos(2x + \alpha)$

POINT 微分方程式をつくるには，任意定数を消去する

(2)，(3)では，与えられた関数を微分して，もとの関数と連立させて任意定数を消去すればよいです。また，三角関数では，$\sin^2\theta + \cos^2\theta = 1$ を利用することが多いです。

| 解答 | アドバイス |

(1) $y = x^n + A$ の両辺を x について微分して

$$\frac{dy}{dx} = nx^{n-1}\text{❶} \; \text{(答)}$$

❶ $(x^n)' = nx^{n-1}$

(2) $y = Be^{-x^3}$ の両辺を x について微分して

$$\frac{dy}{dx} = -3x^2 Be^{-x^3}\text{❷}$$

ここで $Be^{-x^3} = y$ であるから

$$\frac{dy}{dx} = -3x^2 y \; \text{(答)}$$

❷ $(e^{-x^3})' = (-x^3)'e^{-x^3}$
$= -3x^2 e^{-x^3}$

(3) $y = \cos(2x + \alpha)$ の両辺を x について微分して

$$\frac{dy}{dx} = -2\sin(2x + \alpha)\text{❸}$$

ここで，$\sin^2(2x + \alpha) + \cos^2(2x + \alpha) = 1$❹ であるから

$$\left(-\frac{1}{2} \cdot \frac{dy}{dx}\right)^2 + y^2 = 1$$

よって $y^2 + \dfrac{1}{4}\left(\dfrac{dy}{dx}\right)^2 = 1$ (答)

❸ $\{\cos(2x+\alpha)\}'$
$= -(2x+\alpha)'\sin(2x+\alpha)$
$= -2\sin(2x+\alpha)$
❹ $\sin^2\theta + \cos^2\theta = 1$ の利用。

| STUDY | 微分方程式の作成

微分方程式を作るには，与えられた関数を微分し，もとの関数と連立させて任意定数を消去する。したがって，一般に，任意定数の個数が n 個あれば，n 階微分方程式が得られる。

練習 155 次の関数から，任意定数 A, B を消去して，微分方程式を作れ。

(1) $y = Ax^2 + Bx$ (2) $y = A\sin x + B\cos x - 1$

例題 **147** 微分方程式の解法 ★★★ 応用

次の微分方程式を解け。

(1) $\dfrac{dy}{dx}=y$

(2) $(1-x^2)\dfrac{dy}{dx}+xy=2x$

POINT 変数 x, y を両辺に分離し，それぞれ積分する

> 変数 x, y を両辺に分離し $f(y)dy=g(x)dx$ の形にして，それぞれ積分します。また，
> (1)で両辺を y で割るとき，$y=0$（定数関数）の場合の吟味が必要です。

解答	アドバイス
(1)[1]　$y=0$（定数関数）は明らかに解である。❶	❶ $\dfrac{dy}{dx}=0$ より与式を満たします。
[2]　$y\neq0$ のとき　$\displaystyle\int\dfrac{dy}{y}=\int dx$ ❷	❷ $\dfrac{1}{y}\cdot\dfrac{dy}{dx}=1$ より $\dfrac{1}{y}dy=dx$
よって　　$\log|y|=x+C_1$（C_1 は任意定数）	❸ $|y|=e^{x+C_1}$ より $y=\pm e^{x+C_1}$
したがって　　$y=\pm e^{x+C_1}=\pm e^{C_1}e^x$ ❸	
ここで $\pm e^{C_1}=C$ とおくと，$C\neq0$ で	
$y=Ce^x$（C は任意定数，$C\neq0$）	
[3]　[1]の $y=0$ は[2]の式で $C=0$ とおくと得られるから，求める解は　$\boldsymbol{y=Ce^x}$（$\boldsymbol{C}$ **は任意定数**）答	
(2)　与式から　$(1-x^2)\dfrac{dy}{dx}=x(2-y)$　……①	❹ $\dfrac{dy}{dx}=0$ より与式を満たします。
[1]　$y=2$（定数関数）は明らかに解である。❹	❺ $\dfrac{dy}{y-2}=\dfrac{x\,dx}{x^2-1}$ または $\displaystyle\int\dfrac{f'(x)}{f(x)}\,dx$ $=\log|f(x)|+C$ を使います。
[2]　$y\neq2$ のとき，①より $x^2\neq1$ であり $\displaystyle\int\dfrac{dy}{y-2}=\int\dfrac{x}{x^2-1}\,dx$ ❺	
$\log|y-2|=\dfrac{1}{2}\log|x^2-1|+C_1$（$C_1$ は任意定数）	❻ $\log|y-2|=\dfrac{1}{2}\log|x^2-1|+C_1$ $2\log|y-2|=\log|x^2-1|+2C_1$ $\log(y-2)^2=\log|x^2-1|+e^{2C_1}$ $(y-2)^2=\pm e^{2C_1}(x^2-1)$
$(y-2)^2=\pm e^{2C_1}(x^2-1)$ ❻	
$\pm e^{2C_1}=C$ とおくと ❼	❼ C_1 は任意定数だから $\pm e^{2C_1}=C$ とおいてよいです。（ただし，$C\neq0$）
$(y-2)^2=C(x^2-1)$（C は任意定数，$C\neq0$）	
[3]　[1]の $y=2$ は，[2]の式で $C=0$ とおくと得られるから解は $\boldsymbol{(y-2)^2=C(x^2-1)}$（$\boldsymbol{C}$ **は任意定数**）答	

練習 156　次の微分方程式を解け。

(1) $x^2\dfrac{dy}{dx}=y$

(2) $\sin x\cos^2 y+\cos^2 x\cdot\dfrac{dy}{dx}=0$

解答・解説は別冊 p.89

1 曲線 $y=\tan x$, x 軸および直線 $x=\dfrac{\pi}{4}$ で囲まれた部分の面積を求めよ。

2 次の媒介変数表示の曲線と, x 軸とで囲まれた図形の面積を求めよ。

$x=2t+1$, $y=2t-t^2$

3 曲線 $C:y=\sqrt{x}$ 上の点 $P(a, \sqrt{a})$ $(a>0)$ における接線 ℓ が, x 軸, y 軸と交わる点をそれぞれ Q, R とするとき, 次の問いに答えよ。

(1) 接線 ℓ の方程式を求めよ。

(2) 点 Q の x 座標を求めよ。

(3) 曲線 C, 接線 ℓ および y 軸で囲まれた部分を D_1, △ORQ を D_2 とし, D_1, D_2 の面積を S_1, S_2 とするとき, $S_1:S_2$ を求めよ。

(4) D_1, D_2 を x 軸のまわりに 1 回転してできる 2 つの立体の体積を V_1, V_2 とするとき, $V_1:V_2$ を求めよ。

4 曲線 $y=\log x$ と x 軸および直線 $x=e$ とで囲まれた図形を, y 軸のまわりに 1 回転してできる立体の体積を求めよ。

5 x 軸上の区間 $0\leqq x\leqq\pi$ において, 点 x を通り, x 軸に垂直な平面で切った切り口が, 1 辺の長さ $\sin x$ の正方形である立体の体積 V を求めよ。

6 曲線 $y=e^x$, 直線 $y=e$ と y 軸で囲まれる図形を, 直線 $y=e$ のまわりに回転してできる回転体の体積 V を求めよ。

7 2 つの曲線 $y=\cos x$, $y=\cos 3x$ $\left(-\dfrac{\pi}{2}\leqq x\leqq\dfrac{\pi}{2}\right)$ によって囲まれた部分の面積を求めよ。

8 2曲線 $C_1 : y = \sin x$, $C_2 : y = 2\sin 2x$ $(0 \leqq x \leqq \pi)$ で囲まれた部分の面積を求めよ。

9 曲線 $C : y = \dfrac{1}{x^2}\log x$ $(x > 0)$ に原点から引いた接線を ℓ, 接点を P とするとき

(1) 接点 P の座標を求めよ。

(2) 曲線 C, 接線 ℓ および x 軸で囲まれた図形の面積を求めよ。

10 曲線 $2x^2 - 2xy + y^2 = 4$ ……①
は, 2曲線 $y = x + \sqrt{4 - x^2}$, $y = x - \sqrt{4 - x^2}$
から作られる。このことを用いて, 曲線①で囲まれた部分
の面積を求めよ。

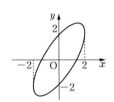

11 曲線
$$y^2 = x^4(1 - x^2) \quad (-1 \leqq x \leqq 1)$$
によって囲まれた部分の面積を求めよ。

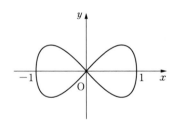

12 半径が r の半球の形の容器がある。これに水を満たし, 静かに $30°$ だけ傾けるとき, こぼれる水の量を求めよ。

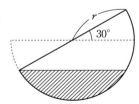

214

13 曲線 $y=\dfrac{1}{x}$ 上に 2 点 A(1, 1), P$\left(a, \dfrac{1}{a}\right)$ をとる。

線分 OP，OA と弧 AP とで囲まれた図形を x 軸のまわりに 1 回転して得られる立体の体積 $V(a)$ を求めよ。ただし，$a>1$ とする。

また，$a\to\infty$ のとき，$V(a)$ はどのような値に近づくか。

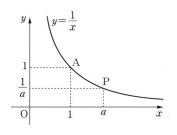

14 関数
$$f(x)=\int_0^x \frac{t-x}{\cos^2 t}\, dt \ \left(-\frac{\pi}{2}<x<\frac{\pi}{2}\right)$$
に対して，次の各問いに答えよ。

(1) $f(x)$ の導関数 $f'(x)$ を求めよ。

(2) 曲線 $f(x)$ の $0\leqq x\leqq\dfrac{\pi}{3}$ の部分の長さを求めよ。

15 時刻 t における座標が
$$x=t^2-\sin t^2, \ y=1-\cos t^2 \ (0\leqq t\leqq\sqrt{2\pi})$$
で与えられる点の道のりを求めよ。

16 次の微分方程式を解け。

(1) $\dfrac{dy}{dx}=\dfrac{2y(x+1)}{x(x+2)}$

(2) $\dfrac{dy}{dx}=e^x y^2$　ただし，$x=0$ のとき $y=-1$

Mathematics C

第 **1** 章　　ベクトル

第1節
平面上のベクトル

1 | ベクトル

1 ベクトル

右図のように点Aから点Bへの向きのついた線分を有向線分という。

平面上の有向線分ABの**向き**と**長さ**だけを考え，その位置を問題にしないとき，それをベクトルといい

$$\overrightarrow{AB}, \quad \vec{a}$$

などと表す。右図の有向線分で，A，Bをそれぞれ始点，終点という。

また，線分の長さをそのベクトルの大きさといい，$|\overrightarrow{AB}|$，$|\vec{a}|$ などと表す。

特に，大きさ1のベクトルを単位ベクトルという。

$\overrightarrow{AA}$ のように始点と終点が一致する場合も，大きさが0のベクトルと考え，これを零ベクトルといい，$\vec{0}$ で表す。零ベクトルの向きは考えない。

2 ベクトルの相等 ▷ 例題148

向きが同じで，大きさが等しい2つのベクトル $\overrightarrow{AB}$，$\overrightarrow{CD}$ は等しいといい

$$\overrightarrow{AB}=\overrightarrow{CD} \quad または \quad \vec{a}=\vec{b}$$

などと表す。

2つのベクトルが等しいときは，それらを表す有向線分の一方を平行移動して，他方に重ね合わせることができる。

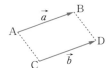

3 逆ベクトル ▷ 例題148

ベクトル $\vec{a}$ に対して，大きさが等しく向きが反対のベクトルを $\vec{a}$ の逆ベクトルといい，$-\vec{a}$ で表す。

したがって，$-\overrightarrow{AB}=\overrightarrow{BA}$ が成り立つ。

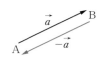

例題 148 | 長方形とベクトル ★★★ 基本

長方形 ABCD の各頂点を始点，終点とするベクトルを考える。

(1) $\overrightarrow{AD}$ と等しいベクトルを求めよ。

(2) $\overrightarrow{AC}$ と大きさが等しいベクトルをすべて求めよ。

(3) $\overrightarrow{AB}$ の逆ベクトルをすべて求めよ。

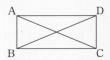

POINT ベクトルの相等は大きさと向きで決まる

例えば，ベクトル $\overrightarrow{AB}$ と $\overrightarrow{CD}$ が等しいかを確認するためには，$\overrightarrow{AB}$ を平行移動して始点 A を C に重ねたとき，終点 B と D が一致するかどうかを調べます。

| 解答 | アドバイス |

(1) $\quad AD /\!/ BC, \quad AD = BC$ ❶

が成り立つから，向きを考えると $\quad \overrightarrow{AD} = \overrightarrow{BC}$

よって，求めるベクトルは $\quad \boldsymbol{\overrightarrow{BC}}$ (答)

(2) ベクトル $\overrightarrow{AC}$ ❷ の始点と終点を入れかえたベクトル

$\overrightarrow{CA}$ を考えると，$|\overrightarrow{AC}| = |\overrightarrow{CA}|$ となる。

また，長方形の 2 本の対角線の長さは互いに等しいから，AC = BD であり，向きも考えると

$\quad |\overrightarrow{AC}| = |\overrightarrow{BD}| = |\overrightarrow{DB}|$

よって，求めるベクトルは

$\quad \boldsymbol{\overrightarrow{CA}}, \ \boldsymbol{\overrightarrow{BD}}, \ \boldsymbol{\overrightarrow{DB}}$ (答)

(3) ベクトル $\overrightarrow{AB}$ の始点と終点を入れかえたベクトル

$\overrightarrow{BA}$ は，$\overrightarrow{AB}$ の逆ベクトルである。

また $\quad AB /\!/ DC, \quad AB = DC$

が成り立つから，向きを考えると $\quad \overrightarrow{CD} = -\overrightarrow{AB}$

よって，求めるベクトルは

$\quad \boldsymbol{\overrightarrow{BA}}, \ \boldsymbol{\overrightarrow{CD}}$ (答)

❶ このことは，四角形 ABCD が平行四辺形であれば成り立ちます。

❷

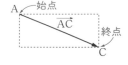

練習 157 右の正六角形 ABCDEF の各頂点または対角線の交点 O を始点，終点とするベクトルを考える。このとき，次のベクトルと等しいベクトルをそれぞれ 3 つ求めよ。

(1) $\overrightarrow{AB}$　　　(2) $\overrightarrow{AF}$　　　(3) $\overrightarrow{OA}$

2 | ベクトルの演算

1 ベクトルの加法・減法 ▷ 例題149 例題151

(1) ベクトルの和

$$\overrightarrow{AB} + \overrightarrow{BC} = \overrightarrow{AC}$$

(2) ベクトルの差

$$\overrightarrow{OA} - \overrightarrow{OB} = \overrightarrow{BA}$$

ベクトルの加法について，次の基本性質が成り立つ。

① $\vec{a} + \vec{b} = \vec{b} + \vec{a}$

② $(\vec{a} + \vec{b}) + \vec{c} = \vec{a} + (\vec{b} + \vec{c})$

③ $\vec{a} + \vec{0} = \vec{a}, \quad \vec{a} + (-\vec{a}) = \vec{0}$

2 ベクトルの実数倍 ▷ 例題150

$\vec{0}$ でないベクトル $\vec{a}$ に対して，$k\vec{a}$（k は実数）は

(1) $k > 0$ のとき

$\vec{a}$ と同じ向きで大きさが $|\vec{a}|$ の k 倍

(2) $k < 0$ のとき

$\vec{a}$ と反対の向きで大きさが $|\vec{a}|$ の $|k|$ 倍

① $1\vec{a} = \vec{a}, \quad 0\vec{a} = \vec{0}, \quad (-1)\vec{a} = -\vec{a}, \quad k\vec{0} = \vec{0}$

② $k(l\vec{a}) = (kl)\vec{a}$

③ $(k+l)\vec{a} = k\vec{a} + l\vec{a}, \quad k(\vec{a} + \vec{b}) = k\vec{a} + k\vec{b} \quad$ （k, l は実数）

3 ベクトルの平行 ▷ 例題152

$\vec{a} \neq \vec{0}$, $\vec{b} \neq \vec{0}$ のとき $\vec{a} /\!/ \vec{b} \iff \vec{b} = k\vec{a}$ （k は実数）

例題 **149** ベクトルの和・差 ★★★ (基本)

$\vec{a}$, $\vec{b}$ が次のように表されているとき，和 $\vec{a}+\vec{b}$，差 $\vec{a}-\vec{b}$ を図示せよ。

(1)

(2)

(3)

POINT ベクトルの和・差の図示 ⟹ まず，始点を決める

和 $\vec{a}+\vec{b}$ を図示するときは，$\vec{a}$ の終点と $\vec{b}$ の始点を一致させます。
差 $\vec{a}-\vec{b}$ を図示するときは，$\vec{a}$ と $\vec{b}$ の始点を一致させます。

| 解答 | | アドバイス |

下図のように始点Oを決め，$\overrightarrow{OA}=\vec{a}$ とし，さらに
$\overrightarrow{AB}=\vec{b}$ をとると　　$\overrightarrow{OB}=\vec{a}+\vec{b}$
また，始点Oを決め，$\overrightarrow{OA}=\vec{a}$，$\overrightarrow{OB}=\vec{b}$ をとると
　　$\overrightarrow{BA}=\vec{a}-\vec{b}$

(1)

❶ $\vec{a}-\vec{b}$ を図示するのに，
$\vec{a}+(-\vec{b})$ とする方法もあります。
つまり，$\vec{a}$ と $-\vec{b}$ の和と考えて $\vec{a}$ の終点と $-\vec{b}$ の始点を一致させ，下図のように $\vec{a}$ の始点と $-\vec{b}$ の終点を結びます。

(2)

(3)

練習 158 $\vec{a}$, $\vec{b}$ が次のように表されているとき，$\vec{a}+\vec{b}$ および $\vec{a}-\vec{b}$ を図示せよ。

(1)

(2)

(3)

例題 150 ベクトルの計算　★★★ 基本

(1) $\dfrac{1}{2}(\vec{a}+4\vec{b})-\dfrac{3}{4}(2\vec{a}+3\vec{b})$ を簡単にせよ。

(2) 等式 $3\vec{x}+2\vec{b}=\vec{x}+4\vec{a}$ を満たす $\vec{x}$ を，$\vec{a}$，$\vec{b}$ を用いて表せ。

 **POINT**　ベクトルの計算 $\Longrightarrow$ 多項式の計算と同じ要領で

ベクトルの計算法則は実数の計算法則と同じだから，ベクトルと実数の計算は，多項式の計算と同じように行えばよいです。(2)のベクトルの等式の変形も，x についての1次方程式を解くのと同じ要領で計算できます。

解答	アドバイス

(1)
$$\dfrac{1}{2}(\vec{a}+4\vec{b})-\dfrac{3}{4}(2\vec{a}+3\vec{b})$$

$$=\dfrac{1}{2}\vec{a}+2\vec{b}-\dfrac{3}{2}\vec{a}-\dfrac{9}{4}\vec{b}\ ❶$$

$$=\left(\dfrac{1}{2}-\dfrac{3}{2}\right)\vec{a}+\left(2-\dfrac{9}{4}\right)\vec{b}\ ❷$$

$$=-\vec{a}-\dfrac{1}{4}\vec{b}\ ㊐$$

❶ 文字式の計算と同様に，k が実数のとき分配法則
$$k(\vec{a}+\vec{b})=k\vec{a}+k\vec{b}$$
が成り立つので，これを用いてカッコをはずします。

❷ $(k+l)\vec{a}=k\vec{a}+l\vec{a}$
　　(k，l は実数)
を右辺から左辺へと用いて，$\vec{a}$ を含む項，$\vec{b}$ を含む項をそれぞれまとめます。

(2)
$$3\vec{x}+2\vec{b}=\vec{x}+4\vec{a}$$

移項して ❸
$$3\vec{x}-\vec{x}=4\vec{a}-2\vec{b}$$
$$2\vec{x}=4\vec{a}-2\vec{b}$$

両辺を2で割って　$\vec{x}=\dfrac{4\vec{a}-2\vec{b}}{2}$

よって　　　　　$\vec{x}=2\vec{a}-\vec{b}\ ㊐$

❸ 等式は，x についての方程式と同様に考えてよいから，$\vec{x}$ を含む項は左辺に，その他の項は右辺に移項します。

 Q ベクトルの和・差と実数倍の計算は，文字式の計算とすべて同じですか？

 A ベクトルどうしの和や差，また実数倍については，文字式の計算とまったく同様に扱えますから，$\vec{a}$，$\vec{b}$ などのベクトルは文字 a，b とみなして形式的に計算してかまいません。ただし，$\vec{a}-\vec{a}=0$ などとしないように注意してください。例えば，$\vec{a}+\vec{b}=\vec{c}$ の $\vec{c}$ を左辺に移項すると，右辺は 0 ではなく，$\vec{a}+\vec{b}-\vec{c}=\vec{0}$ となります。

練習 159　次の等式を満たすベクトル $\vec{x}$ を，$\vec{a}$，$\vec{b}$ を用いて表せ。

(1) $2(\vec{x}+\vec{a})+3(\vec{x}+\vec{b})=\vec{0}$　　　　(2) $\vec{x}-2\vec{a}+\vec{b}=-2(\vec{x}+3\vec{a}-2\vec{b})$

正六角形 ABCDEF において，$\overrightarrow{AB}=\vec{a}$，$\overrightarrow{AF}=\vec{b}$
とするとき，次のベクトルを $\vec{a}$，$\vec{b}$ で表せ。

(1) $\overrightarrow{BC}$ (2) $\overrightarrow{DF}$
(3) $\overrightarrow{CE}$ (4) $\overrightarrow{BD}$

POINT

$$\overrightarrow{AB}+\overrightarrow{BC}=\overrightarrow{AC}, \quad \overrightarrow{OA}-\overrightarrow{OB}=\overrightarrow{BA}$$

同じ点   同じ点

2つのベクトルを1つに合成したり，逆に，1つのベクトルを2つのベクトルに分解して表すときは，上のPOINTのように考えます。

| 解答 |

(1) $\overrightarrow{BC}=\overrightarrow{BO}+\overrightarrow{OC}$
  ここで $\overrightarrow{BO}=\overrightarrow{AF}=\vec{b}$，$\overrightarrow{OC}=\overrightarrow{AB}=\vec{a}$
  よって $\overrightarrow{BC}_{①}=\vec{b}+\vec{a}$
          $=\boldsymbol{\vec{a}+\vec{b}}$ 答

(2) $\overrightarrow{DF}=\overrightarrow{DC}+\overrightarrow{CF}=-\overrightarrow{CD}-\overrightarrow{FC}$
  ここで $\overrightarrow{CD}=\overrightarrow{AF}=\vec{b}$
         $\overrightarrow{FC}=2\overrightarrow{OC}=2\overrightarrow{AB}=2\vec{a}$
  よって $\overrightarrow{DF}_{②}=-\vec{b}-2\vec{a}$
          $=\boldsymbol{-2\vec{a}-\vec{b}}$ 答

(3) $\overrightarrow{CE}=\overrightarrow{CD}+\overrightarrow{DE}=\overrightarrow{CD}-\overrightarrow{ED}$
  ここで $\overrightarrow{CD}=\overrightarrow{AF}=\vec{b}$，$\overrightarrow{ED}=\overrightarrow{AB}=\vec{a}$
  よって $\overrightarrow{CE}_{③}=\boldsymbol{\vec{b}-\vec{a}}$ 答

(4) $\overrightarrow{BD}=\overrightarrow{BE}+\overrightarrow{ED}$
  ここで $\overrightarrow{BE}=2\overrightarrow{OE}=2\overrightarrow{AF}=2\vec{b}$
         $\overrightarrow{ED}=\overrightarrow{AB}=\vec{a}$
  よって $\overrightarrow{BD}_{④}=2\vec{b}+\vec{a}$
          $=\boldsymbol{\vec{a}+2\vec{b}}$ 答

| アドバイス |

それぞれ始点をAにして考えることもできます。

❶ $\overrightarrow{BC}=\overrightarrow{AO}$
   $=\overrightarrow{AB}+\overrightarrow{BO}$
   $=\overrightarrow{AB}+\overrightarrow{AF}$
   $=\vec{a}+\vec{b}$

❷ $\overrightarrow{DF}=\overrightarrow{AF}-\overrightarrow{AD}$
   $=\overrightarrow{AF}-2\overrightarrow{AO}$
   $=\vec{b}-2(\vec{a}+\vec{b})$
   $=-2\vec{a}-\vec{b}$

❸ $\overrightarrow{CE}=\overrightarrow{BF}$
   $=\overrightarrow{AF}-\overrightarrow{AB}$
   $=\vec{b}-\vec{a}$

❹ $\overrightarrow{BD}=\overrightarrow{AD}-\overrightarrow{AB}$
   $=2\overrightarrow{AO}-\overrightarrow{AB}$
   $=2(\vec{a}+\vec{b})-\vec{a}$
   $=\vec{a}+2\vec{b}$

練習 160 平行四辺形 ABCD の対角線の交点を M とし，
$\overrightarrow{AB}=\vec{a}$，$\overrightarrow{AD}=\vec{b}$ とするとき，次のベクトルを
$\vec{a}$，$\vec{b}$ を使って表せ。

(1) $\overrightarrow{AM}$ (2) $\overrightarrow{MB}$

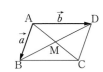

例題 152 | ベクトルの平行　★★★ 標準

△ABCにおいて，2辺 AB，AC の中点をそれぞれ
M，N とするとき

$$\text{MN} /\!/ \text{BC} \quad \text{かつ} \quad 2\text{MN}=\text{BC}$$

が成り立つことを示せ。

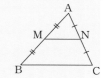

POINT

ベクトル $\vec{a}$，$\vec{b}$ の平行条件
$\vec{a} /\!/ \vec{b} \iff \vec{b}=k\vec{a}$（$k$ は実数）

$\vec{0}$ でない2つのベクトル $\vec{a}$，$\vec{b}$ が平行であることを示すには

$$\vec{b}=k\vec{a} \text{（または } \vec{a}=l\vec{b}\text{）}$$

となる実数 k（または l）があることをいえばよいです。

| 解答 | | アドバイス |

$\overrightarrow{AB}=\vec{b}$，$\overrightarrow{AC}=\vec{c}$ とする。

ベクトルの差の定義から

$$\overrightarrow{BC}=\overrightarrow{AC}-\overrightarrow{AB}_{❶} =\vec{c}-\vec{b}_{❷} \qquad \cdots\cdots ①$$

同様に　$\overrightarrow{MN}=\overrightarrow{AN}-\overrightarrow{AM}$

M，N はそれぞれ AB，AC の
中点だから❸

$$\overrightarrow{MN}=\frac{1}{2}\overrightarrow{AC}-\frac{1}{2}\overrightarrow{AB}$$

$$=\frac{1}{2}\vec{c}-\frac{1}{2}\vec{b}=\frac{1}{2}(\vec{c}-\vec{b}) \qquad \cdots\cdots ②$$

①，②から　$\overrightarrow{BC}=2\overrightarrow{MN}$

よって　MN $/\!/$ BC　かつ　2MN=BC

❶ $\underset{\text{同じ点}}{\overrightarrow{BC}=\overrightarrow{AC}-\overrightarrow{AB}}$

始点が同じ2つのベクトルで
表すことができます。

❷ $\overrightarrow{BC}=\overrightarrow{BA}+\overrightarrow{AC}$
$=-\overrightarrow{AB}+\overrightarrow{AC}$
$=-\vec{b}+\vec{c}$
$=\vec{c}-\vec{b}$

と考えてもよいです。

❸ $\overrightarrow{AM}$ は $\overrightarrow{AB}$ と同じ向きで，
大きさが $\overrightarrow{AB}$ の $\frac{1}{2}$ 倍です。

 Q $\overrightarrow{BC}=2\overrightarrow{MN}$ というベクトルの等式は，どのような情報を表しますか？

 A 上の例題は，三角形の中点連結定理のベクトルによる証明です。MN $/\!/$ BC は $\overrightarrow{MN}$
と $\overrightarrow{BC}$ が平行であるということ，2MN=BC は $\overrightarrow{BC}$ の大きさが $\overrightarrow{MN}$ の大きさの2倍
ということです。ベクトルの等式 $\overrightarrow{BC}=2\overrightarrow{MN}$ はこれら2つの情報を含んでいます。

練習 161　△ABCにおいて，2辺 AB，AC を1：2に内分する点をそれぞれP，Q
とするとき，次のことを証明せよ。

$$\text{PQ} /\!/ \text{BC} \quad \text{かつ} \quad 3\text{PQ}=\text{BC}$$

3 | ベクトルの成分

1 ベクトルの成分

座標平面上の原点を O とする。x 軸，y 軸上の正の向きの単位ベクトルを**基本ベクトル**といい，それぞれ $\vec{e_1}$，$\vec{e_2}$ で表す。

ベクトル $\vec{a}$ に対し，$\vec{a}=\overrightarrow{OA}$ となる点 A の座標を $(a_1,\ a_2)$ とすると

$$\vec{a}=a_1\vec{e_1}+a_2\vec{e_2}$$
$$|\vec{a}|=\sqrt{a_1{}^2+a_2{}^2}$$

このとき，a_1，a_2 をそれぞれ $\vec{a}$ の **x 成分**，**y 成分**といい，$\vec{a}=(a_1,\ a_2)$ と表す。

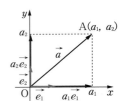

例 $\vec{e_1}=(1,\ 0)$，$\vec{e_2}=(0,\ 1)$，$\vec{0}=(0,\ 0)$

2 ベクトルの演算と成分 ▷ 例題153 例題154 例題155

(1) $\vec{a}=(a_1,\ a_2)$，$\vec{b}=(b_1,\ b_2)$ で，k を実数とするとき

① $\vec{a}+\vec{b}=(a_1+b_1,\ a_2+b_2)$

② $\vec{a}-\vec{b}=(a_1-b_1,\ a_2-b_2)$

③ $k\vec{a}=(ka_1,\ ka_2)$

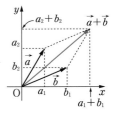

(2) 2点 $A(x_1,\ y_1)$，$B(x_2,\ y_2)$ について，ベクトル $\overrightarrow{AB}$ を考えると，次のことが成り立つ。

$$\overrightarrow{AB}=(x_2-x_1,\ y_2-y_1)$$
$$|\overrightarrow{AB}|=\sqrt{(x_2-x_1)^2+(y_2-y_1)^2}$$

例題 153 | 成分によるベクトルの演算　★★★　基本

$\vec{a}=(1,\ -1)$, $\vec{b}=(-2,\ 3)$ のとき，次の問いに答えよ。

(1) $5(\vec{a}-4\vec{b})-3(2\vec{a}-7\vec{b})$ を成分で表せ。また，その大きさを求めよ。

(2) 等式 $2(\vec{x}-\vec{a})=\vec{x}+\vec{b}$ を満たす $\vec{x}$ の成分を求めよ。

 **POINT**　成分表示のベクトルの計算

ベクトルのままで簡単にしてから成分に直す

　成分が与えられているベクトルの計算や等式の変形では，はじめから成分に直さずに，ベクトルのまま整理してから成分に直すと計算の効率が上がります。

解答	アドバイス

(1)
$$5(\vec{a}-4\vec{b})-3(2\vec{a}-7\vec{b})$$
$$=5\vec{a}-20\vec{b}-6\vec{a}+21\vec{b}$$
$$=-\vec{a}+\vec{b}$$

成分で表すと，$\vec{a}=(1,\ -1)$, $\vec{b}=(-2,\ 3)$ から

$$-\underline{(1,\ -1)}_{\textcircled{\scriptsize 1}}+(-2,\ 3)=(-1,\ 1)+(-2,\ 3)$$
$$=(-1-2,\ 1+3)$$
$$=(-3,\ 4)\ \text{答}$$

この大きさは　$\underline{\sqrt{(-3)^2+4^2}}_{\textcircled{\scriptsize 2}}=\sqrt{25}=5$ 答

(2)
$$2(\vec{x}-\vec{a})=\vec{x}+\vec{b}$$
$$2\vec{x}-2\vec{a}=\vec{x}+\vec{b}$$

移項して$_{\textcircled{\scriptsize 3}}$　　$2\vec{x}-\vec{x}=2\vec{a}+\vec{b}$

よって　　$\vec{x}=2\vec{a}+\vec{b}=2(1,\ -1)+(-2,\ 3)$
$$=(2,\ -2)+(-2,\ 3)$$
$$=(0,\ 1)\ \text{答}$$

❶ $-(1,\ -1)$ は $-1\cdot(1,\ -1)$ ということだから，カッコの中の1にも -1 にも -1 を掛けて，どちらも符号が逆になります。

❷ ベクトル $\vec{a}=(a_1,\ a_2)$ の大きさは $\sqrt{a_1{}^2+a_2{}^2}$ で求められます。

❸ x についての方程式を解く要領で，$\vec{x}$ については左辺に，その他は右辺に移項します。

  Q $\vec{a}$ と同じ向きの単位ベクトルは，どのような式になりますか？

  A 単位ベクトルは大きさが1のベクトルですから，ベクトル $\vec{a}=(a_1,\ a_2)$ に対して，これと同じ向きの単位ベクトルを $\vec{e}$ とすると，$\vec{e}=\dfrac{\vec{a}}{|\vec{a}|}=\dfrac{(a_1,\ a_2)}{\sqrt{a_1{}^2+b_2{}^2}}$ となります。

練習 162　$\vec{a}=(4,\ 3)$, $\vec{b}=(2,\ -1)$ のとき，次の等式を満たす $\vec{x}$ の成分と大きさを求めよ。

(1) $\vec{a}+\vec{x}=3\vec{b}$

(2) $2\vec{a}+\vec{x}=4\vec{b}-\vec{x}$

|例題 154| 成分で表されたベクトルの分解 ★★★ (標準)

$\vec{a}=(-2,\ 3),\ \vec{b}=(1,\ -4)$ のとき，$\vec{c}=(-3,\ 2)$ を

$$\vec{c}=m\vec{a}+n\vec{b}$$

の形で表せ。

POINT ベクトルの相等と成分

$(a_1,\ a_2)=(b_1,\ b_2) \implies a_1=b_1,\ a_2=b_2$

成分で表された2つのベクトル $\vec{a}=(a_1,\ a_2),\ \vec{b}=(b_1,\ b_2)$ が等しいとき，その x 成分，y 成分がそれぞれ等しく，また，その逆も成り立ちます。

解答	アドバイス

$\vec{a}=(-2,\ 3),\ \vec{b}=(1,\ -4)$ のとき

$$\begin{aligned} m\vec{a}+n\vec{b} &= m(-2,\ 3)+n(1,\ -4) \\ &= (-2m,\ 3m)+(n,\ -4n) \\ &= (-2m+n,\ 3m-4n) \end{aligned}$$

$\vec{c}=m\vec{a}+n\vec{b}$ が成り立つためには，これと $\vec{c}=(-3,\ 2)$ の成分を比較して

$$\begin{cases} -2m+n=-3 \\ 3m-4n=2 \end{cases}$$

これを解いて $m=2,\ n=1$

よって $\quad \vec{c}=2\vec{a}+\vec{b}$ 答

アドバイス

 $\begin{cases} -2m+n=-3 & \cdots\cdots① \\ 3m-4n=2 & \cdots\cdots② \end{cases}$

①×4+②から

$$\begin{array}{r} -8m+4n=-12 \\ +)\quad 3m-4n=2 \\ \hline -5m\qquad\quad =-10 \end{array}$$

よって $\quad m=2$

①に代入して

$\qquad n=1$

 Q ベクトルの分解について教えてください。

A $\vec{0}$ でない2つのベクトル $\vec{a},\ \vec{b}$ が平行でないとき，任意のベクトル $\vec{c}$ は適当な実数 m，n を用いて

$$\vec{c}=m\vec{a}+n\vec{b}$$

の形にただ1通りに表されます。したがって，次のことが成り立ちます。

$$m\vec{a}+n\vec{b}=m'\vec{a}+n'\vec{b} \iff m=m',\ n=n'$$

特に $\quad m\vec{a}+n\vec{b}=\vec{0} \iff m=0,\ n=0$

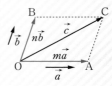

練習 163 $\vec{a}=(2,\ 1),\ \vec{b}=(-1,\ 3)$ のとき，次のベクトルを $m\vec{a}+n\vec{b}$ の形で表せ。

(1) $\vec{c}=(5,\ -8)$ (2) $\vec{d}=(5,\ 13)$

例題 155 平行四辺形とベクトル ★★★ 標準

3点A(5, 2), B(3, −1), C(6, 1)に対して, 四角形ABCDが平行四辺形となるような点Dの座標を求めよ。

POINT 平行四辺形となる条件のベクトル表示

ABCD が平行四辺形 ⟺ $\overrightarrow{AD}=\overrightarrow{BC}$

ベクトルは, 向きと大きさをもつので, 図形の特徴をベクトルで表すと, 簡単な式になることがあります。

| 解答 | アドバイス |

点Dの座標を(x, y)とすると, A(5, 2), B(3, −1), C(6, 1)から

$\overrightarrow{AD}=(x, y)-(5, 2)=(x-5, y-2)$ ❶
$\overrightarrow{BC}=(6, 1)-(3, -1)=(6-3, 1-(-1))$
$\qquad =(3, 2)$

四角形ABCDが平行四辺形となる条件は

$\overrightarrow{AD}=\overrightarrow{BC}$ ❷

これを成分で表すと $(x-5, y-2)=(3, 2)$

すなわち $\begin{cases} x-5=3 \\ y-2=2 \end{cases}$ より $x=8, y=4$

よって, 求める点Dの座標は **(8, 4)** (答)

❶ P(x_1, y_1), Q(x_2, y_2)に対して
$\overrightarrow{PQ}=(x_2-x_1, y_2-y_1)$

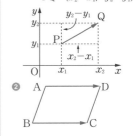

❷

Q 図形問題をベクトルで解くときのコツを教えてください。

A 図形問題をベクトルで解くには, その図形の基本的な特徴をベクトルの条件で表すことがポイントです。$\overrightarrow{AD}=\overrightarrow{BC}$(あるいは$\overrightarrow{AB}=\overrightarrow{DC}$)は, 四角形ABCDが平行四辺形であるための条件ですが, さらに, $|\overrightarrow{AB}|=|\overrightarrow{AD}|$が加わればひし形になります。

 練習164 4点A(−1, 3), B(3, −2), C(10, 1), D(6, 6)を頂点とする四角形
ABCDは平行四辺形であることを, ベクトルを用いて証明せよ。

 練習165 4点A(2, −1), B(5, 0), C(6, 3), D(3, 2)について, 次の問いに答えよ。
(1) $\overrightarrow{AD}$, $\overrightarrow{BC}$, $\overrightarrow{AB}$の成分と大きさをそれぞれ求めよ。
(2) 四角形ABCDは, どのような四角形になるか。

4 | ベクトルの内積

1 ベクトルの内積 ▷ 例題156 例題157

$\vec{0}$ でないベクトル $\vec{a}$, $\vec{b}$ の始点を重ねたときにできる角 θ で、
$0° \leqq \theta \leqq 180°$ であるものを、$\vec{a}$, $\vec{b}$ の**なす角**という。
$\vec{a}$, $\vec{b}$ のなす角が θ のとき、$|\vec{a}||\vec{b}|\cos\theta$ を $\vec{a}$, $\vec{b}$ の**内積**といい、
$\vec{a}\cdot\vec{b}$ で表す。

$$\vec{a}\cdot\vec{b}=|\vec{a}||\vec{b}|\cos\theta \quad (0° \leqq \theta \leqq 180°)$$

$\vec{a}=\vec{0}$ または $\vec{b}=\vec{0}$ のとき、$\vec{a}\cdot\vec{b}=0$ と定める。
また $\quad \vec{a}\cdot\vec{a}=|\vec{a}||\vec{a}|\cos 0°=|\vec{a}|^2$

2 内積と成分 ▷ 例題156

$\vec{a}=(a_1, a_2)$, $\vec{b}=(b_1, b_2)$ とするとき

$$\vec{a}\cdot\vec{b}=a_1 b_1 + a_2 b_2$$

3 ベクトルの垂直条件 ▷ 例題159 例題160

2つのベクトル $\vec{a}$, $\vec{b}$ のなす角が $90°$ のとき、$\vec{a}$ と $\vec{b}$ は**垂直**であるといい、$\vec{a}\perp\vec{b}$ と
表す。$\vec{0}$ でない2つのベクトル $\vec{a}$, $\vec{b}$ について

$$\vec{a}\perp\vec{b} \iff \vec{a}\cdot\vec{b}=0$$

4 内積の計算法則 ▷ 例題158 例題161

① $\vec{a}\cdot\vec{b}=\vec{b}\cdot\vec{a}$
② $(\vec{a}+\vec{b})\cdot\vec{c}=\vec{a}\cdot\vec{c}+\vec{b}\cdot\vec{c}$, $\quad \vec{a}\cdot(\vec{b}+\vec{c})=\vec{a}\cdot\vec{b}+\vec{a}\cdot\vec{c}$
③ $(k\vec{a})\cdot\vec{b}=\vec{a}\cdot(k\vec{b})=k(\vec{a}\cdot\vec{b})$ （k は実数）
④ $|\vec{a}|^2=\vec{a}\cdot\vec{a}$
⑤ $|\vec{a}\pm\vec{b}|^2=|\vec{a}|^2\pm2\vec{a}\cdot\vec{b}+|\vec{b}|^2$ （複号同順）

例題 156 内積の計算　★★★　基本

(1) $|\vec{a}|=2$, $|\vec{b}|=3$で，$\vec{a}$, $\vec{b}$のなす角が$60°$のとき，内積$\vec{a}\cdot\vec{b}$を求めよ。

(2) $\vec{a}=(5,\ -2)$, $\vec{b}=(2,\ 8)$のとき，次の内積を求めよ。

　(i) $\vec{a}\cdot\vec{b}$　　　　　　(ii) $(\vec{a}-\vec{b})\cdot(2\vec{a}+\vec{b})$

 **POINT** 内積$\vec{a}\cdot\vec{b}$の成分表示

$$\vec{a}=(a_1,\ a_2),\ \vec{b}=(b_1,\ b_2) \implies \vec{a}\cdot\vec{b}=a_1b_1+a_2b_2$$

2つのベクトル$\vec{a}$, $\vec{b}$の成分が与えられているときは，上の公式で内積を計算することができます。この公式は，△OABの余弦定理$AB^2=OA^2+OB^2-2OA\cdot OB\cos\theta$で，$OA\cdot OB\cos\theta$の部分が$\overrightarrow{OA}\cdot\overrightarrow{OB}$に相当することを利用して証明できます。

| 解答 | アドバイス |

(1) $|\vec{a}|=2$, $|\vec{b}|=3$, $\vec{a}$と$\vec{b}$のなす角$60°$から

$$\vec{a}\cdot\vec{b}=|\vec{a}||\vec{b}|\cos60°_① =2\times3\times\frac{1}{2}=\mathbf{3}_② ㊎$$

(2) $\vec{a}=(5,\ -2)$, $\vec{b}=(2,\ 8)$から

(i) $\vec{a}\cdot\vec{b}=5\times2+(-2)\times8=\mathbf{-6}$ ㊎

(ii) $\vec{a}-\vec{b}=(5,\ -2)-(2,\ 8)=(5-2,\ -2-8)$
　　$=(3,\ -10)$
$2\vec{a}+\vec{b}=2(5,\ -2)+(2,\ 8)=(10+2,\ -4+8)$
　　$=(12,\ 4)$
したがって
$$(\vec{a}-\vec{b})\cdot(2\vec{a}+\vec{b})_③ =3\times12+(-10)\times4=\mathbf{-4}$$ ㊎

❶ 内積の定義
　$\vec{a}\cdot\vec{b}=|\vec{a}||\vec{b}|\cos\theta$
から計算。$\cos60°=\frac{1}{2}$です。

❷ 内積は向きをもたないから，ベクトルではありません。

❸ 計算法則を使って
$(\vec{a}-\vec{b})\cdot(2\vec{a}+\vec{b})$
$=2\vec{a}\cdot\vec{a}-\vec{a}\cdot\vec{b}-\vec{b}\cdot\vec{b}$
$=2|\vec{a}|^2-\vec{a}\cdot\vec{b}-|\vec{b}|^2$
として，(i)の結果を利用してもよいです。

  Q 内積の値はベクトルではないのですか？

  A 内積$\vec{a}\cdot\vec{b}$というのは，ふつうのかけ算とは意味が異なっていて，その値は実数です。次の 例題 **157** や 例題 **159** などでみるように，内積の値をもとにして2つのベクトルのなす角を調べたり，垂直条件を考えたりする特別な数値なのです。

練習 166 次のベクトル$\vec{a}$, $\vec{b}$の内積を求めよ。
(1) $\vec{a}=(-2,\ 3)$, $\vec{b}=(4,\ 3)$　　(2) $\vec{a}=(1,\ \sqrt{3})$, $\vec{b}=(-\sqrt{3},\ 1)$

練習 167 $\vec{a}=(1,\ 2)$, $\vec{b}=(4,\ -3)$のとき，次の内積を求めよ。
(1) $(\vec{a}+\vec{b})\cdot(\vec{a}-\vec{b})$　　(2) $(2\vec{a}+\vec{b})\cdot(\vec{a}+2\vec{b})$

|例題 157| ベクトルのなす角 ★★★ (標準)

次の2つのベクトル $\vec{a}$, $\vec{b}$ のなす角 θ を求めよ。

(1) $\vec{a}=(1,\ 2)$, $\vec{b}=(3,\ 1)$

(2) $\vec{a}=(2,\ 1)$, $\vec{b}=(-2,\ 4)$

POINT $\vec{a}$, $\vec{b}$ のなす角 $\theta \implies \cos\theta=\dfrac{\vec{a}\cdot\vec{b}}{|\vec{a}||\vec{b}|}$ を用いる

ベクトル $\vec{a}$, $\vec{b}$ のなす角を求めるには，まず上の式から $\cos\theta$ の値を計算し，そのときの θ の値を調べます。ベクトルのなす角は，$0°\leqq\theta\leqq180°$ の範囲で考えることに注意してください。

| 解答 |

(1) $\vec{a}=(1,\ 2)$, $\vec{b}=(3,\ 1)$ のとき

$$|\vec{a}|=\sqrt{1^2+2^2}\ \textcircled{1}=\sqrt{5}$$
$$|\vec{b}|=\sqrt{3^2+1^2}=\sqrt{10}$$
$$\vec{a}\cdot\vec{b}=1\times3+2\times1=5$$

したがって

$$\cos\theta=\frac{\vec{a}\cdot\vec{b}}{|\vec{a}||\vec{b}|}=\frac{5}{\sqrt{5}\times\sqrt{10}}=\frac{1}{\sqrt{2}}$$

$0°\leqq\theta\leqq180°$ では $\boldsymbol{\theta=45°}$ ❷ (答)

(2) $\vec{a}=(2,\ 1)$, $\vec{b}(-2,\ 4)$ のとき

$$|\vec{a}|=\sqrt{2^2+1^2}=\sqrt{5}$$
$$|\vec{b}|=\sqrt{(-2)^2+4^2}=\sqrt{20}=2\sqrt{5}$$
$$\vec{a}\cdot\vec{b}=2\times(-2)+1\times4=0$$

したがって

$$\cos\theta=\frac{\vec{a}\cdot\vec{b}}{|\vec{a}||\vec{b}|}=\frac{0}{\sqrt{5}\times2\sqrt{5}}=0$$

$0°\leqq\theta\leqq180°$ では $\boldsymbol{\theta=90°}$ (答)

注意 (2)では，$\vec{a}\cdot\vec{b}=0$ だから，$|\vec{a}|$, $|\vec{b}|$ を求めるまでもなく，$\theta=90°$ としてもよい。

| アドバイス |

❶ $\vec{a}=(a_1,\ a_2)$ のとき
$$|\vec{a}|=\sqrt{{a_1}^2+{a_2}^2}$$

❷ $\cos\theta>0$ だから，第1象限に点Pをとります。

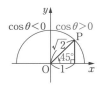

練習 168 次の2つのベクトル $\vec{a}$, $\vec{b}$ のなす角 θ を求めよ。

(1) $\vec{a}=(-3,\ 0)$, $\vec{b}=(-1,\ \sqrt{3})$

(2) $\vec{a}=(1,\ -3\sqrt{3})$, $\vec{b}=(-\sqrt{3},\ 2)$

例題 158 ベクトルの大きさと内積 ★★★ 標準

$|\vec{a}|=2$, $|\vec{b}|=1$, $|\vec{a}+\vec{b}|=\sqrt{2}$ のとき，次の値を求めよ。

(1) $\vec{a}\cdot\vec{b}$ (2) $|\vec{a}-2\vec{b}|$

 **POINT** ベクトルの大きさの2乗

$$|m\vec{a}+n\vec{b}|^2=m^2|\vec{a}|^2+2mn(\vec{a}\cdot\vec{b})+n^2|\vec{b}|^2$$

ベクトル $m\vec{a}+n\vec{b}$（m, nは実数）の大きさ $|m\vec{a}+n\vec{b}|$ を求めるには，上のPOINTの
関係を用いて，内積 $\vec{a}\cdot\vec{b}$ の値から，まず $|m\vec{a}+n\vec{b}|^2$ を計算します。

解答	アドバイス

(1) $|\vec{a}+\vec{b}|^2=(\vec{a}+\vec{b})\cdot(\vec{a}+\vec{b})$

$\qquad =\underset{\text{①}}{\vec{a}\cdot\vec{a}}+\vec{a}\cdot\vec{b}+\underset{\text{②}}{\vec{b}\cdot\vec{a}}+\vec{b}\cdot\vec{b}$

$\qquad =|\vec{a}|^2+2\vec{a}\cdot\vec{b}+|\vec{b}|^2$

$|\vec{a}|=2$, $|\vec{b}|=1$, $|\vec{a}+\vec{b}|=\sqrt{2}$ のとき

$\qquad (\sqrt{2})^2=2^2+2\vec{a}\cdot\vec{b}+1^2$

よって　$\vec{a}\cdot\vec{b}=-\dfrac{3}{2}$ （答）

❶ $\vec{a}\cdot\vec{a}=|\vec{a}||\vec{a}|\cos 0°$
$\qquad =|\vec{a}|^2$

❷ $\vec{a}\cdot\vec{b}=\vec{b}\cdot\vec{a}$（交換法則）
から，2つの項をまとめることができます。

(2) $\underset{\text{❸}}{|\vec{a}-2\vec{b}|^2}=(\vec{a}-2\vec{b})\cdot(\vec{a}-2\vec{b})$

$\qquad =\vec{a}\cdot\vec{a}-\vec{a}\cdot(2\vec{b})-\underset{\text{❹}}{(2\vec{b})\cdot\vec{a}}+4\vec{b}\cdot\vec{b}$

$\qquad =|\vec{a}|^2-4\vec{a}\cdot\vec{b}+4|\vec{b}|^2$

$|\vec{a}|=2$, $|\vec{b}|=1$, $\vec{a}\cdot\vec{b}=-\dfrac{3}{2}$ だから

$\qquad |\vec{a}-2\vec{b}|^2=2^2-4\times\left(-\dfrac{3}{2}\right)+4\times1^2=14$

よって　$|\vec{a}-2\vec{b}|=\sqrt{14}$ （答）

❸ $|\vec{a}-2\vec{b}|$ を直接求めることができないので，まず $|\vec{a}-2\vec{b}|^2$ を計算します。

❹ $(k\vec{a})\cdot\vec{b}=\vec{a}\cdot(k\vec{b})=k(\vec{a}\cdot\vec{b})$
（kは実数）

❺ $|\vec{a}-2\vec{b}|\geqq0$

Q ベクトルの大きさについての公式は他にもありますか？

A ベクトルの大きさについては，上の $|m\vec{a}+n\vec{b}|^2$ の式以外にも
$$|\vec{a}|^2-|\vec{b}|^2=(\vec{a}+\vec{b})\cdot(\vec{a}-\vec{b})$$
などが成り立ちます。文字式の展開・因数分解の公式と似ているので覚えやすいですが，ベクトルの大きさと内積が入りまじった形なので，カン違いしないように注意しましょう。

練習 169 $|\vec{a}|=2$, $|\vec{b}|=5$, $|\vec{a}-\vec{b}|=\sqrt{19}$ のとき，$\vec{a}\cdot\vec{b}$ および $|\vec{a}+\vec{b}|$ の値を求めよ。

$|\vec{a}|=\sqrt{2}$, $|\vec{b}|=1$ で，$\vec{a}+\vec{b}$ と $2\vec{a}-3\vec{b}$ が垂直であるとき，$\vec{a}$ と $\vec{b}$ のなす角，および $|\vec{a}-\vec{b}|$ の値を求めよ。

 **POINT**　ベクトルの垂直条件

$$\vec{a}\neq\vec{0}, \ \vec{b}\neq\vec{0} \text{ のとき} \qquad \vec{a}\perp\vec{b} \iff \vec{a}\cdot\vec{b}=0$$

$\vec{0}$ でない2つのベクトル $\vec{a}$, $\vec{b}$ に対して，$\vec{a}$ と $\vec{b}$ が垂直ならば，$\vec{a}$ と $\vec{b}$ の内積は $\vec{a}\cdot\vec{b}=0$ です。また，その逆も成り立ちます。

| 解答 | | アドバイス |

$(\vec{a}+\vec{b})\perp(2\vec{a}-3\vec{b})$ だから
$$(\vec{a}+\vec{b})\cdot(2\vec{a}-3\vec{b})=0$$
$$2\vec{a}\cdot\vec{a}-3\vec{a}\cdot\vec{b}+2\vec{b}\cdot\vec{a}\underset{\text{❶}}{}-3\vec{b}\cdot\vec{b}=0$$
$$2|\vec{a}|^2-\vec{a}\cdot\vec{b}-3|\vec{b}|^2=0$$

❶ $-3\vec{a}\cdot\vec{b}+2\vec{b}\cdot\vec{a}$
$=-3\vec{a}\cdot\vec{b}+2\vec{a}\cdot\vec{b}$
$=-\vec{a}\cdot\vec{b}$

$|\vec{a}|=\sqrt{2}$, $|\vec{b}|=1$ だから
$$2\times(\sqrt{2})^2-\vec{a}\cdot\vec{b}-3\times1^2=0$$
よって　　$\vec{a}\cdot\vec{b}=1$
したがって，$\vec{a}$ と $\vec{b}$ のなす角を θ とすると
$$\cos\theta=\frac{\vec{a}\cdot\vec{b}}{|\vec{a}||\vec{b}|}=\frac{1}{\sqrt{2}\times1}=\frac{1}{\sqrt{2}}$$
$0°\leqq\theta\leqq180°$ では　　$\underline{\theta=\mathbf{45°}}$ ❷ （答）

また　　$|\vec{a}-\vec{b}|^2=(\vec{a}-\vec{b})\cdot(\vec{a}-\vec{b})$
$$=\vec{a}\cdot\vec{a}-\vec{a}\cdot\vec{b}-\vec{b}\cdot\vec{a}+\vec{b}\cdot\vec{b}$$
$$=|\vec{a}|^2-2\vec{a}\cdot\vec{b}+|\vec{b}|^2=(\sqrt{2})^2-2\times1+1^2=1$$
よって　　$|\vec{a}-\vec{b}|=\mathbf{1}$ （答）

❷ $\cos45°=\dfrac{1}{\sqrt{2}}$

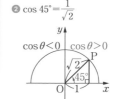

$\cos\theta<0$　$\cos\theta>0$

 Q　垂直条件は内積に結びつけて考えるのですか？

 A　上の例題のように，問題文に $k\vec{a}+l\vec{b}$ と $m\vec{a}+n\vec{b}$ が垂直という条件があったら，まず「内積＝0」を考えます。
$$(k\vec{a}+l\vec{b})\cdot(m\vec{a}+n\vec{b})=km|\vec{a}|^2+(kn+lm)\vec{a}\cdot\vec{b}+ln|\vec{b}|^2=0$$
に $|\vec{a}|$, $|\vec{b}|$ の値を代入して，$\vec{a}\cdot\vec{b}$ を求めるのが定石です。

練習 170　$|\vec{a}|=2$, $|\vec{b}|=1$ で，$\vec{a}+\vec{b}$ と $2\vec{a}-5\vec{b}$ が垂直であるとき，$\vec{a}$ と $\vec{b}$ のなす角を求めよ。

例題 160 平行・垂直な単位ベクトル ★★★ 標準

$\vec{a}=(3,\ 4)$ に対して，次のベクトルを求めよ。

(1) $\vec{a}$ に平行な単位ベクトル　　　　(2) $\vec{a}$ に垂直な単位ベクトル

 **POINT** $\vec{a}$ に平行な単位ベクトル $\implies \pm\dfrac{1}{|\vec{a}|}\vec{a}$

単位ベクトルは大きさが1だから，$\vec{a}$ を $|\vec{a}|$ で割ります。また，$\vec{a}$ と同じ向きの場合と反対の向きの場合があることに注意しましょう。

| 解答 |

(1) $\vec{a}$ に平行な単位ベクトルを $\vec{b}$ とする。

$$|\vec{a}|=\sqrt{3^2+4^2}=\sqrt{25}=5$$

であるから

$$\vec{b}=\pm\frac{1}{|\vec{a}|}\vec{a}\ _{①}=\pm\frac{1}{5}\vec{a}\ _{②}=\pm\frac{1}{5}(3,\ 4)$$

よって，求めるベクトルは

$$\left(\frac{3}{5},\ \frac{4}{5}\right),\ \left(-\frac{3}{5},\ -\frac{4}{5}\right)\text{ 答}$$

(2) $\vec{a}$ に垂直な単位ベクトルを $\vec{c}=(x,\ y)$ ③ とする。

$|\vec{c}|=1$ から　　$\sqrt{x^2+y^2}=1$

$$x^2+y^2=1 \quad\quad \cdots\cdots①$$

$\vec{a}\perp\vec{c}$ から　　$\vec{a}\cdot\vec{c}=0$

すなわち　　$3x+4y=0 \quad\quad \cdots\cdots②$

②から $y=-\dfrac{3}{4}x$，これを①に代入して

$$\left(1+\frac{9}{16}\right)x^2=1,\ \ x^2=\frac{16}{25}$$

$$x=\pm\frac{4}{5},\ \ y=\mp\frac{3}{5} \quad (\text{複号同順})\ _{④}$$

よって，求めるベクトルは

$$\left(\frac{4}{5},\ -\frac{3}{5}\right),\ \left(-\frac{4}{5},\ \frac{3}{5}\right)\text{ 答}\ _{⑤}$$

| アドバイス |

① $\left|\dfrac{\vec{a}}{|\vec{a}|}\right|=\dfrac{1}{|\vec{a}|}\cdot|\vec{a}|=1$

②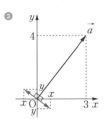

$|\vec{a}|=5$ だから，大きさを1にするために，5で割ります。

③

④ $x=\pm\dfrac{4}{5}$ を②に代入して

$$y=-\frac{3}{4}\left(\pm\frac{4}{5}\right)=\mp\frac{3}{5}$$

⑤ 図からもわかるように，$\vec{a}$ に垂直なベクトルは2つあります。

練習 171 $\vec{a}=(2,\ -1)$ に平行な単位ベクトルと，垂直な単位ベクトルをそれぞれ求めよ。

$\triangle$OABにおいて，$\overrightarrow{OA}=\vec{a}$，$\overrightarrow{OB}=\vec{b}$とするとき，この三角形の面積$S$は，$S=\dfrac{1}{2}\sqrt{|\vec{a}|^2|\vec{b}|^2-(\vec{a}\cdot\vec{b})^2}$ で表されることを示せ。

POINT

$\triangle$OABの面積　$S=\dfrac{1}{2}|\overrightarrow{OA}||\overrightarrow{OB}|\sin\theta$

$\Longrightarrow$ $\sin\theta$を$\overrightarrow{OA}$，$\overrightarrow{OB}$の内積と大きさで表す

$\cos\theta$の値がベクトルの内積と大きさで表されるので，$\sin^2\theta+\cos^2\theta=1$の関係を使って$\sin\theta$を表してみます。$\theta$は三角形の角なので，$0°<\theta<180°$です。

解答	アドバイス

$\angle\text{AOB}=\theta$❶ とすると
$$S=\dfrac{1}{2}\text{OA}\cdot\text{OB}\sin\theta=\dfrac{1}{2}|\vec{a}||\vec{b}|\sin\theta \quad\cdots\cdots①$$

また，内積の定義から　$\cos\theta=\dfrac{\vec{a}\cdot\vec{b}}{|\vec{a}||\vec{b}|}$

$0°<\theta<180°$では，$\sin\theta>0$だから
$$\sin\theta=\sqrt{1-\cos^2\theta}❷=\sqrt{1-\left(\dfrac{\vec{a}\cdot\vec{b}}{|\vec{a}||\vec{b}|}\right)^2}$$
$$=\dfrac{1}{|\vec{a}||\vec{b}|}\sqrt{|\vec{a}|^2|\vec{b}|^2-(\vec{a}\cdot\vec{b})^2}❸$$

よって，①に代入して
$$S=\dfrac{1}{2}\sqrt{|\vec{a}|^2|\vec{b}|^2-(\vec{a}\cdot\vec{b})^2}$$

❶
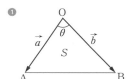

❷ $\sin^2\theta+\cos^2\theta=1$から
$$\sin^2\theta=1-\cos^2\theta$$
❸ $\sqrt{1-\left(\dfrac{\vec{a}\cdot\vec{b}}{|\vec{a}||\vec{b}|}\right)^2}$
$$=\sqrt{\dfrac{1}{|\vec{a}|^2|\vec{b}|^2}\{|\vec{a}|^2|\vec{b}|^2-(\vec{a}\cdot\vec{b})^2\}}$$
$|\vec{a}|\geqq0$，$|\vec{b}|\geqq0$より
$$\dfrac{1}{|\vec{a}||\vec{b}|}\sqrt{|\vec{a}|^2|\vec{b}|^2-(\vec{a}\cdot\vec{b})^2}$$

Q 三角形の面積の公式を忘れてしまいました。

A $\triangle$OABの面積をS，$\angle\text{AOB}=\theta$とすると
$$S=\dfrac{1}{2}\text{OA}\cdot\text{OB}\sin\theta=\dfrac{1}{2}|\vec{a}||\vec{b}|\sin\theta$$

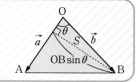

練習 172 次の座標平面上の三角形について，面積を求めよ。
(1) 原点Oと2点A$(x_1,\ y_1)$，B$(x_2,\ y_2)$を頂点とする三角形の面積。
(2) 3点O$(0,\ 0)$，A$(2,\ -1)$，B$(-3,\ 4)$を頂点とする三角形の面積。

5 | 位置ベクトル

1 位置ベクトル

平面上に定点Oを定めると，その平面上の任意の点Aの位置は

$$\overrightarrow{OA}=\vec{a}$$

というベクトル$\vec{a}$によって定まる。このとき，$\vec{a}$を点Oに関する
点Aの**位置ベクトル**といい，点Aを$A(\vec{a})$で表す。
このとき，定点Oは**基点**と呼ばれ，どこにとってもよい。
また，2点$A(\vec{a})$，$B(\vec{b})$に対して$\overrightarrow{AB}$は

$$\overrightarrow{AB}=\vec{b}-\vec{a}$$

と表せる。

2 内分点・外分点の位置ベクトル ▷ 例題162 例題165

線分ABを$m:n\ (m>0,\ n>0)$の比に分ける点Pの位置ベクトル$\vec{p}$は，2点A，
Bの位置ベクトルを$\vec{a}$，$\vec{b}$とするとき

内分 $\vec{p}=\dfrac{n\vec{a}+m\vec{b}}{m+n}$

外分 $\vec{p}=\dfrac{-n\vec{a}+m\vec{b}}{m-n}$

特に，点Pが線分ABの中点のとき

$$\vec{p}=\dfrac{\vec{a}+\vec{b}}{2}$$

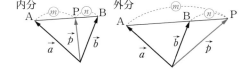

3 三角形の重心の位置ベクトル ▷ 例題163 例題164

3点$A(\vec{a})$，$B(\vec{b})$，$C(\vec{c})$を頂点とする△ABCの重心G
の位置ベクトル$\vec{g}$は

$$\vec{g}=\dfrac{\vec{a}+\vec{b}+\vec{c}}{3} \quad \left(\overrightarrow{OG}=\dfrac{\overrightarrow{OA}+\overrightarrow{OB}+\overrightarrow{OC}}{3}\right)$$

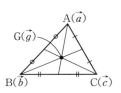

例 A(1, 2)，B(3, 5)，C(8, −13)を頂点とする△ABCの
重心Gの位置ベクトル$\vec{g}$は，原点Oを始点として

$$\vec{g}=\overrightarrow{OG}=\dfrac{1}{3}(\overrightarrow{OA}+\overrightarrow{OB}+\overrightarrow{OC})=(4,\ -2)$$

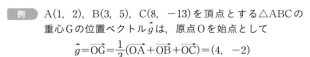

2点A，Bの位置ベクトルをそれぞれ$\vec{a}$，$\vec{b}$とするとき，次の点の位置ベクトルを，$\vec{a}$，$\vec{b}$を用いて表せ。

(1) 線分ABを3：1に内分する点Pの位置ベクトル$\vec{p}$

(2) 線分ABを3：1に外分する点Qの位置ベクトル$\vec{q}$

(3) 点Bに関して，点Aと対称な点Rの位置ベクトル$\vec{r}$

分点の位置ベクトル

POINT 線分 AB を $m:n$ に分ける点P $\implies$ $\vec{p}=\dfrac{n\vec{a}+m\vec{b}}{m+n}$

実数m，nが同符号のときは内分点であり，異符号のときは外分点です。したがって，上の式だけを覚えて，$m:n$の外分は$m:(-n)$の内分と考えて計算することもできます。また，点Pが線分ABの中点のときは，$m=n$だから

$$\vec{p}=\frac{m\vec{a}+m\vec{b}}{m+m}=\frac{m(\vec{a}+\vec{b})}{2m}=\frac{\vec{a}+\vec{b}}{2}$$

| 解答 | | アドバイス |

(1) 点Pは線分ABを3：1に内分する点だから

$$\vec{p}=\frac{1\times\vec{a}+3\times\vec{b}}{3+1}$$

$$=\frac{1}{4}\vec{a}+\frac{3}{4}\vec{b} \ \text{答}$$

(2) 点Qは線分ABを3：1に外分 ❶ する点だから

$$\vec{q}=\frac{-1\times\vec{a}+3\times\vec{b}}{3-1}$$

$$=-\frac{1}{2}\vec{a}+\frac{3}{2}\vec{b} \ \text{答}$$

❶ 外分点は内分点の公式からも求められます。

3：1に外分
⇓
3：(−1)に内分

と考えて，内分点の公式にあてはめてみましょう。

❷ 点Bは線分ARの中点だから

$$\vec{b}=\frac{\vec{a}+\vec{r}}{2}$$

$$\vec{r}=-\vec{a}+2\vec{b}$$

とすることもできます。

(3) 点Rは線分ABを2：1に外分する点 ❷ だから

$$\vec{r}=\frac{-1\times\vec{a}+2\times\vec{b}}{2-1}$$

$$=-\vec{a}+2\vec{b} \ \text{答}$$

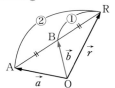

練習 173 2点A($\vec{a}$)，B($\vec{b}$)に対し，線分ABを次の比に分ける点の位置ベクトルを求めよ。

(1) 1：2に内分する点P($\vec{p}$)　　(2) 4：5に外分する点Q($\vec{q}$)

| 例題 163 | 三角形の重心の位置ベクトル① ★★★ 基本

$\triangle$ABC の頂点 A，B，C の位置ベクトルを，それぞれ $\vec{a}$，$\vec{b}$，$\vec{c}$ とするとき，$\triangle$ABC の重心 G の位置ベクトル $\vec{g}$ は

$$\vec{g}=\frac{1}{3}(\vec{a}+\vec{b}+\vec{c})$$

であることを証明せよ。

POINT 三角形の重心の位置ベクトル
重心はそれぞれの中線を2：1に内分する点

辺 BC の中点 M の位置ベクトルを求めてから，中線 AM を 2：1 に内分する点の位置ベクトルとして重心 G の位置ベクトルを求めます。

| 解答 |

辺 BC の中点を M とすると

$$\overrightarrow{\rm OM}=\frac{\overrightarrow{\rm OB}+\overrightarrow{\rm OC}}{2}$$

$$=\frac{1}{2}(\vec{b}+\vec{c}) \quad \cdots\cdots①$$

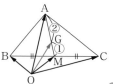

$\triangle$ABC の重心 G は，中線 AM を 2：1 に内分する点だから❶

$$\overrightarrow{\rm OG}=\frac{\overrightarrow{\rm OA}+2\overrightarrow{\rm OM}}{2+1}❷$$

$$=\frac{1}{3}(\vec{a}+2\overrightarrow{\rm OM}) \quad \cdots\cdots②$$

よって，①，②から

$$\vec{g}=\overrightarrow{\rm OG}$$

$$=\frac{1}{3}\left\{\vec{a}+2\cdot\frac{1}{2}(\vec{b}+\vec{c})\right\}$$

$$=\frac{1}{3}(\vec{a}+\vec{b}+\vec{c})$$

| アドバイス |

❶ 始点 O を三角形の外部にとった図で考えましたが，始点 O をどこにとっても同じ結果が成り立ちます。

❷ 重心は，中線を頂点に近いほうから 2：1 の比に分けます。

練習 174　$\triangle$ABC の重心を G とするとき，次の等式が成り立つことを示せ。

$$\overrightarrow{\rm GA}+\overrightarrow{\rm GB}+\overrightarrow{\rm GC}=\vec{0}$$

△ABCの辺BC, CA, ABの中点をそれぞれL, M, Nとするとき, 次のことを示せ。

(1) $\overrightarrow{AL}+\overrightarrow{BM}+\overrightarrow{CN}=\vec{0}$

(2) △LMNの重心は, △ABCの重心と一致する。

POINT

△ABCの重心Gの位置ベクトルは公式$\vec{g}=\dfrac{\vec{a}+\vec{b}+\vec{c}}{3}$を用いる

頂点A, B, Cの位置ベクトルをそれぞれ$\vec{a}$, $\vec{b}$, $\vec{c}$として, △LMNと△ABCの重心をともに, $\vec{a}$, $\vec{b}$, $\vec{c}$で表してみましょう。

| 解答 | アドバイス |

(1) 点A, B, C, L, M, Nの位置ベクトル❶をそれぞれ$\vec{a}$, $\vec{b}$, $\vec{c}$, $\vec{l}$, $\vec{m}$, $\vec{n}$とすると

$$\vec{l}=\frac{\vec{b}+\vec{c}}{2}, \quad \vec{m}=\frac{\vec{c}+\vec{a}}{2}, \quad \vec{n}=\frac{\vec{a}+\vec{b}}{2}❷$$

したがって

$$\overrightarrow{AL}+\overrightarrow{BM}+\overrightarrow{CN}$$
$$=(\vec{l}-\vec{a})+(\vec{m}-\vec{b})+(\vec{n}-\vec{c})$$
$$=\left(\frac{\vec{b}+\vec{c}}{2}-\vec{a}\right)+\left(\frac{\vec{c}+\vec{a}}{2}-\vec{b}\right)+\left(\frac{\vec{a}+\vec{b}}{2}-\vec{c}\right)$$
$$=\vec{0}$$

(2) △ABC, △LMNの重心をそれぞれG($\vec{g}$), G′($\vec{g'}$)❸とすると

$$\vec{g}=\frac{\vec{a}+\vec{b}+\vec{c}}{3} \quad \cdots\cdots①$$

$$\vec{g'}=\frac{\vec{l}+\vec{m}+\vec{n}}{3}=\frac{1}{3}\left(\frac{\vec{b}+\vec{c}}{2}+\frac{\vec{c}+\vec{a}}{2}+\frac{\vec{a}+\vec{b}}{2}\right)$$
$$=\frac{\vec{a}+\vec{b}+\vec{c}}{3} \quad \cdots\cdots②$$

①, ②から $\vec{g}=\vec{g'}$❹

よって, △LMNと△ABCの重心は一致する。❺

❶ 位置ベクトルが与えられてない場合は, まず位置ベクトルを定めます。

❷ 点L, M, Nはそれぞれ, 線分BC, CA, ABの中点です。

❸ △ABCの重心Gの位置ベクトルと, △LMNの重心G′の位置ベクトルを別々に求めて, 一致することを確認すればよいです。

❹ GとG′が一致することを表しています。

❺
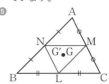

練習 175 △ABCの辺BC, CA, ABを2:1に内分する点をそれぞれP, Q, Rとするとき, △ABCの重心は△PQRの重心と一致することを示せ。

例題 165 | ベクトルの等式　　★★★　標準

△ABCと点Pについて，次の等式が成り立つとき，点Pはどのような位置にあるか。

$$\vec{PA}+\vec{PB}+\vec{PC}=\vec{AB}$$

 POINT　　ベクトルの等式は，位置ベクトルで表すと考えやすい

点P($\vec{p}$)の位置を求めるときは，$\vec{p}$を他の定点の位置ベクトルで表し，分点の公式を利用します。

| 解答 |

$$\vec{PA}+\vec{PB}+\vec{PC}=\vec{AB} \quad \cdots\cdots①$$

頂点A，B，Cおよび点Pの位置ベクトルをそれぞれ$\vec{a}$，$\vec{b}$，$\vec{c}$，$\vec{p}$とすると

$$\vec{PA}=\vec{a}-\vec{p}$$
$$\vec{PB}=\vec{b}-\vec{p}$$
$$\vec{PC}=\vec{c}-\vec{p}$$
$$\vec{AB}=\vec{b}-\vec{a} \quad ❶$$

このとき，①は

$$(\vec{a}-\vec{p})+(\vec{b}-\vec{p})+(\vec{c}-\vec{p})=\vec{b}-\vec{a}$$
$$3\vec{p}=2\vec{a}+\vec{c}$$

$$\vec{p}=\frac{1}{3}(2\vec{a}+\vec{c})$$

$$=\frac{2\times\vec{a}+1\times\vec{c}}{1+2} \quad ❷$$

よって，点Pは

辺ACを1：2に内分する点 答

| 別解 | 位置ベクトルの始点をPにとると，①は

$$\vec{PA}+\vec{PB}+\vec{PC}=\vec{PB}-\vec{PA}$$
$$\vec{PC}=-2\vec{PA} \quad ❸$$

よって，点Pは**辺ACを1：2に内分する点**である。 答

| アドバイス |

❶ $\vec{PA}=\vec{OA}-\vec{OP}$
$\vec{PB}=\vec{OB}-\vec{OP}$
$\vec{PC}=\vec{OC}-\vec{OP}$
$\vec{AB}=\vec{OB}-\vec{OA}$

❷

線分ACを1：2に内分する点Pの位置ベクトルは

$$\vec{p}=\frac{2\times\vec{a}+1\times\vec{c}}{1+2}$$

と表せます。

❸

練習 176　△ABCと点Pについて，次の等式が成り立つとき，点Pはどのような位置にあるか。

$$2\vec{PA}+\vec{PB}+\vec{PC}=2\vec{CA}$$

6 | ベクトルと図形

■1 3点が同一直線上にある条件 ▷ 例題 167

3点 A，B，C が同一直線上にある
$$\Longleftrightarrow \overrightarrow{AC}=k\overrightarrow{AB} \quad (k \text{ は実数})$$

点 A，B，C の位置ベクトルをそれぞれ $\vec{a}$，$\vec{b}$，$\vec{c}$ とすると
$$\vec{c}-\vec{a}=k(\vec{b}-\vec{a})$$
よって $\vec{c}=(1-k)\vec{a}+k\vec{b}$

点 C が直線 AB 上にある
$$\Longleftrightarrow \overrightarrow{OC}=(1-k)\overrightarrow{OA}+k\overrightarrow{OB} \quad (k \text{ は実数})$$

特に，$0\leq k\leq 1$ のとき，点 C は線分 AB 上にある。

例 $\overrightarrow{PQ}=\vec{a}$，$\overrightarrow{PR}=2\vec{a}$ であるとき $\overrightarrow{PR}=2\overrightarrow{PQ}$
　　　よって，3点 P，Q，R は同一直線上にある。

■2 2直線の直交条件 ▷ 例題 168

2つの直線 AB，CD が直交するとき
$$\overrightarrow{AB}\perp\overrightarrow{CD} \Longleftrightarrow \overrightarrow{AB}\cdot\overrightarrow{CD}=0$$

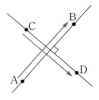

■3 ベクトルの分解 ▷ 例題 169

$\vec{0}$ でない2つのベクトル $\vec{a}$，$\vec{b}$ が平行でないとき，平面上の任意のベクトル $\vec{p}$ は
$$\vec{p}=m\vec{a}+n\vec{b} \quad (m, n \text{ は実数})$$
とただ1通りに表すことができ，次のことがいえる。
$$m\vec{a}+n\vec{b}=m'\vec{a}+n'\vec{b} \Longleftrightarrow m=m', n=n'$$
特に $m\vec{a}+n\vec{b}=\vec{0} \Longleftrightarrow m=n=0$

例 $\vec{p}=x\vec{a}+2\vec{b}$，$\vec{q}=3\vec{a}+y\vec{b}$ (x, y は実数) で，$\vec{p}=\vec{q}$ が成り立つとき
　　　$x=3$，$y=2$

例題 166 | 三角形とベクトル ★★★ (基本)

△ABCの辺AB，ACを1：4に外分する点をそれぞれM，Nとするとき

$$MN \parallel BC, \quad MN = \frac{1}{3}BC$$

であることを，ベクトルを用いて証明せよ。

 POINT

平行であることの証明

$$AB \parallel CD \iff \vec{AB} = k\vec{CD} \quad \text{(kは実数)} \text{ の形を示す}$$

$$MN \parallel BC, \quad MN = \frac{1}{3}BC$$

をベクトルで証明するには

$$\vec{MN} = \frac{1}{3}\vec{BC} \quad \text{または} \quad \vec{MN} = -\frac{1}{3}\vec{BC}$$

を示せばよいです。それには，$\vec{MN}$，$\vec{BC}$ を $\vec{AB}$，$\vec{AC}$ で表してみましょう。

| 解答 | アドバイス |

M，Nは，それぞれ辺AB，AC
を1：4に外分する点だから

$$AB : AM = 3 : 1 \; ❶$$
$$AC : AN = 3 : 1$$

したがって

$$\vec{AM} = -\frac{1}{3}\vec{AB}, \quad \vec{AN} = -\frac{1}{3}\vec{AC}$$

から

$$\vec{MN} = \vec{AN} - \vec{AM} = -\frac{1}{3}(\vec{AC} - \vec{AB})$$

$$= -\frac{1}{3}\vec{BC}$$

よって $\quad MN \parallel BC, \quad MN = \frac{1}{3}BC$
　　　　　　　　　　　　　　　❷

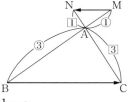

❶ 点Mが線分ABを $m : n$
（$m < n$）に外分するとき，Mは
線分ABをAのほうに延長し
た半直線上にあります。

❷ $|\vec{MN}| = \left| -\frac{1}{3}\vec{BC} \right|$
　　　　　$= \frac{1}{3}|\vec{BC}|$

| STUDY | 平行であることの証明

図形において，2辺AB，CDが平行であることをベクトルを用いて証明するには，kを実数として，
$\vec{AB} = k\vec{CD}$（または，$\vec{CD} = k\vec{AB}$）が成り立つことを示せばよい。

練習 177 △ABCの辺ABの中点Mを通り辺BCに平行な直線は，辺ACの中点
Nを通ることを，ベクトルを用いて証明せよ。

△ABCの辺ABを2:3に内分する点をP，辺BCを3:1に外分する点をQ，辺CAを1:2に内分する点をRとするとき，3点P，Q，Rは同一直線上にあることを証明せよ。

POINT

3点 A，B，C が同一直線上にある

$\iff \overrightarrow{AC} = k\overrightarrow{AB}$ （k は実数）

異なる3点A，B，Cが同一直線上にあることを示すには，$\overrightarrow{AB} /\!/ \overrightarrow{AC}$，すなわち $\overrightarrow{AC} = k\overrightarrow{AB}$ を満たす実数 k が存在することを示します。

| 解答 | アドバイス |

$\overrightarrow{AB} = \vec{b}$，$\overrightarrow{AC} = \vec{c}$ ❶ とする。

AP：PB＝2：3，CR：RA＝1：2から

$$\overrightarrow{AP} = \frac{2}{5}\overrightarrow{AB} = \frac{2}{5}\vec{b} \quad \cdots\cdots①$$

$$\overrightarrow{AR} = \frac{2}{3}\overrightarrow{AC} = \frac{2}{3}\vec{c} \quad \cdots\cdots②$$

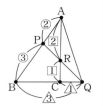

また，点Qは線分BCを3:1に外分する点 ❷ だから

$$\overrightarrow{AQ} = \frac{-1 \times \overrightarrow{AB} + 3 \times \overrightarrow{AC}}{3 - 1}$$

$$= \frac{1}{2}(-\vec{b} + 3\vec{c}) \quad \cdots\cdots③$$

①，②，③から

$$\overrightarrow{PR} = \overrightarrow{AR} - \overrightarrow{AP} = \frac{2}{3}\vec{c} - \frac{2}{5}\vec{b} = -\frac{2}{5}\vec{b} + \frac{2}{3}\vec{c}$$

$$\overrightarrow{PQ} = \overrightarrow{AQ} - \overrightarrow{AP} = \frac{1}{2}(-\vec{b} + 3\vec{c}) - \frac{2}{5}\vec{b}$$

$$= -\frac{9}{10}\vec{b} + \frac{3}{2}\vec{c}$$

したがって $\overrightarrow{PQ} = \frac{9}{4}\overrightarrow{PR}$ ❸

よって，3点P，Q，Rは同一直線上にある。

❶ すべてAを始点としたベクトルで表します。

❷ 下図のように，点Aを位置ベクトルの始点と考えます。

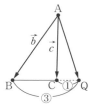

❸ $\overrightarrow{PR} = \frac{2}{15}(-3\vec{b} + 5\vec{c})$

$\overrightarrow{PQ} = \frac{3}{10}(-3\vec{b} + 5\vec{c})$

よって

$\overrightarrow{PQ} = \frac{3}{10} \times \frac{15}{2}\overrightarrow{PR}$

$= \frac{9}{4}\overrightarrow{PR}$

練習 178 平行四辺形OABCにおいて，辺OAの中点をD，対角線OBを2:5に内分する点をE，辺OCを2:1に内分する点をFとする。このとき，3点D，E，Fは同一直線上にあることを証明せよ。

| 例題 168 | 三角形の垂心　　　　　　　　　　★★★　標準

∠Aが直角でない△ABCの頂点B，Cからそれぞれ対辺CA，ABに下ろした垂線の交点をHとすると，AH⊥BCであることを証明せよ。

 **POINT**

ベクトルの垂直条件の利用
２直線が直交 ⟺ （内積）＝0

　２つの直線AB，CDが直交するときは，その直線に平行なベクトル$\overrightarrow{AB}$，$\overrightarrow{CD}$が垂直だから，$\overrightarrow{AB}\cdot\overrightarrow{CD}=0$です。

| 解答 |

$\overrightarrow{HA}=\vec{a}$，$\overrightarrow{HB}=\vec{b}$，$\overrightarrow{HC}=\vec{c}$ ❶ とすると
$\overrightarrow{HB}\perp\overrightarrow{CA}$ から　　$\overrightarrow{HB}\cdot\overrightarrow{CA}=0$
すなわち　　　　　　$\vec{b}\cdot(\vec{a}-\vec{c})=0$
　　　　　　　　　　　$\vec{a}\cdot\vec{b}=\vec{b}\cdot\vec{c}$　　……①
$\overrightarrow{HC}\perp\overrightarrow{AB}$ から　　$\overrightarrow{HC}\cdot\overrightarrow{AB}=0$
すなわち　　　　　　$\vec{c}\cdot(\vec{b}-\vec{a})=0$
　　　　　　　　　　　$\vec{a}\cdot\vec{c}=\vec{b}\cdot\vec{c}$　　……②
①，②から　　　　$\vec{a}\cdot\vec{b}=\vec{a}\cdot\vec{c}$
　　　　　　$\vec{a}\cdot(\vec{c}-\vec{b})=0$　すなわち　$\overrightarrow{HA}\cdot\overrightarrow{BC}=0$
$\overrightarrow{HA}\neq\vec{0}$，$\overrightarrow{BC}\neq\vec{0}$ ❷ だから　　　AH⊥BC

| 別解 | 点A，B，C，Hの位置ベクトルをそれぞれ
$\vec{a}$，$\vec{b}$，$\vec{c}$，$\vec{h}$ とすると
$\overrightarrow{HB}\perp\overrightarrow{CA}$ から　　$(\vec{b}-\vec{h})\cdot(\vec{a}-\vec{c})=0$
　　　　　　　　　$\vec{h}\cdot\vec{a}+\vec{b}\cdot\vec{c}=\vec{h}\cdot\vec{c}+\vec{a}\cdot\vec{b}$　……③
$\overrightarrow{HC}\perp\overrightarrow{AB}$ から　　$(\vec{c}-\vec{h})\cdot(\vec{b}-\vec{a})=0$
　　　　　　　　　$\vec{h}\cdot\vec{a}+\vec{b}\cdot\vec{c}=\vec{h}\cdot\vec{b}+\vec{a}\cdot\vec{c}$　……④
③，④から　　$\vec{h}\cdot\vec{c}+\vec{a}\cdot\vec{b}=\vec{h}\cdot\vec{b}+\vec{a}\cdot\vec{c}$
　　　$\vec{h}\cdot(\vec{c}-\vec{b})-\vec{a}\cdot(\vec{c}-\vec{b})=0$
　　　　　$(\vec{h}-\vec{a})\cdot(\vec{c}-\vec{b})=0$
すなわち　　　$\overrightarrow{AH}\cdot\overrightarrow{BC}=0$　から　　　AH⊥BC ❸

| アドバイス |

❶ 原点Oを始点とする位置ベクトルを使う場合は，| 別解 | で示してあります。

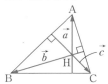

❷ $\overrightarrow{HA}\cdot\overrightarrow{BC}=0$は$\overrightarrow{HA}=\vec{0}$のときも成り立ちます。
このとき△ABCは∠Aが90°の直角三角形で，HはAと一致します。

❸ △ABCの3頂点からそれぞれの対辺に下ろした垂線は，点Hで交わる。この点を△ABCの垂心という。

練習 179　△ABCと点Pがあって，$\overrightarrow{PB}\cdot\overrightarrow{PC}=\overrightarrow{PC}\cdot\overrightarrow{PA}=\overrightarrow{PA}\cdot\overrightarrow{PB}$ が成り立つとき，点Pは△ABCの垂心であることを証明せよ。

△OABにおいて，辺OAを3：2に内分する点をC，辺OBを2：1に内分する点をDとし，線分AD，BCの交点をPとする。このとき，$\overrightarrow{OP}$を$\overrightarrow{OA}=\vec{a}$，$\overrightarrow{OB}=\vec{b}$を用いて表せ。

POINT 2線分の交点の位置ベクトルを2通りの方法で表す

2線分の交点の位置ベクトルを求めるには，それぞれの線分上で，2通りの方法で表し，$m\vec{a}+n\vec{b}=m'\vec{a}+n'\vec{b} \Longleftrightarrow m=m',\ n=n'$ を利用します。

| 解答 |

OC：CA＝3：2，OD：DB＝2：1のとき

$$\overrightarrow{OC}=\frac{3}{5}\vec{a},\quad \overrightarrow{OD}=\frac{2}{3}\vec{b}$$

点Pは線分AD上にある❶から

$$\overrightarrow{OP}=(1-s)\overrightarrow{OA}+s\overrightarrow{OD}\quad (s は実数)$$

$$=(1-s)\vec{a}+\frac{2}{3}s\vec{b}\quad \cdots\cdots①$$

また，点Pは線分BC上の点でもあるから

$$\overrightarrow{OP}=(1-t)\overrightarrow{OB}+t\overrightarrow{OC}\quad (t は実数)$$

$$=(1-t)\vec{b}+\frac{3}{5}t\vec{a}\quad \cdots\cdots②$$

①，②で，$\vec{a}$と$\vec{b}$は$\vec{0}$でなく，平行でもないから

$$\begin{cases} 1-s=\dfrac{3}{5}t \\ \dfrac{2}{3}s=1-t \end{cases}$$ ❷

よって $s=\dfrac{2}{3},\ t=\dfrac{5}{9}$

これを①に代入して❸

$$\overrightarrow{OP}=\frac{1}{3}\vec{a}+\frac{4}{9}\vec{b}\ (答)$$

| アドバイス |

❶ 点A$(\vec{a})$，D$(\vec{d})$に対し，点P$(\vec{p})$が直線AD上にあるとき，sを実数とし
$$\vec{p}=(1-s)\vec{a}+s\vec{d}$$
と表せます。この式は点Pが線分ADを$s：(1-s)$に分ける点であることを示しています。

❷ $\vec{0}$でない2つのベクトル$\vec{a}$，$\vec{b}$が平行でないとき
$$m\vec{a}+n\vec{b}=m'\vec{a}+n'\vec{b}$$
$$\Longleftrightarrow m=m',\ n=n'$$

❸ ②に代入してもよいです。

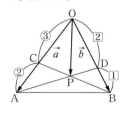

練習 180 △OABにおいて，辺OAを2：1に内分する点をC，辺OBの中点をD，線分ADと線分BCの交点をPとする。$\overrightarrow{OP}$を$\overrightarrow{OA}=\vec{a}$，$\overrightarrow{OB}=\vec{b}$を用いて表せ。

例題 **170** 三角形の面積比　★★★　応用

△ABCと点Pに対して，$4\overrightarrow{PA}+2\overrightarrow{PB}+3\overrightarrow{PC}=\vec{0}$ が成り立つ。

(1) 点Pはどのような位置にあるか。

(2) △PBC，△PCA，△PABの面積比を求めよ。

POINT $l\overrightarrow{PA}+m\overrightarrow{PB}+n\overrightarrow{PC}=\vec{0}$

$\Longrightarrow$ 始点をP以外にそろえて分点公式

始点をAにすることで，$\overrightarrow{AP}=m\overrightarrow{AB}+n\overrightarrow{AC}$ の形に変形して，分点の公式で点Pがどのような点であるか調べていきます。

| 解答 |

(1) 点Aを始点とする位置ベクトルを考えると

$$-4\overrightarrow{AP}+2(\overrightarrow{AB}-\overrightarrow{AP})+3(\overrightarrow{AC}-\overrightarrow{AP})=\vec{0}$$

$$\overrightarrow{AP}=\frac{2\overrightarrow{AB}+3\overrightarrow{AC}}{9}=\frac{5}{9}\times\frac{2\overrightarrow{AB}+3\overrightarrow{AC}}{5} \quad ❶$$

辺BCを3：2に内分する点をQとすると，

$$\overrightarrow{AQ}=\frac{2\overrightarrow{AB}+3\overrightarrow{AC}}{5} だから \quad \overrightarrow{AP}=\frac{5}{9}\overrightarrow{AQ}$$

よって，**点Pは辺BCを3：2に内分する点をQとして，線分AQを5：4に内分する点** ❷ 答

(2) △PBQの面積を$3S$とすると ❸

BQ：QC＝3：2から　　△PQC＝$2S$

AP：PQ＝5：4から

$$\underline{\triangle PAB=\frac{5}{4}\times\triangle PBQ}_{❹}=\frac{5}{4}\times 3S=\frac{15}{4}S$$

$$\triangle PCA=\frac{5}{4}\times\triangle PQC=\frac{5}{4}\times 2S=\frac{5}{2}S$$

$$\triangle PBC=\triangle PBQ+\triangle PQC=3S+2S=5S$$

よって　　△PBC：△PCA：△PAB

$$=5S：\frac{5}{2}S：\frac{15}{4}S$$

$$=\textbf{4：2：3} \quad 答$$

| アドバイス |

❶ 分子から，内分点の公式

$$\frac{n\overrightarrow{AB}+m\overrightarrow{AC}}{m+n}$$

が利用できる形に変形します。ここでは，$m=3$，$n=2$，$m+n=5$だから5で割って，全体に$\frac{5}{9}$を掛けた形にしておきます。

❷

❸ BQ：QC＝3：2より

△PBQ：△PQC＝3：2

なので，△PQC＝$2S$とかけるように△PBQ＝$3S$とおきました。

❹ △PABと△PBQの高さが同じで底辺が5：4。

練習 181 △ABCと点Pに対して，$\overrightarrow{PA}+2\overrightarrow{PB}+3\overrightarrow{PC}=\vec{0}$ が成り立つとき，△PBC，△PCA，△PABの面積比を求めよ。

OB＝4OA を満たす△OABにおいて，辺ABの中点をMとし，線分OM上に点N
をON：MN＝1：2となるようにとる。
(1) $\vec{a}=\overrightarrow{OA}$，$\vec{b}=\overrightarrow{OB}$ とするとき，$\overrightarrow{NA}$ を $\vec{a}$，$\vec{b}$ を用いて表せ。
(2) ON⊥NAであるとき，∠AOB＝θとして，cos θを求めよ。

POINT　角θについての問題
⟹　内積を利用して cos θ を求める

2つのベクトル $\vec{a}$, $\vec{b}$ のなす角θは，内積 $\vec{a}\cdot\vec{b}=|\vec{a}||\vec{b}|\cos\theta$ を利用して考えます。

| 解答 | アドバイス |

(1) Mは辺ABの中点で，ON：NM＝1：2だから

$$\overrightarrow{ON}=\frac{1}{3}\overrightarrow{OM}=\frac{1}{3}\times\frac{\vec{a}+\vec{b}}{2}=\frac{1}{6}(\vec{a}+\vec{b})　\cdots\cdots①$$

$$\overrightarrow{NA}=\overrightarrow{OA}-\overrightarrow{ON}$$
$$=\vec{a}-\frac{1}{6}(\vec{a}+\vec{b})$$
$$=\frac{5}{6}\vec{a}-\frac{1}{6}\vec{b}　\cdots\cdots②　（答）$$

❶ Mは線分ABの中点だから
$$\overrightarrow{OM}=\frac{\overrightarrow{OA}+\overrightarrow{OB}}{2}$$
$$=\frac{\vec{a}+\vec{b}}{2}$$

❷ $\overrightarrow{OA}$，$\overrightarrow{OB}$で表すので，すべて始点はOにして考えます。

(2) OA＝aとすると，OB＝4OAだから
$$|\vec{a}|=OA=a,\quad|\vec{b}|=OB=4a$$
$$\vec{a}\cdot\vec{b}=|\vec{a}||\vec{b}|\cos\theta=4a^2\cos\theta$$

ON⊥NAのとき　　$\overrightarrow{ON}\cdot\overrightarrow{NA}=0$

①，②から　　$\frac{1}{6}(\vec{a}+\vec{b})\cdot\frac{1}{6}(5\vec{a}-\vec{b})=0$
$$(\vec{a}+\vec{b})\cdot(5\vec{a}-\vec{b})=0$$
$$5|\vec{a}|^2+4\vec{a}\cdot\vec{b}-|\vec{b}|^2=0$$

よって　　$5a^2+4\times4a^2\cos\theta-16a^2=0$
$$a^2(16\cos\theta-11)=0$$

$a^2>0$ だから　　$\cos\theta=\dfrac{11}{16}$　（答）

❸ 両辺を 6^2 倍します。

❹ $(\vec{a}+\vec{b})\cdot(5\vec{a}-\vec{b})=0$ から
$5\vec{a}\cdot\vec{a}-\vec{a}\cdot\vec{b}+5\vec{b}\cdot\vec{a}-\vec{b}\cdot\vec{b}=0$
$5|\vec{a}|^2+4\vec{a}\cdot\vec{b}-|\vec{b}|^2=0$

練習 182　∠Aが直角である直角二等辺三角形ABCの3つの辺BC，CA，ABを
2：1に内分する点を，それぞれL，M，Nとすると，AL⊥NMであ
ることを証明せよ。

7 | ベクトル方程式

1 **ベクトル $\vec{u}$ に平行な直線のベクトル方程式** ▷ 例題172

点 $A(\vec{a})$ を通り，ベクトル $\vec{u}(\neq\vec{0})$ に平行な直線を ℓ とすると，ℓ 上のどんな点 $P(\vec{p})$ に対しても

$$\overrightarrow{AP}=t\vec{u}$$

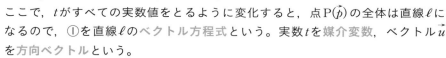

となる実数 t がただ1つ定まる。$\overrightarrow{AP}=\vec{p}-\vec{a}$ だから

$$\vec{p}=\vec{a}+t\vec{u} \quad (t\text{ は実数}) \quad \cdots\cdots①$$

ここで，t がすべての実数値をとるように変化すると，点 $P(\vec{p})$ の全体は直線 ℓ になるので，①を直線 ℓ の**ベクトル方程式**という。実数 t を**媒介変数**，ベクトル $\vec{u}$ を**方向ベクトル**という。

また，座標平面上で点 $A(x_1,\ y_1)$ を通り，ベクトル $\vec{u}=(a,\ b)$ に平行な直線の方程式を，①で $\vec{p}=(x,\ y)$，$\vec{a}=(x_1,\ y_1)$ として成分で表すと

$$\begin{cases} x=x_1+ta \\ y=y_1+tb \end{cases}$$

これらから t を消去すると，次のようになる。

点 $A(x_1,\ y_1)$ を通り，$\vec{u}=(a,\ b)$ に平行な直線の方程式は

$$b(x-x_1)-a(y-y_1)=0$$

例 点 $A(3,\ 4)$ を通り，$\vec{u}=(1,\ 2)$ に平行な直線の方程式は

$$\begin{cases} x=3+t \\ y=4+2t \end{cases} \quad (t\text{ は実数})$$

t を消去すると　$2x-y-2=0$

2 **異なる2点を通る直線** ▷ 例題172

異なる2点 $A(\vec{a})$，$B(\vec{b})$ を通る直線 g のベクトル方程式は，
①で　$\vec{u}=\overrightarrow{AB}=\vec{b}-\vec{a}$
として

$$\vec{p}=(1-t)\vec{a}+t\vec{b} \quad (t\text{ は実数})$$

または　$\vec{p}=s\vec{a}+t\vec{b} \quad (s+t=1) \quad \cdots\cdots②$

特に，$0\leqq s\leqq1$，$0\leqq t\leqq1$ のとき，線分 AB を表す。

3 ベクトル $\vec{n}$ に垂直な直線 ▷ **例題 173**

点 $A(\vec{a})$ を通り，ベクトル $\vec{n}$ $(\neq \vec{0})$ に垂直な直線を h とすると，
h 上の点 $P(\vec{p})$ が A に一致しないとき，$\vec{n} \cdot \overrightarrow{AP} = 0$
だから

$$\vec{n} \cdot (\vec{p} - \vec{a}) = 0 \qquad \cdots\cdots③$$

P が A に一致するときは，$\vec{p} - \vec{a} = \vec{0}$ だから，このときも③は成り立つ。③は，点 $A(\vec{a})$ を通り，$\vec{n}$ に垂直な直線のベクトル方程式である。このとき，$\vec{n}$ を **法線ベクトル** という。

また，座標平面上で点 $A(x_1, \ y_1)$ を通り，ベクトル $\vec{n} = (a, \ b)$ に垂直な直線の方程式を，③で $\vec{p} = (x, \ y)$，$\vec{a} = (x_1, \ y_1)$ として成分で表すと

点 $A(x_1, \ y_1)$ を通り，$\vec{n} = (a, \ b)$ に垂直な直線の方程式は

$$a(x - x_1) + b(y - y_1) = 0$$

> **例** 点 $A(1, \ 2)$ を通り，$\vec{n} = (3, \ 4)$ に垂直な直線の方程式は
> $$3(x-1) + 4(y-2) = 0 \quad \text{すなわち} \quad 3x + 4y - 11 = 0$$

4 点の存在する範囲 ▷ **例題 174**

$\triangle OAB$ で　$\overrightarrow{OP} = s\overrightarrow{OA} + t\overrightarrow{OB}$ $(s + t = k, \ s \geqq 0, \ t \geqq 0)$ $\cdots\cdots④$

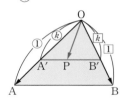

とすると，k の値が 0 から 1 まで変化するとき，点 P は右図の線分 A'B' 上にあって，A'B' // AB の状態を保ちながら，点 A' は O から A まで，点 B' は O から B までを動く。したがって，$0 \leqq k \leqq 1$ のとき，④を満たす点 P の存在する範囲は，**$\triangle OAB$ の周および内部**である。

5 円のベクトル方程式 ▷ **例題 175**

点 $C(\vec{c})$ を中心とする半径 r の円上に点 $P(\vec{p})$ があるための必要十分条件は，$|\overrightarrow{CP}| = r$ だから，この円のベクトル方程式は

$$|\vec{p} - \vec{c}| = r$$

この両辺を 2 乗した $(\vec{p} - \vec{c}) \cdot (\vec{p} - \vec{c}) = r^2$ で表すこともできる。

> **例** 原点を中心とする半径 3 の円のベクトル方程式は　　$|\vec{p}| = 3$

例題 172 | 直線のベクトル方程式① ★★★ 基本

次の直線の方程式を，媒介変数 t を用いて表せ。

(1) 点 $A(1, -3)$ を通り，$\vec{u}=(2, 1)$ に平行な直線の方程式

(2) 2点 $A(-1, 1)$，$B(2, 7)$ を通る直線の方程式

POINT　直線のベクトル方程式

方向ベクトル $\vec{u}$ の直線 $\Longrightarrow$ $\vec{p}=\vec{a}+t\vec{u}$

通る1点と直線に平行なベクトル，あるいは通る2点がわかれば，直線はベクトル方程式で表せます。

解答	アドバイス

(1) 点 $A(\vec{a})$ を通り，ベクトル $\vec{u}$ に平行な直線のベクトル方程式は　　$\vec{p}=\vec{a}+t\vec{u}$ （t は実数）

よって　　$(x, y)=(1, -3)+t(2, 1)$ ❶

　　　　　　$=(1+2t, -3+t)$

したがって　$\begin{cases} x=1+2t \\ y=-3+t \end{cases}$ 答

❶ $\vec{p}=\vec{a}+t\vec{u}$
を成分で表します。

(2) 2点 $A(\vec{a})$，$B(\vec{b})$ を通る直線のベクトル方程式は
　　$\vec{p}=(1-t)\vec{a}+t\vec{b}$ （t は実数）

よって　　$(x, y)=\underset{\text{実数}}{(1-t)}(-1, 1)$ ❷ $+t(2, 7)$

　　　　　　$=(-1+3t, 1+6t)$

したがって　$\begin{cases} x=-1+3t \\ y=1+6t \end{cases}$ 答

❷ $\underset{\text{実数}}{(1-t)}(-1, 1)$
$=(-1+t, 1-t)$

| STUDY | 直線のベクトル方程式とは

平面上の点 A の位置ベクトルを $\vec{a}$ とするとき，点 A を通り，$\vec{0}$ でないベクトル $\vec{u}$ に平行な直線 ℓ 上の点 P について，$\overrightarrow{AP}=t\vec{u}$ （t は実数）が成り立つ。点 P の位置ベクトルを $\vec{p}$ とすると，$\overrightarrow{AP}=\vec{p}-\vec{a}$ となるから　　$\vec{p}-\vec{a}=t\vec{u}$　　すなわち　$\vec{p}=\vec{a}+t\vec{u}$　　……①

としたものが，直線 ℓ のベクトル方程式である。①で，t がすべての実数値をとると，点 P は直線 ℓ 上のすべての点を表すことになる。

練習 183　次の点 A を通り，$\vec{u}$ に平行な直線の方程式を，媒介変数 t を用いて表せ。

(1) $A(1, 2)$，$\vec{u}=(2, -3)$　　　　(2) $A(4, -1)$，$\vec{u}=(3, 2)$

練習 184　次の2点 A，B を通る直線の方程式を，媒介変数 t を用いて表せ。

(1) $A(-1, 2)$，$B(2, 6)$　　　　(2) $A(1, -5)$，$B(0, 4)$

点A$(2, -3)$を通り，$\vec{n}=(-1, 4)$に垂直な直線をℓとする。

(1) 直線ℓの方程式を求めよ。

(2) 直線ℓと点$(5, 2)$との距離を求めよ。

 **POINT** 直線の法線ベクトル

法線ベクトルが(a, b)の直線$\Longrightarrow a(x-x_1)+b(y-y_1)=0$

点A(x_1, y_1)を通り，$\vec{n}=(a, b)$に垂直な直線の方程式は，$\vec{n}\cdot\overrightarrow{\mathrm{AP}}=0$から

$a(x-x_1)+b(y-y_1)=0$で表されます。

| 解答 | | アドバイス |

(1) 点A$(2, -3)$を通り，ベクトル

$\vec{n}=(-1, 4)$❶に垂直な直線ℓ上の任

意の点をP(x, y)とすると

$$-(x-2)+4(y+3)=0 ❷$$

すなわち

$$x-4y-14=0 \text{(答)}$$

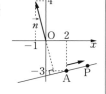

❶ $\vec{n}$は直線ℓの法線ベクトルです。

❷ $a(x-x_1)+b(y-y_1)=0$に

$a=-1, \ b=4$

$x_1=2, \ y_1=-3$

を代入します。

(2) 直線ℓと点$(5, 2)$との距離をdとすると

$$d=\frac{|5-4\times2-14|}{\sqrt{1^2+(-4)^2}}=\frac{17}{\sqrt{17}}=\sqrt{17} \text{(答)}$$

 Q 点と直線の距離の公式は，ベクトルで証明できるのですか？

 A (2)で使った点と直線との距離の公式は，次のように導くことができます。

P(x_0, y_0)から直線$\ell : ax+by+c=0$に下ろした垂線をPHとします。H(x_1, y_1)とすると，$\overrightarrow{\mathrm{HP}}$と$\ell$の法線ベクトル$\vec{n}=(a, b)$のなす角は0°または180°です。

このとき $\overrightarrow{\mathrm{HP}}\cdot\vec{n}=|\overrightarrow{\mathrm{HP}}|\cdot|\vec{n}|\cos0°$ または $\overrightarrow{\mathrm{HP}}\cdot\vec{n}=|\overrightarrow{\mathrm{HP}}|\cdot|\vec{n}|\cos180°$

したがって $|\overrightarrow{\mathrm{HP}}\cdot\vec{n}|=|\overrightarrow{\mathrm{HP}}||\vec{n}|$

よって $d=|\overrightarrow{\mathrm{HP}}|=\dfrac{|\overrightarrow{\mathrm{HP}}\cdot\vec{n}|}{|\vec{n}|}=\dfrac{|a(x_0-x_1)+b(y_0-y_1)|}{\sqrt{a^2+b^2}}=\dfrac{|ax_0+by_0+c|}{\sqrt{a^2+b^2}}$

ここで，点Hは直線ℓ上の点だから，$-(ax_1+by_1)=c$となることを用いています。

練習 185 次の点Aを通り，$\vec{n}$に垂直な直線の方程式を求めよ。

(1) A$(5, -2)$，$\vec{n}=(3, -1)$ (2) A$(-2, 1)$，$\vec{n}=(-4, -3)$

練習 186 点$(1, 4)$と直線$y=2x-3$との距離を求めよ。

例題 174 ベクトルの終点の存在範囲 ★★★ 応用

右図の△OABに対して，$\overrightarrow{OP}=s\overrightarrow{OA}+t\overrightarrow{OB}$ とおく。実数 s，t が次
の条件を満たしながら変化するとき，点Pの存在範囲を求めよ。

(1) $s\geqq0$，$t\geqq0$，$s+t=1$ 　　(2) $s\geqq0$，$t\geqq0$，$s+t=\dfrac{1}{2}$

 **POINT** 平面上の点の存在範囲
2点 $A(\vec{a})$，$B(\vec{b})$ を通る直線 $\implies \vec{p}=(1-t)\vec{a}+t\vec{b}$

このベクトル方程式で，$t=0$ のとき $P(\vec{p})$ は点Aに一致し，$t=1$ のとき $P(\vec{p})$ は点B
に一致します。また，$0<t<1$ のとき，$P(\vec{p})$ は線分ABを $t:(1-t)$ に内分する点です。
本問の(1)は，この $1-t$ を s とおいたものにほかなりません。

| 解答 |

(1) $s+t=1$ のとき　$\overrightarrow{OP}=s\overrightarrow{OA}+t\overrightarrow{OB}=(1-t)\overrightarrow{OA}+t\overrightarrow{OB}$
　移項して　　$\overrightarrow{OP}-\overrightarrow{OA}=t(\overrightarrow{OB}-\overrightarrow{OA})$
　　　　　　　　$\overrightarrow{AP}=t\overrightarrow{AB}$ ❶
$s\geqq0$，$t\geqq0$，$s+t=1$ から　　$0\leqq t\leqq1$ ❷
したがって，点Pの存在範囲は **線分 AB** 答

(2) $s+t=\dfrac{1}{2}$ のとき　　$2s+2t=1$ ❸

$2s=s'$，$2t=t'$ とすると，$s'+t'=1$，$s'\geqq0$，$t'\geqq0$ から
　　　　$0\leqq t'\leqq1$　　……①

　　　$\overrightarrow{OP}=s\overrightarrow{OA}+t\overrightarrow{OB}=s'\cdot\dfrac{1}{2}\overrightarrow{OA}+t'\cdot\dfrac{1}{2}\overrightarrow{OB}$

$\dfrac{1}{2}\overrightarrow{OA}=\overrightarrow{OA'}$，$\dfrac{1}{2}\overrightarrow{OB}=\overrightarrow{OB'}$ とおくと

　　　$\overrightarrow{OP}=s'\overrightarrow{OA'}+t'\overrightarrow{OB'}=(1-t')\overrightarrow{OA'}+t'\overrightarrow{OB'}$

(1)と同様に　　$\overrightarrow{A'P}=t'\overrightarrow{A'B'}$
したがって，①から点Pは線分 A'B'
上にある。すなわち，点Pの存在範
囲は **辺OA，OBの中点 A'，B' を結**
ぶ線分 A'B' 答

| アドバイス |

❶

❷ $s=1-t$ を $s\geqq0$ に代入して
　　$1-t\geqq0$，$t\leqq1$
　$t=0$ のとき
　　$\overrightarrow{AP}=\vec{0}$
　で，PはAと一致します。
　$t=1$ のとき
　　$\overrightarrow{AP}=\overrightarrow{AB}$
　で，PはBと一致します。

❸ 両辺を2倍することで，(1)と
　同じ条件式の形にします。

 練習 187　　△OABに対し，$\overrightarrow{OP}=s\overrightarrow{OA}+t\overrightarrow{OB}$ とおく。実数 s，t が次の条件を満た
しながら変化するとき，点Pの存在範囲を求めよ。
　　　　　　$s\geqq0$，$t\geqq0$，$s+t\leqq1$

平面上で辺の長さが1の正三角形ABCを考える。点Pに対し，ベクトル$\vec{v}$を，
$\vec{v}=\overrightarrow{PA}-3\overrightarrow{PB}+2\overrightarrow{PC}$と定める。
(1) $\vec{v}$は点Pの位置に無関係なベクトルであることを示せ。
(2) $|\overrightarrow{PA}+\overrightarrow{PB}+\overrightarrow{PC}|=\vec{v}$となるような点Pはどんな図形を描くか。

POINT

円のベクトル方程式
$|\vec{p}-\vec{c}|=r \implies$ 点$C(\vec{c})$を中心とする半径rの円

これは，点$P(\vec{p})$が円上にある必要十分条件$|\overrightarrow{CP}|=r$から導かれます。さらに，
$|\vec{p}-\vec{c}|=r$の両辺を2乗すると，$|\vec{p}-\vec{c}|^2=r^2$，すなわち $(\vec{p}-\vec{c})\cdot(\vec{p}-\vec{c})=r^2$
となるから，この内積についての等式で円の方程式を表すこともあります。

| 解答 |

| アドバイス |

(1) $\vec{v}=\overrightarrow{PA}-3\overrightarrow{PB}+2\overrightarrow{PC}=\overrightarrow{PA}-\overrightarrow{PB}+2(\overrightarrow{PC}-\overrightarrow{PB})$
$\qquad =\overrightarrow{BA}+2\overrightarrow{BC}$ ❶

よって，$\vec{v}$はPに無関係な一定のベクトルである。

❶ 始点をBにそろえます。始点をAまたはCに変えても同様に示すことができます。

(2) $|\overrightarrow{PA}+\overrightarrow{PB}+\overrightarrow{PC}|=|\vec{v}|$ ……①
△ABCの重心をGとすると，①の左辺は
$\overrightarrow{PA}+\overrightarrow{PB}+\overrightarrow{PC}=3\overrightarrow{PG}$ ❷
……②

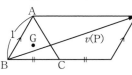

❷ 点Pを始点にとって考えると
$\overrightarrow{PG}=\dfrac{\overrightarrow{PA}+\overrightarrow{PB}+\overrightarrow{PC}}{3}$

右辺は，(1)から
$|\vec{v}|^2=|\overrightarrow{BA}+2\overrightarrow{BC}|^2=|\overrightarrow{BA}|^2+4\overrightarrow{BA}\cdot\overrightarrow{BC}+4|\overrightarrow{BC}|^2$
$\qquad =1^2+4\cdot1\cdot1\cos60°+4\cdot1^2$
$\qquad =1+2+4=7$ ……③
②，③を①に代入して
$\qquad |3\overrightarrow{PG}|=\sqrt{7}$ ❸ ，$|\overrightarrow{GP}|=\dfrac{\sqrt{7}}{3}$ ❹

よって，点Pが描く図形は

△ABCの重心を中心とする半径$\dfrac{\sqrt{7}}{3}$の円 答

❸ $|\vec{v}|≧0$より
$|\vec{v}|=\sqrt{7}$
❹ 円のベクトル方程式
$|\overrightarrow{CP}|=r$
の形。

練習 188 点$C(\vec{c})$を中心とする半径rの円上の点を$A(\vec{a})$とし，点Aにおける円の接線をℓとする。ℓ上の任意の点を$P(\vec{p})$とするとき，ℓのベクトル方程式は$(\vec{p}-\vec{c})\cdot(\vec{a}-\vec{c})=r^2$で与えられることを示せ。

定期テスト対策問題 8

解答・解説は別冊 p.104

1 正六角形 ABCDEF において，$\overrightarrow{AB}=\vec{a}$，$\overrightarrow{BF}=\vec{b}$ とするとき，
次のベクトルを $\vec{a}$，$\vec{b}$ で表せ。

(1) $\overrightarrow{BE}$ (2) $\overrightarrow{BC}$ (3) $\overrightarrow{BD}$

2 $\vec{a}=(1,\ -3)$，$\vec{b}=(-2,\ 2)$ のとき，次の問いに答えよ。

(1) $2(\vec{x}-\vec{b})=\vec{x}+3\vec{a}$ を満たす $\vec{x}$ の成分を求めよ。

(2) $3(2\vec{a}-\vec{b})-4(\vec{a}-\vec{b})$ の成分を求めよ。また，その大きさを求めよ。

(3) $\vec{c}=(-5,\ 7)$ を $\vec{c}=m\vec{a}+n\vec{b}$ の形で表せ。

3 右図のようなひし形がある。このとき，次の内積を求めよ。

(1) $\overrightarrow{AB}\cdot\overrightarrow{AD}$

(2) $\overrightarrow{DA}\cdot\overrightarrow{AB}$

(3) $\overrightarrow{AC}\cdot\overrightarrow{BD}$

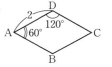

4 次の2つのベクトル $\vec{a}$，$\vec{b}$ に対し，内積 $\vec{a}\cdot\vec{b}$，および $\vec{a}$ と $\vec{b}$ のなす角 θ の大きさを求めよ。

(1) $\vec{a}=(\sqrt{3},\ 1)$，$\vec{b}=(\sqrt{3},\ 3)$

(2) $\vec{a}=(1,\ 1)$，$\vec{b}=(1-\sqrt{3},\ 1+\sqrt{3})$

5 $|\vec{a}|=2$，$|\vec{b}|=3$，$|2\vec{a}+\vec{b}|=\sqrt{13}$ のとき，次の問いに答えよ。

(1) 内積 $\vec{a}\cdot\vec{b}$ を求めよ。

(2) $|\vec{a}+\vec{b}|$ を求めよ。

(3) $2\vec{a}+\vec{b}$ と $\vec{a}+t\vec{b}$ が垂直となるように，実数 t の値を定めよ。

6 $\vec{a}=(1,\sqrt{3})$ に対して，次の問いに答えよ。

(1) $\vec{a}$ に垂直で，大きさが2のベクトルを求めよ。

(2) $\vec{a}$ と同じ向きの単位ベクトルを求めよ。

7 △ABC の頂点 A, B, C の位置ベクトルがそれぞれ $\vec{a}=(2, -3)$, $\vec{b}=(-1, 4)$, $\vec{c}=(5, 2)$ のとき，次の問いに答えよ。

(1) 重心 G の位置ベクトルを求めよ。

(2) 辺 AB, BC, CA を 1:3 に外分する点をそれぞれ P, Q, R とするとき，△PQR の重心の位置ベクトルを求めよ。

8 △ABC の辺 AB の中点を M とする。線分 CM の中点を D とし，辺 BC を 2:1 に内分する点を E とすれば，3 点 A, D, E は同一直線上にある。これをベクトルを用いて証明せよ。

9 △ABC と点 P に対して，$3\overrightarrow{PA}+\overrightarrow{PB}+4\overrightarrow{PC}=\vec{0}$ が成り立つ。

(1) 点 P はどのような位置にあるか。

(2) △PBC, △PCA, △PAB の面積比を求めよ。

10 △ABC において，辺 AB を 3:1 に内分する点を D, 辺 AC の中点を E とする。また，線分 CD, BE の交点を P, 直線 AP と辺 BC の交点を Q とする。$\overrightarrow{AB}=\vec{a}$, $\overrightarrow{AC}=\vec{b}$ とおくとき，次の問いに答えよ。

(1) $\overrightarrow{AP}$, $\overrightarrow{AQ}$ をそれぞれ $\vec{a}$, $\vec{b}$ で表せ。

(2) AP : PQ を求めよ。

11 3 点 A(3, −1), B(−1, 2), C(1, −2) がある。

(1) 2 点 A, B を通る直線を ℓ とするとき，直線 ℓ の方程式を求めよ。

(2) 直線 ℓ に垂直で，点 C を通る直線を g とするとき，直線 g の方程式を求めよ。

(3) △ABC の面積を求めよ。

12 △OAB がある。実数 s, t が，$2s+t=1$, $s \geqq 0$, $t \geqq 0$ を満たすとき
$$\overrightarrow{OP}=s\overrightarrow{OA}+t\overrightarrow{OB}$$
で表される点 P の存在範囲を求めよ。

第2節
空間のベクトル

| 1 | 空間座標

1 空間座標

空間において1点Oで互いに直交する3つの数直線 Ox, Oy, Oz を，それぞれ x 軸，y 軸，z 軸といい，まとめて **座標軸** という。また，2つずつの座標軸で定まる平面をそれぞれ xy **平面**，yz **平面**，zx **平面** といい，まとめて **座標平面** という。

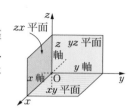

2 空間の点の座標 ▷ 例題176

空間の点Pを通る座標平面に平行な平面が，x 軸，y 軸，z 軸と交わる点の座標をそれぞれ a, b, c とするとき，(a, b, c) を **点Pの座標** といい，$P(a, b, c)$ と表す。このとき，a を x **座標**，b を y **座標**，c を z **座標** という。

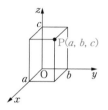

3 2点間の距離 ▷ 例題178

原点Oと2点 $A(x_1, y_1, z_1)$, $B(x_2, y_2, z_2)$ に対して
$$\mathbf{AB} = \sqrt{(x_2 - x_1)^2 + (y_2 - y_1)^2 + (z_2 - z_1)^2}$$
$$\mathbf{OA} = \sqrt{x_1{}^2 + y_1{}^2 + z_1{}^2}$$

4 座標平面に平行な平面の方程式 ▷ 例題177

点 $A(x_1, 0, 0)$, $B(0, y_1, 0)$, $C(0, 0, z_1)$ に対して
(1) 点Aを通り，yz 平面に平行な平面の方程式は　$x = x_1$
(2) 点Bを通り，zx 平面に平行な平面の方程式は　$y = y_1$
(3) 点Cを通り，xy 平面に平行な平面の方程式は　$z = z_1$

例 点 $P(0, 0, 2)$ を通り，xy 平面に平行な平面の方程式は
$z = 2$

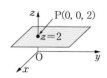

点P(1, 2, 3)に対して，次の点の座標を求めよ。
(1)　yz平面に関して対称な点A
(2)　y軸に関して対称な点B
(3)　原点に関して対称な点C

POINT　空間の座標
各座標軸上に辺をもつ直方体で考える

空間の座標を考えるには，各座標軸上に辺をもつ直方体を
作って考えるとわかりやすいです。空間の点P$(a,\ b,\ c)$に
対し，原点に関して対称な点の座標は
　　　　P$'(-a,\ -b,\ -c)$
です。

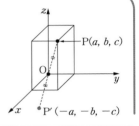

| 解答 |

(1)　点Aの座標を$(x,\ y,\ z)$とすると，点Pと点Aのy
座標，z座標はそれぞれ等しく，x座標は異符号とな
るから　　$x=-1,\ y=2,\ z=3$
よって　　**A$(-1,\ 2,\ 3)$**❶ 答

(2)　点Bの座標を$(x,\ y,\ z)$とすると，点Pと点Bのy
座標は等しく，x座標，z座標はそれぞれ異符号とな
るから　　$x=-1,\ y=2,\ z=-3$
よって　　**B$(-1,\ 2,\ -3)$**❷ 答

(3)　点Cの座標を$(x,\ y,\ z)$とすると，点Pと点Cのx
座標，y座標，z座標はそれぞれ異符号となるから
　　　$x=-1,\ y=-2,\ z=-3$
よって　　**C$(-1,\ -2,\ -3)$** 答

| アドバイス |

❶ 点P$(a,\ b,\ c)$に対し，yz平面
に関して対称な点の座標は
　　$(-a,\ b,\ c)$
同様にxy平面に関して対称な
点の座標は
　　$(a,\ b,\ -c)$
zx平面に関して対称な点の座
標は
　　$(a,\ -b,\ c)$
❷ 点P$(a,\ b,\ c)$に対し，y軸に
関して対称な点の座標は
　　$(-a,\ b,\ -c)$
同様にx軸に関して対称な点
の座標は
　　$(a,\ -b,\ -c)$
z軸に関して対称な点の座標は
　　$(-a,\ -b,\ c)$

練習 189　点P$(-2,\ 1,\ 3)$に対して，次の点の座標を求めよ。
(1)　xy平面に関して対称な点A
(2)　z軸に関して対称な点B
(3)　原点に関して対称な点C

例題 177 | 空間座標と平面の方程式　★★★ 基本

点 A(2, 3, 4) を通る，次の平面の方程式を求めよ。
(1) x 軸に垂直な平面
(2) xy 平面に平行な平面

POINT　平面の方程式
点 A(a, b, c) を通り，x 軸に垂直な平面は $x=a$

点 A(a, b, c) を通り，x 軸，y 軸，z 軸に垂直な平面の方程式は，それぞれ $x=a$，$y=b$，$z=c$ で表されます。
(2)は，z 軸に垂直な平面と考えればよいです。

| 解答 |

(1) 点 A(2, 3, 4) を通り，x 軸に垂直な平面上の任意の点をPとすると，その座標は
$$\underline{\text{P}(2,\ s,\ t)\quad (s,\ t\text{は実数})}❶$$
と表せる。
したがって，点 A を通り，x 軸に垂直な平面の方程式は　**$x=2$** (答)

(2) 点 A を通り，xy 平面に平行な平面は，点 A を通り，z 軸に垂直な平面と考えられる。❷
よって，平面上の任意の点をPとすると
$$\text{P}(s,\ t,\ 4)\quad (s,\ t\text{は実数})$$
と表せるから，点 A を通り，xy 平面に平行な平面の方程式は　**$z=4$** (答)

| アドバイス |

❶ 実数 s, t がいろいろな値をとることによって，点Pの位置がこの平面上で変化します。

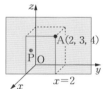

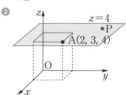

| STUDY | 平面の方程式

方程式 $ax+by+c=0$ は，平面上においては直線を表すが，空間においては平面を表すので，間違えないようにしたい。
例えば，$x+y=1$ は xy 平面上では直線を表すが，空間では右図のような z 軸に平行な平面を表す。このとき，x 軸，y 軸との交点はそれぞれ (1, 0, 0)，(0, 1, 0) である。

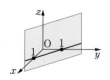

練習 190　点 A(-3, 4, 1) を通る，次の平面の方程式を求めよ。
(1) y 軸に垂直な平面
(2) yz 平面に平行な平面

例題 **178** 等距離にある点の座標　★★★　基本

次の点の座標を求めよ。

(1) 2点 A$(1,\ -5,\ 2)$, B$(2,\ 3,\ -1)$ から等距離にある x 軸上の点 P

(2) xy 平面上にあり, 3点 C$(1,\ 0,\ 2)$, D$(0,\ 2,\ 1)$, E$(2,\ 1,\ 3)$ から等距離にある点 Q

POINT　座標軸上の点の座標のとり方
x 軸上の点の座標 $\Longrightarrow\ (x,\ 0,\ 0)$

点 P が x 軸上にあれば, その座標は $(x,\ 0,\ 0)$ とおくことができます。同様に, y 軸上, z 軸上の点はそれぞれ, $(0,\ y,\ 0)$, $(0,\ 0,\ z)$ とおけます。

| 解答 | アドバイス |

(1) x 軸上の点 P の座標を $(x,\ 0,\ 0)$ とすると
$$AP^2 = \underline{(x-1)^2 + (0+5)^2 + (0-2)^2}\,❶$$
$$= x^2 - 2x + 30$$
$$BP^2 = (x-2)^2 + (0-3)^2 + (0+1)^2$$
$$= x^2 - 4x + 14$$
AP＝BP, すなわち, $AP^2 = BP^2$ から
$$x^2 - 2x + 30 = x^2 - 4x + 14, \quad x = -8$$
したがって　**P$(-8,\ 0,\ 0)$** （答）

❶ 2点 A$(x_1,\ y_1,\ z_1)$, B$(x_2,\ y_2,\ z_2)$ に対して
$$AB^2 = (x_2 - x_1)^2 + (y_2 - y_1)^2 + (z_2 - z_1)^2$$

(2) xy 平面上の点 Q の座標を $(x,\ y,\ 0)$ とすると ❷
$$CQ^2 = (x-1)^2 + (y-0)^2 + (0-2)^2 = x^2 + y^2 - 2x + 5$$
$$DQ^2 = (x-0)^2 + (y-2)^2 + (0-1)^2 = x^2 + y^2 - 4y + 5$$
$$EQ^2 = (x-2)^2 + (y-1)^2 + (0-3)^2$$
$$= x^2 + y^2 - 4x - 2y + 14$$
題意から　CQ＝DQ＝EQ
$\underline{CQ^2 = DQ^2}$ から ❸　　$x = 2y$
$CQ^2 = EQ^2$ から　　$2x = -2y + 9$
この 2 式から　$x = 3$, $y = \dfrac{3}{2}$

したがって　**Q$\left(3,\ \dfrac{3}{2},\ 0\right)$** （答）

❷ 座標平面上の点
xy 平面上, yz 平面上, zx 平面上の点はそれぞれ, $(x,\ y,\ 0)$, $(0,\ y,\ z)$, $(x,\ 0,\ z)$ と表されます。

❸ $x^2 + y^2 - 2x + 5$
$= x^2 + y^2 - 4y + 5$
$-2x = -4y$
よって　$x = 2y$

練習 191 y 軸上にあって, 2点 A$(2,\ -2,\ 0)$, B$(-4,\ 1,\ 3)$ から等距離にある点 P の座標を求めよ。

例題 179 | 内分点・外分点の座標 ★★★ 基本

2点 $A(-2, 3, -5)$, $B(8, -7, 5)$ がある。このとき，次の点の座標を求めよ。

(1) 線分 AB を $3:2$ に内分する点　　　(2) 線分 AB を $2:3$ に外分する点

 **POINT** 内分点・外分点の座標 $\Longrightarrow$ 成分をそれぞれ計算

2点 $A(x_1, y_1, z_1)$, $B(x_2, y_2, z_2)$ があるとき，線分 AB を $m:n$ $(m>0, n>0)$ に内分，外分する点の座標は

内分点 $\left(\dfrac{nx_1+mx_2}{m+n}, \dfrac{ny_1+my_2}{m+n}, \dfrac{nz_1+mz_2}{m+n} \right)$

外分点 $\left(\dfrac{-nx_1+mx_2}{m-n}, \dfrac{-ny_1+my_2}{m-n}, \dfrac{-nz_1+mz_2}{m-n} \right)$ $(m \neq n)$

| 解答 |

(1) 内分点の座標を (x, y, z) とすると

$$x=\frac{2\cdot(-2)+3\cdot8}{3+2}=4, \quad y=\frac{2\cdot3+3\cdot(-7)}{3+2}=-3,$$

$$z=\frac{2\cdot(-5)+3\cdot5}{3+2}=1$$

よって **(4, -3, 1)** 答

(2) 外分点の座標を (x', y', z') とすると

$$x'=\frac{-3\cdot(-2)+2\cdot8}{2-3}=-22,$$

$$y'=\frac{-3\cdot3+2\cdot(-7)}{2-3}=23,$$

$$z'=\frac{-3\cdot(-5)+2\cdot5}{2-3}=-25$$

よって **(-22, 23, -25)** 答

| アドバイス |

❶ 内分点の公式

$$\frac{nx_1+mx_2}{m+n}$$

に $m=3$, $n=2$, $x_1=-2$,
$x_2=8$ を代入します。

❷ 外分点の公式

$$\frac{-nx_1+mx_2}{m-n}$$

に $m=2$, $n=3$, $x_1=-2$,
$x_2=8$ を代入します。

| STUDY | 内分点・外分点の公式

座標空間において，2点 $A(x_1, y_1, z_1)$, $B(x_2, y_2, z_2)$ を結ぶ線分 AB を $m:n$ に内分，外分する点の座標は，座標平面の場合の公式

内分点 $\left(\dfrac{nx_1+mx_2}{m+n}, \dfrac{ny_1+my_2}{m+n} \right)$ 　外分点 $\left(\dfrac{-nx_1+mx_2}{m-n}, \dfrac{-ny_1+my_2}{m-n} \right)$

にそれぞれ z 座標をつけ加えただけのもの。セットで覚えたい。

練習 192 2点 $A(4, -1, 3)$, $B(-2, 3, 5)$ について，次の点の座標を求めよ。
(1) 線分 AB の中点　　　(2) 線分 AB を $1:2$ に外分する点

2 空間のベクトルとその成分

1 空間のベクトル ▷ 例題180

平面の場合と同様に，空間においても有向線分 AB で表されるベクトルを考え，それを $\overrightarrow{AB}$，$\vec{a}$ と表し，その大きさを $|\overrightarrow{AB}|$，$|\vec{a}|$ で表す。

空間のベクトルについても，単位ベクトル，零ベクトル，和や差，実数倍などが平面上のベクトルの場合と同様に定義される。

① $\vec{a}+\vec{b}=\vec{b}+\vec{a}$

② $(\vec{a}+\vec{b})+\vec{c}=\vec{a}+(\vec{b}+\vec{c})$

k, l を実数とするとき

③ $(kl)\vec{a}=k(l\vec{a})$

④ $(k+l)\vec{a}=k\vec{a}+l\vec{a}$, $k(\vec{a}+\vec{b})=k\vec{a}+k\vec{b}$

> **例** $2(3\vec{a})=(2\times3)\vec{a}=6\vec{a}$
> $3(\vec{a}+2\vec{b})=3\vec{a}+6\vec{b}$

2 ベクトルの分解 ▷ 例題180 例題182

空間において，同じ平面上にない異なる4点 O，A，B，C が与えられたとき

$$\overrightarrow{OA}=\vec{a}, \quad \overrightarrow{OB}=\vec{b}, \quad \overrightarrow{OC}=\vec{c}$$

とすると，この空間のどのようなベクトル $\vec{p}$ も，適当な実数 s, t, u を用いることによって

$$\vec{p}=s\vec{a}+t\vec{b}+u\vec{c}$$

の形に，ただ1通りに表すことができる。

> **例** 右図の平行六面体において
> $$\overrightarrow{OA}=\vec{a}, \ \overrightarrow{OB}=\vec{b}, \ \overrightarrow{OC}=\vec{c}$$
> とするとき
> $$\overrightarrow{OF}=\overrightarrow{OA}+\overrightarrow{AD}+\overrightarrow{DF}$$
> $$=\vec{a}+\vec{b}+\vec{c}$$
> $$\overrightarrow{BE}=\overrightarrow{BO}+\overrightarrow{OA}+\overrightarrow{AE}$$
> $$=-\vec{b}+\vec{a}+\vec{c}$$
> $$=\vec{a}-\vec{b}+\vec{c}$$

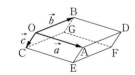

原点をOとする空間座標において，x軸，y軸，z軸上の正の向きの単位ベクトルを**基本ベクトル**といい，それぞれ$\vec{e_1}$，$\vec{e_2}$，$\vec{e_3}$で表す。

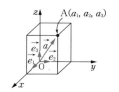

ベクトル$\vec{a}$に対し，$\vec{a}=\vec{OA}$となる点Aの座標を$(a_1,\ a_2,\ a_3)$とすると

$$\vec{a}=a_1\vec{e_1}+a_2\vec{e_2}+a_3\vec{e_3}$$

と表せる。このとき，a_1，a_2，a_3をそれぞれ，$\vec{a}$の**x成分**，**y成分**，**z成分**といい

$$\vec{a}=(a_1,\ a_2,\ a_3)$$

と表す。

$\vec{a}=(a_1,\ a_2,\ a_3)$，$\vec{b}=(b_1,\ b_2,\ b_3)$で，$m$が実数のとき

① $\ |\vec{a}|=\sqrt{a_1{}^2+a_2{}^2+a_3{}^2}$

② $\ \vec{a}=\vec{b}\iff a_1=b_1,\ a_2=b_2,\ a_3=b_3$

③ $\ m\vec{a}=(ma_1,\ ma_2,\ ma_3)$

④ $\ \vec{a}\pm\vec{b}=(a_1\pm b_1,\ a_2\pm b_2,\ a_3\pm b_3)$ **（複号同順）**

> **例** $\vec{a}=(1,\ 2,\ 3)$のとき
> $$|\vec{a}|=\sqrt{1^2+2^2+3^2}=\sqrt{14}$$
> $$3\vec{a}=(3,\ 6,\ 9)$$

④ 点の座標とベクトルの成分

座標空間の2点$A(a_1,\ a_2,\ a_3)$，$B(b_1,\ b_2,\ b_3)$と原点Oについて

$$\vec{OA}=(a_1,\ a_2,\ a_3),\ \vec{OB}=(b_1,\ b_2,\ b_3)$$

だから，ベクトル$\vec{AB}$の成分と大きさは次のようになる。

2点$A(a_1,\ a_2,\ a_3)$，$B(b_1,\ b_2,\ b_3)$について

$$\vec{AB}=(b_1-a_1,\ b_2-a_2,\ b_3-a_3)$$
$$|\vec{AB}|=\sqrt{(b_1-a_1)^2+(b_2-a_2)^2+(b_3-a_3)^2}$$

> **例** 2点$A(4,\ 2,\ 1)$，$B(5,\ 3,\ -1)$について
> $$\vec{AB}=(5-4,\ 3-2,\ -1-1)=(1,\ 1,\ -2)$$
> $$|\vec{AB}|=\sqrt{1^2+1^2+(-2)^2}=\sqrt{6}$$

右図のような平行六面体 ABCD-EFGH において，$\overrightarrow{AB}=\vec{a}$, $\overrightarrow{AD}=\vec{b}$, $\overrightarrow{AE}=\vec{c}$ とするとき，次のベクトルを $\vec{a}$, $\vec{b}$, $\vec{c}$ を用いて表せ。

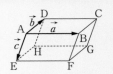

(1) $\overrightarrow{AG}$ (2) $\overrightarrow{FH}$ (3) $\overrightarrow{FD}+\overrightarrow{EG}$

POINT 平行六面体におけるベクトルの分解

ベクトルを和の形で表す ⟹ 終点と始点を一致させる

平行六面体において，$\overrightarrow{AB}=\vec{a}$, $\overrightarrow{AD}=\vec{b}$, $\overrightarrow{AE}=\vec{c}$ が与えられたとき，他のベクトルを計算するには，ベクトルの相等に気をつけて，和または差の形に直します。

解答	アドバイス

(1) $\overrightarrow{AG}=\overrightarrow{AB}+\overrightarrow{BC}+\overrightarrow{CG}$ ❶
$=\overrightarrow{AB}+\overrightarrow{AD}+\overrightarrow{AE}=\vec{a}+\vec{b}+\vec{c}$ 答

(2) $\overrightarrow{FH}=\overrightarrow{FE}+\overrightarrow{EH}=(-\overrightarrow{AB})+\overrightarrow{AD}$
$=-\vec{a}+\vec{b}$ 答

(3) $\overrightarrow{FD}=\overrightarrow{FE}+\overrightarrow{EA}+\overrightarrow{AD}$
$=(-\overrightarrow{AB})+(-\overrightarrow{AE})+\overrightarrow{AD}$
$=(-\vec{a})+(-\vec{c})+\vec{b}$
$=-\vec{a}+\vec{b}-\vec{c}$
$\overrightarrow{EG}=\overrightarrow{EF}+\overrightarrow{FG}=\vec{a}+\vec{b}$

よって $\overrightarrow{FD}+\overrightarrow{EG}=(-\vec{a}+\vec{b}-\vec{c})+(\vec{a}+\vec{b})$
$=2\vec{b}-\vec{c}$ 答

別解 ❷ (2) $\overrightarrow{FH}=\overrightarrow{AH}-\overrightarrow{AF}=(\vec{b}+\vec{c})-(\vec{a}+\vec{c})$
$=-\vec{a}+\vec{b}$ 答

(3) $\overrightarrow{FD}+\overrightarrow{EG}=(\overrightarrow{AD}-\overrightarrow{AF})+(\overrightarrow{AG}-\overrightarrow{AE})$
$=\vec{b}-(\vec{a}+\vec{c})+(\vec{a}+\vec{b}+\vec{c})-\vec{c}$
$=2\vec{b}-\vec{c}$ 答

❶ ベクトルの和の形に直すときは，終点と始点が一致するように分解して考えます。
$\overrightarrow{AC}=\overrightarrow{AB}+\overrightarrow{BC}$
一致
$\overrightarrow{AG}=\overrightarrow{AC}+\overrightarrow{CG}$
一致

❷ $\overrightarrow{AB}=\vec{a}$, $\overrightarrow{AD}=\vec{b}$, $\overrightarrow{AE}=\vec{c}$ なので，始点を A にとったベクトルで表して考えます。

練習 193 右図のような直方体で，$\overrightarrow{AB}=\vec{a}$, $\overrightarrow{AD}=\vec{b}$, $\overrightarrow{AE}=\vec{c}$ とするとき，次のベクトルを $\vec{a}$, $\vec{b}$, $\vec{c}$ で表せ。

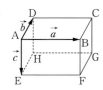

(1) $\overrightarrow{CE}$
(2) $\overrightarrow{EB}+\overrightarrow{GD}$
(3) $\overrightarrow{BH}-\overrightarrow{DF}$

例題 **181** 成分によるベクトルの演算 ★★★ 基本

$\vec{a}=(1,\ -2,\ 1)$, $\vec{b}=(-2,\ 1,\ -3)$ であるとき，次のベクトルを成分で表せ。また，その大きさを求めよ。

(1) $3\vec{a}+2\vec{b}$　　　　　　　　　　(2) $3(\vec{a}-3\vec{b})-(2\vec{a}-7\vec{b})$

POINT　成分によるベクトルの演算
空間のベクトルの成分計算 ⟹ 平面の場合と同じ要領

空間のベクトルが成分で表された場合の計算は，平面の場合に z 成分がつけ加わっただけです。平面のベクトルのときと同じ要領で計算します。

| 解答 |

(1)　$3\vec{a}+2\vec{b}=\underline{3(1,\ -2,\ 1)}_{\textcircled{1}}+2(-2,\ 1,\ -3)$
　　　　　　　$=\underline{(3,\ -6,\ 3)+(-4,\ 2,\ -6)}_{\textcircled{2}}$
　　　　　　　$=(3-4,\ -6+2,\ 3-6)$
　　　　　　　$=\boldsymbol{(-1,\ -4,\ -3)}$ 答

また，大きさは
　　　$|3\vec{a}+2\vec{b}|_{\textcircled{3}}=\sqrt{(-1)^2+(-4)^2+(-3)^2}$
　　　　　　　　　$=\boldsymbol{\sqrt{26}}$ 答

(2)　$3(\vec{a}-3\vec{b})-(2\vec{a}-7\vec{b})$
　$=3\vec{a}-9\vec{b}-2\vec{a}+7\vec{b}=\vec{a}-2\vec{b}$
　$=(1,\ -2,\ 1)-2(-2,\ 1,\ -3)$
　$=(1,\ -2,\ 1)-(-4,\ 2,\ -6)$
　$=(1-(-4),\ -2-2,\ 1-(-6))$
　$=\boldsymbol{(5,\ -4,\ 7)}$ 答

大きさは　$|3(\vec{a}-3\vec{b})-(2\vec{a}-7\vec{b})|$
　　　　　　　$=\sqrt{5^2+(-4)^2+7^2}=\sqrt{90}=\boldsymbol{3\sqrt{10}}$ 答

| アドバイス |

❶ 　$3(1,\ -2,\ 1)$
　　　　　　　　　掛ける
　$=(3\times1,\ 3\times(-2),\ 3\times1)$
　$=(3,\ -6,\ 3)$

❷
　$(3,\ -6,\ 3)+(-4,\ 2,\ -6)$
　　　　　　　　　加える
　$=(3+(-4),\ -6+2,\ 3+(-6))$
　$=(-1,\ -4,\ -3)$

❸ $\vec{p}=(p_1,\ p_2,\ p_3)$
　とすると，$\vec{p}$ の大きさは
　　$|\vec{p}|=\sqrt{p_1{}^2+p_2{}^2+p_3{}^2}$

参考　(2)を，そのままの形で成分で表すと
　　　　$3(\vec{a}-3\vec{b})-(2\vec{a}-7\vec{b})$
　　$=3\{(1,\ -2,\ 1)-3(-2,\ 1,\ -3)\}-\{2(1,\ -2,\ 1)-7(-2,\ 1,\ -3)\}$
　　$=3(7,\ -5,\ 10)-(16,\ -11,\ 23)=(5,\ -4,\ 7)$
　　となって，やはり面倒だ。あらかじめ簡単な形に直してから成分に直そう。

練習 194　$\vec{a}=(2,\ -3,\ 0)$, $\vec{b}=(-3,\ 2,\ 1)$ のとき，次のベクトルを成分で表せ。また，その大きさを求めよ。
　　　　(1) $3\vec{a}+2\vec{b}$　　　　　　　　(2) $5(2\vec{a}-\vec{b})-4(3\vec{a}-\vec{b})$

$\vec{a}=(-1,\ 2,\ 3)$, $\vec{b}=(2,\ -1,\ 0)$, $\vec{c}=(2,\ -3,\ -1)$ のとき，ベクトル
$\vec{p}=(-1,\ 1,\ 7)$ を $\vec{p}=l\vec{a}+m\vec{b}+n\vec{c}$ の形に表せ。

POINT　ベクトルの相等
$\vec{a}=\vec{b}$ ⟺ 対応する成分が等しい

成分表示の2つのベクトル $\vec{a}$, $\vec{b}$ があって，$\vec{a}=\vec{b}$ となるのは，その対応する x 成分，y 成分，z 成分がそれぞれ等しいときです。

解答	アドバイス
$l\vec{a}+m\vec{b}+n\vec{c}$ ❶ $=l(-1,\ 2,\ 3)+m(2,\ -1,\ 0)+n(2,\ -3,\ -1)$ $=(-l,\ 2l,\ 3l)+(2m,\ -m,\ 0)+(2n,\ -3n,\ -n)$ $=(-l+2m+2n,\ 2l-m-3n,\ 3l-n)$ したがって，$\vec{p}=l\vec{a}+m\vec{b}+n\vec{c}$ が成り立つためには	❶ 成分表示されたベクトルの分解は，ベクトルの相等から考えることができます。

したがって，$\vec{p}=l\vec{a}+m\vec{b}+n\vec{c}$ が成り立つためには
$$\begin{cases} -l+2m+2n=-1 & \cdots\cdots① \\ 2l-m-3n=1 & \cdots\cdots② \\ 3l-n=7 & \cdots\cdots③ \end{cases}$$
①＋②×2 ❷ から　　$3l-4n=1$
これと③から ❸　　$l=3,\ n=2$
①に代入して　　$-3+2m+4=-1,$　　$m=-1$
よって　　$\boldsymbol{\vec{p}=3\vec{a}-\vec{b}+2\vec{c}}$ （答）

❷
$$\begin{array}{r} -l+2m+2n=-1 \\ +)\ 4l-2m-6n=2 \\ \hline 3l\qquad -4n=1 \end{array}$$

❸
$$\begin{array}{r} 3l-4n=1 \\ -)\ 3l-\ n=7 \\ \hline -3n=-6 \\ n=2 \end{array}$$

Q 空間ベクトルの分解について，教えてください。

A 空間において，$\vec{0}$ でない3つのベクトル $\vec{a}$, $\vec{b}$, $\vec{c}$ が同一平面上にないとき，空間の任意のベクトル $\vec{p}$ は，適当な実数 l, m, n を用いて　$\vec{p}=l\vec{a}+m\vec{b}+n\vec{c}$ の形にただ1通りに表されます。したがって，次のことが成り立ちます。
$$l\vec{a}+m\vec{b}+n\vec{c}=l'\vec{a}+m'\vec{b}+n'\vec{c} \Longleftrightarrow l=l',\ m=m',\ n=n'$$

練習 195　$\vec{a}=(1,\ 1,\ 0)$, $\vec{b}=(0,\ 1,\ 1)$, $\vec{c}=(1,\ 0,\ 1)$ であるとき，ベクトル
$\vec{p}=(3,\ 0,\ 1)$ を $\vec{p}=l\vec{a}+m\vec{b}+n\vec{c}$ の形に表せ。

練習 196　$\vec{a}=(2,\ 2,\ 1)$, $\vec{b}=(-1,\ 0,\ 2)$, $\vec{c}=(3,\ 1,\ 5)$ であるとき，ベクトル
$\vec{p}=(1,\ 5,\ 2)$ を $\vec{p}=l\vec{a}+m\vec{b}+n\vec{c}$ の形に表せ。

3 | ベクトルの内積

1 ■ ベクトルの内積 ▷ 例題183 例題185

平面の場合と同様に，$\vec{0}$ でない2つのベクトルの内積 $\vec{a} \cdot \vec{b}$ は，
$\vec{a}$ と $\vec{b}$ のなす角 θ $(0° \leqq \theta \leqq 180°)$ を用いて

$$\vec{a} \cdot \vec{b} = |\vec{a}||\vec{b}|\cos\theta$$

と表せる。
$\vec{a} = \vec{0}$ または $\vec{b} = \vec{0}$ のときは　　$\vec{a} \cdot \vec{b} = 0$
と定める。

> **例** 1辺の長さが2の正四面体OABCにおいて
> $\overrightarrow{OA} \cdot \overrightarrow{OB} = |\overrightarrow{OA}||\overrightarrow{OB}|\cos 60°$
> $= 2 \times 2 \times \dfrac{1}{2} = 2$

2 ■ ベクトルの内積と成分 ▷ 例題184

空間の2つのベクトルを $\vec{a} = (a_1,\ a_2,\ a_3)$，$\vec{b} = (b_1,\ b_2,\ b_3)$ とし，そのなす角を θ
$(0° \leqq \theta \leqq 180°)$ とすると

$$\vec{a} \cdot \vec{b} = a_1 b_1 + a_2 b_2 + a_3 b_3$$

$$\cos\theta = \frac{\vec{a} \cdot \vec{b}}{|\vec{a}||\vec{b}|} = \frac{a_1 b_1 + a_2 b_2 + a_3 b_3}{\sqrt{a_1{}^2 + a_2{}^2 + a_3{}^2}\sqrt{b_1{}^2 + b_2{}^2 + b_3{}^2}}$$

$$\vec{a} \perp \vec{b} \iff \vec{a} \cdot \vec{b} = 0$$

> **例** $\vec{a} = (2,\ -5,\ 3)$，$\vec{b} = (1,\ 2,\ 4)$，$\vec{c} = (1,\ 1,\ 1)$ のとき
> $\vec{a} \cdot \vec{b} = 2 \times 1 + (-5) \times 2 + 3 \times 4 = 4$
> また
> $\vec{a} \cdot \vec{c} = 2 \times 1 + (-5) \times 1 + 3 \times 1 = 0$
> だから　　$\vec{a} \perp \vec{c}$

2つのベクトル $\vec{a}=(1,\ -3,\ 2)$, $\vec{b}=(-3,\ 2,\ 1)$ について，次の問いに答えよ。
(1) 内積 $\vec{a}\cdot\vec{b}$ を求めよ。
(2) $\vec{a}$ と $\vec{b}$ のなす角を求めよ。

空間のベクトルの内積

POINT $\vec{a}$ と $\vec{b}$ のなす角が θ $\Longrightarrow$ $\cos\theta=\dfrac{\vec{a}\cdot\vec{b}}{|\vec{a}||\vec{b}|}$

$\vec{a}$ と $\vec{b}$ のなす角 θ $(0°\leqq\theta\leqq180°)$ を求めるには，まず，上の公式を用いて $\cos\theta$ の値を求め，それから θ の大きさを求めます。

| 解答 |

(1) $\vec{a}=(1,\ -3,\ 2)$, $\vec{b}=(-3,\ 2,\ 1)$
　のとき
$$\vec{a}\cdot\vec{b}=1\times(-3)+(-3)\times2+2\times1 \quad ❶$$
$$=-7 \ (答)$$

(2) $\ |\vec{a}|=\sqrt{1^2+(-3)^2+2^2}$
$$=\sqrt{14}$$
$\ |\vec{b}|=\sqrt{(-3)^2+2^2+1^2}$
$$=\sqrt{14}$$
$\ \vec{a}\cdot\vec{b}=-7$

したがって，$\vec{a}$ と $\vec{b}$ のなす角を θ $(0°\leqq\theta\leqq180°)$ とすると

$$\cos\theta=\frac{\vec{a}\cdot\vec{b}}{|\vec{a}||\vec{b}|}=\frac{-7}{\sqrt{14}\sqrt{14}}=-\frac{1}{2}$$

よって　$\underline{\theta=120°}$ ❷ (答)

| アドバイス |

❶ $\vec{a}=(a_1,\ a_2,\ a_3)$,
　$\vec{b}=(b_1,\ b_2,\ b_3)$ のとき
$$\vec{a}\cdot\vec{b}=a_1b_1+a_2b_2+a_3b_3$$

❷ $\cos\theta=-\dfrac{1}{2}<0$ だから第2象限に点Pをとります。

練習 197 $|\vec{a}|=2$, $|\vec{b}|=3$ とし，$\vec{a}$, $\vec{b}$ のなす角を θ とする。次のように θ が定められるとき，内積 $\vec{a}\cdot\vec{b}$ を求めよ。
(1) $\theta=30°$ (2) $\theta=135°$

練習 198 次の2つのベクトルの内積，および，なす角を求めよ。
(1) $\vec{a}=(4,\ -1,\ 1)$, $\vec{b}=(2,\ -2,\ -1)$
(2) $\vec{a}=(1,\ 2,\ 1)$, $\vec{b}=(-2,\ -1,\ 1)$

|例題 184| 垂直な単位ベクトル ★★★ 標準

ベクトル $\vec{a}=(1,\ 1,\ 0)$, $\vec{b}=(0,\ 1,\ 1)$ の両方に垂直な単位ベクトルを求めよ。

 **POINT** ベクトルの垂直条件
$\vec{a}$ と $\vec{b}$ が垂直 $\iff$ 内積 $\vec{a}\cdot\vec{b}=0$

$\vec{0}$ でない2つのベクトル $\vec{a}$, $\vec{b}$ があるとき, $\vec{a}$ と $\vec{b}$ が垂直ならば $\vec{a}\cdot\vec{b}=0$ が成り立ち, また逆に, $\vec{a}\cdot\vec{b}=0$ ならば $\vec{a}$ と $\vec{b}$ は垂直です。

| 解答 |

2つのベクトル $\vec{a}=(1,\ 1,\ 0)$, $\vec{b}=(0,\ 1,\ 1)$ に垂直な単位ベクトルを $\vec{e}=(x,\ y,\ z)$ とする。

$\vec{a}\perp\vec{e}$ から　　$\vec{a}\cdot\vec{e}=\underline{x+y}_{\text{①}}=0$　　……①

$\vec{b}\perp\vec{e}$ から　　$\vec{b}\cdot\vec{e}=y+z=0$　　……②

$\underline{|\vec{e}|=1}_{\text{②}}$ から　　$|\vec{e}|^2=x^2+y^2+z^2=1$　　……③

①, ②から　　$x=-y,\ z=-y$

③に代入して　　$3y^2=1$

したがって　　$y=\pm\dfrac{\sqrt{3}}{3}$

$y=\dfrac{\sqrt{3}}{3}$ のとき　　$x=z=-\dfrac{\sqrt{3}}{3}$

$y=-\dfrac{\sqrt{3}}{3}$ のとき　　$x=z=\dfrac{\sqrt{3}}{3}$

よって, 求める単位ベクトルは

$$\left(\dfrac{\sqrt{3}}{3},\ -\dfrac{\sqrt{3}}{3},\ \dfrac{\sqrt{3}}{3}\right),\ \left(-\dfrac{\sqrt{3}}{3},\ \dfrac{\sqrt{3}}{3},\ -\dfrac{\sqrt{3}}{3}\right)$$ ㊜ ③

| アドバイス |

❶ $\vec{a}\cdot\vec{e}$
$=1\times x+1\times y+0\times z$
$=x+y$

❷ $|\vec{e}|=1$ より $|\vec{e}|^2=1$
を計算するほうが簡単です。

❸ $\pm\left(\dfrac{\sqrt{3}}{3},\ -\dfrac{\sqrt{3}}{3},\ \dfrac{\sqrt{3}}{3}\right)$
と, まとめて書いてもよいです。

参考 平面上のベクトルでは, $\vec{a}$ に垂直な単位ベクトルは2つだが, 空間のベクトルでは, $\vec{a}$ に垂直な単位ベクトルは無数に存在する。
$\vec{a}$, $\vec{b}$ ($\vec{a} \times \vec{b}$) の両方に垂直な単位ベクトルが2つ存在することは, 上の例題からもわかる。

平面

空間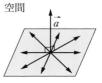

練習 199　2つのベクトル $\vec{a}=(1,\ 1,\ 1)$, $\vec{b}=(2,\ -1,\ 2)$ の両方に垂直な単位ベクトルを求めよ。

内積の図形への応用　★★★ 標準

四面体OABCにおいて, OA⊥BC, OB⊥CA とする。
点Oから平面ABCに下ろした垂線をOHとする。
このとき, 点Hは△ABCの垂心であることを証明
せよ。

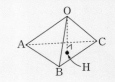

POINT　空間図形に関する証明
2直線の直交条件 $\Longrightarrow$ ベクトルの内積 $=0$

平面の場合と同様に, 空間においても, 2直線 **AB**, **CD** が直交するとき,
$\overrightarrow{AB} \cdot \overrightarrow{CD} = 0$ が成り立ちます。また, その逆も成り立ちます。

| 解 答 | | アドバイス |

OH⊥平面ABCから

$\qquad$ OH⊥BC $\qquad$ ……①

$\qquad$ OH⊥CA $\qquad$ ……②

①から $\qquad \overrightarrow{OH} \cdot \overrightarrow{BC} = 0$

また, OA⊥BCから

$\qquad \overrightarrow{OA} \cdot \overrightarrow{BC} = 0$

このとき $\qquad \overrightarrow{AH} \cdot \overrightarrow{BC} = (\overrightarrow{OH} - \overrightarrow{OA}) \cdot \overrightarrow{BC}$

$\qquad\qquad\qquad = \overrightarrow{OH} \cdot \overrightarrow{BC} - \overrightarrow{OA} \cdot \overrightarrow{BC}$ ❶

$\qquad\qquad\qquad = 0$

したがって $\qquad \overrightarrow{AH} \perp \overrightarrow{BC}$ $\qquad$ ……③

同様にして, ②から

$\qquad \overrightarrow{OH} \cdot \overrightarrow{CA} = 0$

また, OB⊥CAから

$\qquad \overrightarrow{OB} \cdot \overrightarrow{CA} = 0$

このとき $\qquad \overrightarrow{BH} \cdot \overrightarrow{CA} = (\overrightarrow{OH} - \overrightarrow{OB}) \cdot \overrightarrow{CA}$

$\qquad\qquad\qquad = \overrightarrow{OH} \cdot \overrightarrow{CA} - \overrightarrow{OB} \cdot \overrightarrow{CA}$

$\qquad\qquad\qquad = 0$

したがって $\qquad \overrightarrow{BH} \perp \overrightarrow{CA}$ $\qquad$ ……④

③, ④から, 点Hは△ABCの垂心❷である。

❶ 空間においても, 内積の計算
法則は成り立ちます。

❷ 垂心とは, △ABCの3頂点か
らそれぞれの対辺に下ろした
垂線の交点です。

練習 200　正四面体ABCDにおいて, AB⊥CD が成り立つことを, ベクトルを
用いて証明せよ。

4 | 位置ベクトル

1 位置ベクトル ▷ 例題186 例題187

空間内に定点Oを定めると，その空間内の任意の点Aの位置は $\vec{a}=\overrightarrow{OA}$ によって定まる。このとき，$\vec{a}$ をOに関する点Aの**位置ベクトル**といい，点Aを $\mathbf{A}(\vec{a})$ と表す。
また，2点 $\mathrm{A}(\vec{a})$，$\mathrm{B}(\vec{b})$ に対して
$$\overrightarrow{\mathbf{AB}}=\vec{b}-\vec{a}$$

2 内分点，外分点の位置ベクトル ▷ 例題188

空間においても，2点 $\mathrm{A}(\vec{a})$，$\mathrm{B}(\vec{b})$ を結ぶ線分ABを $m:n$ に分ける点 $\mathrm{P}(\vec{p})$ は

内分 $\quad\vec{p}=\dfrac{n\vec{a}+m\vec{b}}{m+n}\qquad$ 外分 $\quad\vec{p}=\dfrac{-n\vec{a}+m\vec{b}}{m-n}$

特に，点Pが線分ABの中点のとき $\quad\vec{p}=\dfrac{1}{2}(\vec{a}+\vec{b})$

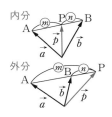

3 ベクトル方程式 ▷ 例題189 例題190

(1) 点 $\mathrm{A}(\vec{a})$ を通り，$\vec{u}\ (\neq\vec{0})$ に平行な直線のベクトル方程式は
$$\vec{p}=\vec{a}+t\vec{u}\quad(t\text{ は実数})$$
　$\mathrm{P}(x,\ y,\ z)$，$\mathrm{A}(x_1,\ y_1,\ z_1)$，$\vec{u}=(a,\ b,\ c)$ のとき
$$\begin{cases} x=x_1+at \\ y=y_1+bt \quad\text{（媒介変数表示）} \\ z=z_1+ct \end{cases}$$

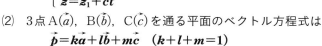

(2) 3点 $\mathrm{A}(\vec{a})$，$\mathrm{B}(\vec{b})$，$\mathrm{C}(\vec{c})$ を通る平面のベクトル方程式は
$$\vec{p}=k\vec{a}+l\vec{b}+m\vec{c}\quad(k+l+m=1)$$

例　点 $\mathrm{P}(\vec{p})$ が $\vec{p}=\dfrac{1}{4}\vec{a}+\dfrac{1}{2}\vec{b}+\dfrac{1}{4}\vec{c}$ を満たすとき，$\dfrac{1}{4}+\dfrac{1}{2}+\dfrac{1}{4}=1$ だから，点Pは3点 $\mathrm{A}(\vec{a})$，$\mathrm{B}(\vec{b})$，$\mathrm{C}(\vec{c})$ を通る平面上にある。

(3) 点 $\mathrm{C}(\vec{c})$ を中心とする半径 r の球面のベクトル方程式は
$$|\vec{p}-\vec{c}|=r\quad\text{または}\quad(\vec{p}-\vec{c})\cdot(\vec{p}-\vec{c})=r^2$$

平行六面体ABCD-PQRSにおいて，△BDPの重心をGとするとき，次のことが成り立つことを示せ。

(1) 点Gは対角線AR上にある。

(2) 辺APの中点をMとすると，点Gは直線CM上にある。

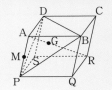

POINT 3点が同一直線上にあることの表し方

3点 A，B，C が同一直線上 $\implies$ $\overrightarrow{AC}=k\overrightarrow{AB}$ (kは実数)

平面の場合と同様に，空間内にある3点 A，B，C が同一直線上にあるとき，$\overrightarrow{AC}=k\overrightarrow{AB}$ を満たす実数kが存在します。また，その逆も成り立ちます。

| 解答 |

$\overrightarrow{AB}=\vec{a}$，$\overrightarrow{AD}=\vec{b}$，$\overrightarrow{AP}=\vec{c}$ ❶ とする。

(1) $\overrightarrow{AR}=\overrightarrow{AB}+\overrightarrow{BC}+\overrightarrow{CR}$ ❷ $=\vec{a}+\vec{b}+\vec{c}$ ❸

Gは△BDPの重心だから

$$\overrightarrow{AG}=\frac{1}{3}(\overrightarrow{AB}+\overrightarrow{AD}+\overrightarrow{AP})=\frac{1}{3}(\vec{a}+\vec{b}+\vec{c})$$

したがって $\overrightarrow{AG}=\frac{1}{3}\overrightarrow{AR}$

よって，点Gは対角線AR上にある。

(2) Mは辺APの中点だから $\overrightarrow{AM}=\frac{1}{2}\vec{c}$

$$\overrightarrow{MC}=\overrightarrow{AC}-\overrightarrow{AM}=\vec{a}+\vec{b}❹-\frac{1}{2}\vec{c}$$

$$\overrightarrow{MG}=\overrightarrow{AG}-\overrightarrow{AM}=\frac{1}{3}(\vec{a}+\vec{b}+\vec{c})-\frac{1}{2}\vec{c}$$

$$=\frac{1}{3}\left(\vec{a}+\vec{b}-\frac{1}{2}\vec{c}\right)$$

したがって $\overrightarrow{MG}=\frac{1}{3}\overrightarrow{MC}$

よって，点Gは直線CM上にある。

| アドバイス |

❶ 空間内のベクトルは，$\vec{0}$でなく，同一平面上にない3つのベクトルを用いて表せます。

❷

❸ 上図からもわかるように
$\overrightarrow{BC}=\overrightarrow{AD}=\vec{b}$
$\overrightarrow{CR}=\overrightarrow{AP}=\vec{c}$

❹ $\overrightarrow{AC}=\overrightarrow{AB}+\overrightarrow{BC}$
$=\overrightarrow{AB}+\overrightarrow{AD}$
$=\vec{a}+\vec{b}$

練習 201 四面体ABCDにおいて，辺ABを1:2に内分する点をL，辺CDの中点をM，線分LMを2:3に内分する点をKとし，△BCDの重心をGとする。このとき，3点A, K, Gは同一直線上にあることを示せ。

例題 187 | 内積の利用 ★★★ 標準

四面体 ABCD について
$$AD^2+BC^2=AC^2+BD^2$$
が成り立つとき，AB⊥CD である。このことを，ベクトルを用いて証明せよ。

POINT　位置ベクトルの内積を利用した証明

四面体では，1つの頂点に関する位置ベクトルをとる

頂点 A に関する位置ベクトルを考え，B($\vec{b}$)，C($\vec{c}$)，D($\vec{d}$) として条件を $\vec{b}$，$\vec{c}$，$\vec{d}$ で書きかえます。

$BC^2=|\overrightarrow{BC}|^2=|\vec{c}-\vec{b}|^2$ であることに注意して，最終的には $\overrightarrow{AB}\cdot\overrightarrow{CD}=\vec{b}\cdot(\vec{d}-\vec{c})=0$ を示します。

| 解答 | アドバイス |

$\overrightarrow{AB}=\vec{b}$，$\overrightarrow{AC}=\vec{c}$，$\overrightarrow{AD}=\vec{d}$ とすると
$$\overrightarrow{BC}=\vec{c}-\vec{b}$$
$$\overrightarrow{BD}=\vec{d}-\vec{b}$$
したがって
$$BC^2=|\overrightarrow{BC}|^2=|\vec{c}-\vec{b}|^2$$
$$=|\vec{c}|^2-2\vec{c}\cdot\vec{b}+|\vec{b}|^2 \quad ❶$$
$$BD^2=|\overrightarrow{BD}|^2=|\vec{d}-\vec{b}|^2$$
$$=|\vec{d}|^2-2\vec{d}\cdot\vec{b}+|\vec{b}|^2$$
これらを　$AD^2+BC^2=AC^2+BD^2$　に代入して
$$|\vec{d}|^2+(|\vec{c}|^2-2\vec{c}\cdot\vec{b}+|\vec{b}|^2)$$
$$=|\vec{c}|^2+(|\vec{d}|^2-2\vec{d}\cdot\vec{b}+|\vec{b}|^2)$$
$$-2\vec{c}\cdot\vec{b}=-2\vec{d}\cdot\vec{b}$$
すなわち　$\vec{b}\cdot\vec{c}=\vec{b}\cdot\vec{d}$
よって　$\overrightarrow{AB}\cdot\overrightarrow{CD}_{❷}=\vec{b}\cdot(\vec{d}-\vec{c})$
$$=\vec{b}\cdot\vec{d}-\vec{b}\cdot\vec{c}$$
$$=0$$
したがって，AB⊥CD である。

❶ 平面ベクトルと同様に
$$\vec{p}\cdot\vec{p}=|\vec{p}|^2$$
が成り立つから
$$|\vec{c}-\vec{b}|^2$$
$$=(\vec{c}-\vec{b})\cdot(\vec{c}-\vec{b})$$
$$=\vec{c}\cdot(\vec{c}-\vec{b})-\vec{b}\cdot(\vec{c}-\vec{b})$$
$$=\vec{c}\cdot\vec{c}-\vec{c}\cdot\vec{b}-\vec{b}\cdot\vec{c}+\vec{b}\cdot\vec{b}$$
$$=|\vec{c}|^2-2\vec{c}\cdot\vec{b}+|\vec{b}|^2$$

❷ $\overrightarrow{AB}⊥\overrightarrow{CD}$ をいうために
$$\overrightarrow{AB}\cdot\overrightarrow{CD}=0$$
を示します。

練習 202　四面体 ABCD について

AB⊥CD かつ AC⊥BD　ならば　AD⊥BC

である。このことを，ベクトルを用いて証明せよ。

4点 A$(\vec{a})$, B$(\vec{b})$, C$(\vec{c})$, D$(\vec{d})$ を頂点とする四面体ABCDが
ある。このとき,四面体の各頂点と,その頂点を含まない面
の重心を結ぶ4本の線分は,それらの線分を3:1に内分する
点で交わることを示せ。

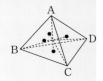

POINT 同一点で交わることの証明
点が一致する $\Longleftrightarrow$ 位置ベクトルが一致

2点が一致することを示すには,2点の位置ベクトルがそれぞれ同じ式になること
を示します。

| 解答 |

△BCD, △CDA, △DAB, △ABCの重心をそれぞれ
G$_1$$(\vec{g_1})$, G$_2$$(\vec{g_2})$, G$_3$$(\vec{g_3})$, G$_4$$(\vec{g_4})$ とし,線分AG$_1$, BG$_2$,
CG$_3$, DG$_4$を3:1に内分する点をそれぞれP$_1$$(\vec{p_1})$, P$_2$$(\vec{p_2})$,
P$_3$$(\vec{p_3})$, P$_4$$(\vec{p_4})$ とすると

$$\underline{\vec{g_1}=\frac{1}{3}(\vec{b}+\vec{c}+\vec{d})}_{\text{①}} , \vec{g_2}=\frac{1}{3}(\vec{c}+\vec{d}+\vec{a}),$$

$$\vec{g_3}=\frac{1}{3}(\vec{d}+\vec{a}+\vec{b}), \vec{g_4}=\frac{1}{3}(\vec{a}+\vec{b}+\vec{c})$$

このとき $\underline{\vec{p_1}=\frac{\vec{a}+3\vec{g_1}}{3+1}}_{\text{②}}$

$$=\frac{1}{4}\left\{\vec{a}+3\times\frac{1}{3}(\vec{b}+\vec{c}+\vec{d})\right\}$$

$$=\frac{1}{4}(\vec{a}+\vec{b}+\vec{c}+\vec{d})$$

同様に$_{\text{③}}$ $\vec{p_2}=\vec{p_3}=\vec{p_4}=\frac{1}{4}(\vec{a}+\vec{b}+\vec{c}+\vec{d})$

よって,4点P$_1$, P$_2$, P$_3$, P$_4$は一致するから,4本の線
分はこの点で交わる。

| アドバイス |

❶ 三角形の重心の位置ベクトル
の公式から。

❷ 内分点の位置ベクトルの公式
から。

❸ $\vec{p_2}=\dfrac{\vec{b}+3\vec{g_2}}{3+1}$

$\vec{p_3}=\dfrac{\vec{c}+3\vec{g_3}}{3+1}$

$\vec{p_4}=\dfrac{\vec{d}+3\vec{g_4}}{3+1}$

練習 203 4点 A$(\vec{a})$, B$(\vec{b})$, C$(\vec{c})$, D$(\vec{d})$ を頂点とする四面体ABCDがある。辺
AB, CD, BC, AD, AC, BDの中点をそれぞれK, L, M, N, Q,
Rとするとき,3つの線分KL, MN, QRの中点は一致することを証
明せよ。

例題 189 | 直線のベクトル方程式  ★★★ 標準

次の直線の方程式を媒介変数 t を用いて表せ。
(1) 点 $A(4,\ 5,\ -1)$ を通り，$\vec{u}=(2,\ 3,\ 4)$ に平行な直線の方程式
(2) 2点 $A(1,\ -3,\ 4)$，$B(2,\ 1,\ -1)$ を通る直線の方程式

POINT

点 $A(\vec{a})$ を通り，$\vec{u}$ に平行な直線 $\Longrightarrow \vec{p}=\vec{a}+t\vec{u}$
2点 $A(\vec{a})$，$B(\vec{b})$ を通る直線 $\Longrightarrow \vec{p}=(1-t)\vec{a}+t\vec{b}$

このベクトル方程式を成分で表すと，媒介変数 t による表示になります。

| 解答 | アドバイス |

(1) 点 $A(4,\ 5,\ -1)$ を通り，$\vec{u}=(2,\ 3,\ 4)$ に平行な直線上の点を $P(x,\ y,\ z)$ とすると
$$\overrightarrow{OP}=\overrightarrow{OA}+t\vec{u} \quad (t \text{ は実数})$$
成分で表すと $(x,\ y,\ z)=(4,\ 5,\ -1)+t(2,\ 3,\ 4)$
よって $\underline{x=4+2t,\ y=5+3t,\ z=-1+4t}$ ❶ 答

(2) 2点 $A(1,\ -3,\ 4)$，$B(2,\ 1,\ -1)$ を通る直線上の点を $P(x,\ y,\ z)$ とすると
$$\overrightarrow{OP}=(1-t)\overrightarrow{OA}+t\overrightarrow{OB} \quad (t \text{ は実数})$$
成分で表すと
$(x,\ y,\ z)=(1-t)(1,\ -3,\ 4)+t(2,\ 1,\ -1)$
よって $x=1+t,\ y=-3+4t,\ z=4-5t$ 答

❶ 媒介変数 t を用いずに表すと，次のようになります。
$$t=\frac{x-4}{2}$$
$$t=\frac{y-5}{3}$$
$$t=\frac{z+1}{4}$$
から
$$\frac{x-4}{2}=\frac{y-5}{3}=\frac{z+1}{4}$$

Q 直線の方程式は1通りの形に表せますか？

A 上の例題の(2)は，点 B を通り，$\overrightarrow{AB}$ に平行な直線の方程式として求めることもできます。$A(1,\ -3,\ 4)$，$B(2,\ 1,\ -1)$ から
$$\overrightarrow{AB}=(2-1,\ 1-(-3),\ -1-4)=(1,\ 4,\ -5)$$
よって，$\overrightarrow{OP}=\overrightarrow{OB}+t\overrightarrow{AB}$ (t は実数) を成分で表して
$(x,\ y,\ z)=(2,\ 1,\ -1)+t(1,\ 4,\ -5)$
すなわち $x=2+t,\ y=1+4t,\ z=-1-5t$
このように，直線のベクトル方程式の表し方は1通りには定まらないのです。

練習 204 次の直線の方程式を媒介変数 t を用いて表せ。
(1) 点 $A(5,\ 0,\ 2)$ を通り，$\vec{u}=(-1,\ -1,\ 3)$ に平行な直線の方程式。
(2) 2点 $A(3,\ -1,\ 4)$，$B(2,\ 3,\ 4)$ を通る直線の方程式。

4点 A(3, 4, 5), B(4, 5, a), C(1, 3, a), D(1, 1, 0) が同一平面上にあるとき, a の値を求めよ。

POINT

3点 A, B, C を通る平面
$$\Longrightarrow \vec{p}=k\vec{a}+l\vec{b}+m\vec{c} \quad (k+l+m=1)$$

4点 A($\vec{a}$), B($\vec{b}$), C($\vec{c}$), D($\vec{d}$) が同一平面上にあるとき, 上の式で $\vec{p}$ を $\vec{d}$ に置き換えて, $\vec{d}=k\vec{a}+l\vec{b}+m\vec{c}$ $(k+l+m=1)$ とします。

| 解答 |

点 D(1, 1, 0) は, 3点 A(3, 4, 5), B(4, 5, a), C(1, 3, a) を通る平面上にあるから, 点 A, B, C, D の位置ベクトルをそれぞれ $\vec{a}$, $\vec{b}$, $\vec{c}$, $\vec{d}$ とすると
$$\vec{d}=k\vec{a}+l\vec{b}+m\vec{c} \quad (k+l+m=1) \;\text{❶}$$
これを成分で表すと
$$\begin{cases} 3k+4l+m=1 & \cdots\cdots① \\ 4k+5l+3m=1 & \cdots\cdots② \\ 5k+al+am=0 & \cdots\cdots③ \end{cases}$$
ただし $\quad k+l+m=1 \quad \cdots\cdots④$
①－④ ❷ から $\quad 2k+3l=0$
②－④×3 ❸ から $\quad k+2l=-2$
よって $\quad k=6, \; l=-4$
④に代入して $\quad m=-1$
これらを③に代入して $\quad 30-4a-a=0$
よって $\quad \boldsymbol{a=6}$ 答

参考 4点 A, B, C, D が同一平面上にあるとき
$$\overrightarrow{AD}=s\overrightarrow{AB}+t\overrightarrow{AC} \quad (s, \; t \text{は実数}) \quad \cdots\cdots (*)$$
と表されるから, これを使って a を求めると,
$$(-2, \; -3, \; -5)=s(1, \; 1, \; a-5)+t(-2, \; -1, \; a-5)$$
$$=(s-2t, \; s-t, \; (s+t)(a-5))$$
したがって $\quad s-2t=-2, \; s-t=-3, \; (s+t)(a-5)=-5$
これらを解いて $\quad s=-4, \; t=-1, \; a=6$

| アドバイス |

❶ **参考** (*) を任意の点 O からの位置ベクトルで表せば
$$\vec{d}-\vec{a}=s(\vec{b}-\vec{a})+t(\vec{c}-\vec{a})$$
$$\vec{d}=(1-s-t)\vec{a}+s\vec{b}+t\vec{c}$$
となって, この式が得られます。

❷
$$\begin{array}{r} 3k+4l+m=1 \\ -)\quad k+\;\;l+m=1 \\ \hline 2k+3l\quad\quad=0 \end{array}$$

❸
$$\begin{array}{r} 4k+5l+3m=1 \\ -)\quad 3k+3l+3m=3 \\ \hline k+2l\quad\quad=-2 \end{array}$$

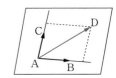

練習 205 3点 A(2, -4, 2), B(1, 0, 1), C(4, 6, -2) を通る平面上に点 P(0, a, 3) があるとき, a の値を求めよ。

定期テスト対策問題 9

解答・解説は別冊 p.113

1 3点 A(2, −3, 1), B(4, −1, −1), C(3, 1, 0) がある。次の問いに答えよ。
(1) 点 A について，点 B と対称な点 P の座標を求めよ。
(2) 点 A を通り，z 軸に垂直な平面を α とする。平面 α の方程式を求めよ。
(3) (2)の平面 α 上にあって，3点 A, B, C から等距離にある点 Q の座標を求めよ。

2 $\vec{a}=(2,\ 1,\ -1)$, $\vec{b}=(1,\ 3,\ 1)$, $\vec{c}=(1,\ 0,\ -2)$ に対し，次の問いに答えよ。
(1) $4\vec{a}-2\vec{b}-3\vec{c}$ の成分を求めよ。また，その大きさを求めよ。
(2) $\vec{p}=(-1,\ 1,\ -1)$ を $l\vec{a}+m\vec{b}+n\vec{c}$ の形に表せ。

3 $\vec{a}=(3,\ -2,\ 4)$, $\vec{b}=(1,\ 4,\ -1)$ の両方に垂直で，大きさが3のベクトルを求めよ。

4 3点 A(2, 1, 3), B(1, 2, 5), C(4, 2, 2) がある。
(1) △ABC の重心 G の座標を求めよ。
(2) 四角形 ABCD が平行四辺形となるとき，点 D の座標を求めよ。
(3) $\overrightarrow{AB}$ と $\overrightarrow{AC}$ のなす角を θ とするとき，θ の大きさを求めよ。
(4) △ABC の面積を求めよ。

5 四面体 OABC において，辺 OC の中点を M，△ABC の重心を G とし，辺 OA, OB を隣り合う2辺とする平行四辺形 OADB を作る。
$\overrightarrow{OA}=\vec{a}$, $\overrightarrow{OB}=\vec{b}$, $\overrightarrow{OC}=\vec{c}$ とするとき，次の問いに答えよ。
(1) $\overrightarrow{DG}$, $\overrightarrow{DM}$ をそれぞれ，$\vec{a}$, $\vec{b}$, $\vec{c}$ で表せ。
(2) 3点 D, G, M は同一直線上にあることを示せ。

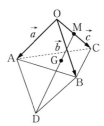

6 $\vec{a}=(3,\ -4,\ 1)$, $\vec{b}=(x,\ x+3y,\ -3)$, $\vec{c}=(2,\ 1,\ z)$ のとき
(1) $\vec{a}/\!/\vec{b}$ となるような x, y の値を求めよ。
(2) $\vec{a}\perp\vec{c}$ となるような z の値を求めよ。

7 四面体 ABCD について
$$\overrightarrow{AB}\cdot\overrightarrow{CD}+\overrightarrow{AC}\cdot\overrightarrow{DB}+\overrightarrow{AD}\cdot\overrightarrow{BC}$$
の値を求めよ。

8 次の3点が同一直線上にあるように，s，t の値を定めよ。
$$A(2,\ -1,\ 4),\ \ B(-1,\ 1,\ 3),\ \ C(5,\ s,\ s+2t)$$

9 $\vec{a}=(1,\ 1,\ \sqrt{2})$，$\vec{b}=(1,\ 2,\ 3)$ のとき，次の問いに答えよ。
(1) $|\vec{b}-t\vec{a}|$ を最小にする t の値を求めよ。
(2) (1)で求めた t の値を t_0 とすると，$\vec{b}-t_0\vec{a}$ は $\vec{a}$ に垂直であることを示せ。

10 正四面体 ABCD の辺 AB，CD の中点をそれぞれ M，N とし，線分 MN の中点を G，∠AGB を θ とする。このとき，次の問いに答えよ。
(1) 内積 $\overrightarrow{AB}\cdot\overrightarrow{AC}$，$\overrightarrow{AB}\cdot\overrightarrow{AD}$，$\overrightarrow{AC}\cdot\overrightarrow{AD}$ を求めよ。
(2) $\cos\theta$ を求めよ。

11 1辺の長さが4の正四面体を PABC とし，A から平面 PBC へ下ろした垂線を AH とする。$\overrightarrow{PA}=\vec{a}$，$\overrightarrow{PB}=\vec{b}$，$\overrightarrow{PC}=\vec{c}$ とおく。
(1) $\overrightarrow{PH}$ を $\vec{b}$ と $\vec{c}$ を用いて表せ。
(2) 正四面体 PABC の体積を求めよ。

12 四面体 OABC において，辺 AB を $1:2$ に内分する点を D，線分 CD を $3:1$ に内分する点を E，線分 OE を $4:1$ に内分する点を F とし，直線 AF が平面 OBC と交わる点を G とする。$\overrightarrow{OA}=\vec{a}$，$\overrightarrow{OB}=\vec{b}$，$\overrightarrow{OC}=\vec{c}$ とするとき，次の問いに答えよ。
(1) $\overrightarrow{AF}$ を $\vec{a}$，$\vec{b}$，$\vec{c}$ で表せ。
(2) $AF:FG$ を求めよ。

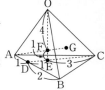

Mathematics C

第 **2** 章　複素数平面

1 複素数平面

1 複素数平面 ▷ 例題 191

平面上に座標軸を定め, 複素数 $z=a+bi$(a, b は実数）に点 (a, b) を対応させると, すべての複素数がこの平面上の点で表される。これにより, 複素数と座標平面上の点は1つずつもれなく対応する。この平面を複素数平面といい, x 軸を実軸, y 軸を虚軸という。実軸上の点は実数 a を表し, 虚軸上の原点 O と異なる点は純虚数 bi($b \neq 0$）を表す。

複素数平面上で複素数 z に対応する点 P を $P(z)$ と表し, この点を点 z と呼ぶこともある。

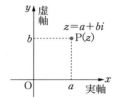

例 右の図で, 4点 A, B, C, D はそれぞれ,
点 A(3), B($-2i$), C($4+3i$), D($-2+i$) を表す。

2 共役な複素数の性質 ▷ 例題 192 例題 196

a, b が実数であるとき, 複素数 $z=a+bi$ に対して $a-bi$ を z と共役な複素数といい, $\bar{z}$ で表す。すなわち, $\bar{z}=\overline{a+bi}=a-bi$ である。
共役な複素数については, 次のことが成り立つ。

① $\overline{\alpha+\beta}=\bar{\alpha}+\bar{\beta}$ ② $\overline{\alpha-\beta}=\bar{\alpha}-\bar{\beta}$

③ $\overline{\alpha\beta}=\bar{\alpha}\,\bar{\beta}$ ④ $\overline{\left(\dfrac{\alpha}{\beta}\right)}=\dfrac{\bar{\alpha}}{\bar{\beta}}$

点 $z(a+bi)$ に対しては, 次が成り立つ。

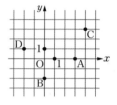

$$\begin{cases} 点\ \bar{z}\ は点\ z\ と実軸に関して対称 \\ 点\ -z\ は点\ z\ と原点に関して対称 \\ 点\ -\bar{z}\ は点\ z\ と虚軸に関して対称 \end{cases}$$

$$z\ が実数\ \Longleftrightarrow\ \bar{z}=z$$

$$z\ が純虚数\ \Longleftrightarrow\ \bar{z}=-z,\ z \neq 0$$

3 複素数の絶対値 ▷ 例題 193

複素数 $z=a+bi$ に対して, $\sqrt{a^2+b^2}$ を z の絶対値といい, $|z|$ で表す。すなわち, $|z|=|a+bi|=\sqrt{a^2+b^2}$ である。

複素数平面上では，$|z|$は原点Oと点zとの距離を表す。

① $|z| \geqq 0$ ② $|z| = 0 \iff z = 0$

③ $|z| = |-z| = |\bar{z}|$ ④ $|z|^2 = z\bar{z}$

例 $|4-3i| = \sqrt{4^2 + (-3)^2} = 5$, $|-6i| = 6$

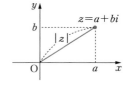

4 複素数の実数倍 ▷ 例題194 例題195

複素数$z = a + bi$は0でないとして，点Oと点zを結ぶ直線をℓとする。kを実数として

$$kz = ka + (kb)i$$

であるから，kzは直線ℓ上の点である。

点kzは直線ℓ上で

$$\begin{cases} k>0 \text{ならば，原点に関して点}z\text{と同じ側} \\ k<0 \text{ならば，原点に関して点}z\text{と反対側} \\ k=0 \text{ならば，原点と一致} \end{cases}$$

である。$k>0$のときは$|kz| = k|z|$，$k<0$のときは$|kz| = |k||z| = -k|z|$である。

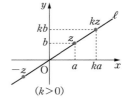

5 複素数の和と差の図形的な意味 ▷ 例題194

2つの複素数$\alpha = a + bi$，$\beta = c + di$の和と差は

$$\alpha + \beta = (a+c) + (b+d)i$$
$$\alpha - \beta = (a-c) + (b-d)i$$

となるが，

    $\alpha + \beta$は複素数αを複素数βだけ平行移動した点

    $\alpha - \beta$は複素数αを複素数$-\beta$だけ平行移動した点

である。

3点O(0)，A(α)，B(β)が一直線上にないとき，$\alpha + \beta$を表す点は，線分OA，OBを2辺とする平行四辺形の第4の頂点である。また，C($-\beta$)とすると，$\alpha - \beta$を表す点は，線分OA，OCを2辺とする平行四辺形の第4の頂点である。

2点α，βの距離は，$|\beta - \alpha|$ ($= |\alpha - \beta|$) である。

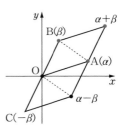

次の複素数を複素数平面上に図示せよ。また，それぞれの点と実軸，原点，虚軸に関して対称な点が表す複素数を，それぞれ求めよ。

(1)　$1+\sqrt{3}i$　　　(2)　$-5-4i$　　　(3)　-4　　　(4)　$2i$

 POINT　複素数$z=a+bi$には，座標平面上の点$(a,\ b)$が対応

複素数$z=a+bi$に座標平面上の点$P(a,\ b)$が対応するので，平面ベクトルの成分表示の考え方を利用すると　$z=a+bi \Longleftrightarrow \overrightarrow{OP}=(a,\ b)$
となります。(3)は実軸上に，(4)は虚軸上にあります。

| 解答 | | アドバイス |

複素数平面上で

(1)　$\underline{A(1+\sqrt{3}i)}_{①}$

(2)　$\underline{B(-5-4i)}$

(3)　$\underline{C(-4)}_{②}$

(4)　$\underline{D(2i)}_{③}$

とすると，右図のようになる。 （答）

点Aに関して，実軸，原点，虚軸に関して対称な点④を順にA_1，A_2，A_3のように表すと

(1)　$A_1(1-\sqrt{3}i)$，$A_2(-1-\sqrt{3}i)$，$A_3(-1+\sqrt{3}i)$ （答）

(2)　$B_1(-5+4i)$，$B_2(5+4i)$，$B_3(5-4i)$ （答）

(3)　$C_1(-4)$，$C_2(4)$，$C_3(4)$ （答）

(4)　$D_1(-2i)$，$D_2(-2i)$，$D_3(2i)$ （答）

① $1+\sqrt{3}i$には，点$(1,\sqrt{3})$が対応します。

② -4は実軸上の点です。

③ $2i$は虚軸上の点です。

④ 一般に，$z=a+bi$ $(a\ne0,\ b\ne0)$に対して

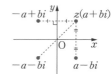

| STUDY | 実軸上の点，虚軸上の点

実数$z=a$は実軸上の点であるが，実軸に関して対称な点は$z=a$と一致する。また，純虚数$z=bi$ $(b\ne0)$は虚軸上の点であるが，虚軸に関して対称な点は$z=bi$と一致する。これらは作図をすれば容易にわかる。

練習 206　複素数$-4+3i$を表す点と実軸，原点，虚軸に関して対称な点が表す複素数を，それぞれ求めよ。また，これら4点を複素数平面上に図示せよ。

例題 192 共役な複素数の性質 ★★★ 標準

(1) α, β を複素数とするとき，次の性質を証明せよ．

① $\overline{\alpha+\beta}=\overline{\alpha}+\overline{\beta}$ 　　② $\overline{\alpha\beta}=\overline{\alpha}\,\overline{\beta}$ 　　③ $\overline{\alpha^3}=(\overline{\alpha})^3$

(2) n を自然数とするとき，$(1+i)^n+(1-i)^n$ は実数，$(1+i)^n-(1-i)^n$ は純虚数であることを証明せよ．

POINT 積の共役複素数は，$\overline{\alpha\beta}=\overline{\alpha}\,\overline{\beta}$，$\overline{\alpha^n}=(\overline{\alpha})^n$ が成り立つ

(1) 複素数 α, β は具体的にはわかっていないので，a, b, c, d を実数として，$\alpha=a+bi, \beta=c+di$ とおき，①と②は，等式の左辺 $\alpha+\beta, \alpha\beta$ に共役な複素数を作ってみます．③は，②で $\beta=\alpha^2$ とおいてみます．

(2) z が実数 $\iff \overline{z}=z$，z が純虚数 $\iff \overline{z}=-z$ が成り立ちます．

| 解答 | アドバイス |

(1) $\alpha=a+bi, \beta=c+di$（a～d は実数）とおく．

① $\alpha+\beta=a+c+(b+d)i$ だから
$$\overline{\alpha+\beta}=a+c-(b+d)i=(a-bi)+(c-di)$$
$$=\overline{\alpha}+\overline{\beta}\quad❶$$

② $\alpha\beta=(a+bi)(c+di)=ac-bd+(ad+bc)i$

よって 　$\overline{\alpha\beta}=ac-bd-(ad+bc)i$
$$=ac-(ad+bc)i+bdi^2$$
$$=(a-bi)(c-di)=\overline{\alpha}\,\overline{\beta}\quad❷$$

③ ②で $\beta=\alpha^2$ とおくと 　$\overline{\alpha^3}=\overline{\alpha\cdot\alpha^2}=\overline{\alpha}\,\overline{\alpha^2}$

同様に，$\beta=\alpha$ とおくと 　$\overline{\alpha^2}=\overline{\alpha\cdot\alpha}=\overline{\alpha}\,\overline{\alpha}=(\overline{\alpha})^2$

よって 　$\overline{\alpha^3}=\overline{\alpha}(\overline{\alpha})^2=(\overline{\alpha})^3$ ❸

(2) $\alpha=(1+i)^n+(1-i)^n, \beta=(1+i)^n-(1-i)^n$ とおく．
$$\overline{\alpha}=\overline{(1+i)^n+(1-i)^n}=\overline{(1+i)^n}+\overline{(1-i)^n}\quad❹$$
$$=(1-i)^n+(1+i)^n=\alpha$$
$$\overline{\beta}=\overline{(1+i)^n-(1-i)^n}=\overline{(1+i)^n}-\overline{(1-i)^n}$$
$$=(1-i)^n-(1+i)^n=-\beta$$

よって，α は実数，β は純虚数である．

❶ $\overline{\alpha}=a-bi$
$\overline{\beta}=c-di$

❷ $\overline{\alpha\beta}$
$=(a-bi)(c-di)$
$=ac-(ad+bc)i+bdi^2$
$=ac-bd-(ad+bc)i$

❸ $\alpha^3=(a+bi)^3$
を展開して，$\overline{\alpha^3}$ を考えることもできます．

❹ $\overline{\alpha^n}=(\overline{\alpha})^n$ は任意の自然数 n で成り立ちます．

練習 207 z を虚数とするとき，$z^n+(\overline{z})^n$ は実数，$z^n-(\overline{z})^n$ は純虚数であることを証明せよ．ただし，n は自然数である．

|例題 193| 複素数の絶対値 ★★★ 標準

(1) z を複素数とするとき，$|z|=|\bar{z}|=|-z|$ を証明せよ。

(2) z が虚数であれば，$|z|^2 \neq z^2$ であることを証明せよ。

POINT 複素数 z の絶対値 $|z|$ は，$|z|^2=z\bar{z}$ を満たす

(1) $z=a+bi$（$a,\ b$ は実数）とおいて，$|z|=\sqrt{a^2+b^2}$ に従って証明してもよいですが，ここでは $|z|^2=z\bar{z}$ を利用してみましょう。
$|\bar{z}|=|z|$ を示すには，$|\bar{z}|^2=\bar{z}\cdot\overline{(\bar{z})}$ を利用すればよいです。

(2) (1) と同様に，$|z|^2=z\bar{z}$ を利用します。

解答	アドバイス

(1) z が複素数であるとき

$$|\bar{z}|^2=\bar{z}\cdot\overline{(\bar{z})}_① =\bar{z}\cdot z=|z|^2$$

よって $|\bar{z}|=|z|$ ……①

また $|-z|^2=(-z)\cdot\overline{(-z)}=(-z)\cdot(-\bar{z})$
$$=z\bar{z}=|z|^2$$

よって $|-z|=|z|$ ……②

したがって，①，② から $|z|=|\bar{z}|=|-z|_②$

(2) $|z|^2-z^2=z\bar{z}-z^2=z(\bar{z}-z)$

ここで，z は虚数であるから

$z\neq0$ かつ $\bar{z}\neq z$

したがって $|z|^2-z^2\neq0$

よって $|z|^2\neq z^2$

❶ $|z|^2=z\bar{z}$ において，z の代わりに $\bar{z}$ とおきます。

❷ 複素数 z に対して，
$\bar{z}$ は z と実軸に関して対称，
$-z$ は z と原点に関して対称ですから，3点 z，$\bar{z}$，$-z$ と原点からの距離は等しく，絶対値の定義から本式が成り立つのは明らかです。

Q 実数の絶対値の平方と虚数の絶対値の平方の違いについて教えてください。

A z が実数のとき，$|z|^2=z^2$ はつねに成り立ちますが，z が虚数のときは $|z|^2=z^2$ は決して成り立ちません。この性質は重要ですから，しっかり覚えていてください。
$z=a+bi$（$a,\ b$ は実数，$b\neq0$）とおくと，$|z|^2=a^2+b^2$，$z^2=a^2-b^2+2abi$ であり，$|z|^2-z^2=2b^2-2abi$ となるので，実部$=2b^2\neq0$ から $|z|^2-z^2\neq0$ すなわち $|z|^2\neq z^2$ がわかります。

練習 208 複素数 z_1，z_2 が $|z_1|=|z_2|=|z_1+z_2|=1$ を満たすとき，$z_1{}^3=z_2{}^3$ が成り立つことを証明せよ。

例題 194 　複素数の和・差の図示　★★★ 標準

次の複素数α, βをもとに，α, βと$\alpha+\beta$および$\alpha-\beta$をそれぞれ図示せよ。

(1)　$\alpha=2-3i$, $\beta=1+2i$　　　　　(2)　$\alpha=-3+2i$, $\beta=-2i$

POINT　複素数の和・差の図示は，平行四辺形を作る

(I)　2つの複素数α, βに対して

$$\alpha+\beta=(2-3i)+(1+2i)=3-i$$
$$\alpha-\beta=(2-3i)-(1+2i)=1-5i$$

となって，この点は簡単に図示できます。原点をOとし，$A(\alpha)$, $B(\beta)$, $C(\alpha+\beta)$とすると，点Cは，OA, OBを2辺とする平行四辺形の第4の頂点です。これは，点αを，複素数βだけ平行移動したものであり，ベクトルとして考えると，$\overrightarrow{OC}=\overrightarrow{OA}+\overrightarrow{OB}$に対応しています。

また，$\alpha-\beta$は$\alpha-\beta=\alpha+(-\beta)$と考えて，$A(\alpha)$, $B'(-\beta)$, $D(\alpha-\beta)$とすると，点DはOA, OB'を2辺とする平行四辺形の第4の頂点です。

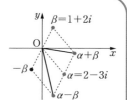

解答	アドバイス

原点をOとし，$A(\alpha)$, $B(\beta)$とする。

OA, OBを2辺とする平行四辺形$OACB$を作ると，$\alpha+\beta$を表す点はCである。

また，$B'(-\beta)$とし，OA, OB'を2辺とする平行四辺形$OADB'$を作ると，$\alpha-\beta$を表す点はDである。

したがって，下図のようになる。

❶　$\alpha+\beta$
$=(2-3i)+(1+2i)$
$=3-i$
　$\alpha-\beta$
$=(2-3i)-(1+2i)$
$=1-5i$
したがって
　　$C(3-i)$, $D(1-5i)$

❷　$\alpha+\beta$
$=(-3+2i)+(-2i)=-3$
　$\alpha-\beta$
$=(-3+2i)-(-2i)$
$=-3+4i$
したがって
　　$C(-3)$, $D(-3+4i)$

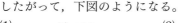

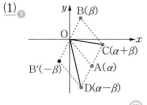

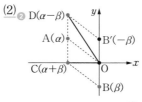

(答)　(答)

練習 209　次の2つの複素数z_1, z_2をもとに，その和z_1+z_2，差z_1-z_2が表す点を複素数平面上に図示せよ。

(1)　$z_1=3i$, $z_2=1+i$　　　　　(2)　$z_1=-2+i$, $z_2=4-2i$

複素数z_1，z_2を表す点が右のように与えられているとき，
次の複素数を表す点を図示せよ。

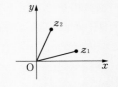

(1) $\dfrac{3}{2}z_1$ 　　　　　　　　(2) $-2z_2$

(3) $\dfrac{3}{2}z_1-2z_2$

POINT　点$z=az_1+bz_2$の図示は，$\overrightarrow{\mathrm{OR}}=a\overrightarrow{\mathrm{OP}}+b\overrightarrow{\mathrm{OQ}}$ に対応する

一般に，実数kに対して，kzの表す点は，$k>0$のとき，原点
Oに関してzと同じ側にOzをk倍した線分の端点で，$k<0$の
とき，Oに関してzと反対側にOzを$|k|$倍した線分の端点で
す。

| 解答 | | アドバイス |

Oを原点，P(z_1)，Q(z_2)とする。

(1) $\dfrac{3}{2}z_1$を表す点P′は，Oに関

して，点Pと同じ側に

$$\mathrm{OP'}=\dfrac{3}{2}\mathrm{OP}$$

となるようにとった点である。

(2) $-2z_2$を表す点Q′は，Oに関

して，点Qと反対側に

$$\mathrm{OQ'}=2\mathrm{OQ}$$

となるようにとった点である。

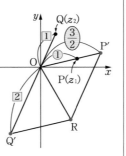

(3) $\dfrac{3}{2}z_1-2z_2$　を表す点Rは，(1)，(2)のOP′，OQ′を

2辺とする平行四辺形OP′RQ′の第4の頂点である。

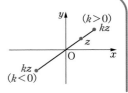

❶ ベクトルの上では
$$\overrightarrow{\mathrm{OP'}}=\dfrac{3}{2}\overrightarrow{\mathrm{OP}}$$

❷ 同様に
$$\overrightarrow{\mathrm{OQ'}}=-2\overrightarrow{\mathrm{OQ}}$$

❸ $\overrightarrow{\mathrm{OR}}=\dfrac{3}{2}\overrightarrow{\mathrm{OP}}+(-2\overrightarrow{\mathrm{OQ}})$
$$=\overrightarrow{\mathrm{OP'}}+\overrightarrow{\mathrm{OQ'}}$$

練習 210　$\alpha=-1+2i$であるとき，次のβに対して，平行四辺形をかくことによ
り，2点$\alpha-\beta$，$\alpha-2\beta$をそれぞれ図示せよ。

(1) $\beta=1+2i$ 　　　　　　　(2) $\beta=-3-i$

例題 **196** 実係数のn次方程式　★★★　応用

係数がすべて実数であるn次方程式$f(x)=a_0x^n+a_1x^{n-1}+\cdots\cdots+a_{n-1}x+a_n=0$ が，虚数$\alpha=p+qi$ （p，qは実数，$q\neq0$）を解としてもてば，これと共役な虚数 $\overline{\alpha}=p-qi$ もまたこの方程式の解であることを証明せよ。

 POINT

$\overline{\alpha_1+\alpha_2+\cdots\cdots+\alpha_n}=\overline{\alpha_1}+\overline{\alpha_2}+\cdots\cdots+\overline{\alpha_n}$ ，

$\overline{\alpha^n}=(\overline{\alpha})^n$

αは$f(x)=0$の解ですから，$a_0\alpha^n+a_1\alpha^{n-1}+\cdots\cdots+a_{n-1}\alpha+a_n=0$が成り立ちます。示 すべき目標は，$f(\overline{\alpha})=a_0(\overline{\alpha})^n+a_1(\overline{\alpha})^{n-1}+\cdots\cdots+a_{n-1}(\overline{\alpha})+a_n=0$です。

| 解答 |

αは$f(x)=0$の解であるから　　$f(\alpha)=0$

すなわち　　$a_0\alpha^n+a_1\alpha^{n-1}+\cdots\cdots+a_{n-1}\alpha+a_n=0$

両辺の共役複素数をとると

$\overline{a_0\alpha^n+a_1\alpha^{n-1}+\cdots\cdots+a_{n-1}\alpha+a_n}$ ❶ $=\overline{0}$　……①

$\text{左辺}=\overline{a_0\alpha^n}$ ❷ $+\overline{a_1\alpha^{n-1}}+\cdots\cdots+\overline{a_{n-1}\alpha}+\overline{a_n}$

$=\overline{a_0}\cdot\overline{\alpha^n}+\overline{a_1}\cdot\overline{\alpha^{n-1}}+\cdots\cdots+\overline{a_{n-1}}\cdot\overline{\alpha}+\overline{a_n}$

a_k $(k=0,\ 1,\ \cdots\cdots,\ n)$ は実数であるから

$\overline{a_k}=a_k$ $(k=0,\ 1,\ \cdots\cdots,\ n)$

また　　$\overline{\alpha^k}=(\overline{\alpha})^k$ ❸ $(k=2,\ 3,\ \cdots\cdots,\ n)$

したがって

①の左辺 $=a_0(\overline{\alpha})^n+a_1(\overline{\alpha})^{n-1}+\cdots\cdots+a_{n-1}(\overline{\alpha})+a_n$

一方　　①の右辺$=0$

よって　　$a_0(\overline{\alpha})^n+a_1(\overline{\alpha})^{n-1}+\cdots\cdots+a_{n-1}(\overline{\alpha})+a_n=0$

すなわち　　$f(\overline{\alpha})=0$

したがって，$\overline{\alpha}$は$f(x)=0$の解である。

| アドバイス |

❶ $\overline{\alpha+\beta}=\overline{\alpha}+\overline{\beta}$を一般化して， 次の公式が成り立ちます。

$\overline{\alpha_1+\alpha_2+\cdots+\alpha_n}$ $=\overline{\alpha_1}+\overline{\alpha_2}+\cdots+\overline{\alpha_n}$

❷ $\overline{\alpha\beta}=\overline{\alpha}\overline{\beta}$

❸ $\overline{\alpha^2}=\overline{\alpha\alpha}=\overline{\alpha}\cdot\overline{\alpha}=(\overline{\alpha})^2$を一般化し て

$\overline{\alpha^k}=(\overline{\alpha})^k$

が成り立ちます。（例題 **192**）

練習 211　係数が複素数のn次方程式$f(x)=a_0x^n+a_1x^{n-1}+\cdots\cdots+a_{n-1}x+a_n=0$ が，αを解にもつとき，$\overline{\alpha}$は$\overline{a_0}x^n+\overline{a_1}x^{n-1}+\cdots\cdots+\overline{a_{n-1}}x+\overline{a_n}=0$の解 であることを証明せよ。

① 極形式 ▷ 例題198

複素数平面上で，0でない複素数 $z = a + bi$ を表す点を P
とし，$\mathrm{OP} = r = |z|$ とする。

線分 OP と実軸の正の部分とのなす角を θ とすると

$$z = r(\cos\theta + i\sin\theta) \quad (r > 0)$$

これを，複素数 z の**極形式**という。このとき

$$r = |z| = \sqrt{a^2 + b^2}, \quad \cos\theta = \frac{a}{r}, \quad \sin\theta = \frac{b}{r}$$

で，角 θ を z の**偏角**といい，$\arg z$ で表す。arg は argument の略である。

すなわち　　$\theta = \arg z$

偏角 θ は，$0 \le \theta < 2\pi$ の範囲ではただ1通りに定まるが，一般角で考えることもある。複素数 z の1つの偏角を θ とすると，z の偏角は一般に次のように表される。

$$\arg z = \theta + 2n\pi \quad (n \text{ は整数})$$

また，複素数 $z = r(\cos\theta + i\sin\theta)$ と共役な複素数 $\bar{z}$ は，
複素数平面上では点 z と実軸に関して対称な点で表されるから　　$\bar{z} = r\{\cos(-\theta) + i\sin(-\theta)\}$

よって　　$|\bar{z}| = |z|$，$\arg \bar{z} = -\arg z$

例　$-1 + \sqrt{3}i$ の絶対値 r，偏角 θ は

$$r = \sqrt{(-1)^2 + (\sqrt{3})^2} = 2, \quad \theta = \frac{2}{3}\pi$$

よって　$-1 + \sqrt{3}i = 2\left(\cos\frac{2}{3}\pi + i\sin\frac{2}{3}\pi\right)$

② 複素数の積と商 ▷ 例題197 例題199 例題200 例題202

0でない2つの複素数 $z_1 = r_1(\cos\theta_1 + i\sin\theta_1)$，$z_2 = r_2(\cos\theta_2 + i\sin\theta_2)$ に対して

(1) **積**　$z_1 z_2 = r_1 r_2 \{\cos(\theta_1 + \theta_2) + i\sin(\theta_1 + \theta_2)\}$

$\qquad |z_1 z_2| = |z_1||z_2|, \quad \arg(z_1 z_2) = \arg z_1 + \arg z_2$

(2) **商**　$\dfrac{z_1}{z_2} = \dfrac{r_1}{r_2} \{\cos(\theta_1 - \theta_2) + i\sin(\theta_1 - \theta_2)\}$

$\qquad \left|\dfrac{z_1}{z_2}\right| = \dfrac{|z_1|}{|z_2|}, \quad \arg\left(\dfrac{z_1}{z_2}\right) = \arg z_1 - \arg z_2$

$z_3 = z_1 z_2$ とおくと

$$|z_3| = r_1 r_2, \quad \arg z_3 = \theta_1 + \theta_2$$

であるから，点$R(z_3)$は，点$P(z_1)$を原点Oを中心として角θ_2だけ回転した点を$P_1(z_1{}')$とするとき，さらに原点からの距離r_1をr_2倍した点である。

右図において，$\triangle$ROQ$\infty$$\triangle$POEで，相似比は$r_2 : 1$である。

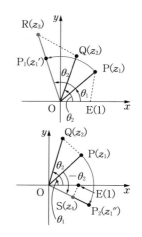

また，$z_4 = \dfrac{z_1}{z_2}$ とおくと

$$|z_4| = \frac{r_1}{r_2}, \quad \arg z_4 = \theta_1 - \theta_2$$

であるから，点$S(z_4)$は，点$P(z_1)$を原点Oを中心として角$-\theta_2$だけ回転した点を$P_2(z_1{}'')$とするとき，さらに原点からの距離r_1を$\dfrac{1}{r_2}$倍した点である。

右図において，$\triangle$EOS$\infty$$\triangle$QOPで，相似比は$1 : r_2$である。

例 $z_1 = 4\left(\cos\dfrac{5}{6}\pi + i\sin\dfrac{5}{6}\pi\right)$, $z_2 = 2\left(\cos\dfrac{\pi}{3} + i\sin\dfrac{\pi}{3}\right)$ のとき

$$z_1 z_2 = 4 \cdot 2\left\{\cos\left(\frac{5}{6}\pi + \frac{\pi}{3}\right) + i\sin\left(\frac{5}{6}\pi + \frac{\pi}{3}\right)\right\}$$

$$= 8\left(\cos\frac{7}{6}\pi + i\sin\frac{7}{6}\pi\right) = 8\left(-\frac{\sqrt{3}}{2} - \frac{1}{2}i\right) = -4\sqrt{3} - 4i$$

$$\frac{z_1}{z_2} = \frac{4}{2}\left\{\cos\left(\frac{5}{6}\pi - \frac{\pi}{3}\right) + i\sin\left(\frac{5}{6}\pi - \frac{\pi}{3}\right)\right\}$$

$$= 2\left(\cos\frac{\pi}{2} + i\sin\frac{\pi}{2}\right) = 2i$$

3 **複素数の回転** ▷ **例題201**

点zを，原点Oを中心として角θだけ回転して得られる点の表す複素数z'は

$$z' = (\cos\theta + i\sin\theta)z$$

特に，$\theta = \dfrac{\pi}{2}$ のときは $\quad z' = iz$

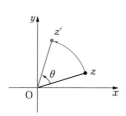

(1) 次の複素数の絶対値を求めよ。

① $1+2i$　　　　② $(3+4i)(\sqrt{3}-i)$　　　　③ $\dfrac{3+\sqrt{3}i}{1-i}$

(2) z が複素数で $z^4+z^3+z^2+z+1=0$ であるとき，次の値を求めよ。

① z^5　　　　　　　　　② $|z|$

POINT $|\alpha\beta|=|\alpha||\beta|,\quad |\alpha^n|=|\alpha|^n,\quad \left|\dfrac{\alpha}{\beta}\right|=\dfrac{|\alpha|}{|\beta|}$

(1) ①は，絶対値の定義 $|a+bi|=\sqrt{a^2+b^2}$ を用います。②は，$(3+4i)(\sqrt{3}-i)$ を展開したあとの $3\sqrt{3}+4+(4\sqrt{3}-3)i$ の絶対値を計算するよりは，公式 $|z_1z_2|=|z_1||z_2|$ を用いるほうが簡単です。③も，$\left|\dfrac{z_1}{z_2}\right|=\dfrac{|z_1|}{|z_2|}$ を用いましょう。

(2) $|z^2|=|zz|=|z||z|=|z|^2$ を拡張すると，**n が自然数のとき，$|z^n|=|z|^n$ が成り立ちます。**

| 解答 |

(1) ① $\underset{①}{|1+2i|}=\sqrt{1^2+2^2}=\sqrt{5}$ （答）

② $|(3+4i)(\sqrt{3}-i)|=|3+4i||\sqrt{3}-i|$
$=\sqrt{3^2+4^2}\sqrt{(\sqrt{3})^2+(-1)^2}$
$=\sqrt{25}\cdot\sqrt{4}=5\cdot2=\mathbf{10}$ （答）

③ $\underset{②}{\left|\dfrac{3+\sqrt{3}i}{1-i}\right|}=\dfrac{|3+\sqrt{3}i|}{|1-i|}$
$=\dfrac{\sqrt{3^2+(\sqrt{3})^2}}{\sqrt{1^2+(-1)^2}}=\dfrac{\sqrt{12}}{\sqrt{2}}=\sqrt{6}$ （答）

(2) ① $z^4+z^3+z^2+z+1=0$ のとき
$\underset{③}{z^5-1=(z-1)(z^4+z^3+z^2+z+1)}$
$=(z-1)\cdot0=0$
よって $\boldsymbol{z^5=1}$ （答）

② $z^5=1$ のとき $\underset{④}{|z^5|}=|1|$ から $|z|^5=1$
$|z|$ は0以上の実数であるから $\boldsymbol{|z|=1}$ （答）

| アドバイス |

❶ 座標平面上では，原点Oと点 $(1,\ 2)$ との距離を表します。

❷ $\dfrac{3+\sqrt{3}i}{1-i}$ の分母を実数化して，$a+bi$ の形に直してから絶対値をとってもよいですが計算が面倒です。

❸ n が自然数のとき
z^n-a^n
$=(z-a)(z^{n-1}+az^{n-2}+\cdots$
$\cdots+a^{n-2}z+a^{n-1})$

❹ 公式 $|z^n|=|z|^n$

練習 212 次の複素数の絶対値を求めよ。

(1) $-1-\sqrt{3}i$　　　(2) $(2-\sqrt{3}i)(\sqrt{5}-3i)$　　　(3) $\dfrac{\sqrt{2}-i}{4+3i}$

例題 198　極形式　★★★　基本

次の複素数を，絶対値 r と偏角 θ を求め，極形式で表せ。ただし，$0 \leqq \theta < 2\pi$ とする。

(1)　$1+i$　　　　(2)　$2i$　　　　(3)　$-2-2\sqrt{3}\,i$

POINT　$z=a+bi$ の極形式は $z=r(\cos \theta + i \sin \theta)$ の形にする

複素数 $z=a+bi$ を極形式で表すには，z の絶対値 r と偏角 θ $(0 \leqq \theta < 2\pi)$ を求め

$$z=a+bi=r(\cos \theta + i \sin \theta)$$

とします。r は $r=\sqrt{a^2+b^2}$ で，$\cos \theta = \dfrac{a}{r}$，$\sin \theta = \dfrac{b}{r}$ を満たす θ は，$0 \leqq \theta < 2\pi$ の範囲でただ1つに決まります。

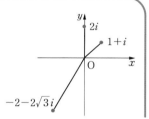

| 解答 |

(1)　$r=|1+i|=\sqrt{1^2+1^2}=\sqrt{2}$

$\cos \theta = \dfrac{1}{\sqrt{2}}$，$\sin \theta = \dfrac{1}{\sqrt{2}}$ から　　$\theta = \dfrac{\pi}{4}$ ❶

よって　　$1+i=\sqrt{2}\left(\cos \dfrac{\pi}{4} + i \sin \dfrac{\pi}{4}\right)$ 答

(2)　$r=|2i|=2$，$\theta = \dfrac{\pi}{2}$ ❷

よって　　$2i=2\left(\cos \dfrac{\pi}{2} + i \sin \dfrac{\pi}{2}\right)$ 答

(3)　$r=|-2-2\sqrt{3}\,i|$ ❸ $=\sqrt{(-2)^2+(-2\sqrt{3})^2}$
　　　　　　　　　　　　$=\sqrt{4+12}=4$

$\cos \theta = -\dfrac{2}{4} = -\dfrac{1}{2}$，$\sin \theta = -\dfrac{2\sqrt{3}}{4} = -\dfrac{\sqrt{3}}{2}$ から

$\theta = \dfrac{4}{3}\pi$

よって　　$-2-2\sqrt{3}\,i=4\left(\cos \dfrac{4}{3}\pi + i \sin \dfrac{4}{3}\pi\right)$ 答

| アドバイス |

❶ 点 $1+i$ は，下図のようになるので，点の位置から $\theta = \dfrac{\pi}{4}$ がわかります。

❷ $2i$ は，虚軸の正の部分の点です。

❸ $z=-2-2\sqrt{3}\,i$
$=2(-1-\sqrt{3}\,i)$ として，
$-1-\sqrt{3}\,i$ の極形式を考えてもよいです。

練習 213　次の複素数を極形式で表せ。

(1)　2　　　　　　(2)　$1-i$　　　　　　(3)　$-\sqrt{3}+i$

(4)　$\dfrac{3\sqrt{3}+3i}{2}$　　　(5)　$\dfrac{-5+i}{2-3i}$

複素数の積と図示　★★★　標準

次の2つの複素数に対して，積z_1z_2を図示せよ。

(1) $z_1=2i$, $z_2=\sqrt{3}-i$　　　　(2) $z_1=1+\sqrt{3}i$, $z_2=-1+i$

POINT 積z_1z_2の図示は，z_1, z_2を直接計算または極形式を利用

(1)は，$z_1z_2=2i(\sqrt{3}-i)=2+2\sqrt{3}i$から，$|z_1z_2|$と$\arg(z_1z_2)$がすぐわかります。
(2)は，$z_1z_2=(1+\sqrt{3}i)(-1+i)=-1-\sqrt{3}+(1-\sqrt{3})i$となり，$\arg(z_1z_2)$を求める
のも大変です。z_1とz_2の関係を明確にするためにも，z_1とz_2を極形式で表して
$z_1=r_1(\cos\theta_1+i\sin\theta_1)$, $z_2=r_2(\cos\theta_2+i\sin\theta_2)$とし，
$z_1z_2=r_1r_2\{\cos(\theta_1+\theta_2)+i\sin(\theta_1+\theta_2)\}$として図示します。

| 解答 | | アドバイス |

(1) $z_1z_2=\underline{2i(\sqrt{3}-i)}_{①}=2(1+\sqrt{3}i)$
$=2\cdot2\left(\cos\dfrac{\pi}{3}+i\sin\dfrac{\pi}{3}\right)=4\left(\cos\dfrac{\pi}{3}+i\sin\dfrac{\pi}{3}\right)$

(2) $z_1=1+\sqrt{3}i=2\left(\cos\dfrac{\pi}{3}+i\sin\dfrac{\pi}{3}\right)$

$z_2=-1+i=\sqrt{2}\left(\cos\dfrac{3}{4}\pi+i\sin\dfrac{3}{4}\pi\right)$

$z_1z_2=2\sqrt{2}\left\{\cos\left(\dfrac{\pi}{3}+\dfrac{3}{4}\pi\right)+i\sin\left(\dfrac{\pi}{3}+\dfrac{3}{4}\pi\right)\right\}$

$=2\sqrt{2}\left(\cos\dfrac{13}{12}\pi+i\sin\dfrac{13}{12}\pi\right)$

❶ $2i=2\left(\cos\dfrac{\pi}{2}+i\sin\dfrac{\pi}{2}\right)$
$\sqrt{3}-i$
$=2\left(\cos\dfrac{11}{6}\pi+i\sin\dfrac{11}{6}\pi\right)$
から
$z_1z_2=4\left\{\cos\left(\dfrac{\pi}{2}+\dfrac{11}{6}\pi\right)\right.$
$\left.+i\sin\left(\dfrac{\pi}{2}+\dfrac{11}{6}\pi\right)\right\}$
$=4\left(\cos\dfrac{\pi}{3}+i\sin\dfrac{\pi}{3}\right)$

(1) [図: y軸, $P(z_1z_2)$, $P_1(z_1)$, 半径4, $\dfrac{\pi}{3}$, O, E(1), $P_2(z_2)$, x軸]

(2) [図: y軸, $P_2(z_2)$, $P_1(z_1)$, $\dfrac{13}{12}\pi$, $2\sqrt{2}$, O, E(1), x軸, $P(z_1z_2)$]

(答)　　　　　(答)

(1), (2)ともに，E(1), $P_1(z_1)$, $P_2(z_2)$, $P(z_1z_2)$とする
と　　$\triangle OEP_1\backsim\triangle OP_2P$ ❷

❷ $z_1z_2=z$とおくと
$\dfrac{z_1}{1}=\dfrac{z}{z_2}$から　$\dfrac{|z_1|}{1}=\dfrac{|z|}{|z_2|}$
$\arg z_1=\arg z-\arg z_2$
したがって，左図で
OP$_1$:OE=OP:OP$_2$
∠P$_1$OE=∠POP$_2$
よって
$\triangle OEP_1\backsim\triangle OP_2P$
相似比は
OE:OP$_2$=1:$|z_2|$
となります。

練習 214 次の各組の複素数とその積を図示し，積の偏角を求めよ。
(1) $\sqrt{3}+i$, $1+\sqrt{3}i$　　　　(2) $\sqrt{3}+i$, $2i$

例題 200 複素数の商と図示 ★★★ 標準

次の複素数の極形式を求め，複素数平面上に図示せよ。

(1) $z = \dfrac{1+\sqrt{3}i}{\sqrt{3}+i}$

(2) $z = \dfrac{1+\sqrt{3}i}{1+i}$

 **POINT** 商 $\dfrac{z_1}{z_2}$ の図示は，$\dfrac{z_1}{z_2}$ を直接計算または極形式を利用

分母の実数化をすると，(1)は $z = \dfrac{\sqrt{3}}{2} + \dfrac{1}{2}i$，(2)は $z = \dfrac{1+\sqrt{3}}{2} + \dfrac{\sqrt{3}-1}{2}i$ となるので，

(2)は分母と分子を極形式で表してから，商の公式を用います。

| 解答 |

(1) $z = \dfrac{1+\sqrt{3}i}{\sqrt{3}+i} \underset{①}{=} \dfrac{(1+\sqrt{3}i)(\sqrt{3}-i)}{(\sqrt{3}+i)(\sqrt{3}-i)} = \dfrac{\sqrt{3}+2i-\sqrt{3}i^2}{3-i^2}$

$\quad = \dfrac{2\sqrt{3}+2i}{4} = \dfrac{\sqrt{3}}{2} + \dfrac{1}{2}i$

$\quad = \cos\dfrac{\pi}{6} + i\sin\dfrac{\pi}{6}$ 答

(2) $1+\sqrt{3}i = 2\left(\cos\dfrac{\pi}{3} + i\sin\dfrac{\pi}{3}\right)$

$\quad 1+i = \sqrt{2}\left(\cos\dfrac{\pi}{4} + i\sin\dfrac{\pi}{4}\right)$

よって $z = \dfrac{2}{\sqrt{2}}\left\{\cos\left(\dfrac{\pi}{3} - \dfrac{\pi}{4}\right) + i\sin\left(\dfrac{\pi}{3} - \dfrac{\pi}{4}\right)\right\}$

$\quad = \sqrt{2}\left(\cos\dfrac{\pi}{12} + i\sin\dfrac{\pi}{12}\right)$ 答

| アドバイス |

① $z_1 = 1+\sqrt{3}i$，$z_2 = \sqrt{3}+i$，

$z = \dfrac{z_1}{z_2}$ とし，E(1)，$P_1(z_1)$，

$P_2(z_2)$，$P(z)$ とすると

$\dfrac{1}{z} = \dfrac{z_2}{z_1}$ から $\dfrac{1}{|z|} = \dfrac{|z_2|}{|z_1|}$

$\quad \arg\dfrac{1}{z} = \arg\dfrac{z_2}{z_1}$

したがって，左図(1)で

$\quad$ OE : OP = OP$_2$: OP$_1$

$\quad \angle$EOP = $\angle$P$_2$OP$_1$

よって

$\quad \triangle$OEP ∞ $\triangle$OP$_2$P$_1$

$\quad$（同じ向きに相似）

相似比は

$\quad$ OE : OP$_2$ = 1 : $|z_2|$

$\qquad\qquad$ = 1 : 2

となります。

(1)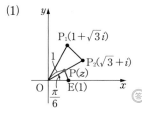

(2)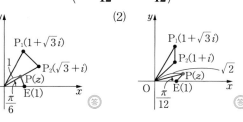

練習 215 次の複素数 α，β について，α，β，$\alpha\beta$ および $\dfrac{\alpha}{\beta}$ をそれぞれ図示せよ。

(1) $\alpha = \sqrt{3}+i$，$\beta = i$

(2) $\alpha = 1-\sqrt{3}i$，$\beta = 1+\sqrt{3}i$

(1) $z=3+2i$ とする。点 z を原点 O を中心に $\dfrac{\pi}{3}$ および $-\dfrac{\pi}{2}$ 回転した点をそれぞれ z_1, z_2 とするとき、z_1 と z_2 を表す複素数を求めよ。

(2) 点 z に対して、点 $(1+i)z$ はどのような位置にあるか。

POINT 点 z を原点を中心に θ だけ回転した点を z' とすると $z'=(\cos\theta+i\sin\theta)z$

(2) $1+i$ を極形式で表し、$z'=r(\cos\theta+i\sin\theta)z$ の形に直すと、点 z と z' の位置関係がわかります。原点を中心とする「回転移動と拡大」です。

解答	アドバイス

(1)
$z_1=\left(\cos\dfrac{\pi}{3}+i\sin\dfrac{\pi}{3}\right)z$ ❶ $=\left(\dfrac{1}{2}+\dfrac{\sqrt{3}}{2}i\right)(3+2i)$

$=\dfrac{3}{2}+\left(1+\dfrac{3\sqrt{3}}{2}\right)i+\sqrt{3}\,i^2$

$=\dfrac{3-2\sqrt{3}}{2}+\dfrac{2+3\sqrt{3}}{2}i$ （答）

❶ 原点を中心とする回転角 $\dfrac{\pi}{3}$ の回転。

$z_2=\left\{\cos\left(-\dfrac{\pi}{2}\right)+i\sin\left(-\dfrac{\pi}{2}\right)\right\}z=-i(3+2i)$ ❷

$=2-3i$ （答）

❷ $\cos(-\theta)=\cos\theta$
$\sin(-\theta)=-\sin\theta$
ですから
$\cos\left(-\dfrac{\pi}{2}\right)=\cos\dfrac{\pi}{2}=0$
$\sin\left(-\dfrac{\pi}{2}\right)=-\sin\dfrac{\pi}{2}=-1$

(2) $1+i=\sqrt{2}\left(\cos\dfrac{\pi}{4}+i\sin\dfrac{\pi}{4}\right)$ であるから

$z'=(1+i)z=\sqrt{2}\left(\cos\dfrac{\pi}{4}+i\sin\dfrac{\pi}{4}\right)z$ ❸

したがって、**点 z' は、点 z を原点を中心に $\dfrac{\pi}{4}$ 回転し、さらに、原点からの距離を $\sqrt{2}$ 倍したものである。**（答）

❸ 点 z に対して、点 $\sqrt{2}z$ を作り、この点を原点を中心に $\dfrac{\pi}{4}$ 回転してもよいです。

補足 原点と2点 z, z' は z を直角の頂点とする直角二等辺三角形を作ります。

練習 216 $z=4+2i$ とする。点 z を原点を中心に $\dfrac{\pi}{6}$ および $-\dfrac{\pi}{6}$ 回転した点を表す複素数を求めよ。

例題 202 極形式の応用 ★★★ 応用

(1) △ABCにおいて，次の等式が成り立つことを証明せよ。
$$(\cos A+i\sin A)(\cos B+i\sin B)(\cos C+i\sin C)=-1$$

(2) $\theta=5°$ のとき，次の式の値を求めよ。
$$z=\frac{(\cos 3\theta+i\sin 3\theta)(\cos 5\theta+i\sin 5\theta)}{\cos 2\theta+i\sin 2\theta}$$

 **POINT** 3つの極形式の積は，極形式の積の公式を2回使う

(1) 2つの極形式の積の公式を2回使います。△ABCでは，$A+B+C=\pi$ も重要
な条件です。

(2) 分子に極形式の積の公式，さらに，商の公式を使います。

| 解答 | | アドバイス |

(1) △ABCにおいて，$A+B+C=\pi$ であるから
$$\underline{(\cos A+i\sin A)(\cos B+i\sin B)(\cos C+i\sin C)}_{\text{①}}$$
$$=\{\cos(A+B)+i\sin(A+B)\}(\cos C+i\sin C)$$
$$=\cos(A+B+C)+i\sin(A+B+C)$$
$$=\cos\pi+i\sin\pi=-1$$

❶ 一般に
$$\arg(z_1z_2z_3)$$
$$=\arg z_1+\arg z_2+\arg z_3$$
が成り立ちます。

(2) $$z=\frac{(\cos 3\theta+i\sin 3\theta)(\cos 5\theta+i\sin 5\theta)}{\cos 2\theta+i\sin 2\theta}_{\text{②}}$$
$$=\frac{\cos(3\theta+5\theta)+i\sin(3\theta+5\theta)}{\cos 2\theta+i\sin 2\theta}$$
$$=\cos(3\theta+5\theta-2\theta)+i\sin(3\theta+5\theta-2\theta)$$
$$=\cos 6\theta+i\sin 6\theta$$
$\theta=5°$ のとき，$6\theta=30°$ であるから
$$z=\cos 30°+i\sin 30°=\frac{\sqrt{3}}{2}+\frac{1}{2}i\ \text{（答）}$$

❷ $\theta=5°$ のとき，$2\theta=10°$，
$3\theta=15°$，$5\theta=25°$ で，この正弦・
余弦の値はわかりません。
そこで，θ のままで
$$z=\cos(3\theta+5\theta-2\theta)$$
$$+i\sin(3\theta+5\theta-2\theta)$$
と変形します。

練習 217 次の計算をせよ。

(1) $2(\cos 35°+i\sin 35°)(\cos 25°+i\sin 25°)$

(2) $\dfrac{\cos 108°+i\sin 108°}{\cos 63°+i\sin 63°}$

練習 218 $\theta=15°$ のとき，$z=\dfrac{(\cos 3\theta+i\sin 3\theta)(\cos 4\theta+i\sin 4\theta)}{\cos\theta+i\sin\theta}$ の値を求めよ。

3 | ド・モアブルの定理

1 ド・モアブルの定理 ▷ 例題203 例題204 例題205 例題206 例題207

複素数$z = \cos\theta + i\sin\theta$に対して
$$z^2 = zz = \cos(\theta+\theta) + i\sin(\theta+\theta) = \cos 2\theta + i\sin 2\theta$$
$$z^3 = zz^2 = \cos(\theta+2\theta) + i\sin(\theta+2\theta) = \cos 3\theta + i\sin 3\theta$$
となり，自然数nについて次の等式が成り立つ。
$$(\cos\theta + i\sin\theta)^n = \cos n\theta + i\sin n\theta \qquad \cdots\cdots ①$$

また，自然数nに対して$z^{-n} = \dfrac{1}{z^n}$と定めると
$$(\cos\theta + i\sin\theta)^{-n} = z^{-n} = \frac{1}{z^n} = \left(\frac{1}{z}\right)^n = \left(\frac{\cos 0 + i\sin 0}{\cos\theta + i\sin\theta}\right)^n$$
$$= \{\cos(-\theta) + i\sin(-\theta)\}^n$$
$$= \cos(-n\theta) + i\sin(-n\theta) \qquad \cdots\cdots ②$$
が成り立つ。

よって，①と②を合わせて，次の**ド・モアブルの定理**が成り立つ。

nが整数のとき $(\cos\theta + i\sin\theta)^n = \cos n\theta + i\sin n\theta$

例
$$(\cos 15° + i\sin 15°)^8 = \cos(8 \times 15°) + i\sin(8 \times 15°)$$
$$= \cos 120° + i\sin 120°$$
$$= -\frac{1}{2} + \frac{\sqrt{3}}{2}i$$

2 1のn乗根 ▷ 例題206 例題207

自然数nに対して，方程式$z^n = \alpha$を満たす複素数zを，αの**n乗根**という。0でない複素数αのn乗根はn個ある。特に，方程式$z^n = 1$の解を1の**n乗根**という。

1のn乗根は，次のn個の複素数である。
$$z_k = \cos\left(\frac{2\pi}{n} \times k\right) + i\sin\left(\frac{2\pi}{n} \times k\right)$$
$$(k = 0, 1, 2, \cdots\cdots, n-1)$$

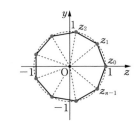

複素数平面上で，これらを表す点は原点を中心とする半径が1の円周上にあり，各点z_kは点1を1つの頂点とする正n角形の頂点である。

例題 203 ド・モアブルの定理 ★★★ 基本

(1) $(\cos\theta + i\sin\theta)^2 = \cos 2\theta + i\sin 2\theta$ となることを用いて，$\cos 2\theta$ および $\sin 2\theta$ をそれぞれ $\cos\theta$ と $\sin\theta$ で表せ。

(2) $(\cos\theta + i\sin\theta)^3 = \cos 3\theta + i\sin 3\theta$ となることを用いて，$\cos 3\theta$ を $\cos\theta$ で表せ。また，$\sin 3\theta$ を $\sin\theta$ で表せ。

POINT 三角関数の倍角公式は，ド・モアブルの定理から導ける

(1) 左辺を展開して，$a + bi$ の形に整理すると，実部は $\cos 2\theta = a$，虚部は $\sin 2\theta = b$ となります。

(2) (1)と同様ですが，$\sin^2\theta + \cos^2\theta = 1$ をどう使うかを考えましょう。

| 解答 | アドバイス |

(1) $(\cos\theta + i\sin\theta)^2 = \cos 2\theta + i\sin 2\theta$ ……①

　　　左辺 $= \cos^2\theta + 2\cos\theta\cdot i\sin\theta + i^2\sin^2\theta$

　　　　　$= \cos^2\theta - \sin^2\theta + i\cdot 2\sin\theta\cos\theta$

したがって，①から ❶

　　$\cos 2\theta = \cos^2\theta - \sin^2\theta,\ \sin 2\theta = 2\sin\theta\cos\theta$ （答）

(2) $(\cos\theta + i\sin\theta)^3 = \cos 3\theta + i\sin 3\theta$ ……②

　　　左辺 $= \cos^3\theta + 3\cos^2\theta\cdot i\sin\theta + 3\cos\theta\cdot i^2\sin^2\theta$

　　　　　$\underline{\ + i^3\sin^3\theta}$ ❷

　　　　　$= \cos^3\theta - 3\cos\theta\sin^2\theta + i(3\cos^2\theta\sin\theta - \sin^3\theta)$

したがって，②から

　　$\cos 3\theta$ $= \cos^3\theta - 3\cos\theta\underline{\sin^2\theta}$ ❸

　　　　　$= \cos^3\theta - 3\cos\theta(1 - \cos^2\theta)$

　　　　　$= \mathbf{4\cos^3\theta - 3\cos\theta}$ （答）

　　$\sin 3\theta$ $= 3\cos^2\theta\sin\theta - \sin^3\theta$

　　　　　$= 3(1 - \sin^2\theta)\sin\theta - \sin^3\theta$

　　　　　$= \mathbf{3\sin\theta - 4\sin^3\theta}$ （答）

❶ $\cos^2\theta - \sin^2\theta$
　　$+ i\cdot 2\sin\theta\cos\theta$
　$= \cos 2\theta + i\sin 2\theta$
両辺の実部と虚部を比べます。

❷ $i^3\sin^3\theta = i^2\cdot i\sin^3\theta$
　　$= -i\sin^3\theta$

❸ $\sin^2\theta = 1 - \cos^2\theta$ から，
$\cos 3\theta$ を $\cos\theta$ のみを用いて表します。

練習 219 $(\cos\theta + i\sin\theta)^4 = \cos 4\theta + i\sin 4\theta$ を用いて，$\cos 4\theta = A\cos^4\theta + B\cos^2\theta + C$ となる定数 A，B，C の値を求めよ。

例題 **204** 複素数の累乗① ★★★ 基本

次の計算をせよ。

(1) $(1+i)^5$ 　　　　(2) $(-1+\sqrt{3}i)^8$ 　　　　(3) $(\sqrt{3}-i)^7$

 POINT $(a+bi)^n$ の計算は，極形式とド・モアブルの定理で

$1+i,\ -1+\sqrt{3}i,\ \sqrt{3}-i$ をそれぞれ極形式で表して，ド・モアブルの定理を使います。

| 解答 | | アドバイス |

(1) $1+i=\sqrt{2}\left(\cos\dfrac{\pi}{4}+i\sin\dfrac{\pi}{4}\right)$

　　ド・モアブルの定理❶ から

$$(1+i)^5=(\sqrt{2})^5\left\{\cos\left(5\times\dfrac{\pi}{4}\right)+i\sin\left(5\times\dfrac{\pi}{4}\right)\right\}$$

$$=4\sqrt{2}\left(\cos\dfrac{5}{4}\pi+i\sin\dfrac{5}{4}\pi\right)❷$$

$$=\boldsymbol{-4-4i}\ 答$$

(2) $-1+\sqrt{3}i=2\left(\cos\dfrac{2}{3}\pi+i\sin\dfrac{2}{3}\pi\right)$

$$(-1+\sqrt{3}i)^8=2^8\left\{\cos\left(8\times\dfrac{2}{3}\pi\right)+i\sin\left(8\times\dfrac{2}{3}\pi\right)\right\}$$

$$=256\left(\cos\dfrac{16}{3}\pi+i\sin\dfrac{16}{3}\pi\right)❸$$

$$=256\left(-\dfrac{1}{2}-\dfrac{\sqrt{3}}{2}i\right)=\boldsymbol{-128-128\sqrt{3}i}\ 答$$

(3) $\sqrt{3}-i=2\left\{\cos\left(-\dfrac{\pi}{6}\right)+i\sin\left(-\dfrac{\pi}{6}\right)\right\}$

$$(\sqrt{3}-i)^7=2^7\left\{\cos\left(7\times\left(-\dfrac{\pi}{6}\right)\right)+i\sin\left(7\times\left(-\dfrac{\pi}{6}\right)\right)\right\}$$

$$=128\left(\cos\dfrac{7}{6}\pi-i\sin\dfrac{7}{6}\pi\right)$$

$$=128\left(-\dfrac{\sqrt{3}}{2}+\dfrac{1}{2}i\right)=\boldsymbol{-64\sqrt{3}+64i}\ 答$$

❶ $\left(\cos\dfrac{\pi}{4}+i\sin\dfrac{\pi}{4}\right)^5$

　$=\cos\left(5\times\dfrac{\pi}{4}\right)+i\sin\left(5\times\dfrac{\pi}{4}\right)$

❷ $\cos\dfrac{5}{4}\pi=\cos\left(\pi+\dfrac{\pi}{4}\right)$

　　$=-\cos\dfrac{\pi}{4}=-\dfrac{1}{\sqrt{2}}$

　$\sin\dfrac{5}{4}\pi=\sin\left(\pi+\dfrac{\pi}{4}\right)$

　　$=-\sin\dfrac{\pi}{4}=-\dfrac{1}{\sqrt{2}}$

❸ $\dfrac{16}{3}\pi=2\pi\times2+\dfrac{4}{3}\pi$

練習 220 次の計算をせよ。

(1) $(3+\sqrt{3}i)^9$ 　　　　(2) $(1+\sqrt{3}i)^3$ 　　　　(3) $\left(\dfrac{\sqrt{3}-3i}{2}\right)^6$

例題 205 複素数の累乗② ★★★ 標準

次の計算をせよ。

(1) $\left(\dfrac{\sqrt{3}}{2}+\dfrac{1}{2}i\right)^{-9}$

(2) $(1-i)^{-4}$

 **POINT** $(\cos\theta+i\sin\theta)^{-n}=\cos n\theta-i\sin n\theta$ は公式

複素数を極形式で表すと，$\{r(\cos\theta+i\sin\theta)\}^{-n}=r^{-n}(\cos\theta+i\sin\theta)^{-n}$ の形になるので

$$(\cos\theta+i\sin\theta)^{-n}=\frac{1}{(\cos\theta+i\sin\theta)^{n}}=\frac{1}{\cos n\theta+i\sin n\theta}$$
$$=\cos n\theta-i\sin n\theta \quad (\text{分母の実数化により})$$

すなわち，$(\cos\theta+i\sin\theta)^{-n}=\cos n\theta-i\sin n\theta$ が成り立ちます。
実際には $(\cos\theta+i\sin\theta)^{-n}=\cos((-n)\cdot\theta)+i\sin((-n)\cdot\theta)=\cos n\theta-i\sin n\theta$
として，用いるとわかりやすいでしょう。

解答	アドバイス

(1) $\dfrac{\sqrt{3}}{2}+\dfrac{1}{2}i=\cos\dfrac{\pi}{6}+i\sin\dfrac{\pi}{6}$

$\quad \left(\dfrac{\sqrt{3}}{2}+\dfrac{1}{2}i\right)^{-9}=\underline{\left(\cos\dfrac{\pi}{6}+i\sin\dfrac{\pi}{6}\right)^{-9}}$ ❶

$\qquad\qquad\qquad =\cos\left(9\cdot\dfrac{\pi}{6}\right)-i\sin\left(9\cdot\dfrac{\pi}{6}\right)$

$\qquad\qquad\qquad =\cos\dfrac{3}{2}\pi-i\sin\dfrac{3}{2}\pi=\boldsymbol{i}$ (答)

❶ $\left(\cos\dfrac{\pi}{6}+i\sin\dfrac{\pi}{6}\right)^{-9}$

$\quad =\cos\left(-9\cdot\dfrac{\pi}{6}\right)+i\sin\left(-9\cdot\dfrac{\pi}{6}\right)$

$\quad =\cos\dfrac{3}{2}\pi-i\sin\dfrac{3}{2}\pi$

(2) $1-i=\sqrt{2}\left\{\cos\left(-\dfrac{\pi}{4}\right)+i\sin\left(-\dfrac{\pi}{4}\right)\right\}$ ❷

$\quad (1-i)^{-4}=(\sqrt{2})^{-4}\left\{\cos\left(-\dfrac{\pi}{4}\right)+i\sin\left(-\dfrac{\pi}{4}\right)\right\}^{-4}$ ❸

$\qquad\qquad =2^{-2}\left\{\cos\left(4\cdot\left(-\dfrac{\pi}{4}\right)\right)-i\sin\left(4\cdot\left(-\dfrac{\pi}{4}\right)\right)\right\}$

$\qquad\qquad =\dfrac{1}{4}\{\cos(-\pi)-i\sin(-\pi)\}=-\dfrac{1}{4}$ (答)

❷ 偏角は $\dfrac{7}{4}\pi$ としてもよいです。

❸ $\left\{\cos\left(-\dfrac{\pi}{4}\right)+i\sin\left(-\dfrac{\pi}{4}\right)\right\}^{-4}$

$\quad =\cos\left((-4)\left(-\dfrac{\pi}{4}\right)\right)$

$\qquad\quad +i\sin\left((-4)\left(-\dfrac{\pi}{4}\right)\right)$

$\quad =\cos\pi+i\sin\pi$

練習 221 次の計算をせよ。

(1) $(\sqrt{3}+i)^{-3}$

(2) $(1+\sqrt{3}i)^{-6}$

例題 **206** 複素数のn乗根 ★★★ 標準

次の方程式を解け。
$$z^4 = -2(1+\sqrt{3}\,i)$$

POINT  $z^n = a$ の解は，$z = r(\cos\theta + i\sin\theta)$ とおいて求める

$z = r(\cos\theta + i\sin\theta)$ ($r>0$) とおいて，左辺はド・モアブルの定理を用います。また，右辺を極形式で表して，方程式の両辺における実部・虚部をそれぞれ比較して，r と θ の値を求めます。θ は一般角で考え，$0 \leq \theta < 2\pi$ の範囲にあるものを求めます。

解答	アドバイス

解答

$z = r(\cos\theta + i\sin\theta)$ ($r>0$) とおく。

$-2(1+\sqrt{3}\,i)_{\textcircled{\scriptsize 1}} = 4\left(\cos\dfrac{4}{3}\pi + i\sin\dfrac{4}{3}\pi\right)$ であるから，

与えられた方程式は

$$r^4(\cos 4\theta + i\sin 4\theta) = 4\left(\cos\dfrac{4}{3}\pi + i\sin\dfrac{4}{3}\pi\right)$$

両辺の絶対値と偏角を比べて

$r^4 = 4$，$r>0$ から $\qquad r = \sqrt{2}$

$4\theta = \dfrac{4}{3}\pi + 2k\pi$ から $\qquad \theta = \dfrac{\pi}{3} + \dfrac{k\pi}{2}$ （k は整数）

$0 \leq \theta < 2\pi$ では $\qquad k = 0,\ 1,\ 2,\ 3_{\textcircled{\scriptsize 3}}$

このとき $\qquad \theta = \dfrac{\pi}{3},\ \dfrac{5}{6}\pi,\ \dfrac{4}{3}\pi,\ \dfrac{11}{6}\pi$

よって，求める解$z_{\textcircled{\scriptsize 4}}$ は

$$\sqrt{2}\left(\dfrac{1}{2} + \dfrac{\sqrt{3}}{2}i\right),\ \sqrt{2}\left(-\dfrac{\sqrt{3}}{2} + \dfrac{1}{2}i\right),$$
$$\sqrt{2}\left(-\dfrac{1}{2} - \dfrac{\sqrt{3}}{2}i\right),\ \sqrt{2}\left(\dfrac{\sqrt{3}}{2} - \dfrac{1}{2}i\right) \ \text{（答）}$$

アドバイス

❶ $|-2(1+\sqrt{3}\,i)| = 4$

$\cos\theta = -\dfrac{2}{4} = -\dfrac{1}{2}$

$\sin\theta = -\dfrac{2\sqrt{3}}{4} = -\dfrac{\sqrt{3}}{2}$ から

$\theta = \dfrac{4}{3}\pi$

❷ 一般角で考えます。

❸ z の4次方程式だから，k の値も4個存在します。

❹ 点z は，原点を中心とする半径 $\sqrt{2}$ の円の周上に等間隔に並びます。

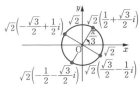

注意 方程式の4つの解z は，原点を中心とする半径 $\sqrt{2}$ の円に内接する正方形の4頂点によって表されます。

練習 222 次の方程式を解け。

(1) $z^2 = -1 + \sqrt{3}\,i$ (2) $z^3 = -2\sqrt{2}\,i$ (3) $z^4 = -1$

例題 207 | ド・モアブルの定理の応用　★★★ 応用

$z=\cos 72° + i\sin 72°$ は $z^5=1$ を満たすことに着目して，次の問いに答えよ。
(1) z は $z^4+z^3+z^2+z+1=0$ を満たすことを証明せよ。
(2) (1)の z の4次方程式を解くことにより，$\sin 18°$ の値を求めよ。

 **POINT**　$z=\cos 72° + i\sin 72°$ の値は $z^5=1$ かつ $z\neq1$ に着目

$\sin 18° = \cos 72°$ の値は，設問(1)の4次方程式から得られる $z+\dfrac{1}{z}$ の値から求めます。

| 解答 |

(1)　$\underline{z=\cos 72° + i\sin 72°\ \text{は，}\ z^5=1\ \text{の解}}_{①}$ であるが
$$z^5-1=(z-1)(z^4+z^3+z^2+z+1)=0$$
$\underline{z=\cos 72° + i\sin 72°\neq1}_{②}$ であるから，z は
$z^4+z^3+z^2+z+1=0$ を満たす。

(2)　(1)から　$\underline{z^4+z^3+z^2+z+1=0}_{③}$
$z\neq0$ であるから，両辺を z^2 で割って
$$z^2+z+1+\frac{1}{z}+\frac{1}{z^2}=0$$
$$\underline{\left(z^2+\frac{1}{z^2}\right)}_{④}+\left(z+\frac{1}{z}\right)+1=0$$
$$\left(z+\frac{1}{z}\right)^2+\left(z+\frac{1}{z}\right)-1=0$$
これより　$z+\dfrac{1}{z}=\dfrac{-1\pm\sqrt{5}}{2}$　……①

ここで，$z=\cos 72° + i\sin 72°$ だから
$$\frac{1}{z}=z^{-1}=(\cos 72° + i\sin 72°)^{-1}$$
$$=\cos 72° - i\sin 72°$$
したがって　$z+\dfrac{1}{z}=2\cos 72°\ (>0)$

よって，①から　$\underline{}_{⑤}$　$\boldsymbol{\sin 18° = \cos 72° = \dfrac{\sqrt{5}-1}{4}}$　答

| アドバイス |

❶ $z^5=(\cos 72° + i\sin 72°)^5$
$\quad =\cos 360° + i\sin 360°$
$\quad =1$

❷ $z\neq1$ から $z-1\neq0$

❸ $az^4+bz^3+cz^2+bz+a=0$
$\quad(a\neq0)$
のタイプの方程式を「相反方程式」と呼びます。両辺を z^2 で割るのは鉄則です。

❹ $z^2+\dfrac{1}{z^2}$
$\quad=\left(z+\dfrac{1}{z}\right)^2-2\cdot z\cdot\dfrac{1}{z}$
$\quad=\left(z+\dfrac{1}{z}\right)^2-2$

❺ $z+\dfrac{1}{z}=2\cos 72°>0$
ですから
$$\cos 72°=\frac{-1+\sqrt{5}}{4}$$
で　$\sin 18° = \cos(90°-18°)$

練習 223　$z=\cos 72° + i\sin 72°$ とするとき
$1+z+z^2+z^3+z^4$ および $\dfrac{1}{1-z}+\dfrac{1}{1-z^2}+\dfrac{1}{1-z^3}+\dfrac{1}{1-z^4}$ の値を求めよ。

定期テスト対策問題 10

解答・解説は別冊 p.123

1 α を虚数とするとき，$\dfrac{\alpha}{1+\alpha^2}$ が実数であるための必要十分条件を求めよ。ただし，$\alpha \neq \pm i$ とする。

2 α, β は複素数で，$|\alpha|=1$，$|\beta|\neq 1$ とする。このとき，$\left|\dfrac{\alpha-\beta}{1-\overline{\beta}\alpha}\right|$ の値を求めよ。

3 次の複素数の絶対値 r と偏角 θ を求め，極形式で表せ。ただし，$0 \leqq \theta < 2\pi$ とする。

(1) $\sqrt{3}+\dfrac{1-i}{1+i}$

(2) $\dfrac{-2+3i}{5-i}$

4 複素数平面上の点 z が図のように与えられている。次の複素数を表す点を図示せよ。

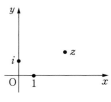

(1) $\dfrac{3}{2}z$

(2) $2z-3$

(3) $\left(1+\dfrac{3}{2}i\right)z$

(4) $\dfrac{2z}{i}$

5 $\dfrac{z-1}{z}$ の絶対値が 2 で偏角が $\dfrac{\pi}{3}$ であるとき，複素数 z の値を求めよ。

6 次の値を求めよ。

(1) $\left\{\left(\dfrac{\sqrt{3}+i}{2}\right)^8+\left(\dfrac{\sqrt{3}-i}{2}\right)^8\right\}^2$

(2) $(1+i)^{10}-(1-i)^{10}$

7 次の方程式を解け。

(1) $z^6=-1$

(2) $z^4=-8-8\sqrt{3}\,i$

8 $\alpha,\ \beta$ は複素数であって，$\alpha+\beta=1$，$\alpha\beta=1$ であるとする。このとき，$\alpha^n+\beta^n=-1$ となる整数 n はどのような整数であるか。

9 $a_n=\left(\dfrac{\sqrt{3}+1}{2}+\dfrac{\sqrt{3}-1}{2}i\right)^{2n}$ $(n=1,\ 2,\ 3,\ \cdots\cdots)$ とする。

(1) a_1 を極形式で表せ。

(2) a_n を実数とする最小の自然数 n の値と，そのときの a_n を求めよ。

1 │ 円と分点

1 線分の内分点, 外分点 ▷ 例題208

複素数平面上の2点 $A(\alpha)$, $B(\beta)$ を結ぶ線分 AB を
$m:n$ $(m>0,\ n>0)$ の比に分ける点 $P(z)$ は

$$\text{内分}: z=\frac{n\alpha+m\beta}{m+n}, \quad \text{外分}: z=\frac{-n\alpha+m\beta}{m-n}$$

特に, 線分 AB の中点は $z=\dfrac{\alpha+\beta}{2}$

また, 3点 $A(\alpha)$, $B(\beta)$, $C(\gamma)$ を3頂点とする △ABC の
重心 G を表す複素数 z は

$$z=\frac{\alpha+\beta+\gamma}{3}$$

例 $\alpha=3+5i$, $\beta=8$ について, 2点 $A(\alpha)$, $B(\beta)$ を結ぶ線分 AB を $3:2$ に

内分する点は $\dfrac{2\alpha+3\beta}{3+2}=\dfrac{2(3+5i)+3\cdot8}{5}=6+2i$

外分する点は $\dfrac{-2\alpha+3\beta}{3-2}=-2(3+5i)+3\cdot8=18-10i$

2 方程式の表す図形 ▷ 例題209 例題210

複素数平面上の2点 $A(\alpha)$, $B(\beta)$ の距離が $AB=|\beta-\alpha|$ で与えられることに着目すると, 複素数平面上の直線や円を, 複素数 z の方程式で表すことができる。

(1) **垂直二等分線の方程式**

異なる2点 $A(\alpha)$, $B(\beta)$ を結ぶ線分 AB の垂直二等分線上の点 $P(z)$ は, $AP=BP$ から

$$|z-\alpha|=|z-\beta|$$

(2) **円の方程式**

点 $C(\alpha)$ を中心とする半径 r の円周上の点 $P(z)$ は, $CP=r$ から

$$|z-\alpha|=r$$

例題 208 線分の内分点・外分点 ★★★ 基本

2つの複素数 $\alpha=-3+4i$, $\beta=1-4i$ を表す複素数平面上の点をそれぞれA，Bとする。線分ABについて，次の点を表す複素数を求めよ。

(1) $3:2$ の比に内分する点 (2) $3:2$ の比に外分する点

(3) $2:3$ の比に外分する点 (4) 中点

 POINT $m:n$ の比の外分は $m:(-n)$ の比の内分と考える

2点 α, β を結ぶ線分を $m:n$ $(m>0,\ n>0)$ の比に分ける点を表す複素数は，座標平面上や位置ベクトルの場合と同様です。

$$\text{内分点：} \frac{n\alpha+m\beta}{m+n}, \quad \text{外分点：} \frac{-n\alpha+m\beta}{m-n}$$

| 解答 | アドバイス |

(1) 線分ABを 3：2 の比に内分する点❶ は

$$\frac{2\alpha+3\beta}{3+2}=\frac{1}{5}\{2(-3+4i)+3(1-4i)\}$$

$$=-\frac{3}{5}-\frac{4}{5}i \;\text{(答)}$$

(2) 線分ABを 3：2 の比に外分する点❷ は

$$\frac{-2\alpha+3\beta}{3-2}=-2(-3+4i)+3(1-4i)$$

$$=9-20i \;\text{(答)}$$

(3) (2)と同様にして

$$\frac{-3\alpha+2\beta}{2-3}=3(-3+4i)-2(1-4i)$$

$$=-11+20i \;\text{(答)}$$

(4) 線分ABの中点は $\dfrac{\alpha+\beta}{2}=\dfrac{1}{2}\{(-3+4i)+(1-4i)\}$

$$=-1 \;\text{(答)}$$

❶ A(α)，B(β) とすると，内分点は線分AB上にあります。

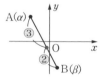

❷ 3：(-2) の内分と考えることもできます。外分点は，Bを越えての延長上にあります。

❸ $\dfrac{3\alpha-2\beta}{-2+3}$ としてもよいです。Aを越えての延長上にあります。

練習 224 次の2点を結ぶ線分を3：2に内分する点と外分する点を表す複素数を求めよ。

(1) $2+4i,\ 5+i$ (2) $4-i,\ -2+3i$

練習 225 複素数平面上の3点 $z_1=1+i$, $z_2=4+2i$, $z_3=2-2i$ を頂点とする三角形の各辺の中点と，三角形の重心を表す複素数を求めよ。

次の等式を満たす点zの全体は，どんな図形を描くか。

(1) $|z-i|=|z-2|$ (2) $|z-(3+i)|=1$

(3) $|z-4i|=2|z-i|$

 POINT 円$|z-z_0|=r$は$|z-z_0|^2=r^2$から$(z-z_0)(\overline{z-z_0})=r^2$

(1)，(2)は，それぞれ直線，円を描くことはわかります。(3)は，与式を変形して
$|z-4i|:|z-i|=2:1$とすると，点zは，2点$4i$，iからの距離の比が$2:1$ですから，
アポロニウスの円を描くことがわかります。両辺を平方して$|z-4i|^2=4|z-i|^2$を
変形することにより，$|z-z_1|=r$の形を導きましょう。

| 解答 |

(1) $|z-i|=|z-2|$ ……①

①を満たす点zは，2点i，2から等距離にあるので，
点zの描く図形は

2点i，2を結ぶ線分の垂直二等分線 ❶ (答)

(2) $|z-(3+i)|=1$ ❷ ……②

②を満たす点zは，点$3+i$から1の距離にあるので，
点zの描く図形は

点$3+i$を中心とする半径1の円 (答)

(3) $|z-4i|=2|z-i|$ ❸

両辺を平方して $|z-4i|^2=4|z-i|^2$

$(z-4i)(\overline{z-4i})=4(z-i)(\overline{z-i})$

$(z-4i)(\bar{z}+4i)=4(z-i)(\bar{z}+i)$

整理して $3z\bar{z}+12i^2=0$ $z\bar{z}=4$

$|z|^2=4$ よって $|z|=2$

したがって，点zの描く図形は

原点を中心とする半径2の円 (答)

| アドバイス |

❶ 下図の垂直二等分線。

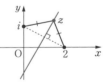

❷ 単位円$|z|=1$を$3+i$だけ平行
移動した図形です。

❸ $|z-4i|:|z-i|=2:1$
2点A($4i$)，B(i)とすると，
点zは線分ABを$2:1$の比に
内分する点C($2i$)，外分する
点D($-2i$)を直径の両端とす
る円です。すなわち，原点を
中心とする半径2の円となり
ます。

練習 **226** 次の等式を満たす点zは，どのような図形を描くか。

(1) $|z-1|=|z+1|$ (2) $|z+3i|=3$

(3) $|z+6|=2|z-3i|$

例題 210 | 軌跡問題 ★★★ 応用

点 z が原点 O を中心とする半径 1 の円を描くとき，次の関係を満たす点 w はどのような図形を描くか。

(1) $w = i(z+3)$

(2) $w = \dfrac{1+iz}{z}$

POINT $|z| = r$, $w = f(z)$ を満たす点 w の図形は z を消去する

(1) $z = x + yi$, $w = u + vi$ とおいて $\qquad u + vi = i(x + yi + 3)$

これから，$u = -y$，$v = x + 3$ として $\qquad x = v - 3$，$y = -u$

$|z| = 1$ から $|z|^2 = x^2 + y^2 = 1$ ですから $\qquad u^2 + (v-3)^2 = 1$

これより，点 w の描く図形は円であることがわかりますが，ここでは，$|z| = 1$，$w = i(z+3)$ から変数 z を消去して，w の満たす関係式を作って考えましょう。

| 解答 | アドバイス |

点 z が原点 O を中心とする半径 1 の円を描くとき

$\qquad |z| = 1$ ……①

(1) $\underline{w = i(z+3)}_{①}$ から $\qquad z = \dfrac{w}{i} - 3$

①に代入して $\qquad \left| \dfrac{w}{i} - 3 \right| = 1 \qquad \left| \dfrac{w - 3i}{i} \right| = 1$

$\qquad |w - 3i| = |i| \qquad$ よって $\qquad |w - 3i| = 1$

したがって，点 w の描く図形は

点 $3i$ を中心とする半径 1 の円 答

(2) $w = \dfrac{1 + iz}{z}$ から $\qquad \underline{w = \dfrac{1}{z} + i}_{②} \qquad z = \dfrac{1}{w - i}$

①に代入して $\qquad \left| \dfrac{1}{w - i} \right| = 1 \qquad$ よって $\qquad |w - i| = 1$

したがって，点 w の描く図形は

点 i を中心とする半径 1 の円 答

❶ $w = i(z+3)$ から
$\quad w - 3i = iz$
$\quad |w - 3i| = |i||z|$
$|i| = 1$, $|z| = 1$ ですから
$\quad |w - 3i| = 1$
とすることもできます。

❷ $w = \dfrac{1}{z} + i$ から
$\quad w - i = \dfrac{1}{z}$
$\quad |w - i| = \left| \dfrac{1}{z} \right| = \dfrac{1}{|z|}$
$|z| = 1$ ですから
$\quad |w - i| = 1$
とすることもできます。

練習 227　点 z が円 $|z| = 2$ を描くとき，$w = z + 3i$ を満たす点 w の描く図形を求めよ。

練習 228　点 z が単位円周上を動くとき，$w = (i-1)(z+1)$ を満たす点 w の描く図形を求めよ。

2 | 複素数と三角形

1 2直線のなす角 ▷ 例題211 例題212 例題213

複素数平面上の異なる2点$P(\alpha)$，$Q(\beta)$について，半直線PQが実軸の正の向きとなす角をθ_1とすると

$$\theta_1 = \arg(\beta - \alpha)$$

が成り立つ。また，複素数平面上の異なる3点$P(\alpha)$，$Q(\beta)$，$R(\gamma)$について，半直線PQから半直線PRまでの回転角を$\angle\beta\alpha\gamma$と表すと，次のことが成り立つ。

異なる3点$P(\alpha)$，$Q(\beta)$，$R(\gamma)$に対して

$$\angle QPR = \angle\beta\alpha\gamma = \arg\left(\frac{\gamma - \alpha}{\beta - \alpha}\right)$$

特に，3点P，Q，Rが同一直線上にある $\iff$ $\dfrac{\gamma - \alpha}{\beta - \alpha}$ は実数

2直線PQ，PRが垂直に交わる $\iff$ $\dfrac{\gamma - \alpha}{\beta - \alpha}$ は純虚数

注意 $\dfrac{\gamma - \alpha}{\beta - \alpha}$ を $r(\cos\theta + i\sin\theta)$ の極形式で表すと

3点P，Q，Rが同一直線上にある $\iff$ $\theta = 0$，π $\iff$ $\sin\theta = 0$ $\iff$ 実数

線分$PQ \perp PR$ $\iff$ $\theta = \dfrac{\pi}{2}$，$\dfrac{3}{2}\pi$ $\iff$ $\cos\theta = 0$ $\iff$ 純虚数

となることがわかります。

例 複素数$\alpha = i$，$\beta = 7 + 2i$，$\gamma = 6 + 9i$のとき，$\angle\beta\alpha\gamma$を求めると

$\dfrac{\gamma - \alpha}{\beta - \alpha} = \dfrac{6 + 8i}{7 + i} = 1 + i = \sqrt{2}\left(\cos\dfrac{\pi}{4} + i\sin\dfrac{\pi}{4}\right)$であるから $\angle\beta\alpha\gamma = \dfrac{\pi}{4}$

2 回転移動と拡大・縮小 ▷ 例題214

点$A(\alpha)$を中心とする回転および拡大・縮小については次のことが成り立つ。

点$P(z)$を，点$A(\alpha)$を中心として角θだけ回転し，点Aからの距離をr倍した点を$Q(z')$とすると

$$z' - \alpha = r(\cos\theta + i\sin\theta)\cdot(z - \alpha)$$

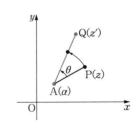

例題 211 2直線のなす角　★★★ 標準

複素数 z_0, z_1, z_2 を表す点をそれぞれ P_0, P_1, P_2 とする。

(1) $z_0=2+i$, $z_1=4-i$, $z_2=1+2i$ のとき，3点 P_0, P_1, P_2 は同一直線上にあることを示せ。

(2) $z_0=1+i$, $z_1=3+4i$, $z_2=-2+3i$ のとき，直線 P_0P_1 と P_0P_2 は垂直であることを示せ。

 **POINT** 3点 $P_0(z_0)$, $P_1(z_1)$, $P_2(z_2)$ に対し $\angle P_1P_0P_2=\arg\left(\dfrac{z_2-z_0}{z_1-z_0}\right)$

3点 P_0, P_1, P_2 が同一直線上にある

$\iff \arg\left(\dfrac{z_2-z_0}{z_1-z_0}\right)=0$ または $\pi \iff \dfrac{z_2-z_0}{z_1-z_0}$ は実数

$P_0P_1 \perp P_0P_2 \iff \arg\left(\dfrac{z_2-z_0}{z_1-z_0}\right)=\dfrac{\pi}{2}$ または $\dfrac{3}{2}\pi \iff \dfrac{z_2-z_0}{z_1-z_0}$ は純虚数

| 解答 |

(1) $\underline{z_0=2+i,\ z_1=4-i,\ z_2=1+2i}_{\textcircled{1}}$ のとき

$$\frac{z_2-z_0}{z_1-z_0}=\frac{-1+i}{2-2i}=\frac{-(1-i)}{2(1-i)}=-\frac{1}{2}$$

これは実数であるから，3点 P_0, P_1, P_2 は同一直線上にある。

(2) $z_0=1+i$, $z_1=3+4i$, $z_2=-2+3i$ のとき

$$\frac{z_2-z_0}{z_1-z_0}=\frac{-3+2i}{2+3i}=\frac{(-3+2i)(2-3i)}{(2+3i)(2-3i)}$$

$$=\frac{-6+13i-6i^2}{4-9i^2}=\frac{13i}{13}=i$$

これは純虚数であるから　$\underline{P_0P_1 \perp P_0P_2}_{\textcircled{2}}$

| アドバイス |

❶ $P_0(z_0)$, $P_1(z_1)$, $P_2(z_2)$ とすると，$\overrightarrow{P_0P_2}=-\dfrac{1}{2}\overrightarrow{P_0P_1}$ となって，

3点 P_0, P_1, P_2 は同一直線上にあります。

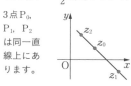

❷ $\overrightarrow{P_0P_1}\cdot\overrightarrow{P_0P_2}=0$ に対応します。

練習 229 複素数平面上の3点 $P_0(-1+i)$, $P_1(\sqrt{3}-1+2i)$, $P_2(-1+3i)$ に対して，$\angle P_1P_0P_2$ の大きさを求めよ。

練習 230 3点 $A(1)$, $B(3i)$, $C(c+i)$ （c は実数）に対して，次の問いに答えよ。

(1) $c=-1$ のとき，$\angle BAC$ の大きさを求めよ。

(2) 3点 A, B, C が同一直線上にあるように，c の値を定めよ。

(3) 2直線 AB, AC が垂直に交わるように，c の値を定めよ。

α, βは等式$\alpha^2-2\alpha\beta+4\beta^2=0$を満たす0でない複素数とする。

(1) $\dfrac{\alpha}{\beta}$ の値を求めよ。

(2) $\dfrac{|\alpha|}{|\beta|}$, $\arg\alpha-\arg\beta$の値を，それぞれ求めよ。

(3) 複素数平面上で, 3点O, α, βを頂点とする三角形はどのような形の三角形か。

POINT

3点 O(0)，A(α)，B(β) が頂点の三角形の形状は，
$\left|\dfrac{\alpha}{\beta}\right|$，$\arg\left(\dfrac{\alpha}{\beta}\right)$ **の値から判定する**

(3) $\dfrac{\text{OA}}{\text{OB}}=\dfrac{|\alpha|}{|\beta|}=\left|\dfrac{\alpha}{\beta}\right|$，$\angle\text{BOA}=\arg\left(\dfrac{\alpha}{\beta}\right)=\arg\alpha-\arg\beta$から，形状を調べます。

| 解答 |

(1) $\alpha^2-2\alpha\beta+4\beta^2=0$

$\beta\neq0$だから，両辺をβ^2で割って

$$\left(\dfrac{\alpha}{\beta}\right)^2-2\cdot\dfrac{\alpha}{\beta}+4=0 \quad \text{①}$$

よって　$\dfrac{\alpha}{\beta}=1\pm\sqrt{3}i$　㊎

(2) (1)から　$\dfrac{|\alpha|}{|\beta|}=\left|\dfrac{\alpha}{\beta}\right|=\sqrt{1^2+(\pm\sqrt{3})^2}=2$　㊎

また，$\arg\alpha-\arg\beta=\arg\left(\dfrac{\alpha}{\beta}\right)=\theta$とおくと

$\cos\theta=\dfrac{1}{2}$, $\sin\theta=\pm\dfrac{\sqrt{3}}{2}$から　$\theta=\dfrac{\pi}{3}$, $\dfrac{5}{3}\pi$　㊎

(3) 原点をOとし，A(α)，B(β)と
すると，(2)から

$$\dfrac{\text{OA}}{\text{OB}}=2,\ \angle\text{BOA}=\dfrac{\pi}{3} \quad \text{③}$$

よって，三角形OABは，右図の
ような**直角三角形**である。㊎

| アドバイス |

① $\dfrac{\alpha}{\beta}=z$とおくと

　$z^2-2z+4=0$
　よって　$z=1\pm\sqrt{3}i$

② $\theta=\pm\dfrac{\pi}{3}$でもよいです。

③ $\theta=\dfrac{\pi}{3}$のとき，Bは直線OAの
　下側にあって
　　$\angle\text{BOA}=\dfrac{\pi}{3}$

　$\theta=\dfrac{5}{3}\pi$のとき，Bは直線OA
　の上側にあって
　　$\angle\text{AOB}=\dfrac{\pi}{3}$

　の2通りの場合があります。

④ 辺の比が$1:2:\sqrt{3}$の有名な
　三角形です。

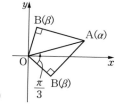

練習 231　0でない2つの複素数α, βに対して，$\alpha^2-\alpha\beta+\beta^2=0$ならば，複素数
平面上で，三角形O$\alpha\beta$は正三角形であることを証明せよ。

例題 213 三角形の形状 ★★★ 標準

3つの複素数 α, β, γ に対して，次の等式が成り立つとき，複素数平面上で，3点 A(α)，B(β)，C(γ) を頂点とする三角形はどのような三角形か。

(1) $\dfrac{\gamma-\alpha}{\beta-\alpha}=1+i$ 　　　(2) $\dfrac{\gamma-\alpha}{\beta-\alpha}=\dfrac{1+\sqrt{3}i}{2}$

 **POINT** 三角形の形状は，2辺の比とそのはさむ角から求める

等式 $\dfrac{\gamma-\alpha}{\beta-\alpha}=a+bi$ で，右辺の偏角と絶対値を求めて，三角形の形状を調べます。

| 解答 | アドバイス |

(1) $\dfrac{\gamma-\alpha}{\beta-\alpha}=1+i \;=\sqrt{2}\left(\cos\dfrac{\pi}{4}+i\sin\dfrac{\pi}{4}\right)$ ❶

　このとき　$\angle\mathrm{BAC}=\arg\left(\dfrac{\gamma-\alpha}{\beta-\alpha}\right)=\dfrac{\pi}{4}$ ……①

　また，$\dfrac{\mathrm{AC}}{\mathrm{AB}}=\dfrac{|\gamma-\alpha|}{|\beta-\alpha|}=\left|\dfrac{\gamma-\alpha}{\beta-\alpha}\right|=\sqrt{2}$ であるから

　　　$\mathrm{AC}:\mathrm{AB}=\sqrt{2}:1$ ……②

①，②から，△ABCは

点Bを直角の頂点とする直角二等辺三角形 ❷ (答)

(2) $\dfrac{\gamma-\alpha}{\beta-\alpha}=\dfrac{1}{2}+\dfrac{\sqrt{3}}{2}i=\cos\dfrac{\pi}{3}+i\sin\dfrac{\pi}{3}$

　$\angle\mathrm{BAC}=\arg\left(\dfrac{\gamma-\alpha}{\beta-\alpha}\right)=\dfrac{\pi}{3}$ かつ $\dfrac{\mathrm{AC}}{\mathrm{AB}}=\left|\dfrac{\gamma-\alpha}{\beta-\alpha}\right|=1$

　よって，△ABCは1つの内角が $\dfrac{\pi}{3}$ の二等辺三角形で

　あるから　　**正三角形** ❸ (答)

アドバイス

❶ △ABCにおいて
　$\angle\mathrm{BAC}=\arg\left(\dfrac{\gamma-\alpha}{\beta-\alpha}\right)$
　$\dfrac{\mathrm{AC}}{\mathrm{AB}}=\left|\dfrac{\gamma-\alpha}{\beta-\alpha}\right|$
の2つの計算をします。
$\arg\left(\dfrac{\gamma-\alpha}{\beta-\alpha}\right)$ は，辺ABから正の向きに測った辺ACとのなす角ですから，(1)，(2)いずれも，△ABCの向きはただ1通りに決まります。

❷ 辺の比が $1:1:\sqrt{2}$ の有名な直角三角形です。

❸ 1つの内角が $\dfrac{\pi}{3}$ の二等辺三角形は，正三角形です。

 3点 A(α)，B(β)，C(γ) に対して，次の等式が成り立つとき，三角形ABCはどのような三角形か。

(1) $\gamma-\alpha=i(\beta-\alpha)$ 　　　(2) $\dfrac{\gamma-\alpha}{\beta-\alpha}=\dfrac{1+i}{\sqrt{2}}$

四角形ABCDの頂点A，B，C，Dを表す複素数をそれぞれα，β，γ，δとする。この四角形の外側に，各辺を斜辺として直角二等辺三角形ABP，BCQ，CDR，DASを作る。ただし，A，B，C，Dの順に反時計回りとする。このとき，PR＝QSかつPR⊥QSであることを証明せよ。

POINT　点 $\mathrm{X}(x)$ を中心とする回転および拡大・縮小
$z'-x=(z-x)\cdot r(\cos\theta+i\sin\theta)$ の公式を用いる

直角二等辺三角形の斜辺となる2点を表す複素数がわかっていて，頂点を表す複素数を求めるときは，この公式が使えます。

| 解答 | | アドバイス |

P(p)，Q(q)，R(r)，S(s) とする。
P❶ は，点Aを点Bを中心に
$\dfrac{\pi}{4}$ 回転し，さらにBからの距離を
$\dfrac{1}{\sqrt{2}}$ 倍にした点であるから

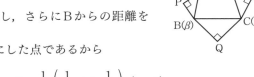

$$p-\beta=\frac{1}{\sqrt{2}}\left(\frac{1}{\sqrt{2}}+i\cdot\frac{1}{\sqrt{2}}\right)\cdot(\alpha-\beta)❷$$

よって　　$p=\dfrac{\alpha+\beta}{2}+\dfrac{\alpha-\beta}{2}i$

同様に　　$q=\dfrac{\beta+\gamma}{2}+\dfrac{\beta-\gamma}{2}i$❸

さらに，$r=\dfrac{\gamma+\delta}{2}+\dfrac{\gamma-\delta}{2}i$，$s=\dfrac{\delta+\alpha}{2}+\dfrac{\delta-\alpha}{2}i$ だから

$$r-p=\frac{-\alpha-\beta+\gamma+\delta}{2}+\frac{-\alpha+\beta+\gamma-\delta}{2}i$$

$$s-q=\frac{\alpha-\beta-\gamma+\delta}{2}+\frac{-\alpha-\beta+\gamma+\delta}{2}i$$

したがって，$s-q=i(r-p)$❹ となるので

$$\left|\frac{s-q}{r-p}\right|=|i|=1,\ \arg\frac{s-q}{r-p}=\arg i=\frac{\pi}{2}$$

よって，PR＝QS かつ PR⊥QS

❶ △PBAは，Pを直角とする直角二等辺三角形です。

❷ $p-\beta$
$=\dfrac{1}{\sqrt{2}}\left(\cos\dfrac{\pi}{4}+i\sin\dfrac{\pi}{4}\right)$
$\cdot(\alpha-\beta)$ から。

❸ $q-\gamma$
$=\dfrac{1}{\sqrt{2}}\left(\cos\dfrac{\pi}{4}+i\sin\dfrac{\pi}{4}\right)$
$\cdot(\beta-\gamma)$ から。

❹ $\dfrac{s-q}{r-p}=i$（純虚数）から
　PR⊥QS
です。

練習 233　A($1+i$)，B($3+5i$)，C(z)を頂点とする三角形が∠Cを直角とする直角二等辺三角形となるとき，Cを表す複素数zを求めよ。

解答・解説は別冊 p.130

1 複素数平面上の 3 点 O(0), A($-3+2i$), B($1-5i$) に対して，次のものを求めよ。

(1) 2 点 A，B 間の距離

(2) 線分 AB を 2：1 の比に内分する点

(3) △OAB の重心

(4) ∠AOB の大きさ

2 点 P(z) が，原点 O を中心とする半径 1 の円周上を動くとき，次の式で表される点 w はどのような図形を描くか。

(1) $w=(1-i)z+2i$

(2) $w=\dfrac{z+i}{z+1}$

3 点 z が，2 点 1，i を通る直線上を動くとき，$w=2iz$ はどのような図形を描くか。

4 複素数平面上で，$1+2i$，3 を表す点をそれぞれ B，C とする。このとき，次の問いに答えよ。

(1) BC を 1 辺とする正三角形 ABC の頂点 A を表す複素数を求めよ。

(2) (1)で求めた A に対して，BA，BC を 2 辺とする平行四辺形 ABCD の頂点 D を表す複素数を求めよ。

5 2 組の 3 点 P$_1$(z_1)，P$_2$(z_2)，P$_3$(z_3) および Q$_1$(w_1)，Q$_2$(w_2)，Q$_3$(w_3) について，$\dfrac{z_3-z_1}{z_2-z_1}=\dfrac{w_3-w_1}{w_2-w_1}$ であって，この値が実数でないとき，△P$_1$P$_2$P$_3$∽△Q$_1$Q$_2$Q$_3$ であることを証明せよ。

6 複素数平面上の点 A を表す複素数を $\sqrt{3}+i$ とする。A を 1 つの頂点とし，原点 O と A を結ぶ線分 OA を直径とする円に内接する正三角形を ABC とするとき，点 B，C を表す複素数を求めよ。

7 複素数平面上の点 A，B，C が，それぞれ次の複素数を表すものとする。

$$\alpha = r(\cos\theta + i\sin\theta)$$

$$\beta = r\left\{\cos\left(\theta + \frac{2}{3}\pi\right) + i\sin\left(\theta + \frac{2}{3}\pi\right)\right\}$$

$$\gamma = r\left\{\cos\left(\theta + \frac{4}{3}\pi\right) + i\sin\left(\theta + \frac{4}{3}\pi\right)\right\}$$

ただし，$r > 0$ とする。

(1) $\triangle ABC$ は，原点を重心とする正三角形であることを証明せよ。

(2) α^2，β^2，γ^2 を表す 3 点を頂点とする三角形も，正三角形であることを証明せよ。

8 複素数平面上で異なる 2 つの数 α および i を表す点を A，B とする。

(1) 直線 AB 上にあり，有向線分の比 $AP : PB = t : 1$ なる点 P に対する複素数 z を α，t で表せ。

(2) (1)において，$OP \perp AB$ となる場合の t を α およびその共役複素数 $\bar{\alpha}$ を用いて表せ。

Mathematics C

第  章　式と曲線

２次曲線

1 | 放物線

1 **放物線の定義** ▷ 例題215 例題216 例題217

平面上で，「定点Ｆとこの点を通らない定直線 ℓ とから等距離にある点Ｐの軌跡」を**放物線**という。右図では，PF＝PHを満たす点Ｐの集合である。点Ｆを放物線の**焦点**，直線 ℓ をその**準線**という。

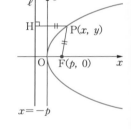

2 **放物線の方程式（標準形）** ▷ 例題215 例題216 例題217

$p \neq 0$ とするとき，焦点を $\mathbf{F}(\boldsymbol{p},\ \mathbf{0})$ とし，準線を直線 $\boldsymbol{x} = -\boldsymbol{p}$ とする放物線の方程式は

$$y^2 = 4px$$

これを放物線の**標準形**という。原点Ｏをこの放物線の**頂点**，直線 $y=0$（x 軸）を放物線の**軸**という。放物線は軸に関して対称である。

> **例** 焦点が $(3,\ 0)$，準線が $x=-3$ の放物線の方程式は，$y^2 = 4 \cdot 3x$ すなわち，$y^2 = 12x$ である。また，放物線 $y^2 = 8x$ は，$y^2 = 4 \cdot 2x$ から，焦点 $(2,\ 0)$，準線 $x = -2$ である。

3 **y 軸を軸とする放物線**

$p \neq 0$ とするとき，焦点を $\mathbf{F}(\mathbf{0},\ \boldsymbol{p})$ とし，準線を直線 $\boldsymbol{y} = -\boldsymbol{p}$ とする放物線の方程式は

$$x^2 = 4py \quad \text{または} \quad y = \frac{1}{4p}x^2$$

頂点は原点Ｏ，軸は直線 $x=0$（y 軸）である。

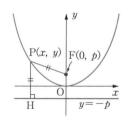

例題 215 放物線の焦点，準線 ★★★ 基本

(1) 次の放物線の焦点，準線を求めよ。また，そのグラフの概形をかけ。

(ア) $y^2=3x$ (イ) $y=-\dfrac{1}{8}x^2$

(2) 焦点が $\left(\dfrac{1}{4},\ 0\right)$，準線が直線 $x=-\dfrac{1}{4}$ である放物線の方程式を求めよ。

 POINT 放物線 $y^2=4px$ は，焦点が $(p,\ 0)$，準線が直線 $x=-p$

放物線 $y^2=ax\ (a\neq0)$ は，$y^2=4\cdot\dfrac{a}{4}x$，焦点は $\left(\dfrac{a}{4},\ 0\right)$，準線は直線 $x=-\dfrac{a}{4}$ です。

解答	アドバイス

(1) (ア) $\underline{y^2=3x=4\cdot\dfrac{3}{4}x}_{①}$ から

焦点は $\left(\dfrac{\mathbf{3}}{\mathbf{4}},\ \mathbf{0}\right)$，準線は**直線 $x=-\dfrac{3}{4}$**。下左図。（答）

❶ $y^2=4px$ は
焦点 $(p,\ 0)$，準線 $x=-p$。
$y^2=3x$ は，$p=\dfrac{3}{4}$ のときです。

(イ) $\underline{x^2=-8y=4\cdot(-2)y}_{②}$ から

焦点は $(\mathbf{0},\ \mathbf{-2})$，準線は**直線 $y=2$**。下右図。（答）

❷ $x^2=4py$ は
焦点 $(0,\ p)$，準線 $y=-p$。
$x^2=-8y$ は，$p=-2$ のときです。

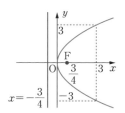 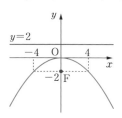

❸ 焦点が x 軸上の点 $(p,\ 0)$ で，準線が x 軸に垂直な直線 $x=-p$ である放物線の方程式は $y^2=4px$

(2) $\underline{y^2=4px}_{③}$ で $p=\dfrac{1}{4}$ のときだから $\boldsymbol{y^2=x}$（答）

  Q 数学 I で学んだ放物線 $y=ax^2\ (a\neq0)$ の焦点と準線はどうなりますか。

  A $y=ax^2$ は，$x^2=\dfrac{y}{a}=4\cdot\dfrac{1}{4a}y$ と変形できるので，$\dfrac{1}{4a}=q$ として焦点は $(0,\ q)$，準線は直線 $y=-q$ です。

練習 234 次のような放物線の方程式を求めよ。

(1) 焦点 $(-6,\ 0)$，準線 $x=6$ (2) 頂点 $(0,\ 0)$，準線 $y=-7$

| 例題 **216** | 放物線となる軌跡 | ★★★ 標準 |

点A(4, 0)を中心とする半径2の円と直線$x=-2$の両方に接するような円の中心Pの軌跡を求めよ。ただし，2つの円は外接するものとする。

POINT 定円と定直線の両方に接する円の中心の軌跡は, 放物線

本問は，2つの円の位置関係が問われています。一般に，2つの円が接するときは，外接する場合と，内接する場合の2通りの場合があり，いずれの場合も，2つの円の「中心間の距離と半径」の関係を考えるのが鉄則です。

外接 $\Longleftrightarrow$ （中心間の距離）＝（2円の半径の和）

内接 $\Longleftrightarrow$ （中心間の距離）＝（2円の半径の差）

を用いて解くことになります。ここでは，外接する場合の関係を作ります。

| 解 答 | アドバイス |

点A(4, 0)を中心とする半径2の円をC_1とする。また，円C_1に外接し，直線$x=-2$にも接する円をC_2とする。

円C_2の中心をP(x, y)とし，点Pから直線$x=-2$に下ろした垂線をPHとおくと

$$PH=x-(-2)=x+2$$ ❶

2円C_1，C_2は外接するから $AP=PH+2$ ❷

したがって $\sqrt{(x-4)^2+y^2}=x+4$

両辺を平方❸ して $(x-4)^2+y^2=(x+4)^2$

$$y^2=16x$$ ❹

よって，求める点Pの軌跡は **放物線 $y^2=16x$** ❺ 答

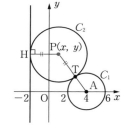

❶ 円C_1と直線$x=-2$の位置関係から，点P(x, y)は，直線の右側にあります。

❷ $AP=AT+PT$
$\quad=2+PH$

❸ $\sqrt{(x-4)^2+y^2}=x+4$の左辺≧0ですから，
$x+4≧0$，すなわち，
$x≧-4$のもとで平方します。

❹ ❸のxの条件を満たします。

❺ 曲線名を書いておきます。

| STUDY | 本問を放物線の定義から考えよう

本問で，直線$x=-4$を考えると，点Pから直線$x=-4$までの距離は，PH+2，すなわち，APに等しくなる。よって，求める点Pは，定点A(4, 0)と定直線$x=-4$までの距離が等しいので，その軌跡は，定点と定直線を焦点と準線にもつ放物線である。

練習 235 点A(0, 2)を中心とする半径1の円と，直線$y=-1$の両方に接するような円の中心Pの軌跡を求めよ。ただし，2円は外接するものとする。

例題 217 | 放物線の定義　★★★ 応用

定直線 $\ell : x+y+2=0$ と定点 $F(1,\ 1)$ からの距離が等しい点 P の軌跡を求めよ。

POINT　**定直線と定点からの距離が等しい点 P の軌跡は放物線**

定義から，定点 $F(1,\ 1)$ を焦点とし，定直線 $\ell : x+y+2=0$ を準線とする放物線です。点 $(x_1,\ y_1)$ から直線 $ax+by+c=0$ までの距離 d は $d=\dfrac{|ax_1+by_1+c|}{\sqrt{a^2+b^2}}$ を利用します。

解答	アドバイス

解答

点 $\underline{P(X,\ Y)}_{①}$ とおく。

P と直線 ℓ の距離 d は

$$d=\frac{|X+Y+2|}{\sqrt{1^2+1^2}}_{②}$$
$$=\frac{|X+Y+2|}{\sqrt{2}}$$

$FP=\sqrt{(X-1)^2+(Y-1)^2}$

$d=FP$ だから $\underline{d^2=FP^2}_{③}$

$$\frac{(X+Y+2)^2}{2}=(X-1)^2+(Y-1)^2$$

整理して　　$X^2-2XY+Y^2-8X-8Y=0$

よって，求める点 P の軌跡は

放物線 $x^2-2xy+y^2-8x-8y=0$ $_{④}$ ……① 答

アドバイス

① ℓ 上の点 $(x,\ y)$ と区別するために，$P(X,\ Y)$ とおきます。

② 点と直線の距離の公式。

③ $d^2=\left(\dfrac{|X+Y+2|}{\sqrt{2}}\right)^2$
　　$=\dfrac{|X+Y+2|^2}{2}$

$X,\ Y$ は実数だから
$|X+Y+2|^2=(X+Y+2)^2$

④ 答えは，$x,\ y$ の式にします。放物線①は $x,\ y$ 両軸，原点と $(8,\ 0)$，$(0,\ 8)$ で交わります。

| STUDY | **本問と合同な放物線の標準形**

本問において，放物線の軸は焦点 F を通り，準線 ℓ に垂直だから $y=x$ である。この軸と x 軸のなす角は $\dfrac{\pi}{4}$ だから，放物線①のグラフを原点 O のまわりに $-\dfrac{\pi}{4}$ だけ回転すると，焦点 $F(1,\ 1)$ は $F_1(\sqrt{2},\ 0)$，準線 ℓ は $\ell_1 : x=-\sqrt{2}$ に移る。よって，放物線①を原点 O のまわりに $-\dfrac{\pi}{4}$ だけ回転すると，放物線 $y^2=4\sqrt{2}x$ となる。

練習 236　定直線 $\ell : x-\sqrt{3}y-4=0$ と定点 $F(-1,\ \sqrt{3})$ からの距離が等しい点 P の軌跡を求めよ。

2 | 楕円

1 楕円の定義 ▷ 例題218

平面上で，「2つの定点F，F′からの距離の和が一定である点Pの軌跡」を**楕円**という。右図では，PF＋PF′＝一定を満たす点Pの集合である。

2定点F，F′を楕円の**焦点**といい，線分FF′の中点を楕円の**中心**という。

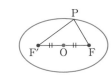

2 楕円の方程式（標準形） ▷ 例題218 例題219 例題221

$a>c>0$とするとき，2つの焦点を$F(c, 0)$，$F′(-c, 0)$とし，距離の和が$2a$の楕円の方程式は

$$\frac{x^2}{a^2}+\frac{y^2}{b^2}=1 \quad (b=\sqrt{a^2-c^2})$$

である。これを楕円の方程式の**標準形**という。

このとき，$c^2=a^2-b^2$，$a>b$となり

楕円 $\dfrac{x^2}{a^2}+\dfrac{y^2}{b^2}=1 \ (a>b>0)$ ……①

の2つの焦点の座標は

$$F(\sqrt{a^2-b^2}, \ 0), \ F′(-\sqrt{a^2-b^2}, \ 0)$$

である。

この楕円とx軸，y軸との交点を$A(a, 0)$，$A′(-a, 0)$，$B(0, b)$，$B′(0, -b)$とするとき，AA′を**長軸**，BB′を**短軸**といい，4点A，A′，B，B′を楕円の**頂点**，長軸と短軸の交点Oを楕円の**中心**という。

楕円①は，長軸上に2つの焦点があり，①上の任意の点Pに対して

（2焦点から点Pまでの距離の和）＝（長軸の長さ2a）

が成り立っている。また，楕円のグラフは，長軸，短軸に関して対称である。

例 楕円$\dfrac{x^2}{4}+y^2=1$は，$\sqrt{4-1}=\sqrt{3}$ から，焦点は$(\sqrt{3}, 0)$，$(-\sqrt{3}, 0)$，また，$\dfrac{x^2}{2^2}+\dfrac{y^2}{1^2}=1$から，長軸の長さは$2\times2=4$，短軸の長さは$2\times1=2$である。

3 焦点が y 軸上にある楕円 ▷ 例題 218

$b>c>0$ とするとき，2つの焦点を $\mathrm{F}(0,\ c)$，$\mathrm{F}'(0,\ -c)$
とし，距離の和が $2b$ の楕円の方程式は

$$\frac{x^2}{a^2}+\frac{y^2}{b^2}=1 \quad (a=\sqrt{b^2-c^2})$$

である。このとき，$c^2=b^2-a^2$，$b>a$ となり

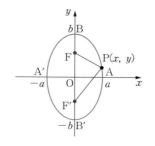

$$楕円 \frac{x^2}{a^2}+\frac{y^2}{b^2}=1 \ (b>a>0) \quad \cdots\cdots②$$

の2つの焦点の座標は

$$\mathrm{F}(0,\ \sqrt{b^2-a^2}),\ \mathrm{F}'(0,\ -\sqrt{b^2-a^2})$$

である。楕円②では，BB′が長軸，AA′が短軸である。
楕円②は，長軸上に2つの焦点があり，②上の任意の点Pに対して

$$(2焦点から点Pまでの距離の和)=(長軸の長さ 2b)$$

が成り立っている。

例　楕円 $x^2+\dfrac{y^2}{4}=1$ は，$\sqrt{4-1}=\sqrt{3}$ から，焦点は $(0,\ \sqrt{3})$，$(0,\ -\sqrt{3})$，また，$\dfrac{x^2}{1^2}+\dfrac{y^2}{2^2}=1$
から，長軸の長さは $2\times2=4$，短軸の長さは $2\times1=2$ である。

4 円と楕円 ▷ 例題 220

一般に，半径 a の円 $x^2+y^2=a^2$ の周上の点Pを $(x,\ y)$
とし，Pの y 座標を $\dfrac{b}{a}$ 倍に縮小または拡大した点
をQ$(X,\ Y)$ とおくと

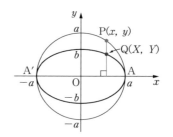

$$X=x,\quad Y=\frac{b}{a}y$$

よって　　$x=X,\quad y=\dfrac{a}{b}Y$

これを円の方程式に代入して

$$X^2+\left(\frac{a}{b}Y\right)^2=a^2$$

よって　　$\dfrac{X^2}{a^2}+\dfrac{Y^2}{b^2}=1$

したがって，点Qの軌跡は，楕円 $\dfrac{x^2}{a^2}+\dfrac{y^2}{b^2}=1$ である。

円 $x^2+y^2=a^2$ を楕円 $\dfrac{x^2}{a^2}+\dfrac{y^2}{b^2}=1$ の補助円という。

楕円の焦点，長軸・短軸の長さ ★★★ 基本

次の楕円の焦点および長軸・短軸の長さを求め，グラフの概形をかけ。

(1) $\dfrac{x^2}{16}+\dfrac{y^2}{9}=1$　　　　(2) $9x^2+y^2=16$

POINT $\dfrac{x^2}{a^2}+\dfrac{y^2}{b^2}=1$ のグラフの概形は，a と b の大小で判定

$\dfrac{x^2}{a^2}+\dfrac{y^2}{b^2}=1$ $(a>0, b>0)$ は，$a>b$ と $a<b$ で焦点の位置，グラフの概形が変わります。

$a>b$ のとき，焦点は $(\pm\sqrt{a^2-b^2},\ 0)$ で，グラフは横長

$a<b$ のとき，焦点は $(0,\ \pm\sqrt{b^2-a^2})$ で，グラフは縦長

です。また，$a>b$ のとき，長軸の長さは $2a$，短軸の長さは $2b$ です。

| 解答 | アドバイス |

(1) $\dfrac{x^2}{4^2}+\dfrac{y^2}{3^2}=1$ ❶ だから

焦点は $\sqrt{4^2-3^2}=\sqrt{7}$ より

$(\sqrt{7},\ 0),\ (-\sqrt{7},\ 0)$

長軸の長さは $2\times4=\mathbf{8}$

短軸の長さは $2\times3=\mathbf{6}$

グラフは右図。 答

❶ $\dfrac{x^2}{a^2}+\dfrac{y^2}{b^2}=1$ で

$a=4$，$b=3$ のときですから
$a>b$ であり，x 軸上に焦点を
もつ楕円。

(2) $\underline{9x^2+y^2=16}$ ❷ から $\dfrac{x^2}{\left(\dfrac{4}{3}\right)^2}+\dfrac{y^2}{4^2}=1$

❸

焦点は

$\sqrt{4^2-\left(\dfrac{4}{3}\right)^2}=\sqrt{4^2\cdot\dfrac{8}{9}}=\dfrac{8\sqrt{2}}{3}$

より　$\left(0,\ \dfrac{8\sqrt{2}}{3}\right),\ \left(0,\ -\dfrac{8\sqrt{2}}{3}\right)$

長軸の長さは $2\times4=\mathbf{8}$，短軸の長さは $2\times\dfrac{4}{3}=\dfrac{\mathbf{8}}{\mathbf{3}}$

グラフは右上図。 答

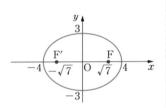

❷ $\dfrac{x^2}{a^2}+\dfrac{y^2}{b^2}=1$ の形に直すために，
両辺を16で割ります。

$\dfrac{9x^2}{16}+\dfrac{y^2}{16}=1$ より

$\dfrac{x^2}{16}+\dfrac{y^2}{16}=1$ とします。

❸ $a=\dfrac{4}{3}$，$b=4$ のときですから，

$a<b$ であり，y 軸上に焦点を
もつ楕円。

練習 237　次の楕円の頂点，焦点，長軸・短軸の長さを求め，グラフをかけ。

(1) $16x^2+25y^2=100$　　　　(2) $4x^2+y^2=9$

例題 219 | 楕円の方程式 ★★★ 基本

次の楕円の方程式を求めよ。

(1) 2点 $(2, 0)$, $(-2, 0)$ からの距離の和が6
(2) 2点 $(0, 2)$, $(0, -2)$ を焦点とし，短軸の長さが8
(3) 2点 $(\sqrt{3}, 0)$, $(-\sqrt{3}, 0)$ を焦点とし，点 $(2, -1)$ を通る

 POINT 焦点が $(\pm c, 0)$ または $(0, \pm c)$ の楕円は，$\dfrac{x^2}{a^2}+\dfrac{y^2}{b^2}=1$

楕円は，「2つの定点F，F′からの距離の和が一定である点Pの軌跡」です。

$F(c, 0)$，$F'(-c, 0)$ で $PF+PF'=2a \Longrightarrow \dfrac{x^2}{a^2}+\dfrac{y^2}{b^2}=1,\ a>b>0,\ c=\sqrt{a^2-b^2}$

$F(0, c)$，$F'(0, -c)$ で $PF+PF'=2b \Longrightarrow \dfrac{x^2}{a^2}+\dfrac{y^2}{b^2}=1,\ b>a>0,\ c=\sqrt{b^2-a^2}$

とおけます。焦点はつねに長軸上にあります。

解答	アドバイス

楕円の方程式は $\dfrac{x^2}{a^2}+\dfrac{y^2}{b^2}=1$ $(a>0, b>0)$ とおける。❶

① 設問(1)〜(3)の焦点の座標から，楕円の中心はすべて原点です。

(1) 2点 $(2, 0)$, $(-2, 0)$ からの距離の和が6❷ だから

$2a=6,\ \sqrt{a^2-b^2}=2$ よって $a=3,\ b^2=5$

したがって，楕円の方程式は $\dfrac{x^2}{9}+\dfrac{y^2}{5}=1$ (答)

② 焦点は，x軸上にあるので $a>b>0$ で，2焦点からの距離の和 ＝ 長軸の長さ ＝$2a$。

(2) 焦点が $(0, 2)$, $(0, -2)$❸ で，短軸の長さが8だから

$2a=8,\ \sqrt{b^2-a^2}=2$ よって $a=4,\ b^2=20$

したがって，楕円の方程式は $\dfrac{x^2}{16}+\dfrac{y^2}{20}=1$ (答)

③ 焦点は，y軸上にあるので $b>a>0$ で，長軸はy軸上，短軸はx軸上にあります。

(3) 焦点が $(\sqrt{3}, 0)$, $(-\sqrt{3}, 0)$ で，$(2, -1)$ を通るから

$\sqrt{a^2-b^2}=\sqrt{3},\ \dfrac{4}{a^2}+\dfrac{1}{b^2}=1$

これより $a^2=6,\ b^2=3$❹

したがって，楕円の方程式は $\dfrac{x^2}{6}+\dfrac{y^2}{3}=1$ (答)

④ $a^2=A,\ b^2=B$ とおいて
$\begin{cases} A-B=3 \\ \dfrac{4}{A}+\dfrac{1}{B}=1 \end{cases}$ を解くと
$(A, B)=(6, 3),\ (2, -1)$
$A>B>0$ に注意しましょう。

練習 238

次の楕円の方程式を求めよ。

(1) 2点 $(\sqrt{3}, 0)$, $(-\sqrt{3}, 0)$ からの距離の和が8の楕円
(2) 2点 $(0, \sqrt{7})$, $(0, -\sqrt{7})$ を焦点とし，長軸の長さが $6\sqrt{2}$ の楕円

例題220 円と楕円 ★★★ 標準

円 $x^2+y^2=36$ を，次のように拡大または縮小して得られる曲線の方程式を求めよ。

(1) y 軸方向に $\dfrac{2}{3}$ 倍に縮小

(2) x 軸方向に 2 倍に拡大

POINT 楕円は円を一定方向に，一定割合で拡大または縮小

円 $x^2+y^2=a^2$ 上の動点を $\mathrm{P}(u,\ v)$ とし，点 P を y 軸方向に $\dfrac{b}{a}$ 倍に拡大または縮小

した点を $\mathrm{Q}(x,\ y)$ とおくと，$x=u,\ y=\dfrac{b}{a}v$，すなわち $u=x,\ v=\dfrac{a}{b}y$ となるので，

u と v の満たす関係式 $u^2+v^2=a^2$ に代入して楕円 $\dfrac{x^2}{a^2}+\dfrac{y^2}{b^2}=1$ が得られます。

| 解答 |

円 $x^2+y^2=36$ 上の点を $\mathrm{P}(u,\ v)$ とする。

(1) P を y 軸方向に $\dfrac{2}{3}$ 倍に縮小した点を $\mathrm{Q}(x,\ y)$ と❶

すると

$$x=u,\ y=\dfrac{2}{3}v \quad \text{よって} \quad u=x,\ v=\dfrac{3}{2}y$$

これを $u^2+v^2=36$ ❷ に代入して $\quad x^2+\left(\dfrac{3}{2}y\right)^2=36$

したがって **楕円 $\dfrac{x^2}{36}+\dfrac{y^2}{16}=1$** 答

(2) P を x 軸方向に 2 倍に拡大した点を $\mathrm{Q}(x,\ y)$ ❸ とす

ると

$$x=2u,\ y=v$$

よって $u=\dfrac{x}{2},\ v=y \quad$ 同様にして $\quad \left(\dfrac{x}{2}\right)^2+y^2=36$

したがって **楕円 $\dfrac{x^2}{144}+\dfrac{y^2}{36}=1$** 答

| アドバイス |

❶
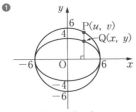

❷ $\mathrm{P}(u,\ v)$ は円 $x^2+y^2=36$ 上の点ですから，$u^2+v^2=36$ を満たします。

❸
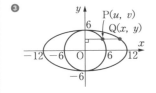

注意 楕円 $\dfrac{x^2}{a^2}+\dfrac{y^2}{b^2}=1$ の面積は $\pi a^2\cdot\dfrac{b}{a}=\pi ab$ です。

練習239 円 $x^2+y^2=4$ を y 軸方向に $\sqrt{3}$ 倍に拡大して得られる曲線の方程式を求めよ。

例題 221 　動線分の内分点の軌跡　★★★　標準

座標平面上で，長さが10の線分ABの両端A，Bがそれぞれx軸上，y軸上を動くとき，線分ABを2：3に内分する点Pの軌跡を求めよ。

POINT　動く線分の内分点Pの軌跡は，$P(x, y)$としてx, yの関係式を導く

A$(p, 0)$，B$(0, q)$，P(x, y)とおいて，p, qをそれぞれx, yで表し，線分ABの長さの条件$AB^2 = p^2 + q^2 = 10^2$を用いて，p, qの消去を考えます。

| 解答 |
| アドバイス |

2点A，Bの座標を
A$(p, 0)$，B$(0, q)$ ❶ とすると
AB＝10から
　$AB^2 = p^2 + q^2 = 100$ ❷ ……①
P(x, y)とおくと，Pは線分AB
を2：3に内分するので

$$x = \frac{3p}{5}, \quad y = \frac{2q}{5} \quad$$ よって　$p = \frac{5}{3}x, \quad q = \frac{5}{2}y$ ❸

これを①に代入して

$$\left(\frac{5}{3}x\right)^2 + \left(\frac{5}{2}y\right)^2 = 100 \quad$$ よって　$\dfrac{x^2}{36} + \dfrac{y^2}{16} = 1$

したがって，点Pの軌跡は　　**楕円 $\dfrac{x^2}{36} + \dfrac{y^2}{16} = 1$** （答）

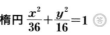

❶ 動点A，Bの座標を，それぞれ文字定数p, qで表します。

❷ AB＝10のとき
　　$AB^2 = 100$

❸ 内分点の公式から
$$x = \frac{3p + 2 \cdot 0}{2 + 3} = \frac{3}{5}p$$
$$y = \frac{3 \cdot 0 + 2q}{2 + 3} = \frac{2}{5}q$$
左図は，点Pが第1象限のときです。例えば
$p = 10, \ q = 0$のとき P$(6, 0)$
$p = 0, \ q = 10$のとき P$(0, 4)$

  Q 線分の外分点の軌跡についても，内分点の場合と同様に考えればよいのですか。

  A 上の例題で，「線分ABを2：3に外分する点Pの軌跡」を求めてみましょう。上の解答と同様にA$(p, 0)$，B$(0, q)$，P(x, y)とすると
$$x = \frac{3p - 2 \cdot 0}{-2 + 3} = 3p, \ y = \frac{3 \cdot 0 - 2q}{-2 + 3} = -2q \text{ から} \quad p = \frac{x}{3}, \ q = -\frac{y}{2}$$
$p^2 + q^2 = 100$に代入して　$\left(\dfrac{x}{3}\right)^2 + \left(-\dfrac{y}{2}\right)^2 = 100$　よって　楕円 $\dfrac{x^2}{900} + \dfrac{y^2}{400} = 1$

練習 240　座標平面上で，長さが6の線分ABの両端A，Bがそれぞれx軸上，y軸上を動くとき，線分ABを2：1に内分する点P，外分する点Qの軌跡を求めよ。

3 双曲線

1 双曲線の定義 ▷ 例題 222

平面上で，「2つの定点F，F′からの距離の差が一定である点Pの軌跡」を双曲線という。2定点F，F′を双曲線の**焦点**といい，線分FF′の中点を双曲線の**中心**という。

双曲線のグラフは，中心に関して点対称である。

2 双曲線の方程式（標準形） ▷ 例題 223 例題 224

$c>a>0$ とするとき，2つの焦点を$\mathrm{F}(c,\ 0)$，$\mathrm{F}'(-c,\ 0)$
とし，距離の差を$2a$とする双曲線の方程式は

$$\frac{x^2}{a^2}-\frac{y^2}{b^2}=1 \quad (b=\sqrt{c^2-a^2})$$

である。これを双曲線の方程式の**標準形**という。

このとき，$c^2=a^2+b^2$ となり

$$双曲線\frac{x^2}{a^2}-\frac{y^2}{b^2}=1 \ (a>0,\ b>0)$$

の2つの焦点は

$$\mathrm{F}(\sqrt{a^2+b^2},\ 0),\ \mathrm{F}'(-\sqrt{a^2+b^2},\ 0)$$

である。

この双曲線とx軸との交点を$\mathrm{A}(a,\ 0)$，$\mathrm{A}'(-a,\ 0)$とするとき，直線AA′を双曲線の**主軸**といい，2点A，A′を双曲線の**頂点**，線分AA′の中点Oを双曲線の**中心**という。双曲線は，主軸および，中心を通り主軸に垂直な直線に関して対称である。

> **例** 双曲線$\dfrac{x^2}{9}-\dfrac{y^2}{16}=1$は，$\dfrac{x^2}{3^2}-\dfrac{y^2}{4^2}=1$から，頂点は$(3,\ 0)$，$(-3,\ 0)$で，$\sqrt{9+16}=5$から，焦点は$(5,\ 0)$，$(-5,\ 0)$である。また，頂点間の距離は$2\times3=6$である。

3 双曲線の漸近線 ▷ 例題 222

双曲線$\dfrac{x^2}{a^2}-\dfrac{y^2}{b^2}=1 \ (a>0,\ b>0)$　……①

は，$|x|$が限りなく大きくなるとき，第1，第3象限においては，直線$y=\dfrac{b}{a}x$に限りなく近づく。また，第2，第4象限においては，直線$y=-\dfrac{b}{a}x$に限りなく近づく。

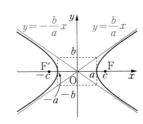

この2直線

$$y=\frac{b}{a}x, \quad y=-\frac{b}{a}x \qquad \text{すなわち} \quad \frac{x^2}{a^2}-\frac{y^2}{b^2}=0$$

を，双曲線①の**漸近線**という。

特に，$a=b$ のとき，双曲線は $x^2-y^2=a^2$ となり，漸近線は $y=x$，$y=-x$ で，原点において互いに直交する。このように，直交する漸近線をもつ双曲線を，**直角双曲線**という。

> 例 双曲線 $\dfrac{x^2}{9}-\dfrac{y^2}{16}=1$ の漸近線は，$\dfrac{x^2}{9}-\dfrac{y^2}{16}=0$ から $y=\pm\dfrac{4}{3}x$ である。
> また，$x^2-y^2=9$ は漸近線が $y=\pm x$ だから，直角双曲線である。

4 焦点が y 軸上にある双曲線 ▷ 例題 222　例題 223　例題 224

$c>b>0$ とするとき，2つの焦点を $\mathrm{F}(0,\ c)$，$\mathrm{F}'(0,\ -c)$ とし，距離の差を $2b$ とする双曲線の方程式は

$$\frac{x^2}{a^2}-\frac{y^2}{b^2}=-1 \quad (a=\sqrt{c^2-b^2})$$

である。すなわち

$$\text{双曲線}\ \frac{x^2}{a^2}-\frac{y^2}{b^2}=-1 \ (a>0,\ b>0) \quad \cdots\cdots②$$

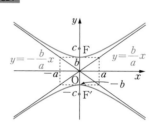

の2つの焦点は $\mathrm{F}(0,\ \sqrt{a^2+b^2})$，$\mathrm{F}'(0,\ -\sqrt{a^2+b^2})$ である。

双曲線②の漸近線は，①と同じで，$y=\dfrac{b}{a}x$，$y=-\dfrac{b}{a}x$ である。

> 例 双曲線 $\dfrac{x^2}{9}-\dfrac{y^2}{16}=-1$ は，$\dfrac{x^2}{3^2}-\dfrac{y^2}{4^2}=-1$ から，頂点は $(0,\ 4)$，$(0,\ -4)$ で，$\sqrt{9+16}=5$ から，焦点は $(0,\ 5)$，$(0,\ -5)$ である。さらに，頂点間の距離は $2\times4=8$，漸近線は $\dfrac{x^2}{9}-\dfrac{y^2}{16}=0$ から $y=\pm\dfrac{4}{3}x$ である。
> また，$x^2-y^2=-9$ は漸近線が $y=\pm x$ だから，直角双曲線である。

次の双曲線の焦点，漸近線の方程式を求め，そのグラフの概形をかけ。

(1) $\dfrac{x^2}{36} - \dfrac{y^2}{16} = 1$ 　　　　　　　(2) $9x^2 - 16y^2 = -144$

POINT $\dfrac{x^2}{a^2} - \dfrac{y^2}{b^2} = 1$ の焦点は $(\pm\sqrt{a^2+b^2},\ 0)$, 漸近線は $y = \pm\dfrac{b}{a}x$

$\dfrac{x^2}{a^2} - \dfrac{y^2}{b^2} = -1$ の焦点は $(0,\ \pm\sqrt{a^2+b^2})$, 漸近線は $y = \pm\dfrac{b}{a}x$ です。

双曲線 $\dfrac{x^2}{a^2} - \dfrac{y^2}{b^2} = 1$ あるいは $\dfrac{x^2}{a^2} - \dfrac{y^2}{b^2} = -1$ のグラフでは，4点 $(a,\ b)$, $(a,\ -b)$, $(-a,\ b)$, $(-a,\ -b)$ を通る長方形を点線でかいておきましょう。この4点を通る円と，x軸との交点あるいはy軸との交点が焦点となります。

解答	アドバイス

(1) $\dfrac{x^2}{6^2} - \dfrac{y^2}{4^2} = 1$ だから

焦点は $\sqrt{6^2 + 4^2} = 2\sqrt{13}$ より　$(2\sqrt{13},\ 0)$, $(-2\sqrt{13},\ 0)$

漸近線の方程式は $\dfrac{x^2}{6^2} - \dfrac{y^2}{4^2} = 0$ から $y = \dfrac{2}{3}x,\ y = -\dfrac{2}{3}x$

グラフは下左図。㊐

(2) $9x^2 - 16y^2 = -144$ から　$\dfrac{x^2}{4^2} - \dfrac{y^2}{3^2} = -1$

焦点は $\sqrt{4^2 + 3^2} = 5$ より　$(0,\ 5),\ (0,\ -5)$

漸近線は $y = \dfrac{3}{4}x,\ y = -\dfrac{3}{4}x$, グラフは下右図。㊐

❶ $\dfrac{x^2}{a^2} - \dfrac{y^2}{b^2} = 1$ で，
$a = 6,\ b = 4$ のとき。
焦点は $(\pm\sqrt{a^2+b^2},\ 0)$

❷ 漸近線は，$\dfrac{x^2}{a^2} - \dfrac{y^2}{b^2} = 1$ で1を0に置き換えて，
$\dfrac{x^2}{a^2} - \dfrac{y^2}{b^2} = 0$ と覚えます。

❸ $\dfrac{x^2}{a^2} - \dfrac{y^2}{b^2} = -1$ の形に直すために，両辺を144で割ります。

❹ $9x^2 - 16y^2 = 0$ から
$y = \pm\dfrac{3}{4}x$

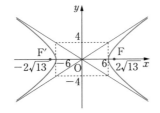

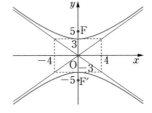

練習 **241**　次の双曲線の焦点，漸近線の方程式を求め，グラフの概形をかけ。

(1) $\dfrac{y^2}{9} - \dfrac{x^2}{25} = -1$ 　　　　　　　(2) $x^2 - y^2 = -16$

例題 223 双曲線の方程式　★★★ 標準

次の双曲線の方程式を求めよ。
(1) 2点 $(6,\ 0)$, $(-6,\ 0)$ からの距離の差が8
(2) 2直線 $y=2x$, $y=-2x$ を漸近線とし，焦点の1つが $(0,\ 5)$

 **POINT** 中心が原点の双曲線の方程式は，焦点の位置で決定

双曲線は，「2つの定点F，F′からの距離の差が一定である点Pの軌跡」です。

$$F(c,\ 0),\ F'(-c,\ 0) \text{ で } |PF-PF'|=2a \Longrightarrow \frac{x^2}{a^2}-\frac{y^2}{b^2}=1,\ c=\sqrt{a^2+b^2}$$

$$F(0,\ c),\ F'(0,\ -c) \text{ で } |PF-PF'|=2b \Longrightarrow \frac{x^2}{a^2}-\frac{y^2}{b^2}=-1,\ c=\sqrt{a^2+b^2}$$

$(a>0,\ b>0)$ とおけます。

解答	アドバイス

(1) 2点 $(6,\ 0)$, $(-6,\ 0)$ が焦点の双曲線❶の方程式は
$$\frac{x^2}{a^2}-\frac{y^2}{b^2}=1\ (a>0,\ b>0) \quad \text{とおける。}$$

焦点からの距離の差❷および焦点の座標❸から
$$2a=8, \sqrt{a^2+b^2}=6 \qquad \text{よって} \quad a=4,\ b^2=20$$

したがって，双曲線の方程式は　$\dfrac{x^2}{16}-\dfrac{y^2}{20}=1$ 答

(2) 2本の漸近線は原点で交わり，焦点の1つが $(0,\ 5)$ ❹
だから，求める双曲線の方程式は
$$\frac{x^2}{a^2}-\frac{y^2}{b^2}=-1\ (a>0,\ b>0) \quad \text{とおける。}$$

漸近線の傾き❺から　$\dfrac{b}{a}=2$ だから　$b=2a$ ……①
焦点の座標から　$\sqrt{a^2+b^2}=5$　$a^2+b^2=25$ ……②
①，②を解いて　$a^2=5,\ b^2=20$

したがって，双曲線の方程式は　$\dfrac{x^2}{5}-\dfrac{y^2}{20}=-1$ 答

❶ 焦点が x 軸上にあり，中心が原点である双曲線です。

❷ 焦点が x 軸上にあるので，焦点からの距離の差 $=2a$
❸ 焦点は $(\sqrt{a^2+b^2},\ 0)$，$(-\sqrt{a^2+b^2},\ 0)$

❹ もう1つの焦点は $(0,\ -5)$

❺ 漸近線は，$\dfrac{x^2}{a^2}-\dfrac{y^2}{b^2}=0$ から
$$y=\pm\frac{b}{a}x$$

練習 242 次の双曲線の方程式を求めよ。
(1) 2点 $(0,\ 6)$, $(0,\ -6)$ を焦点とし，焦点からの距離の差が6
(2) 2直線 $y=\dfrac{3}{2}x$, $y=-\dfrac{3}{2}x$ を漸近線とし，点 $(6,\ 6)$ を通る

例題 **224** 双曲線の定義　　　★★★　応用

2点$F(2, 2\sqrt{3})$, $F'(-2, -2\sqrt{3})$からの距離の差が6であるような点Pの軌跡の方程式を求めよ。

POINT 2定点からの距離の差が一定である点の軌跡は双曲線

双曲線の定義に着目すると，本問は，2定点$F(2, 2\sqrt{3})$, $F'(-2, -2\sqrt{3})$を焦点とし，原点を中心とする双曲線です。双曲線の定義は，主軸が座標軸に平行でないときも同じです。ここでは，点$P(x, y)$として，$|PF'-PF|=6$として考えます。

解答	アドバイス

点$P(x, y)$とおく。

$|PF'-PF|=6$ ❶ だから　　　$PF'-PF=\pm 6$

すなわち　$\underline{PF'=PF\pm 6}$ ❷

$\sqrt{(x+2)^2+(y+2\sqrt{3})^2}=\sqrt{(x-2)^2+(y-2\sqrt{3})^2}\pm 6$

両辺を平方して

$(x+2)^2+(y+2\sqrt{3})^2$
$=(x-2)^2+(y-2\sqrt{3})^2+36\pm 12\sqrt{(x-2)^2+(y-2\sqrt{3})^2}$

整理して　$2(x+\sqrt{3}y)-9=\pm 3\sqrt{(x-2)^2+(y-2\sqrt{3})^2}$

さらに，両辺を平方して

$\{2(x+\sqrt{3}y)-9\}^2=9\{(x-2)^2+(y-2\sqrt{3})^2\}$

整理して，求める点Pの軌跡は

双曲線 $5x^2-8\sqrt{3}xy-3y^2=-63$ ❸ ㊙

❶ $|PF-PF'|=6$でもよいです。

❷ $|PF'-PF|=6$のまま平方すると$(PF'-PF)^2=36$
これより
$(\sqrt{}-\sqrt{})^2=36$
となり，式がややこしくなります。

❸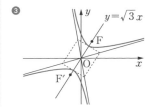

| STUDY | 本問と合同な双曲線の標準形

本問では，双曲線の焦点は原点に関して点対称の位置にあり，かつ直線OFの方程式は$y=\sqrt{3}x$である。OFとx軸のなす角は$60°$だから，双曲線を原点Oのまわりに$-60°$だけ回転すると，焦点F，F′はF_1，$F_1'(\pm 4, 0)$に移る。また，双曲線と直線$y=\sqrt{3}x$との交点は$5x^2-8\sqrt{3}x\cdot\sqrt{3}x-3(\sqrt{3}x)^2=-63$から$x^2=\dfrac{9}{4}$で$x=\pm\dfrac{3}{2}$。したがって，交点は，点$\left(\pm\dfrac{3}{2}, \pm\dfrac{3\sqrt{3}}{2}\right)$（複号同順）となり，回転後は点$(\pm 3, 0)$に移る。よって，双曲線$\dfrac{x^2}{9}-\dfrac{y^2}{7}=1$となる。

練習 243　2点$F(-1, 1)$, $F'(1, -1)$からの距離の差が2である点Pの軌跡を求めよ。

4 | 2次曲線の平行移動

1 2次曲線の平行移動 ▷ 例題 225 例題 227

放物線，楕円，双曲線などは，いずれも x, y の方程式 $f(x, y)=0$ の形で表される。
一般に，x, y の方程式 $f(x, y)=0$ が与えられたとき，この方程式が曲線を表す
ならば，この曲線を方程式 $f(x, y)=0$ の表す曲線という。
方程式 $f(x, y)=0$ の表す曲線 C を，x 軸方向に m,
y 軸方向に n だけ平行移動して得られる曲線 C' の
方程式は

$$f(x-m, \ y-n)=0 \cdots\cdots ※$$

となる。右図で $x=u+m$, $y=v+n$ 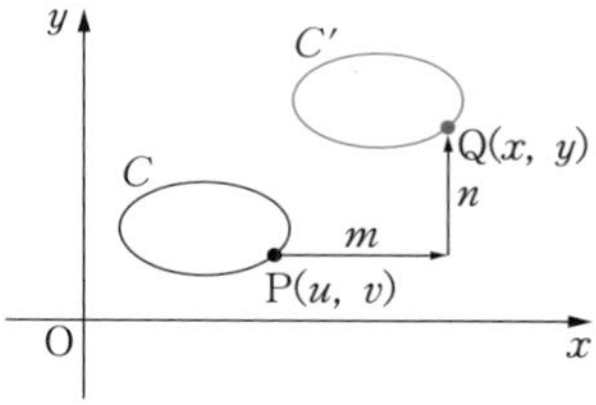
すなわち，$u=x-m$, $v=y-n$ を u, v の満たす
方程式 $f(u, v)=0$ に代入すれば，※ が得られることから導ける。
x 軸方向に m，y 軸方向に n だけ平行移動することにより，次のようになる。

放物線 $\quad y^2=4px$	$\Longrightarrow$ $(y-n)^2=4p(x-m)$	$\cdots\cdots$①
楕 円 $\quad \dfrac{x^2}{a^2}+\dfrac{y^2}{b^2}=1$	$\Longrightarrow$ $\dfrac{(x-m)^2}{a^2}+\dfrac{(y-n)^2}{b^2}=1$	$\cdots\cdots$②
双曲線 $\quad \dfrac{x^2}{a^2}-\dfrac{y^2}{b^2}=\pm 1$	$\Longrightarrow$ $\dfrac{(x-m)^2}{a^2}-\dfrac{(y-n)^2}{b^2}=\pm 1$	$\cdots\cdots$③

例 放物線 $y^2=8x$ を x 軸方向に 1，y 軸方向に 2 だけ平行移動して得られる放物線の方程式
は $(y-2)^2=8(x-1)$ である。$y^2=8x=4\cdot 2x$ の焦点は $(2, 0)$，準線は $x=-2$ だから，平
行移動した放物線の焦点は $(2+1, 2)=(3, 2)$，準線は $x=-2+1=-1$ である。

2 $ax^2+by^2+cx+dy+e=0$ の表す図形 ▷ 例題 226

円 $x^2+y^2+ax+by+c=0$ を，$\left(x+\dfrac{a}{2}\right)^2+\left(y+\dfrac{b}{2}\right)^2=\dfrac{a^2+b^2-4c}{4}$ と変形して，円の
中心および半径を求めたのと同じように，x, y について平方完成することにより，
上の①～③の形の式のいずれかに帰着させる。

(1) 楕円 $\dfrac{x^2}{16}+\dfrac{y^2}{9}=1$ を x 軸方向に2，y 軸方向に -1 だけ平行移動して得られる楕円の方程式，および焦点を求めよ。

(2) 双曲線 $\dfrac{x^2}{16}-\dfrac{y^2}{9}=1$ を x 軸方向に -2，y 軸方向に3だけ平行移動して得られる双曲線の方程式，および焦点，漸近線の方程式を求めよ。

 **POINT** 2次曲線の平行移動の考え方は，$y=f(x)$ と同じ

> 2次曲線 $f(x,\ y)=0$ を，x 軸方向に p，y 軸方向に q だけ平行移動して得られる曲線は，$f(x-p,\ y-q)=0$ です。x の代わりに $x-p$，y の代わりに $y-q$ と置き換えて $f(x,\ y)=0$ の x，y に代入したものです。
> 移動後の曲線の焦点は，もとの曲線の焦点を平行移動したものです。

解答	アドバイス

(1) <u>移動後の楕円の方程式</u>❶ は

$$\dfrac{(x-2)^2}{16}+\dfrac{(y+1)^2}{9}=1 \text{（答）}$$

移動前の楕円の焦点は $(\sqrt{7},\ 0)$，$(-\sqrt{7},\ 0)$ だから，

<u>移動後の焦点</u>❷ は $(\sqrt{7}+2,\ 0-1)$，$(-\sqrt{7}+2,\ 0-1)$

すなわち $(2+\sqrt{7},\ -1)$，$(2-\sqrt{7},\ -1)$（答）

(2) <u>移動後の双曲線の方程式</u>❸ は

$$\dfrac{(x+2)^2}{16}-\dfrac{(y-3)^2}{9}=1 \text{（答）}$$

移動前の双曲線の焦点は $(5,\ 0)$，$(-5,\ 0)$ だから，

移動後の焦点は $(5-2,\ 0+3)$，$(-5-2,\ 0+3)$

すなわち $(3,\ 3)$，$(-7,\ 3)$（答）

<u>移動後の漸近線</u>❹ は $y-3=\pm\dfrac{3}{4}(x+2)$

すなわち $y=\dfrac{3}{4}x+\dfrac{9}{2}$，$y=-\dfrac{3}{4}x+\dfrac{3}{2}$（答）

❶ もとの楕円の方程式で，x の代わりに $x-2$，y の代わりに $y-(-1)$ と置き換えます。

❷ 点の平行移動です。
点 $(x_1,\ y_1)$ を x 軸方向に p，y 軸方向に q だけ平行移動すると $(x_1+p,\ y_1+q)$ となります。

❸ もとの双曲線の方程式で，x の代わりに $x-(-2)$，y の代わりに $y-3$ と置き換えます。

❹ もとの漸近線は
$\dfrac{x^2}{16}-\dfrac{y^2}{9}=0$ から $y=\pm\dfrac{3}{4}x$ となります。

練習 244 次の2次曲線を x 軸方向に3，y 軸方向に -2 だけ平行移動したとき，移動後の曲線の方程式と，焦点を求めよ。

(1) 放物線 $y^2=-2x$ (2) 双曲線 $4x^2-9y^2=-36$

例題 226 | 2次方程式の表す図形　★★★（標準）

次の方程式はどのような曲線を表すか。焦点を求め，その概形をかけ。

(1)　$y^2-8x-2y-7=0$　　　　(2)　$4x^2+5y^2+8x-30y+29=0$

 **POINT**　$ax^2+by^2+cx+dy+e=0$ は，x，y について平方完成

円の方程式と同じ要領で，$a \neq 0$ のとき，$ax^2+cx=a\left(x^2+\dfrac{c}{a}x\right)=a\left(x+\dfrac{c}{2a}\right)^2-\dfrac{c^2}{4a}$

と変形します。なお，曲線の名称は2次の項 x^2，y^2 の係数で判定できます。

解答	アドバイス

(1)　方程式を変形して　　$y^2-2y+1=8x+7+1$ ❶

すなわち　　$(y-1)^2=8(x+1)$　……①

①は，放物線 $y^2=8x$　……②　を x 軸方向に -1，y 軸方向に1だけ平行移動した放物線である。下左図。

②の焦点は $(2,\ 0)$ だから，①の焦点❷は $(1,\ 1)$ ⊛

(2)　方程式❸を変形して　$4(x^2+2x)+5(y^2-6y)=-29$

　　　$4(x^2+2x+1)+5(y^2-6y+9)=-29+4+45=20$

すなわち　$\dfrac{(x+1)^2}{5}+\dfrac{(y-3)^2}{4}=1$　……③ ❹

③は，楕円 $\dfrac{x^2}{5}+\dfrac{y^2}{4}=1$　……④　を x 軸方向に -1，y 軸方向に3だけ平行移動した楕円である。下右図。

④の焦点は $(\pm1,\ 0)$ だから，③の焦点は

$(\pm1-1,\ 3)$　　すなわち　$(0,\ 3)$，$(-2,\ 3)$ ⊛

❶ $y^2-2y=8x+7$
左辺を平方完成の形にするために，両辺に $1^2=1$ を加えます。

❷ $(2-1,\ 0+1)=(1,\ 1)$
なお，準線は
$x=-2-1$ から　$x=-3$

❸ 2次の項 $4x^2+5y^2$ から，曲線は楕円であることがわかります。

❹ 中心 $(-1,\ 3)$ で横長の楕円。
長軸の長さは $2\cdot\sqrt{5}=2\sqrt{5}$
短軸の長さは $2\cdot2=4$

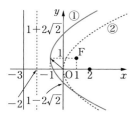

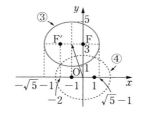

練習 245　次の方程式はどのような曲線を表すか。焦点を求め，その概形をかけ。

(1)　$9x^2+4y^2-18x-16y-11=0$

(2)　$9x^2-4y^2-18x+16y-43=0$

2点 $(-2,\ 8)$, $(-2,\ -2)$ からの距離の差が6である点の軌跡を求めよ。

 POINT 中心が原点ではない双曲線・楕円の方程式は，中心が原点になるように平行移動

本問のように，曲線の中心（放物線の場合は頂点）が原点ではないときは，まず，曲線の分類を次の手順に従って行います。

$$\begin{cases} 定点と定直線からの距離が等しい \Longrightarrow 点 P の軌跡は放物線 \\ 2定点からの距離の和が一定 \Longrightarrow 点 P の軌跡は楕円 \\ 2定点からの距離の差が一定 \Longrightarrow 点 P の軌跡は双曲線 \end{cases}$$

解答	アドバイス

条件から，2点 F$(-2,\ 8)$, F$'(-2,\ -2)$ を焦点とする，中心が $(-2,\ 3)$ ❶ の双曲線である。

2点 F, F$'$ を，それぞれ x 軸方向に2, y 軸方向に -3 ❷ だけ平行移動すると F は $(0,\ 5)$, F$'$ は $(0,\ -5)$ に移り，双曲線の方程式は

$$\frac{x^2}{a^2}-\frac{y^2}{b^2}=-1 \ (a>0,\ b>0) \quad \cdots\cdots ①$$ ❸

焦点からの距離の差 ❹ が6，および焦点の座標から

$$2b=6, \quad \sqrt{a^2+b^2}=5 \qquad よって \quad b=3,\ a^2=16$$

したがって，① は $\dfrac{x^2}{16}-\dfrac{y^2}{9}=-1$

よって，求める軌跡は $\boxed{\dfrac{(x+2)^2}{16}-\dfrac{(y-3)^2}{9}=-1}$ （答） ❺

❶ 双曲線の中心は，線分FF$'$の中点です。

❷ 曲線の中心が原点となるように，平行移動を考えます。

❸ 焦点 $(0,\ 5)$, $(0,\ -5)$ は y 軸上にあります。

❹ 焦点が y 軸上にあるので，焦点からの距離の差 $=2b$

❺ 中心がもとの $(-2,\ 3)$ になるように，再び平行移動します。

 Q 前ページのPOINTにあった「$ax^2+by^2+cx+dy+e=0$ の名称の判定方法」について教えてください。

 A x^2 の係数 a と y^2 の係数 b によって，一般に次のようになります。

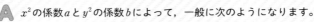
$$\begin{cases} a=b \ (\neq 0) \ のとき：円, \ ab>0 \ (a\neq b) \ のとき：楕円 \\ ab<0 \ のとき：双曲線 \\ ab=0 \ (ただし, \ a,\ b は同時には0でない) \ のとき \quad 放物線 \end{cases}$$

練習 246 (1) 点 $(2,\ 3)$ と直線 $x=-4$ から等距離にある点Pの軌跡を求めよ。

(2) 2点 $(-2,\ 8)$, $(-2,\ -2)$ からの距離の和が14である点Pの軌跡を求めよ。

5 | 2次曲線と直線

1 2次曲線と直線の共有点 ▷ 例題 228

円と直線の共有点の座標は，円と直線の方程式を連立させて，それを解くことに
よって求めることができた。これは，2次曲線と直線の共有点についても同様で
ある。

例 楕円 $\dfrac{x^2}{4}+y^2=1$ ……① と，直線 $y=x-1$ ……② の共有点は，②を①に代入して，y

を消去すると　　$\dfrac{x^2}{4}+(x-1)^2=1$

整理して　　$5x^2-8x=0$　　$x(5x-8)=0$　　よって　$x=0,\ \dfrac{8}{5}$

したがって，共有点は2つあって　　$(0,\ -1),\ \left(\dfrac{8}{5},\ \dfrac{3}{5}\right)$

2 放物線と直線 ▷ 例題 229

放物線 $C:y^2=4px$　　　　　　　……①

直線 $\ell:y=mx+n\quad(m\neq0)$ ……②

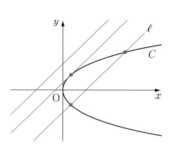

の位置関係を調べよう。②を①に代入して

$$(mx+n)^2=4px$$

整理して

$$m^2x^2+2(mn-2p)x+n^2=0\quad ……③$$

x についての2次方程式③の判別式を D とすると

　　$D>0$ のとき，共有点は2個（異なる2点で交わる）

　　$D=0$ のとき，共有点は1個

　　$D<0$ のとき，共有点はない

特に，共有点が1個のとき，C と ℓ は接するといい，ℓ を C の接線，共有点を接点
という。

例 放物線 $y^2=-4x$ と直線 $y=-x+k$ の共有点の個数を調べてみよう。

直線の方程式から $x=-y+k$ であるから，放物線の方程式に代入して

$$y^2=-4(-y+k)\qquad y^2-4y+4k=0$$

判別式を D とすると　　$\dfrac{D}{4}=(-2)^2-1\cdot4k=4(1-k)$

よって　　$D>0$　すなわち　$k<1$ のとき　共有点は2個

　　　　　$D=0$　すなわち　$k=1$ のとき　共有点は1個

　　　　　$D<0$　すなわち　$k>1$ のとき　共有点は0個

一般に，原点Oが中心の楕円，双曲線は$Ax^2+By^2=1$ $(AB\neq0)$で表すことができる。これと直線$y=mx+n$ $(m\neq0)$の位置関係を調べよう。

yを消去して　　　$Ax^2+B(mx+n)^2=1$

整理して　　　$(A+Bm^2)x^2+2Bmnx+Bn^2-1=0$　……④

(i)　$A+Bm^2\neq0$のとき，④の判別式をDとすると

　　　　$D>0$のとき，共有点は2個

　　　　$D=0$のとき，共有点は1個

　　　　$D<0$のとき，共有点はない

(ii)　$A+Bm^2=0$のとき，④は$2Bmnx+Bn^2-1=0$ $(Bm\neq0)$

　　　　$n\neq0$のとき，共有点は1個

　　　　$n=0$のとき，共有点はない

なお，(ii)はA，Bが異符号のときだから，双曲線のときである。共有点がないのは，直線$y=mx+n$が漸近線と一致するときである。

４ 2次曲線の接線 ▷ 例題232 例題233 例題234 例題235

2次曲線$f(x,\ y)=0$上の点$(x_1,\ y_1)$における接線の方程式は

放物線　$y^2=4px$　　　　　$\Longrightarrow$　$y_1y=2p(x+x_1)$

楕　円　$\dfrac{x^2}{a^2}+\dfrac{y^2}{b^2}=1$　$\Longrightarrow$　$\dfrac{x_1x}{a^2}+\dfrac{y_1y}{b^2}=1$

双曲線　$\dfrac{x^2}{a^2}-\dfrac{y^2}{b^2}=\pm1$ $\Longrightarrow$ $\dfrac{x_1x}{a^2}-\dfrac{y_1y}{b^2}=\pm1$　**（複号同順）**

例　楕円$\dfrac{x^2}{8}+\dfrac{y^2}{2}=1$上の点$(2,\ -1)$における接線の方程式は

$\dfrac{2x}{8}+\dfrac{(-1)y}{2}=1$　　よって　$y=\dfrac{1}{2}x-2$

例題 228 2次曲線と直線の共有点 ★★★ 基本

次の2次曲線と直線は共有点をもつかどうかを調べよ。共有点をもつ場合は，その点の座標を求めよ。

(1) $\dfrac{x^2}{9}+\dfrac{y^2}{4}=1$, $x-y+3=0$ 　　(2) $\dfrac{x^2}{9}-\dfrac{y^2}{4}=1$, $2x-3y=2$

 POINT 2次曲線と直線の共有点の座標は，連立方程式の実数解

2次曲線と直線の共有点の座標は，直線の式を2次曲線の式に代入し，y（またはx）を消去して考えます。残した変数についての方程式を解き，x（またはy）の値を求めます。このx（またはy）の値が実数であれば，共有点をもつことになります。

解答	アドバイス
(1) $\dfrac{x^2}{9}+\dfrac{y^2}{4}=1$ から　$\underline{4x^2+9y^2=36}_{\text{❶}}$　……①	❶ $\dfrac{x^2}{9}+\dfrac{y^2}{4}=1$ に，$y=x+3$ を代入するより，分母を払った式に代入したほうが楽です。

(1) $\dfrac{x^2}{9}+\dfrac{y^2}{4}=1$ から　$\underline{4x^2+9y^2=36}_{❶}$　……①

$x-y+3=0$ から　$\underline{y=x+3}_{❷}$　……②

②を①に代入して　$4x^2+9(x+3)^2=36$

整理して　$\underline{13x^2+54x+45=0}_{❸}$

$(x+3)(13x+15)=0$　よって　$x=-3$, $-\dfrac{15}{13}$

②から，順に　$y=0$, $y=-\dfrac{15}{13}+3=\dfrac{24}{13}$

したがって，**共有点 $(-3, 0)$, $\left(-\dfrac{15}{13}, \dfrac{24}{13}\right)$ をもつ。** （答）

(2) $\dfrac{x^2}{9}-\dfrac{y^2}{4}=1$ から　$\underline{4x^2-9y^2=36}_{❹}$　……③

$2x-3y=2$ から　$3y=2x-2$　……④

④を③に代入して　$4x^2-(2x-2)^2=36$

整理して　$\underline{8x=40}_{❺}$　よって　$x=5$　$y=\dfrac{8}{3}$

したがって，**共有点 $\left(5, \dfrac{8}{3}\right)$ をもつ。** （答）

アドバイス欄：

❶ $\dfrac{x^2}{9}+\dfrac{y^2}{4}=1$ に，$y=x+3$ を代入するより，分母を払った式に代入したほうが楽です。

❷ 直線の式を $x=y-3$ として，①に代入してもよいです。

❸
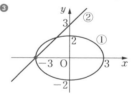

❶，❷を合わせたグラフから $x=-3$ を解の1つにもちます。

❹ $4x^2-(3y)^2=36$

❺ x の1次方程式ですから，双曲線③と直線④は1点で交わります。④は③の漸近線に平行で，交点は接点ではありません。

練習 247

次の2次曲線と直線は共有点をもつかどうかを調べよ。共有点をもつ場合は，その点の座標を求めよ。

(1) $y^2=8x$, $x-2y+8=0$ 　　(2) $x^2+\dfrac{y^2}{4}=1$, $y=2x+3$

例題 229 | 2次曲線と直線の共有点の個数　★★★　基本

楕円 $\dfrac{x^2}{2}+\dfrac{y^2}{8}=1$ と直線 $y=-x+k$ の共有点の個数を，k の値によって分類せよ。

ただし，k は定数とする。

POINT　**2次曲線と直線の共有点の個数は，連立方程式の実数解の個数**

2次曲線と直線の位置関係は，y を消去して得られる方程式が，x の2次方程式 $ax^2+bx+c=0$ となれば，判別式 D の符号により，共有点の個数がわかります。

解答	アドバイス

$\dfrac{x^2}{2}+\dfrac{y^2}{8}=1$ から　　$4x^2+y^2=8$　……①

$y=-x+k$　……②　を①に代入して

$\qquad 4x^2+(-x+k)^2=8$

整理して　　$5x^2-2kx+k^2-8=0$　……③

③の判別式を D とすると

$\qquad \dfrac{D}{4}=(-k)^2-5(k^2-8)=-4(k^2-10)$

$\qquad\qquad =-4(k+\sqrt{10})(k-\sqrt{10})$

よって，求める共有点の個数は次のようになる。

$D>0$ すなわち　$-\sqrt{10}<k<\sqrt{10}$ のとき

　　　共有点は2個 （答）

$D=0$ すなわち　$k=\pm\sqrt{10}$ のとき

　　　共有点は1個 （答）

$D<0$ すなわち　$k<-\sqrt{10},\sqrt{10}<k$ のとき

　　　共有点は0個 （答）

❶ ①と②から y を消去して，x の2次方程式が得られたので，判別式 D を考えます。

❷ D の符号がすぐにわかるように，因数分解しておきます。

❸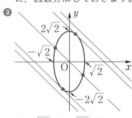

❹ $(k+\sqrt{10})(k-\sqrt{10})<0$

| STUDY | 双曲線と直線の共有点の個数の特別な場合

一般に，2次曲線と直線の式から，y または x を消去して得られる方程式は，残した変数の2次方程式となるが，例題228の(2)のように，双曲線とその漸近線に平行な直線の式から得られる方程式は，残した変数の1次方程式となる。

練習 248　双曲線 $4x^2-9y^2=36$ と直線 $y=mx-2$ が，ただ1点を共有するように，定数 m の値を定めよ。

例題 230 弦の中点・弦の長さ ★★★ 標準

楕円 $x^2+2y^2=4$ と直線 $y=x+1$ が交わってできる弦の中点の座標，および弦の長さを求めよ。

POINT 直線が2次曲線によって切り取られる弦の中点の座標および弦の長さは，解と係数の関係を利用

2次曲線と直線の式から，y を消去して得られる x についての方程式が，2次方程式 $ax^2+bx+c=0$ となるとき，判別式 $D=b^2-4ac>0$ であれば，2次曲線と直線は異なる2点 P，Q で交わります。$P(x_1,\ y_1)$，$Q(x_2,\ y_2)$ とすると，x_1 と x_2 は，2次方程式 $ax^2+bx+c=0$ の2つの解となるので，解と係数の関係から

$$x_1+x_2=-\frac{b}{a},\ \ x_1x_2=\frac{c}{a}\ \ \text{となります。}$$

解答	アドバイス

$x^2+2y^2=4$ ……①，$y=x+1$ ……② ❶ とおく。

②を①に代入して $x^2+2(x+1)^2=4$

整理して $3x^2+4x-2=0$ ❷ ……③

①と②の2つの交点を $P(x_1,\ y_1)$，$Q(x_2,\ y_2)$ とすると x_1，x_2 は，2次方程式③の異なる2つの解である。

③において，解と係数の関係から

$$x_1+x_2=-\frac{4}{3},\ \ x_1x_2=-\frac{2}{3}$$

したがって，弦 PQ の中点の座標を $(x,\ y)$ とすると

$$x=\frac{x_1+x_2}{2}=-\frac{2}{3},\ \ y=x+1 \text{❸}=-\frac{2}{3}+1=\frac{1}{3}$$

よって，弦の中点は $\left(-\dfrac{2}{3},\ \dfrac{1}{3}\right)$ 答

また $PQ^2=(x_2-x_1)^2+\underline{(y_2-y_1)^2}\text{❹}=2(x_2-x_1)^2$
$=2\{(x_1+x_2)^2-4x_1x_2\}$
$=2\left\{\left(-\dfrac{4}{3}\right)^2-4\cdot\left(-\dfrac{2}{3}\right)\right\}=\dfrac{80}{9}$

よって，弦の長さは $PQ=\sqrt{\dfrac{80}{9}}=\dfrac{4\sqrt{5}}{3}$ 答

❶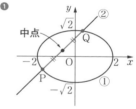

❷ 上図から，①，②は異なる2点で交わることは明らかですが，判別式を D とすると
$$\frac{D}{4}=2^2-3\cdot(-2)=10>0$$

❸ 弦 PQ の中点は，直線②上の点です。

❹ $(y_2-y_1)^2$
$=\{(x_2+1)-(x_1+1)\}^2$
$=(x_2-x_1)^2$

練習 249 次の2次曲線と直線が交わってできる弦の中点の座標，長さを求めよ。

(1) $y^2=4x,\ y=2x-2$ (2) $x^2-y^2=1,\ x+2y=3$

例題 231 弦の中点の軌跡 ★★★

楕円 $2x^2+y^2=4$ と直線 $y=2x+k$ が，異なる 2 点 P，Q で交わるとき，線分 PQ の中点 R の軌跡を求めよ。

POINT 弦の中点の軌跡は，解と係数の関係を活用

原則的な考え方は，前問と同様です。P，Q の x 座標を α，β とすると，α，β は直線の式を楕円の式に代入して得られる x の 2 次方程式の異なる 2 つの解です。ここで，線分 PQ の中点を R(x, y) とおいて，解と係数の関係を用いることで，x，y を k の式で表します。そして，k を消去して，x，y の関係式を導きます。これが R の軌跡の方程式です。なお，k のとりうる値の範囲から，x の変域に注意しましょう。

| 解答 | アドバイス |

❶ とおく。
$2x^2+y^2=4$ ……①，$y=2x+k$ ……②
②を①に代入して $2x^2+(2x+k)^2=4$
整理して $6x^2+4kx+k^2-4=0$ ……③
条件から，③の判別式を D とすると $\underline{D>0}$ ❷
すなわち $\dfrac{D}{4}=(2k)^2-6(k^2-4)=\underline{-2(k^2-12)>0}$ ❸
よって $-2\sqrt{3}<k<2\sqrt{3}$ ……④
ここで，P，Q の x 座標を α，β とすると，α，β は，③の異なる 2 つの解である。
したがって，線分 PQ の中点を R(x, y) とすると

$$x=\frac{\alpha+\beta}{2}=\frac{1}{2}\cdot\left(-\frac{2}{3}k\right)=-\frac{1}{3}k \quad\cdots\cdots⑤$$

$$y=2x+k=2\cdot\left(-\frac{1}{3}k\right)+k=\frac{1}{3}k \quad\cdots\cdots⑥$$

⑤，⑥から k を消去 ❺ して $y=-x$
また，④，⑤から $-\dfrac{2\sqrt{3}}{3}<x<\dfrac{2\sqrt{3}}{3}$
よって，求める軌跡は

直線 $y=-x$ の $-\dfrac{2\sqrt{3}}{3}<x<\dfrac{2\sqrt{3}}{3}$ の部分 ⦿

❶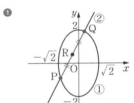

❷ ①と②が，異なる 2 点で交わるから $D>0$

❸ $k^2-12<0$ から
$(k+2\sqrt{3})(k-2\sqrt{3})<0$

❹ 2 次方程式③において，解と係数の関係から
$$\alpha+\beta=-\frac{4k}{6}=-\frac{2k}{3}$$

❺ $x=-\dfrac{1}{3}k$，$y=2x+k$ から
$k=-3x$ として
$y=2x-3x=-x$
とすることもできます。

練習 250 双曲線 $x^2-y^2=1$ と直線 $y=3x+k$ が，異なる 2 点 P，Q で交わるとき，線分 PQ の中点 R の軌跡を求めよ。

例題 232 2次曲線の接線 ★★★ 基本

(1) 楕円 $\dfrac{x^2}{16}+\dfrac{y^2}{12}=1$ 上の点 $(2,\ 3)$ における接線の方程式を求めよ。

(2) 放物線 $y^2=12x$ 上の点 $(3,\ -6)$ における接線の方程式を求めよ。

POINT 2次曲線上の点における接線は，公式を用いる

円 $x^2+y^2=r^2$ $(r>0)$ 上の点 $(x_1,\ y_1)$ における接線が，円の式において
$x^2 \to x_1x,\ y^2 \to y_1y$ と置き換えて，$x_1x+y_1y=r^2$ となることは，数学Ⅱの「図形と方程式」で学びましたが，2次曲線の楕円・双曲線についても，全く同じです。
すなわち，楕円・双曲線上の点を $(x_1,\ y_1)$ とすると，この点における接線は，順に

$$\frac{x^2}{a^2}+\frac{y^2}{b^2}=1 \Longrightarrow \frac{x_1x}{a^2}+\frac{y_1y}{b^2}=1,\quad \frac{x^2}{a^2}-\frac{y^2}{b^2}=\pm 1 \Longrightarrow \frac{x_1x}{a^2}-\frac{y_1y}{b^2}=\pm 1$$

となります。また，放物線 $y^2=4px$ は，$y^2 \to y_1y,\ 2x \to x+x_1$ と置き換えて

$$y^2=4px \Longrightarrow y_1y=2p(x+x_1) \quad \text{となります。}$$

解答	アドバイス
(1) 接点が $(2,\ 3)$ だから，接線の方程式❶ は $\dfrac{2x}{16}+\dfrac{3y}{12}=1$　よって　$\boldsymbol{y=-\dfrac{1}{2}x+4}$ 答 (2) $\underline{y^2=12x=4\cdot 3x}_{❷}$ から　$p=3$ 　接点が $(3,\ -6)$ だから，接線の方程式❸ は $-6y=2\cdot 3(x+3)$　よって　$\boldsymbol{y=-x-3}$ 答	❶ 楕円上の点における接線は $\dfrac{x_1x}{a^2}+\dfrac{y_1y}{b^2}=1$ ❷ $y^2=4px$ と比べます。 ❸ 放物線上の点における接線は $y_1y=2p(x+x_1)$ あるいは，$y^2=12x$ を $y^2=6\cdot 2x$ として， $y_1y=6(x+x_1)$ とします。

  Q 曲線の接線の方程式は，微分法を利用して求めることもできると思うのですが。

 A その通りです。本問の(1)は，楕円の方程式の両辺を x で微分して

$$\frac{d}{dx}\left(\frac{x^2}{16}+\frac{y^2}{12}\right)=\frac{d}{dx}(1)\quad \frac{x}{8}+\frac{y}{6}\cdot\frac{dy}{dx}=0 \quad \text{から}\quad y\neq 0 \text{のとき}\quad \frac{dy}{dx}=-\frac{3x}{4y}$$

したがって，楕円上の点 $(2,\ 3)$ における接線の方程式は

$$y-3=-\frac{3\cdot 2}{4\cdot 3}(x-2)\quad \text{よって}\quad y=-\frac{1}{2}x+4\quad \text{となります。}$$

練習 251 (1) 双曲線 $5x^2-y^2=20$ 上の点 $(3,\ -5)$ における接線の方程式を求めよ。

(2) 放物線 $x^2=-8y$ 上の点 $(4,\ -2)$ における接線の方程式を求めよ。

点 A$(6, 4)$ から，双曲線 $\dfrac{x^2}{8} - \dfrac{y^2}{4} = 1$ に引いた接線の方程式を求めよ。

 POINT 曲線外の点から引いた接線は，公式か判別式を利用

接点の座標を (x_1, y_1) として，接線が点 A を通ることと，接点が曲線上の点であることから，x_1 と y_1 についての連立方程式を作り，これを解きます。

解 答	アドバイス

接点の座標を (x_1, y_1) とすると，接線の方程式❶ は

$$\frac{x_1 x}{8} - \frac{y_1 y}{4} = 1 \qquad \cdots\cdots ①$$

これが点 A$(6, 4)$ を通るから❷

$$\frac{3}{4} x_1 - y_1 = 1 \quad \text{よって} \quad y_1 = \frac{3}{4} x_1 - 1 \quad \cdots\cdots②$$

また　$x_1{}^2 - 2y_1{}^2 = 8$❸ $\qquad\qquad \cdots\cdots③$

②を③に代入して　$x_1{}^2 - 2\left(\dfrac{3}{4} x_1 - 1\right)^2 = 8$❹

整理して　$x_1{}^2 - 24x_1 + 80 = 0$　$(x_1 - 4)(x_1 - 20) = 0$

よって　$x_1 = 4, 20$　②から，この順に　$y_1 = 2, 14$

これらを①に代入して，求める接線の方程式❺ は

$$\boxed{x - y = 2, \quad 5x - 7y = 2} \text{（答）}$$

❶ 双曲線 $\dfrac{x^2}{a^2} - \dfrac{y^2}{b^2} = 1$ 上の点 (x_1, y_1) における接線は
$$\frac{x_1 x}{a^2} - \frac{y_1 y}{b^2} = 1$$

❷ ①に，$x = 6$，$y = 4$ を代入。

❸ 双曲線の方程式は，$x^2 - 2y^2 = 8$ で，点 (x_1, y_1) はこの双曲線上の点。

❹ 展開して
$$-\frac{1}{8} x_1{}^2 + 3x_1 - 10 = 0$$

❺ 接点の座標は $(4, 2)$ と $(20, 14)$

| STUDY | 重解条件（判別式 $D = 0$）を利用した解法

双曲線のグラフをかくと，求める接線は x 軸に垂直ではないので，接線の方程式を $y - 4 = m(x - 6)$，すなわち，$y = mx - (6m - 4)$ として双曲線の式に代入すると

$$x^2 - 2\{mx - (6m - 4)\}^2 = 8 \qquad (2m^2 - 1)x^2 - 8m(3m - 2)x + 2\{(6m - 4)^2 + 4\} = 0$$

接する $\Longleftrightarrow x$ は重解をもつ $\Longleftrightarrow$ 判別式 $D = 0$ だから

$$\frac{D}{4} = \{4m(3m - 2)\}^2 - (2m^2 - 1) \cdot 2\{(6m - 4)^2 + 4\}$$

$$= 16m^2(9m^2 - 12m + 4) - 8(2m^2 - 1)(9m^2 - 12m + 5) = 56m^2 - 96m + 40 = 0$$

$$7m^2 - 12m + 5 = 0$$

これより，接線の傾き m の値がわかるので，接線の方程式を導くことができる。

練習 252 点 $(4, 1)$ から，楕円 $x^2 + 2y^2 = 6$ に引いた接線の方程式を求めよ。

例題 234 | 放物線の性質　★★★（応用）

放物線 $y^2=4px$ $(p>0)$ の頂点以外の点 P における接線が，x 軸と交わる点を T，放物線の焦点を F とする。このとき，$\angle\mathrm{PTF}=\angle\mathrm{TPF}$ が成り立つことを示せ。

POINT　放物線の接線に関する問題は，接線の公式を活用

本問は，放物線の接線に関する証明問題です。
点 $\mathrm{P}(x_1,\ y_1)$ とおいて，接線の方程式
$y_1y=2p(x+x_1)$ を利用します。示すべき式は，
$\angle\mathrm{PTF}=\angle\mathrm{TPF}$ ですから，$\triangle\mathrm{FPT}$ が $\mathrm{FT}=\mathrm{FP}$ の二等辺三角形であることを示すことを考えましょう。

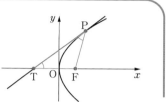

解答	アドバイス
<u>点 P の座標を $(x_1,\ y_1)$</u>❶ とすると，接線の方程式は 　　$y_1y=2p(x+x_1)$ <u>$y=0$</u>❷ とすると，$x=-x_1$ だから　　$\mathrm{T}(-x_1,\ 0)$ また，焦点は　　$\mathrm{F}(p,\ 0)$ したがって　<u>$\mathrm{FT}=p-(-x_1)=p+x_1$</u>❸ ……① 一方，<u>放物線の定義</u>❹ から，点 P から焦点 F までの距離は，点 P から準線 $\ell:x=-p$ までの距離に等しいから 　　$\mathrm{FP}=x_1-(-p)=x_1+p$　……② ①，②から　　$\mathrm{FT}=\mathrm{FP}$ よって，$\triangle\mathrm{FPT}$ は $\mathrm{FT}=\mathrm{FP}$ の二等辺三角形であり 　　$\angle\mathrm{PTF}=\angle\mathrm{TPF}$	❶ 条件から，P は O と一致しないので　$x_1>0$ ❷ 接線と x 軸との交点だから，接線の式で $y=0$ とおきます。 ❸ $\mathrm{FT}=|p+x_1|=p+x_1$ ❹ 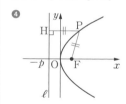

STUDY | 放物線の焦点のもつ性質

右図のように，点 P を通って x 軸に平行な半直線 PQ を引く。また，点 P における接線上に，P に関して T と反対側に点 R をとると　$\angle\mathrm{RPQ}=\angle\mathrm{PTF}=\angle\mathrm{TPF}$，すなわち，QP と FP は接線 RT とのなす角が等しい。
よって，軸に平行に入射した光線は，放物面で反射してすべて焦点に集まることがわかる。

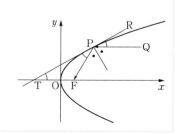

練習 253　放物線 $y^2=4px$ に準線上の点から引いた2本の接線は直交することを示せ。

例題235 | 楕円に直交2接線が引ける点の軌跡 ★★★ 応用

楕円 $\dfrac{x^2}{16}+\dfrac{y^2}{9}=1$ の外部の点Pから引いた2本の接線が，直交するような点Pの軌跡を求めよ。

 **POINT** 楕円外の点から引いた直交2接線は判別式を利用

例題233 と同様に，曲線外の点から引いた接線に関する問題では， STUDY で取りあげた判別式の考え方を利用できます。点P$(X,\ Y)$とすると，右図のように楕円に外接する長方形の4頂点$(4,\ \pm3)$，$(-4,\ \pm3)$からは，直交する2接線が引けます。$X\neq\pm4$のときは，傾きをmとして，$y=m(x-X)+Y$が楕円に接する条件を考えます。

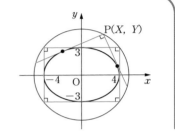

| 解答 |

点P$(X,\ Y)$①とおく。

(i) $X=\pm4$②のとき，4点$(4,\ \pm3)$，$(-4,\ \pm3)$からは，楕円に直交する2接線が引ける。

(ii) $X\neq\pm4$のとき，点Pを通る接線の方程式は
$y=m(x-X)+Y$③$=mx+(Y-mX)$とおける。楕円の式に代入して $9x^2+16\{mx+(Y-mX)\}^2=144$
$(9+16m^2)x^2+32m(Y-mX)x+16\{(Y-mX)^2-9\}=0$
判別式をDとすると，$D=0$④だから
$\{16m(Y-mX)\}^2-(9+16m^2)\cdot16\{(Y-mX)^2-9\}=0$
整理して $(16-X^2)m^2+2XYm+(9-Y^2)=0$
$X\neq\pm4$より，mの2次方程式であるが，この2解をm_1，m_2とすると，2接線が直交することから
$$m_1m_2=\dfrac{9-Y^2}{16-X^2}=-1 \quad\text{よって}\quad X^2+Y^2=25 \ \cdots\cdots①$$⑤
(i)の4点も①を満たす。
よって，求める点Pの軌跡は **円 $x^2+y^2=25$** 答

| アドバイス |

❶ 楕円上の点$(x,\ y)$と区別するために，$(X,\ Y)$とおきます。

❷ 楕円のxの変域$|x|\leqq4$に着目して，Pが2直線$x=4$，$x=-4$上の点のときを考えます。

❸ x軸に垂直な接線は存在しないので，傾きをmとします。

❹ 直線と楕円は接するので，重解をもちます。

❺ 2直線が垂直であるための条件「傾きの積$m_1m_2=-1$」，および，2次方程式の解と係数の関係を用います。

練習254 楕円$9x^2+4y^2=36$の外部の点Pから引いた2接線が直交するような点Pの軌跡を求めよ。

6 | 2次曲線と離心率

1 2次曲線と離心率 ▷ 例題236 例題237

平面上で，定点Fと，Fを通らない直線ℓからの距離の比が一定である点Pの軌跡は2次曲線である。

点Pから直線ℓに下ろした垂線の足をHとし，$\dfrac{PF}{PH}=e$とおくと

$0<e<1$のとき　楕円

$e=1$のとき　　放物線

$e>1$のとき　　双曲線

いずれの場合も，定点Fは焦点の1つで，eの値を2次曲線の離心率，ℓを準線という。

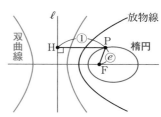

例　点$F(2, 0)$からの距離PFと，y軸からの距離PH

の比の値$e=\dfrac{PF}{PH}$については，$P(x, y)$とするとき次の関係式が成り立つ。

$e\,PH=PF$から，$e^2PH^2=PF^2$であるから

$$e^2x^2=(x-2)^2+y^2$$

特に，$e=1$のときは　　$x^2=(x-2)^2+y^2$

よって，点Pの軌跡は　　放物線$y^2=4(x-1)$

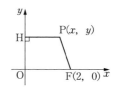

2 2次曲線の離心率と焦点の座標 ▷ 例題237

$\dfrac{PF}{PH}=e$（離心率）において，点Fは，放物線では焦点，楕円と双曲線では焦点の

1つである。標準形の場合，離心率eおよび焦点は次のようになる。

放物線$y^2=4px \longrightarrow e=1$，焦点$(p, 0)$

楕円$\dfrac{x^2}{a^2}+\dfrac{y^2}{b^2}=1 \ (a>b>0) \longrightarrow e=\sqrt{1-\left(\dfrac{b}{a}\right)^2}=\dfrac{\sqrt{a^2-b^2}}{a}$，焦点$(\pm ae, 0)$

双曲線$\dfrac{x^2}{a^2}-\dfrac{y^2}{b^2}=1 \longrightarrow e=\sqrt{1+\left(\dfrac{b}{a}\right)^2}=\dfrac{\sqrt{a^2+b^2}}{a}$，焦点$(\pm ae, 0)$

例題 236 2次曲線の離心率 ★★★ 標準

点 $F(1, 0)$ からの距離と，直線 $\ell: x=-2$ からの距離の比が $2:1$ となるような点 P の軌跡を求めよ。

POINT 2次曲線は定点と定直線からの距離の比が一定

一般に，動点 $P(x, y)$ の定点 F からの距離 PF と，定直線 ℓ からの距離 PH の比の値 $e=\dfrac{PF}{PH}$ を，2次曲線の**離心率**といいます。本問は，$e=\dfrac{2}{1}=2>1$ だから，点 P の軌跡は双曲線です。PF，PH を x，y を用いて表し，P の満たす関係式を導きます。

| 解答 | アドバイス |

点 P の座標を (x, y) とし，P から
直線 ℓ に垂線 PH を下ろす。
$$PF=\sqrt{(x-1)^2+y^2}$$
$$PH=|x-(-2)|=|x+2| \quad ❶$$
条件から $PF:PH=2:1 \quad ❷$
$$PF=2PH \quad ❸$$
$PF^2=4PH^2$ から $(x-1)^2+y^2=4(x+2)^2$
整理して $3x^2+18x-y^2=-15$ $\quad 3(x+3)^2-y^2=12$

よって，点 P の軌跡は **双曲線** $\dfrac{(x+3)^2}{4}-\dfrac{y^2}{12}=1$ （答） ❹

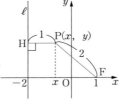

❶ 点 P と点 H は y 座標が等しい。

❷ 一般に，$p:q=a:b$ のとき $bp=aq$ が成り立ちます。

❸ 両辺を平方します。

❹ 離心率 $e=2>1$ より，P の軌跡は双曲線です。この焦点は $(-3\pm4, 0)$ であり，点 F は焦点の1つです。

| STUDY | 2次曲線の離心率

離心率 $e=\dfrac{PF}{PH}$ の値により，点 P の軌跡は次のようになる。

$e=1$ のとき 放物線，$0<e<1$ のとき 楕円，$e>1$ のとき 双曲線

点 F は，放物線では焦点，楕円と双曲線では焦点の1つである。また，ℓ を**準線**という。
なお，標準形の場合，楕円と双曲線は離心率 e に対し焦点は $(\pm ae, 0)$ となり

楕円 $\dfrac{x^2}{a^2}+\dfrac{y^2}{b^2}=1$ $(a>b>0)$ $\longrightarrow$ $e=\sqrt{1-\left(\dfrac{b}{a}\right)^2}=\dfrac{\sqrt{a^2-b^2}}{a}$

双曲線 $\dfrac{x^2}{a^2}-\dfrac{y^2}{b^2}=1$ $\longrightarrow$ $e=\sqrt{1+\left(\dfrac{b}{a}\right)^2}=\dfrac{\sqrt{a^2+b^2}}{a}$

練習 255 点 $F(0, 1)$ からの距離と，直線 $\ell: y=4$ からの距離の比が $1:2$ となるような点 P の軌跡を求めよ。

例題 237 | 2次曲線の分類　　★★★ 応用

座標平面上に定点 $F(a, 0)$ $(a>0)$ と動点 $P(x, y)$ がある。P から y 軸に下ろした垂線の足を H とするとき，定数 $e>0$ に対して，$PF=ePH$ が成り立つような点 P の軌跡を e の値によって分類せよ。特に，放物線を表すとき，その焦点の座標を求めよ。

POINT　　2次曲線は $ax^2+by^2+2fx+2gy+c=0$ の係数の符号で分類

上の方程式が $ax^2+2fx+2gy+c=0$ または $by^2+2fx+2gy+c=0$ の形になるとき，これは放物線を表します。また

$$a\left(x+\frac{f}{a}\right)^2+b\left(y+\frac{g}{b}\right)^2=\frac{f^2}{a}+\frac{g^2}{b}-c \quad(>0)$$

の形に変形し，a と b がともに正ならば楕円，a と b が異符号ならば双曲線です。

解答	アドバイス

解答

$\underline{PF=ePH}_{①}$ のとき　$PF^2=e^2PH^2$ $(e>0)$ から

$(x-a)^2+y^2=e^2x^2$

よって　$\underline{(1-e^2)x^2-2ax+y^2+a^2=0}_{②}$

$e=1$ のとき　　$y^2=2ax-a^2$（放物線）

$e\neq1$ のとき

$$\underline{(1-e^2)\left(x-\frac{a}{1-e^2}\right)^2+y^2}_{③}=-a^2+\frac{a^2}{1-e^2}=\frac{e^2a^2}{1-e^2}$$

これは，$1-e^2>0$ すなわち $0<e<1$ のとき楕円を表し，$1-e^2<0$ すなわち $e>1$ のとき双曲線を表す。

よって，$e=1$ のとき放物線，$0<e<1$ のとき楕円，

　　　　$e>1$ のとき双曲線 （答）

特に，放物線のとき　　$y^2=2a\left(x-\dfrac{a}{2}\right)$

これは $y^2=2ax=4\cdot\dfrac{a}{2}x$ のグラフを x 軸方向に $\dfrac{a}{2}$ だけ平行移動したものだから，放物線の焦点の座標は

$\left(\dfrac{a}{2}+\dfrac{a}{2}, 0\right)$　すなわち　$\underline{\mathbf{F}(\mathbf{a}, \mathbf{0})}_{④}$ （答）

アドバイス

①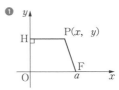

$PH=|x|$
$PF=\sqrt{(x-a)^2+y^2}$
e は離心率

② x^2 の係数 $1-e^2$ の符号により分けて考えます。

③ x^2 と y^2 の係数 $1-e^2$ と 1 が
$\begin{cases}同符号 \Longleftrightarrow 楕円 \\ 異符号 \Longleftrightarrow 双曲線\end{cases}$
です。

④ 放物線を表すとき，定点 F は焦点です。

練習 256　例題 **237** において，点 P の軌跡が楕円を表すとき，その焦点の座標を求めよ。

1　座標平面上の 2 つの放物線 C_1，C_2 が次の条件を満たすとき，C_1，C_2 の方程式を求めよ。

(A)　C_1 は直線 $y=-1$ を準線，原点 O を頂点とする。

(B)　C_2 は y 軸に平行な直線を準線，原点 O を頂点とする。

(C)　C_1，C_2 が交わる 2 点はどちらも直線 $y=-2x$ 上にある。

2　2 点 $(3,\ 0)$，$(-1,\ 0)$ からの距離の和が 12 である点の軌跡の方程式を求めよ。

3　$y=2x$，$y=-2x$ を漸近線とし，点 $(3,\ 0)$ を通る双曲線について

(1)　この双曲線の方程式および焦点の座標を求めよ。

(2)　P をこの双曲線上の点とし，焦点を A，B とする。直線 AP，BP が直交するような点 P の座標をすべて求めよ。

4　次の問いに答えよ。

(1)　点 A$(2,\ 0)$ を中心とする半径 1 の円と直線 $x=-1$ の両方に接し，点 A を内部に含まない円の中心の軌跡は放物線を描く。この放物線の方程式，焦点の座標，準線の方程式を求めよ。

(2)　$a>0$ に対して，Q$(-a,\ 0)$ とする。(1)の放物線上の点 P が，AP＝AQ を満たすとき，直線 PQ の方程式を求めよ。

5　楕円 $\dfrac{x^2}{13^2}+\dfrac{y^2}{12^2}=1$ と双曲線 $\dfrac{x^2}{4^2}-\dfrac{y^2}{3^2}=1$ がある。第1象限におけるこれら2曲線の交点をPとする。

(1)　点Pにおいて，この楕円に引いた接線の方程式を求めよ。

(2)　点Pにおいて，これら2曲線に引いた接線が，直交することを示せ。

6　平面上に楕円 $\dfrac{x^2}{3^2}+\dfrac{y^2}{2^2}=1$ と直線 $\ell : y=x+k$ を考える。

(1)　この楕円と直線 ℓ が2つの共有点をもつために，k が満たすべき条件を求めよ。

(2)　k は(1)の条件を満たすとし，さらに $k \neq 0$ とする。(1)における2つの共有点をP，Qとし，Oを原点とするとき，三角形OPQの面積を最大にする k の値，およびそのときの面積を求めよ。

7　楕円 $4x^2+9y^2=1$ の外部の点 $L(a,\ b)$ から，この楕円に引いた2本の接線の接点をA，Bとし，線分ABの中点をMとする。

(1)　Mの座標を $a,\ b$ を用いて表せ。

(2)　点Lが楕円 $\dfrac{x^2}{9}+\dfrac{y^2}{4}=1$ の上を動くとき，点Mの軌跡を求めよ。

8　双曲線 $C : x^2-\dfrac{y^2}{4}=-1$ について

(1)　C の漸近線の方程式を求めよ。

(2)　m を任意の実数として，直線 $y=mx$ は曲線 C に接していないことを示せ。

(3)　点 $A(\sqrt{3},\ 0)$ を通る C の接線の方程式をすべて求めよ。

(4)　C 上にない点 $P(p,\ q)$ を通る C の接線がちょうど2本あって，2本の接線が直交するとき，$p,\ q$ が満たすべき条件を求めよ。

1 | 曲線の媒介変数表示

1 媒介変数表示 ▷ 例題238

右図のように，円 $x^2+y^2=r^2$ $(r>0)$ 上の動点 $P(x,\ y)$ は，動径 OP の表す角を t とすると

$$x=r\cos t,\ \ y=r\sin t\ \ \cdots\cdots①$$

と表される。逆に，t が実数全体を動くとき，点 $P(x,\ y)$ は，この円周上を動く。

一般に，平面上の曲線 C が1つの変数 t により

$$\begin{cases} x=f(t) \\ y=g(t) \end{cases} \qquad \cdots\cdots②$$

と表されるとき，これを曲線 C の媒介変数表示といい，変数 t を媒介変数という。

①は，円 $x^2+y^2=r^2$ $(r>0)$ の媒介変数表示である。

曲線 C が②で表されるとき，媒介変数 t を消去して，x，y だけの方程式を導くことにより，曲線 C がどのような曲線であるかがわかる。

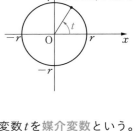

2 2次曲線の媒介変数表示 ▷ 例題239 例題241 例題242

(1) 放物線の媒介変数表示

放物線 $y^2=4px$ $(p\neq0)$ の媒介変数表示は

$$\begin{cases} \boldsymbol{x=pt^2} \\ \boldsymbol{y=2pt} \end{cases}$$

(2) 楕円の媒介変数表示

楕円 $\dfrac{x^2}{a^2}+\dfrac{y^2}{b^2}=1$ $\cdots\cdots③$ は，円 $x^2+y^2=a^2$ $\cdots\cdots④$ を y 軸方向に $\dfrac{b}{a}$ 倍に拡大または縮小したものだから，④の点 $Q(a\cos t,\ a\sin t)$ をもとにして，③の点 $P(x,\ y)$ は

$$x=a\cos t,\ \ y=a\sin t\times\frac{b}{a}=b\sin t$$

となる。よって，楕円③の媒介変数表示は

$$\begin{cases} \boldsymbol{x=a\cos t} \\ \boldsymbol{y=b\sin t} \end{cases} \textbf{（角 \textit{t} の位置に注意）}$$

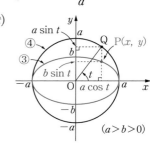

(3)　双曲線の媒介変数表示

双曲線 $\dfrac{x^2}{a^2}-\dfrac{y^2}{b^2}=1$ ……⑤は，三角関数の公式

$1+\tan^2 t=\dfrac{1}{\cos^2 t}$，すなわち，$\dfrac{1}{\cos^2 t}-\tan^2 t=1$

に着目すると，P$(x,\ y)$が

$$\dfrac{x}{a}=\dfrac{1}{\cos t},\quad \dfrac{y}{b}=\tan t$$

のとき，P$(x,\ y)$は⑤上にある。よって，双曲線
⑤の媒介変数表示は

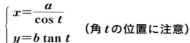

$$\begin{cases} x=\dfrac{a}{\cos t} \\[2mm] y=b\tan t \end{cases} \quad \textbf{（角 t の位置に注意）}$$

3 **媒介変数で表された曲線の平行移動** ▷ 例題240

曲線 $x=f(t)$，$y=g(t)$ を x 軸方向に m，y 軸方向に n だけ平行移動した曲線の媒介
変数表示は

$$x=f(t)+m,\ \ y=g(t)+n$$

4 **サイクロイド** ▷ 例題243

円が定直線に接しながら，すべることなく回転するとき，円周上の定点Pが描く
曲線を**サイクロイド**という。特に，円の半径が a，定直線を x 軸，さらに点P$(x,\ y)$，
$y\geqq 0$ のはじめの位置を原点Oとすると，Pの媒介変数表示は

$$x=a(t-\sin t),\ \ y=a(1-\cos t)$$

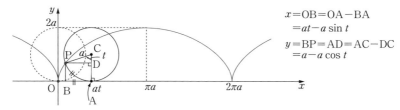

$x=$OB$=$OA$-$BA
　$=at-a\sin t$
$y=$BP$=$AD$=$AC$-$DC
　$=a-a\cos t$

例題 238 | 媒介変数表示

 ★★★ 基本

tを媒介変数とする。次の式で表される図形はどのような曲線か。

(1) $\begin{cases} x=3t-2 \\ y=2t+1 \end{cases}$

(2) $\begin{cases} x=\sqrt{t}+1 \\ y=t-2\sqrt{t} \end{cases}$

POINT 媒介変数表示の曲線は，媒介変数を消去する

媒介変数tで表された曲線$x=f(t)$，$y=g(t)$が，どのような曲線を描くかは，

$x=f(t)$，$y=g(t)$からtを消去して，x，yだけの方程式を作る

ことを考えます。ただし，(2)では，$\sqrt{t}\geqq0$に注意しましょう。

| 解答 |

(1) $x=3t-2$から　$t=\dfrac{x+2}{3}$ ❶

これを$y=2t+1$に代入して

$y=2\cdot\dfrac{x+2}{3}+1$ ❷　　よって　$y=\dfrac{2}{3}x+\dfrac{7}{3}$

したがって　**直線$y=\dfrac{2}{3}x+\dfrac{7}{3}$** (答)

(2) $x=\sqrt{t}+1$から　$\sqrt{t}=x-1$ ……①

これを$y=t-2\sqrt{t}=(\sqrt{t})^2-2\sqrt{t}$に代入して

$y=(x-1)^2-2(x-1)$　　よって　$y=x^2-4x+3$

ここで，①から$x-1=\sqrt{t}\geqq0$ ❸だから　$x\geqq1$

したがって　**放物線$y=x^2-4x+3$の$x\geqq1$の部分** ❹ (答)

| アドバイス |

❶ tを消去するために，tをxの式で表します。

❷ $y=\dfrac{2}{3}(x+2)+1$

点$(-2,\ 1)$を通り，傾き$\dfrac{2}{3}$の直線。

❸ 根号$\sqrt{t}\geqq0$から。

❹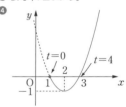

STUDY | 媒介変数表示で表された曲線の軌跡の限界

媒介変数tで表された曲線$x=f(t)$，$y=g(t)$は，tを消去して，x，yだけの方程式を導くが，その方程式で表される図形のすべてが求める答えになるとは限らない。これが軌跡の限界あるいは除外点と呼ばれるものである。一般に

$\sqrt{f(t)}\Longrightarrow f(t)\geqq0$かつ$\sqrt{f(t)}\geqq0$，$\dfrac{1}{f(t)}\Longrightarrow f(t)\neq0$　に注意しよう。

練習 257 tを媒介変数とする。次の式で表される図形はどのような曲線か。

(1) $\begin{cases} x=t^2-1 \\ y=t^4-t^2+3 \end{cases}$

(2) $\begin{cases} x=-2t+1 \\ y=3t+2 \end{cases}$ $(t\geqq0)$

例題 239 楕円・双曲線の媒介変数表示　★★★ 基本

次の曲線を，角 θ を媒介変数として表せ。

(1) $x^2+y^2=9$ 　　　(2) $\dfrac{x^2}{9}+\dfrac{y^2}{3}=1$ 　　　(3) $4x^2-9y^2=36$

POINT　円・楕円・双曲線上の点は，三角関数で表せる

原点を中心とする円・楕円・双曲線の媒介変数表示は，次のようになります。

円　　　$x^2+y^2=r^2 \implies x=r\cos\theta,\ y=r\sin\theta$

楕円　　$\dfrac{x^2}{a^2}+\dfrac{y^2}{b^2}=1 \implies x=a\cos\theta,\ y=b\sin\theta$

双曲線　$\dfrac{x^2}{a^2}-\dfrac{y^2}{b^2}=1 \implies x=\dfrac{a}{\cos\theta},\ y=b\tan\theta$

　　　　$\dfrac{x^2}{a^2}-\dfrac{y^2}{b^2}=-1 \implies x=a\tan\theta,\ y=\dfrac{b}{\cos\theta}$

解答	アドバイス

(1) $x^2+y^2=9$ から　　$\underline{x^2+y^2=3^2}$ ❶

よって，円の媒介変数表示として

$\boldsymbol{x=3\cos\theta,\ y=3\sin\theta}$ （答）

(2) $\dfrac{x^2}{9}+\dfrac{y^2}{3}=1$ から　　$\underline{\dfrac{x^2}{3^2}+\dfrac{y^2}{(\sqrt{3})^2}=1}$ ❷

よって，楕円の媒介変数表示として

$\boldsymbol{x=3\cos\theta,\ y=\sqrt{3}\sin\theta}$ （答）

(3) $4x^2-9y^2=36$ から　　$\underline{\dfrac{x^2}{3^2}-\dfrac{y^2}{2^2}=1}$ ❸

よって，双曲線の媒介変数表示として

$\boldsymbol{x=\dfrac{3}{\cos\theta},\ y=2\tan\theta}$ （答）

❶，❷

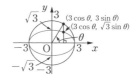

❸

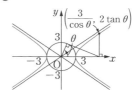

 　中心が原点ではない場合の媒介変数表示はどうすればよいですか？

 　例えば円 $(x-p)^2+(y-q)^2=r^2$ ならば，円 $x^2+y^2=r^2$ を x 軸方向に p，y 軸方向に q だけ平行移動しているので，媒介変数表示は $x=r\cos\theta+p,\ y=r\sin\theta+q$ です。

練習 258　次の曲線を，角 θ を媒介変数として表せ。

(1) $x^2+y^2=25$ 　　　(2) $x^2+9y^2=16$ 　　　(3) $4x^2-36y^2=-1$

例題 **240** 媒介変数で表された曲線の平行移動 ★★★ （標準）

θ を媒介変数とする。次の式で表される図形はどのような曲線か。

(1) $\begin{cases} x=4\cos\theta-1 \\ y=3\sin\theta+2 \end{cases}$ (2) $\begin{cases} x=\dfrac{3}{\cos\theta}+2 \\ y=2\tan\theta-1 \end{cases}$

POINT　三角関数で表された曲線の媒介変数 θ の消去は，

$\sin^2\theta+\cos^2\theta=1,\ 1+\tan^2\theta=\dfrac{1}{\cos^2\theta}$ を利用

曲線 $x=f(\theta)$，$y=g(\theta)$ を x 軸方向に p，y 軸方向に q だけ平行移動した曲線の媒介変数表示は，$x=f(\theta)+p$，$y=g(\theta)+q$ です。

本問(1)は，$x=4\cos\theta$，$y=3\sin\theta$ で表される楕円 $\dfrac{x^2}{16}+\dfrac{y^2}{9}=1$ を x 軸方向に -1，

y 軸方向に 2 だけ平行移動したものですが，実際には，$\sin\theta$，$\cos\theta$ を x，y で表し，$\sin^2\theta+\cos^2\theta=1$ に代入して，媒介変数 θ を消去するだけです。

解答	アドバイス

(1)　$x=4\cos\theta-1$，$y=3\sin\theta+2$ から

$$\cos\theta=\frac{x+1}{4},\quad \sin\theta=\frac{y-2}{3}_{\ ❶}$$

$\cos^2\theta+\sin^2\theta=1$ に代入して $\left(\dfrac{x+1}{4}\right)^2+\left(\dfrac{y-2}{3}\right)^2=1$

よって　**楕円** $\dfrac{(x+1)^2}{16}+\dfrac{(y-2)^2}{9}=1$ （答）❷

❶ $\sin^2\theta+\cos^2\theta=1$ を用いて θ を消去するために，$\sin\theta$，$\cos\theta$ を x，y で表します。

❷ 中心が $(-1,\ 2)$ の楕円。

(2)　$x=\dfrac{3}{\cos\theta}+2$，$y=2\tan\theta-1$ から

$$\frac{1}{\cos\theta}=\frac{x-2}{3},\quad \tan\theta=\frac{y+1}{2}_{\ ❸}$$

$1+\tan^2\theta=\dfrac{1}{\cos^2\theta}$ に代入して $1+\left(\dfrac{y+1}{2}\right)^2=\left(\dfrac{x-2}{3}\right)^2$

よって　**双曲線** $\dfrac{(x-2)^2}{9}-\dfrac{(y+1)^2}{4}=1$ （答）❹

❸ $1+\tan^2\theta=\dfrac{1}{\cos^2\theta}$ を用いて θ を消去するために，$\tan\theta$，$\dfrac{1}{\cos\theta}$ を x，y で表します。

❹ 中心が $(2,\ -1)$ の双曲線。

練習 259　θ を媒介変数とする。次の式で表される図形はどのような曲線か。

(1) $\begin{cases} x=3\cos\theta+2 \\ y=5\sin\theta-3 \end{cases}$ (2) $\begin{cases} x=3\tan\theta-2 \\ y=\dfrac{3}{\cos\theta} \end{cases}$

例題 241 | 分数式による媒介変数表示 ★★★ （標準）

t を媒介変数とする。次の式で表される図形はどのような曲線か。

(1) $\begin{cases} x = \dfrac{1-t^2}{1+t^2} \\[4mm] y = \dfrac{4t}{1+t^2} \end{cases}$

(2) $\begin{cases} x = t + \dfrac{1}{t} \\[4mm] y = t - \dfrac{1}{t} \end{cases}$ $(t>0)$

 POINT 媒介変数で表された曲線では，x と y の変域に注意

本問は，媒介変数 t で表された曲線だから，t を消去して x，y だけの方程式を導くことになります。x，y の変域に注意しなければいけません。

(1)は，分子の次数＝分母の次数だから $x = \dfrac{-(1+t^2)+2}{1+t^2} = -1 + \dfrac{2}{1+t^2}$ と変形すると，

$x > -1$ がわかります。(2)は，x の形から相加平均・相乗平均の不等式を考えます。

	解答		アドバイス

(1) $x = \dfrac{1-t^2}{1+t^2}$ から　　$x = -1 + \dfrac{2}{1+t^2}$ ❶

❶ 分子の次数 ≧ 分母の次数のときは，割り算をします。

よって　　$x + 1 = \dfrac{2}{1+t^2}$ ……①

$y = \dfrac{4t}{1+t^2}$ から　　$\dfrac{y}{2} = \dfrac{2t}{1+t^2}$ ❷ ……②

①，②の両辺を平方して，辺々を加えると

$$(x+1)^2 + \left(\dfrac{y}{2}\right)^2 = \left(\dfrac{2}{1+t^2}\right)^2 + \left(\dfrac{2t}{1+t^2}\right)^2 = \dfrac{4}{1+t^2} = 2(x+1)$$

よって　$x^2 + \dfrac{y^2}{4} = 1$　　ただし，①から　$x > -1$ ❸

すなわち　**楕円 $x^2 + \dfrac{y^2}{4} = 1$（点 $(-1,\ 0)$ を除く）** （答）

❷ $x = \dfrac{1}{1+t^2}$，$y = \dfrac{t}{1+t^2}$

から，媒介変数 t を消去するときは，$x > 0$ に注意して

$$x^2 + y^2 = \left(\dfrac{1}{1+t^2}\right)^2 + \left(\dfrac{t}{1+t^2}\right)^2$$
$$= \dfrac{1}{1+t^2} = x$$

とすると楽です。

❸ 厳密には，$t^2 \geqq 0$ から

$0 < \dfrac{2}{1+t^2} \leqq 2$，すなわち

$\qquad -1 < x \leqq 1$

(2) $x + y = 2t$，$x - y = \dfrac{2}{t}$ から　　$(x+y)(x-y) = 4$

よって　　$x^2 - y^2 = 4$

$t > 0$ のとき　　$x = t + \dfrac{1}{t} \geqq 2\sqrt{t \cdot \dfrac{1}{t}} = 2$ ❹

したがって　**双曲線 $x^2 - y^2 = 4$ の $x \geqq 2$ の部分** （答）

❹ $a > 0$，$b > 0$ のとき

$\dfrac{a+b}{2} \geqq \sqrt{ab}$ を利用します。

練習 260 t を媒介変数とするとき $x = \dfrac{t^2-1}{t^2+1}$，$y = \dfrac{t}{t^2+1}$ はどのような曲線を表すか。

点 $P(x, y)$ が楕円 $\dfrac{x^2}{2}+\dfrac{y^2}{8}=1$ 上を動くとき，$2x^2+xy+y^2$ の最大値および最小値を求めよ。

POINT 楕円・双曲線上の動点 P は，三角関数で媒介変数表示

楕円 $\dfrac{x^2}{a^2}+\dfrac{y^2}{b^2}=1$ 上の動点 $P(x, y)$ は，$\begin{cases} x=a\cos\theta \\ y=b\sin\theta \end{cases}$ $(0\leqq\theta<2\pi)$ とおけます。本問は，

$x=\sqrt{2}\cos\theta$，$y=2\sqrt{2}\sin\theta$ $(0\leqq\theta<2\pi)$ として，$2x^2+xy+y^2$ を三角関数で表すことを考えます。三角関数の公式としては，次式を用います。

2倍角　$2\sin\theta\cos\theta=\sin 2\theta$，　半角　$\cos^2\dfrac{\theta}{2}=\dfrac{1+\cos\theta}{2}$，$\sin^2\dfrac{\theta}{2}=\dfrac{1-\cos\theta}{2}$

合成　$a\sin\theta+b\cos\theta=\sqrt{a^2+b^2}\sin(\theta+\alpha)$ $\left(\cos\alpha=\dfrac{a}{\sqrt{a^2+b^2}},\ \sin\alpha=\dfrac{b}{\sqrt{a^2+b^2}}\right)$

| 解答 |

$\dfrac{x^2}{2}+\dfrac{y^2}{8}=1$ は，$\dfrac{x^2}{(\sqrt{2})^2}+\dfrac{y^2}{(2\sqrt{2})^2}=1$ だから，$P(x, y)$ は，

$x=\sqrt{2}\cos\theta$，$y=2\sqrt{2}\sin\theta$ $(0\leqq\theta<2\pi)$ ❶ とおける。

したがって

$\quad 2x^2+xy+y^2$

$=2(\sqrt{2}\cos\theta)^2+\sqrt{2}\cos\theta\cdot 2\sqrt{2}\sin\theta+(2\sqrt{2}\sin\theta)^2$

$=4\cos^2\theta+4\sin\theta\cos\theta+8\sin^2\theta$ ❷

$=4\cdot\dfrac{1+\cos 2\theta}{2}+2\sin 2\theta+8\cdot\dfrac{1-\cos 2\theta}{2}$

$=2(\sin 2\theta-\cos 2\theta)$ ❸ $+6=2\sqrt{2}\sin\left(2\theta-\dfrac{\pi}{4}\right)+6$

ここで，$0\leqq\theta<2\pi$ のとき $-\dfrac{\pi}{4}\leqq 2\theta-\dfrac{\pi}{4}<4\pi-\dfrac{\pi}{4}$ から

$\quad -1\leqq\sin\left(2\theta-\dfrac{\pi}{4}\right)\leqq 1$

よって，**最大値　$6+2\sqrt{2}$，最小値　$6-2\sqrt{2}$** 答

| アドバイス |

❶ $\dfrac{x^2}{a^2}+\dfrac{y^2}{b^2}=1$ 上の点 P は

$x=a\cos\theta$，$y=b\sin\theta$ で，θ は $0\leqq\theta<2\pi$ とおけます。

❷ $2\sin\theta\cos\theta=\sin 2\theta$

$\cos^2\theta=\dfrac{1+\cos 2\theta}{2}$

$\sin^2\theta=\dfrac{1-\cos 2\theta}{2}$

❸ 合成公式により

$\quad \sin 2\theta-\cos 2\theta$

$=\sqrt{2}\left(\dfrac{1}{\sqrt{2}}\sin 2\theta-\dfrac{1}{\sqrt{2}}\cos 2\theta\right)$

$=\sqrt{2}\sin\left(2\theta-\dfrac{\pi}{4}\right)$

練習 261 x，y が $4x^2+3y^2=12$ を満たす実数のとき，x^2-xy-y^2 の最大値を求めよ。

例題 **243** いろいろな曲線の媒介変数表示　★★★　応用

円$C : x^2 + y^2 = 9$の外側を，半径1の円Dがすべること
なく接しながら回転していくとき，円Dの周上の定点
Pが描く曲線の媒介変数表示を求めよ。
ただし，Pの最初の位置をA(3，0)，円Dの中心をQ
とし，$\angle AOQ = \theta$とする。

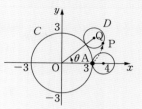

 POINT　転がる円の周上の点の軌跡は，扇形の弧長に着目

本問では，定円Cの外側から，円Cに接しながらすべることなく回転する円Dの
周上の定点が描く曲線の媒介変数表示を考えます。$\angle AOQ = \theta$のときの接点をT
とするとき，$\overparen{PT} = \overparen{AT}$から$\overparen{PT} = 3\theta$となることに着目します。

解答	アドバイス

右図のように，$\angle AOQ = \theta$
のときの2円C，Dの接点
をTとすると
$$\overparen{PT} = \overparen{AT} = 3\theta \quad ❶$$
かつPQ=1だから
$$\angle PQT = 3\theta \quad ❷$$
したがって，線分QPの，x軸の正方向からのなす角αは ❸
$$\alpha = \theta + \pi + 3\theta = 4\theta + \pi$$
ここで，P(x, y)とすると，$\overrightarrow{OP} = \overrightarrow{OQ} + \overrightarrow{QP}$であり
$$\overrightarrow{OQ} = (4\cos\theta, \ 4\sin\theta)$$
$$\overrightarrow{QP} = (\cos\alpha, \ \sin\alpha) ❹ = (\cos(4\theta + \pi), \ \sin(4\theta + \pi))$$
$$= (-\cos 4\theta, \ -\sin 4\theta)$$
よって　$\begin{cases} x = 4\cos\theta - \cos 4\theta \\ y = 4\sin\theta - \sin 4\theta \end{cases}$ （答）❺

❶ 円Dを逆回転して，点Pが点
Aに一致するまで戻すと，
$\overparen{PT} = \overparen{AT}$がわかります。
$\overparen{AT}$は扇形の弧長
$l = \overparen{AT} = r\theta$から。

❷ $\overparen{PT} = 1 \times \angle PQT$から。

❸

❹ 一般に，QP=rで，QPとx軸
の正方向とのなす角がαのと
き
$$\overrightarrow{QP} = (r\cos\alpha, \ r\sin\alpha)$$
本問は，$r = 1$の場合です。

❺ 本問の曲線は，エピサイクロ
イド（外サイクロイド）と呼ば
れます。

練習 262　円$C : x^2 + y^2 = 9$の内側を，半径1の円Dがすべることなく接しながら
回転していくとき，円Dの周上の定点Pが描く曲線の媒介変数表示を
求めよ。ただし，Pの最初の位置をA(3，0)，円Dの中心をQとし，
$\angle AOQ = \theta$とする。

2 | 極座標と極方程式

1 極座標の定義 ▷ 例題244 例題245

平面上に点Oと半直線OXを定めると，平面上の任意の点
Pは，Oからの距離rと半直線OPとOXのなす角θ（弧度法）
によって定まる。

2数の組$(r,\ \theta)$を点Pの極座標といい，点Oを極，半直線
OXを始線，角θを点Pの偏角という。

一般に，極Oと異なる点Pの極座標は1通りには定まらないが，θを$0 \leqq \theta < 2\pi$と
すれば1通りに定まる。なお，極Oの極座標は，θを任意として$(0,\ \theta)$と定める。

2 極座標と直交座標の関係 ▷ 例題244

極座標に対して，これまで用いてきた$x,\ y$座標の組$(x,\ y)$
を直交座標という。

座標平面において，原点Oを極，x軸の正の部分を始線と
する極座標を考えるとき，$(r,\ \theta)$と$(x,\ y)$の間には，次の
関係が成り立つ。

(1) $x = r \cos \theta,\ \ y = r \sin \theta$

(2) $r = \sqrt{x^2 + y^2},\ \ \cos \theta = \dfrac{x}{r},\ \ \sin \theta = \dfrac{y}{r}\ \ (r \neq 0)$

> **例** 極座標が$\left(4,\ \dfrac{\pi}{3}\right)$である点Pの直交座標は，$r = 4,\ \theta = \dfrac{\pi}{3}$だから
>
> $x = r \cos \theta = 4 \cos \dfrac{\pi}{3} = 2,\ y = r \sin \theta = 4 \sin \dfrac{\pi}{3} = 2\sqrt{3}$ となり，P$(2,\ 2\sqrt{3})$

3 極方程式 ▷ 例題246 例題247 例題248

平面上の曲線が，極座標(r, θ)を用いて$r = f(\theta)$または$F(r, \theta) = 0$で表されるとき，
この方程式を曲線の極方程式という。

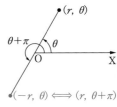

極方程式を考えるとき，θの値によっては，$r < 0$の値をと
ることもある。一般に，$r < 0$のとき，極座標が$(r,\ \theta)$であ
る点は，極座標が$(|r|,\ \theta + \pi)$すなわち$(-r,\ \theta + \pi)$の点を
表すものと考える。例えば，点$(-3,\ \theta)$と$(3,\ \theta + \pi)$は同
じ点であり，この点は点$(3,\ \theta)$と極Oに関して点対称であ
る。

（1）　直線の極方程式

　　（ⅰ）　極Oを通り，始線OXとのなす角がαの直線の極方程
　　　　　式は

$$\theta = \alpha$$

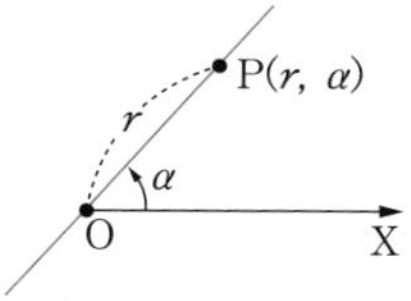

　　（ⅱ）　極Oと異なる定点A$(a,\ \alpha)$を通り，OAと垂直な直線
　　　　　の極方程式は
　　　　　　　OP cos $\angle$AOP＝OA から

$$r\cos(\theta - \alpha) = a$$

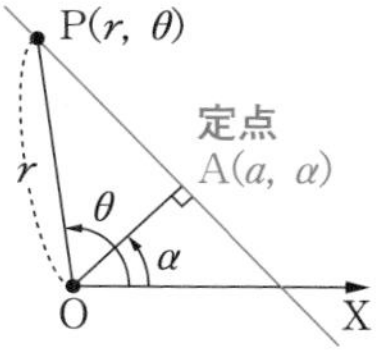

（2）　円の極方程式

　　（ⅰ）　極Oを中心とし，半径がaの円の
　　　　　極方程式は

$$r = a$$

　　（ⅱ）　中心がA$(a,\ \alpha)$で，半径がaの円
　　　　　の極方程式は

$$r = 2a\cos(\theta - \alpha)$$

> 例　極Oを中心とする半径3の円の極方程式は　$r=3$

4 **2次曲線の極方程式** ▷ 例題249

　右図のように，極Oを1つの焦点にもつ2次曲線の準
線をℓ，ℓと直交する半直線OXを始線にとる。
点P$(r,\ \theta)$からℓに下ろした垂線の足をHとすると，
$\dfrac{\text{PO}}{\text{PH}} = e$（離心率）だから，焦点と準線の距離を$d$とし
て

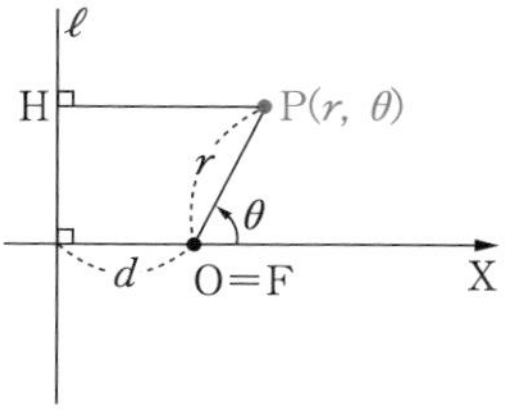

$$\text{PO} = r, \quad \text{PH} = d + r\cos\theta \text{ より} \qquad \frac{r}{d + r\cos\theta} = e$$

よって，2次曲線の極方程式は　　　$r = \dfrac{ed}{1 - e\cos\theta}$

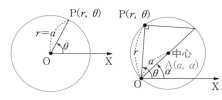

例題 244 極座標と直交座標 ★★★ 基本

(1) 次の極座標をもつ点の直交座標 (x, y) を求めよ。

$(ア)$ $\left(5, \dfrac{3}{4}\pi\right)$ $(イ)$ $\left(8, -\dfrac{\pi}{3}\right)$

(2) 次の直交座標をもつ点の極座標 (r, θ) $(r>0,\ 0 \leqq \theta < 2\pi)$ を求めよ。

$(ア)$ $(-2\sqrt{3},\ 2)$ $(イ)$ $(-3,\ 0)$

POINT 極座標と直交座標の関係は，
$$x = r\cos\theta,\quad y = r\sin\theta,\quad r = \sqrt{x^2 + y^2}$$

極座標 (r, θ) を直交座標 (x, y) で表すときは
$x = r\cos\theta,\ y = r\sin\theta$ を用います。

直交座標 (x, y) を極座標 (r, θ) で表すときは
$r = \sqrt{x^2 + y^2},\ \cos\theta = \dfrac{x}{r},\ \sin\theta = \dfrac{y}{r}$ を用います。

解答		アドバイス

(1) $(ア)$ $\underline{x = 5\cos\dfrac{3}{4}\pi} = -\dfrac{5\sqrt{2}}{2}$，$\underline{y = 5\sin\dfrac{3}{4}\pi} = \dfrac{5\sqrt{2}}{2}$

よって，直交座標は $\left(-\dfrac{5\sqrt{2}}{2},\ \dfrac{5\sqrt{2}}{2}\right)$ 答

$(イ)$ $x = 8\cos\left(-\dfrac{\pi}{3}\right) = 4$，$y = 8\sin\left(-\dfrac{\pi}{3}\right) = -4\sqrt{3}$

よって，直交座標は $(4,\ -4\sqrt{3})$ 答

(2) $(ア)$ $\underline{r = \sqrt{(-2\sqrt{3})^2 + 2^2}} = \sqrt{16} = 4$

$\underline{\cos\theta = \dfrac{x}{r}} = \dfrac{-2\sqrt{3}}{4} = -\dfrac{\sqrt{3}}{2}$，$\underline{\sin\theta = \dfrac{y}{r}} = \dfrac{2}{4} = \dfrac{1}{2}$

$\theta = \dfrac{5}{6}\pi$ となり，極座標は $\left(4,\ \dfrac{5}{6}\pi\right)$ 答

$(イ)$ $r = \sqrt{(-3)^2 + 0^2} = 3$

$\cos\theta = -1,\ \sin\theta = 0$ $(0 \leqq \theta < 2\pi)$ から $\theta = \pi$

よって，極座標は $(3,\ \pi)$ 答

アドバイス

①，② 極座標 $\Longrightarrow$ 直交座標は
$x = r\cos\theta,\ y = r\sin\theta$

$(ア)$は $r = 5,\ \theta = \dfrac{3}{4}\pi$

$(イ)$は $r = 8,\ \theta = -\dfrac{\pi}{3}$

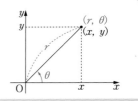

③〜⑤ 直交座標 $\Longrightarrow$ 極座標は
$r = \sqrt{x^2 + y^2}$ かつ
$\cos\theta = \dfrac{x}{r},\ \sin\theta = \dfrac{y}{r}$

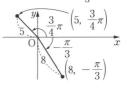

練習 263 次の極座標A，Bを直交座標 (x, y) へ，また直交座標C，Dを極座標 (r, θ) で表せ。ただし，θ は $0 \leqq \theta < 2\pi$ とする。

$$A\left(7,\ -\dfrac{\pi}{4}\right),\ B\left(6,\ \dfrac{13}{6}\pi\right),\ C(0,\ -5),\ D(-3,\ -3\sqrt{3})$$

例題245 | 線分の長さ・三角形の面積　★★★　(基本)

Oを極とする極座標において，2点$A\left(8, \dfrac{5}{6}\pi\right)$, $B\left(6, \dfrac{\pi}{2}\right)$がある。

(1)　線分ABの長さを求めよ。　　　(2)　△OABの面積を求めよ。

POINT 　極座標における線分の長さ・三角形の面積は，
極座標のまま図示して三角比の公式を活用

極座標で与えられた2点A，Bを直交座標で表してから，線分ABの長さ，および△OABの面積を求めてもよいのですが，まずは極座標として作図してみます。一般に，点Pの極座標が(r, θ)のとき，OP$=r$かつ$\angle$XOP$=\theta$ですから，OA，OBの長さ，および$\angle$AOBの大きさがわかります。△OABの2辺の長さとその挟む角が与えられたことになるので，(1)は余弦定理，(2)は面積公式が利用できます。

| 解答 | アドバイス |

△OABにおいて

$\underline{OA=8, \quad OB=6}_{❶}$

$\underline{\angle AOB=\dfrac{5}{6}\pi-\dfrac{\pi}{2}=\dfrac{\pi}{3}}_{❷}$

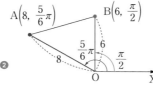

(1)　$\underline{余弦定理}_{❸}$から

$$AB^2=8^2+6^2-2\cdot8\cdot6\cos\dfrac{\pi}{3}=100-48=52$$

よって　　$AB=\sqrt{52}=\boldsymbol{2\sqrt{13}}$ (答)

(2)　△OABの面積を$S_{❹}$とすると

$$S=\dfrac{1}{2}\cdot8\cdot6\sin\dfrac{\pi}{3}=\boldsymbol{12\sqrt{3}}$$ (答)

❶ 点Pの極座標が(r, θ)であるとき

$$OP=r, \quad \angle XOP=\theta$$

❷ $\angle$AOBは，AとBの偏角の差。

❸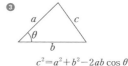

$$c^2=a^2+b^2-2ab\cos\theta$$

❹ $S=\dfrac{1}{2}ab\sin\theta$

　Q 本問を極座標から直交座標に直して解くことはできますか？

　A できます。2点A，Bの直交座標は，それぞれ$A(-4\sqrt{3}, 4)$, $B(0, 6)$ですから，(1)は　$AB=\sqrt{(0+4\sqrt{3})^2+(6-4)^2}=\sqrt{52}=2\sqrt{13}$, (2)は，OBを底辺とする三角形として　$S=\dfrac{1}{2}\cdot6\cdot4\sqrt{3}=12\sqrt{3}$　となりますね。

練習264　Oを極とする極座標において，2点$A\left(6, \dfrac{3}{4}\pi\right)$, $B\left(4, \dfrac{5}{12}\pi\right)$がある。

(1)　線分ABの長さを求めよ。　　(2)　△OABの面積を求めよ。

例題 246 極方程式を直交座標の方程式へ変換 ★★★ 標準

Oを極とする次の極方程式を，直交座標で表される方程式で表し，xy平面上に図示せよ。

(1) $r = \dfrac{1}{2\cos\theta - \sin\theta}$ (2) $r^2\cos 2\theta = 1$ (3) $r = \dfrac{2}{1-\cos\theta}$

 **POINT** **極方程式から直交座標の方程式への変換は，** $r\cos\theta = x$, $r\sin\theta = y$, $r^2 = x^2 + y^2$ **を利用**

極方程式 $r = f(\theta)$ で表される曲線を，直交座標で表される曲線として考える場合は，極座標 (r, θ) と直交座標 (x, y) の関係 $r\cos\theta = x$, $r\sin\theta = y$, $r^2 = x^2 + y^2$ を用いて，r, θ を消去します。

解 答	アドバイス

(1) 方程式の分母を払って $r(2\cos\theta - \sin\theta) = 1$
$\underline{2r\cos\theta - r\sin\theta = 1}_{❶}$ したがって $2x - y = 1$
よって **直線 $y = 2x - 1$** 答

❶ $r\cos\theta = x$, $r\sin\theta = y$

(2) $\underline{\cos 2\theta = \cos^2\theta - \sin^2\theta}_{❷}$ だから，極方程式は
$r^2(\cos^2\theta - \sin^2\theta) = 1$ $(r\cos\theta)^2 - (r\sin\theta)^2 = 1$
よって **双曲線 $x^2 - y^2 = 1$** 答

❷ 2倍角の公式。

(3) $\underline{方程式}_{❸}$ の分母を払って $r(1 - \cos\theta) = 2$
$r - r\cos\theta = 2$ $r = r\cos\theta + 2$
両辺を平方して $\underline{r^2 = (r\cos\theta + 2)^2}_{❹}$
したがって $x^2 + y^2 = (x+2)^2$ $y^2 = 4x + 4$
よって **放物線 $y^2 = 4x + 4$** 答

❸ p.357の ④ で，$d = 2$，離心率 $e = 1$ の場合ですから，放物線になります。
❹ $r^2 = x^2 + y^2$, $r\cos\theta = x$

(1) 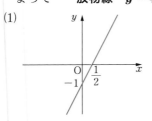 (2) 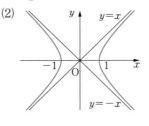 (3)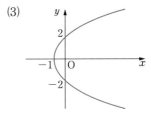

練習 265 次の極方程式を，直交座標で表される方程式に直し，xy平面上に図示せよ。

(1) $r = \cos\theta$ (2) $r\cos\left(\theta - \dfrac{2}{3}\pi\right) = 2$ (3) $r^2\sin 2\theta = 2$

例題247 直交座標の方程式を極方程式へ変換 ★★★ 標準

直交座標を用いて表された次の曲線を，極方程式で表せ。

(1) $\sqrt{3}x-y-4=0$ (2) $x^2-y^2=-4$ (3) $x^2+y^2+2x=0$

POINT 直交座標の方程式から極方程式への変換は，
$x=r\cos\theta,\ y=r\sin\theta$ を利用

直交座標の方程式で表される曲線を，極方程式で表される曲線として考える場合
は，直交座標 $(x,\ y)$ と極座標 $(r,\ \theta)$ の関係 $x=r\cos\theta,\ y=r\sin\theta$
を用いて，$x,\ y$ を消去します。特に，$a\cos\theta+b\sin\theta$ を含むときは

$$a\cos\theta+b\sin\theta=\sqrt{a^2+b^2}\left(\frac{a}{\sqrt{a^2+b^2}}\cos\theta+\frac{b}{\sqrt{a^2+b^2}}\sin\theta\right)$$

$$=\sqrt{a^2+b^2}\,(\cos\alpha\cos\theta+\sin\alpha\sin\theta)=\sqrt{a^2+b^2}\cos(\theta-\alpha)$$

と変形すると，極方程式としては，表す図形がわかりやすいです。

解答	アドバイス
(1) $\sqrt{3}x-y-4=0$ に $\underline{x=r\cos\theta, y=r\sin\theta}_{❶}$ を代入する と $$\underline{r(\sqrt{3}\cos\theta-\sin\theta)=4}_{❷}$$ $$\sqrt{3}\cos\theta-\sin\theta=2\left(\frac{\sqrt{3}}{2}\cos\theta-\frac{1}{2}\sin\theta\right)=2\cos\left(\theta+\frac{\pi}{6}\right)_{❸}$$ よって，極方程式は $\quad r\cos\left(\theta+\frac{\pi}{6}\right)=2$ (答)	❶ 直交座標の方程式を極方程式 に直すときの定石。 ❷ これも極方程式ですが，より 簡単にします。 ❸ 合成公式を用いて $\sqrt{3}\cos\theta-\sin\theta$ $=-\sin\theta+\sqrt{3}\cos\theta$ $=2\sin\left(\theta+\frac{2}{3}\pi\right)$ とできますが，なるべく「cos」 を優先した形で表します。
(2) $x^2-y^2=-4$ に $x=r\cos\theta,\ y=r\sin\theta$ を代入すると $$r^2\underline{(\cos^2\theta-\sin^2\theta)}_{❹}=-4$$ よって，極方程式は $\quad r^2\cos2\theta=-4$ (答)	❹ 2倍角の公式。
(3) $x^2+y^2+2x=0$ に $x=r\cos\theta, y=r\sin\theta$ を代入して $$r^2+2r\cos\theta=0 \qquad r(r+2\cos\theta)=0$$ したがって，$r=0$ または $r=-2\cos\theta$ $\underline{r=0\text{は極}}_{❺}$ を表すが，$r=-2\cos\theta$ は $\theta=\dfrac{\pi}{2}$ で $r=0$ $_{❻}$ となるから，$r=-2\cos\theta$ は極を通る。 よって，極方程式は $\quad r=-2\cos\theta$ (答)	❺ 極Oの極座標は $(0,\ \theta)$ で，θ は任意の角。 ❻ $0=-2\cos\dfrac{\pi}{2}$ より。

練習266 直交座標を用いて表された次の曲線を，極方程式で表せ。

(1) $x-y=2\sqrt{2}$ (2) $(x+3)^2+y^2=9$ (3) $y=\sqrt{3}x$

次の図形の極方程式を求めよ。ただし，Oは極とする。

(1) 極座標が $\left(2, \dfrac{\pi}{6}\right)$ である点Aを通り，直線OAに垂直な直線。

(2) 中心Aの極座標が $\left(3, \dfrac{\pi}{4}\right)$ で，Oを通る円

> **POINT**　直線・円の極方程式は，求める点を (r, θ) とおいて r と θ の関係を式で表す

(1) 直線の極方程式
点 $A(a, \alpha)$ を通り，OAに垂直な
直線は，$\angle AOP = |\theta - \alpha|$ により
$$OP\cos|\theta - \alpha| = OA$$
$\cos|\theta - \alpha| = \cos(\theta - \alpha)$ ですから，
極方程式は，$r\cos(\theta - \alpha) = a$ です。

(2) 円の極方程式
中心が (a, α) で極を通る円は，$OP = OB\cos(\theta - \alpha)$ より，$r = 2a\cos(\theta - \alpha)$ です。

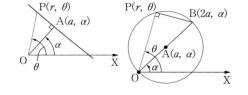

| 解答 |

(1) 直線上の点Pを極座標で (r, θ) ❶ とする。

$\triangle OPA$ において　$OA = 2, OP = r, \angle AOP = \left|\theta - \dfrac{\pi}{6}\right|$,

さらに，$AP \perp OA$ だから，$OP\cos\angle AOP = OA$ により，極方程式は　$\boxed{r\cos\left(\theta - \dfrac{\pi}{6}\right) = 2}$ （答）

(2) 円上の点Pを極座標で (r, θ) ❷ とする。

直径OBを考えると，$B\left(6, \dfrac{\pi}{4}\right)$

点Pが極OおよびB以外の点であるとき，$OP \perp BP$ だから　$OP = OB\cos\angle BOP$ により，極方程式は

$\boxed{r = 6\cos\left(\theta - \dfrac{\pi}{4}\right)}$ （PがO，Bのときも含む）（答）

| アドバイス |

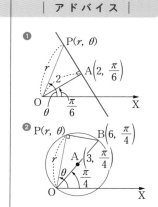

練習 267　(1) 極座標が $(3, 0)$ である点Aを通り，直線OAに垂直な直線の極方程式を求めよ。ただし，Oは極とする。
(2) 中心Aの極座標が $(4, \pi)$ で，極Oを通る円の極方程式を求めよ。

|例題 **249**| 極方程式と軌跡　★★★ （応用）

点Aの極座標を$(-3,\ 0)$とする。極Oからの距離と，Aを通って，始線に垂直な直線ℓまでの距離の比が$1:2$であるような点Pの軌跡の極方程式を求めよ。

POINT 極方程式における軌跡問題は，求める点の極座標を $(r,\ \theta)$として，rとθの関係式を導く

|例題 **236**|で学んだ「2次曲線の離心率」の問題です。点Pから直線ℓに下ろした垂線をPHとすると，題意から，OP：PH$=1:2$ですから，離心率$e=\dfrac{OP}{PH}=\dfrac{1}{2}<1$，すなわち，点Pの軌跡は，極Oを焦点の1つとし，$\ell$を準線とする楕円です。

| 解答 | | アドバイス |

点Pの極座標を$(r,\ \theta)$とし，点Pから直線ℓに下ろした垂線の足をHとする。

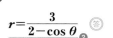

OP：PH$=1:2$，すなわち
$2OP=PH$を満たす点Pは，
直線ℓの右側にあり　　OP$=r$　　……①

$\underline{PH=r\cos\theta-(-3)=r\cos\theta+3}$❶　……②

したがって　　$2r=r\cos\theta+3$

よって，軌跡の極方程式は　　$r=\dfrac{3}{2-\cos\theta}$❷ ㊐

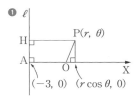

❶

❷ $2r=r\cos\theta+3$より
$4r^2=(r\cos\theta+3)^2$
$4(x^2+y^2)=(x+3)^2$
楕円　$\dfrac{(x-1)^2}{4}+\dfrac{y^2}{3}=1$

| STUDY | 極座標の活用（原点からの距離の最大・最小）

2次曲線$C:x^2+xy+2y^2=1$上の動点Pと，原点との距離の最大・最小値を求めてみよう。ここで，点Pを極座標を用いて$(r,\ \theta)$とすると，曲線Cの方程式は

$$(r\cos\theta)^2+r\cos\theta\cdot r\sin\theta+2(r\sin\theta)^2=1 \qquad (\cos^2\theta+\sin\theta\cos\theta+2\sin^2\theta)r^2=1$$

$$r^2=\frac{2}{2\cos^2\theta+2\sin\theta\cos\theta+4\sin^2\theta}=\frac{2}{\sin2\theta-\cos2\theta+3}=\frac{2}{\sqrt{2}\,\sin\left(2\theta-\dfrac{\pi}{4}\right)+3}$$

これより　$\dfrac{2}{3+\sqrt{2}}\leqq r^2\leqq\dfrac{2}{3-\sqrt{2}}$，すなわち$\sqrt{\dfrac{2(3-\sqrt{2})}{7}}\leqq r\leqq\sqrt{\dfrac{2(3+\sqrt{2})}{7}}$となり，Pと原点との距離OP$=r$の最大・最小値がわかる。

練習 268　|例題 **249**|で，距離の比が$2:1$であるような点Pの軌跡の極方程式を求めよ。

定期テスト対策問題 13

解答・解説は別冊 p.152

1 t を媒介変数とする。次の式で表される図形はどのような曲線か。

(1) $\begin{cases} x=\sqrt{t-1} \\ y=2t+3 \end{cases}$

(2) $\begin{cases} x=2\cos t+1 \\ y=\dfrac{1}{2}\sin t-1 \end{cases}$

(3) $\begin{cases} x=\dfrac{1}{1+t^2} \\ y=\dfrac{t}{1+t^2} \end{cases}$

2 媒介変数 t で表された曲線 $\begin{cases} x=3\left(t+\dfrac{1}{t}\right)+1 \\ y=t-\dfrac{1}{t} \end{cases}$ は双曲線である。

(1) この双曲線の中心の座標，頂点の座標，および漸近線の方程式を求めよ。
(2) この曲線の概形をかけ。

3 $x,\ y$ が $2x^2+3y^2=1$ を満たす実数のとき，x^2-y^2+xy の最大値を求めよ。

4 曲線 $\dfrac{x^2}{4}+y^2=1\ (x>0,\ y>0)$ 上の動点 P における接線と，x 軸，y 軸との交点をそれぞれ Q，R とする。このとき，線分 QR の長さの最小値と，そのときの点 P の座標を求めよ。

5　O を極とする極座標において，3 点 $A\left(2\sqrt{3}, \dfrac{\pi}{6}\right)$, $B\left(6, \dfrac{\pi}{3}\right)$, $C\left(4, \dfrac{2}{3}\pi\right)$ がある。

(1)　線分 AB の長さを求めよ。

(2)　$\triangle OAB$, $\triangle OBC$, $\triangle ABC$ の面積をそれぞれ求めよ。

6　(1)　極方程式 $r=\dfrac{4}{1+2\cos\theta}$ で表される曲線を直交座標で表される方程式で表せ。

(2)　曲線 $y=\dfrac{1}{x}$ の方程式を，極方程式で表せ。

7　$a>0$ を定数として，極方程式　$r=a(1+\cos\theta)$ により表される曲線 C_a を考える。

(1)　極座標が $\left(\dfrac{a}{2}, 0\right)$ の点を中心とし半径が $\dfrac{a}{2}$ である円 S を，極方程式で表せ。

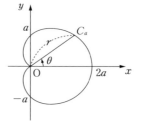

(2)　点 O と曲線 C_a 上の点 P とを結ぶ直線が円 S と交わる点を Q とするとき，線分 PQ の長さは一定であることを示せ。ただし，$P\neq O$ とする。

(3)　点 P が曲線 C_a 上を動くとき，極座標が $(2a, 0)$ の点と P との距離の最大値を求めよ。

さくいん

MYBEST
よくわかる高校数学III・C

監　修　　　山下　元（早稲田大学名誉教授）
著　者　　　津田　栄（國學院高等学校 元・校長）
　　　　　　我妻健人（攻玉社中学校・高等学校教諭）
　　　　　　田村　淳（中央大学附属中学校・高等学校教諭）
　　　　　　江川博康（一橋学院・中央ゼミナール講師）
　　　　　　柱　貴裕（國學院高等学校教諭）
　　　　　　山出　洋（攻玉社中学校・高等学校教諭）
イラストレーション　FUJIKO
制作協力　　　株式会社 エデュデザイン
編集協力　　　能塚泰秋, 竹田直, 立石英夫
データ制作　　株式会社 四国写研
印刷所　　　　株式会社 リーブルテック（カバー）, 株式会社 広済堂ネクスト（本文）
編集担当　　　樋口亨, 三本木健浩